U0396345

Jichuang Chanpin Chuangxin yu Sheji

机床产品创新与设计

（第 2 版）

张　曙　张炳生　樊留群　卫汉华　朱志浩　编著

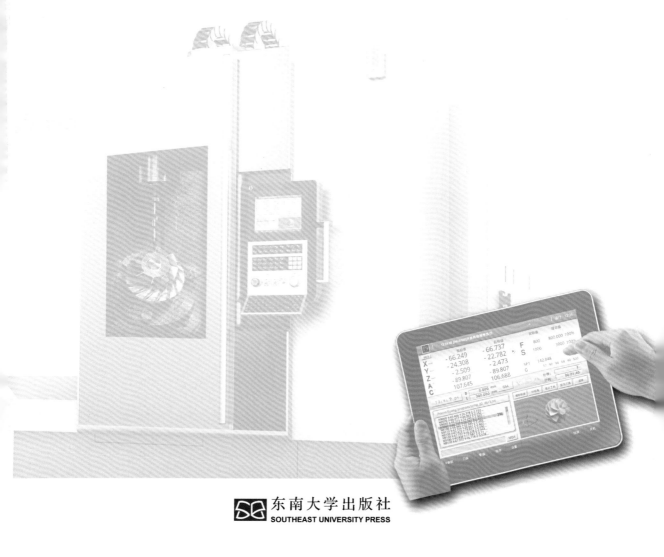

东南大学出版社
SOUTHEAST UNIVERSITY PRESS

内容简介

本书是一本全面阐述现代数控机床发展新理念、新进展、新结构和新方法，同时具有前瞻性、可读性和实用性，内容新颖、图文并茂、资料详实的专著。

全书共十三章，大体上分为五部分。第一部分是现代数控机床的组成，包括绪论、机床的总体配置和结构设计、机床的主轴单元、机床的进给驱动；第二部分是机床的性能设计，包括机床的几何精度和测量、机床的动态性能及其优化和机床的热性能设计；第三部分是机床的控制及智能化，包括机床的数字控制、机床的数字孪生及机床的智能化；第四部分是有关机床的设计，包括机床的工业设计、节能和生态设计；第五部分是机床创新产品的案例。

本书可供从事机床设计和制造的工程技术人员、生产管理和市场营销人员作案头参考，也可作为高等院校的机械制造及其自动化等专业师生的教学和科研参考书。

图书在版编目（CIP）数据

机床产品创新与设计/张曙等编著. —2版. —南京：东南大学出版社，2021.12
ISBN 978-7-5766-0004-9

Ⅰ.①机… Ⅱ.①张… Ⅲ.①数控机床–设计 Ⅳ.
① TG659

中国版本图书馆CIP数据核字（2021）第278181号

责任编辑：唐允 责任校对：韩小亮 封面设计：华机展 责任印制：周荣虎

机床产品创新与设计（第2版）

编　　著：	张曙　张炳生　樊留群　卫汉华　朱志浩
出版发行：	东南大学出版社
社　　址：	南京四牌楼2号　邮编：210096
网　　址：	http://www.seupress.com
经　　销：	全国各地新华书店
印　　刷：	南京顺和印刷有限责任公司
开　　本：	787 mm × 1 092 mm　1/16
印　　张：	27
字　　数：	657 千字
版　　次：	2014 年 9 月第 1 版　2021 年 12 月第 2 版
印　　次：	2021 年 12 月第 1 次印刷
书　　号：	ISBN 978 - 7 - 5766 - 0004 - 9
定　　价：	288.00 元

本社图书若有印装质量问题，请直接与营销部调换。电话：025-83791830。

张曙教授及其带领的团队，立对我国机床

制造企业广泛调研和汇集国际有关资

料的基础上，就着"机床产品创新和设计"一

书，对我国机床制造业广大从事产品研发

的科技人员是一部具有基础性和明前

瞻性的参考书，张有指导性和实用价值，此

书的发表，对我国机床制造业的创新发展

定会起到推动作用。

二〇一三年三月 何光远

（何光远先生题词）

再版序言

《机床产品创新与设计》一书于二〇一四年九月初版至今已整七年，得到众多业内读者的青睐。许多读者通过各种渠道向我们表达了对后续版本的期待。我们衷心感谢读者们的支持和关爱。

几十年来，国内机床界习惯于用宏观数据来判断我国机床业的发展状况，大多感叹我国机床业的"大而不强"状态，专家们开出了诸多"药方"，但似乎作用不明显，进展不大。我们希望换一个视角来审视中国机床业的现状和将来，也许会有新的发现和感叹。本书的作者有的来自理论研究、有的来自教学一线，也有的来自设计制造第一线。当我们将目光投向国内机床应用时，首先感到的是震撼、振奋。近几年，我国不仅在航空、航天、大型舟船、高铁、新能源等领域蓬勃发展，国家急切需要精密、高速、大型高档数控机床，即使大多民用小商品、空调器、服装、针织工业，由于产业和产品的快速升级，也同样急需高精度、高效率、专用智能化机床。其需求数量、品种之多，精度要求之高，均不可同日而语。说明国内高档数控机床市场正处于方兴未艾之时。其次，当这些行业寻求所需高档机床时，首先遇到的是国内高档数控机床的供应瓶颈。当转向国外采购时又会遇到技术封锁的困境，不仅价格昂贵，且往往是二流精度的机床。二〇一八年开始的中美贸易、科技、金融、军事领域摩擦，看来将在一个较长的历史阶段内持续，美国对我国的科技封锁会愈演愈烈。中华民族的发展不能期待国外的恩赐和善念。其三，现在摆在我国机床业界面前的形势与二十世纪六十年代极为相似，前有堵截，后有追兵，逼着我们只有往前突破才是光明大道。正如中央最新决策，做好"内循环"，突破"外循环"，互为补偿，用暂时不畅的"外循环"倒逼"内循环"蓬勃发展，开辟新天地。我们必须在机床技术领域全方位、多方向突破，用较短的时间在创新理念、设计理论、基本元器件制造（基础零部件制造）、工艺方法、传感技术、软件设计、控制系统、智能化系统配套等方面全方位接近或超越世界一流水平，别无它途。

实际上，近几年来，我国机床技术在上述诸方面已经有了丰富的技术积累，只是由于思维定式的制约或者对国外技术的盲目崇拜和依赖，未能下决心突破。现在"倒逼"的形势已经十分严峻，机床业要有"华为"的思路和决心，走出中国式的机床技术发展之路。

基于以上思考，我们决定对本书进行一次改版，希望以此对我国机床业的发展作一点微薄贡献。

本次改版的主要方面有：

一、根据《中国制造 2025》规划，机床业将以数字化为基础，实现网络化，进而智能化。近几年这"三化"有了长足的进步，制造业内对于"三化"的需求十分高涨，为此，本次改版之重点在于增加"三化"的论述。第一版对此设有两章，即"第五章　机床的数字控制"和"第十一章　虚拟机床"。本次改版将上述两章的内容予以扩大，并集中连贯在一起，又增加了一章，分别是"第八章　机床的数字控制""第九章　机床的数字孪生""第十章　机床的智能化"。从而将机床的数字化、网络化、智能化概念阐述得更清晰全面。

二、为了有利于读者掌握各章节之重点，理解相关部分的创新理念，本次改版时，在每章之首部增加了一节约一千字左右的"导读"，它不同于一般论文之"摘要"，更不是原章节内容之复述，而是有关内容创新思维之提示。

三、本次改版时，将原"第十二章　机床创新产品的案例"改编为第十三章，并进行了扩容和修订，其中增加了三种国产的新型机床。该章共介绍了三十九种机床案例，各有特色，与读者共享。在此，要慎重申明的是：我们介绍这些案例，并非对这些产品是否为"创新产品"作定义。这绝非我们的本意和能力，仅是点出一些创新思维点，给读者提供一点创新思路，也许有意义。

四、本次改版中，对章节作了一些调整，以便内容相对集中，对原文中的一些小的错误作了一些更改修正，不一一例举。

由于我们的水平和能力有限，改版中可能仍有错误，欢迎读者们批评指正。

作者

2021 年 10 月 8 日

序言二

中国已连续多年成为世界最大的机床消费国和机床进口国,是世界三大机床生产国之一。"中国制造2025"是基于第三次工业革命和发达国家"再工业化"进程的一次重大战略规划,"中国制造2025"必将是我国从制造业大国到制造业强国转变的一次努力和尝试!

在重大的产业背景之下,2021—2025也将是华机展重要的变革阶段。自2003年成立以来,华机展坚持以更高效率、更高价值的办展理念吸引了机床领域、制造领域大量专业采购观众,并为推动"中国制造"不断前进发展而努力。2021年,华机展完成全国第9城连锁产业展布局,在未来将继续对标国际,聚焦华墨集团的核心资源,为打造全球制造业前沿信息技术的国际化窗口、构筑全球机床设备最新技术产品集中采购的交易平台而努力奋斗。

在此过程中,华机展有幸与张曙教授结识,并在为中国机床产业发展助力上迅速形成了深刻共鸣,之后由张曙教授大力支持以同济大学为主办单位在华机展——CME上海国际机床展上开办了SMT国际机床与智能制造研修班——机床系列课程。该课程亦浓缩了本书提到的一些重点与关键。 自2015年启动以来,SMT国际机床与智能制造研修班大力发挥自身的资源优势,围绕机床行业未来潜能,深度解析信息技术时代背景下数控机床及上下游产业的最新发展趋势,有针对性地围绕机床创新关键技术的解决方案等一系列热点问题的前沿展开深入的探讨。每届SMT国际机床与智能制造研修班均应者云集,座无虚席,在长三角等广泛区域引发了一系列行业热烈的讨论。

本书立足于满足读者了解机床性能、适应机床工作、掌握数控机床理论知识等需求而写,旨在加快推动新一代信息技术与制造技术融合发展,坚持以实用为主线、理论与实际相结合的原则,充分体现机床加工行业的最新技术发展。

谨以此书再版发行助力,为我国机床制造产业发展贡献微薄力量!

2021年10月11日

目　录

第一章 绪 论

张 曙

导读：经过七十多年的艰苦奋斗，中国由一个一穷二白的农业国逐步发展为一个工业门类齐全的工业国，是一个世界的奇迹。同样，中国的机床行业也从基本空白逐步发展成一个机床制造大国，值得国人为之振奋和骄傲！现在，机床界正在讨论"中国机床业大而不强"这个话题，许多专家指出了中国机床发展的诸多"短板"。本书作者则从中国机床发展的历史轨迹中感悟到中国机床业发展的根本"短板"在于"思维模式的偏颇"。

自第一个五年计划开始，苏联援助我国一百五十六个项目，其中包括若干机床制造项目，这无疑是中国机床制造业快速起步的重要机遇。但由于这些援助是以整套照搬的方式进行的，在行业的潜意识里将测绘仿制、照搬图纸看作"创新"的主要渠道，严重忽视了机床基础理论的研究，忽视理论设计的重要意义。作者认为：为让我国机床业真正由"大"变"强"，必须从根本上改变"思维模式"这块短板，改变近二百年来浸入国民肌肤的崇洋思想，重视理论研究，重视独立的理论设计。否则，任何"补短板"措施都难以从根本上改变我国机床业的"弱"势。

基于上述理念，本章着重阐述了机床产品创新中的思路，提出机床研究中的五大矛盾，创新的目的在于不断地解决这些矛盾。然后，进一步论述了"将机床、人和环境放在一个体系内研究"的观点。这些新思维、新观点必将引导我国机床设计与创新的方向。最后，对机床产品的创新理念进行了归纳梳理，总结了"连续创新"与"不连续创新"两个概念。在此，作者没有偏颇任何一种创新模式的意思。读者应该注意的是："连续创新"不等于经验设计，而是"对主流设计进行模仿性、维持性、演进性改良"的创新。"不连续创新"则是"另辟蹊径、跳出原来的技术轨迹，对既有市场格局和技术产生突破性、颠覆性改变的创新。其风险较大，实施方法不同，所需技术较为陌生"。

第一节　中国机床工业的建立和发展

一、中国机床工业的开局

机床，也称为工具机，是制造机器的机器。机床工业是一个国家的战略产业，关系到国家的工业和国防实力，同时也是一个国家经济发展水平的缩影。

1949年新中国成立时，基本没有机床工业，只有上海、沈阳、昆明等地的一些机器修配厂兼产少量皮带车床、牛头刨床和钻床等简易机床，全国金属切削机床当年产量仅1 582台，不到10个品种[1]。新中国成立后，有关工厂由政府接管，投入大量资金，购置设备，恢复和发展生产，开始从机械修配业向机床制造业转变，仿制英美和苏联的机床。

表1-1　1957年十八罗汉机床厂的概况

厂名	职工人数	技术人员	主要产品
沈阳第一机床厂	5 562	712	普通和专用车床
沈阳第二机床厂	2 797	407	钻床、镗床
沈阳第三机床厂	3 137	356	六角车床、多轴自动
大连机床厂	2 209	377	普通车床、组合机床
齐齐哈尔第一机床厂	4 375	589	立式车床
齐齐哈尔第二机床厂	2 757	324	铣床
北京第一机床厂	2 236	324	铣床
北京第二机床厂	1 480	111	牛头刨床
天津第一机床厂	1 327	124	插齿机
上海机床厂	3 985	551	外圆磨床、平面磨床
无锡机床厂	2 108	268	内圆磨床、无心磨床
南京机床厂	2 175	236	六角车床、单轴自动
济南第一机床厂	1 969	154	普通车床
济南第二机床厂	2 380	355	龙门刨床、压力机
长沙机床厂	1 638	240	牛头刨床、拉床
武汉机床厂	1 389	200	工具磨床
重庆机床厂	2 303	223	滚齿机
昆明机床厂	3 309	452	镗床、铣床

1952年9月中央重工业部召开了全国工具机会议，对当时的机床产品发展方向和工厂布局作了初步规划。1953年又按照苏联专家建议，确定了全国18家机床厂的分工和发展方向。由于人们对这18家机床厂寄予厚望，就称他们为"十八罗汉厂"，1957年时我国机床工业的概况见表1-1。从表中可见，到"一五"期末，我国机床工业生产的品种已经相当齐全，而且从业人员规模已经达到相当大的程度，技术人员所占比例已经超过12%[1]。

在"一五"期间的156项重点建设项目规划中，涉及机床工具工业有3项：沈阳第一机床厂、武汉重型机床厂和哈尔滨量具刃具厂。1955年，沈阳第一机床厂参照苏联红色无产者机床厂的模式改建完成，建立了7条流水生产线，可年产1A62普通车床2 200台，堪称当时世界一流的机床厂。

1956年，机械工业部又开始对昆明机床厂等27家机床厂、工具厂、附件厂分期分批进行技术改造，形成了中国现代机床工具工业的雏形。

"一五"期间机床工业发展很快，到1957年底，累计生产通用机床204种，年产量达到2.8万台，先后向全国机械制造企业提供了10.4万台机床，满足了当时工业建设需要的80%以上[1]。产品大多是按照苏联图纸生产和仿制的苏联机床，例如：1A62 车床、255 摇臂钻床、6H82 万能铣床和 2620 镗床等，如图 1-1 所示。

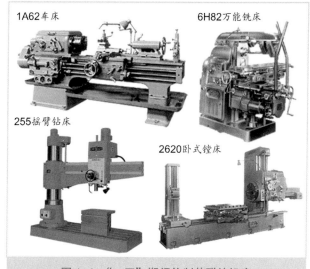

图 1-1 "一五"期间仿制苏联的机床

这些按照苏联图纸生产的机床，技术相对先进性能比较可靠。在短短几年里，从一无所有到掌握 20 世纪 50 年代的机床制造技术，使我国机床工业跨越了一个时代，其速度在世界工业发展史上也属罕见，为我国机床工业以后的发展奠定了稳固的基础。时至今日，仍然可以在我国机床产品中找到这些机床的历史踪迹。

建立一个新的产业需要大量的人才。1952 年国家决定在校大学生提前一年毕业，以适应经济发展的需要。同时教育部批准哈尔滨工业大学按照苏联教育体制，设立机床与工具专业，学制 5 年，直接授予机械工程师资格。这个专业曾为我国机床工具工业输送了一大批高级技术人才和管理人才。

从仿制过渡到自主开发，离不开科学试验研究。1956 年，机械工业部在沈阳设立第一专业设计处（后迁往大连改名大连组合机床研究所）、在北京成立机床研究所、在济南成立锻压机械设计研究处（后与铸造机械设计室合并为济南铸锻研究所）、1957 年在苏州成立电加工研究所、在成都成立工具研究所、1958 年在郑州成立磨料磨具和磨削研究所、1959 年在广州成立热带机床研究所。这批研究所引领我国机床工具的实验研究和产品创新 40 年，功不可没。

为了在济南第一机床厂技术改造中借鉴沈阳第一机床厂的经验，第一专业设计处从大连机床厂、北京机床研究所、哈尔滨工业大学、清华大学借调工程师、教师和学生开展组合机床的设计和研究，为济南第一机床厂设计了整条流水线装备。图 1-2 所示为我国第一台由大连机床厂自行设计和制造的、加工 C616 车床主轴箱体的 UT-001 组合机床（本书第一作者是主要设计人员之一）。该机床先后一共制造了 2 台，时隔数十年，这 2 台组合机床仍在济南第一机床厂和重庆第二机床厂车间里使用。

图 1-2 在车间使用的 UT-001 组合机床

高等学校不仅要培养人才，还要积极开展科学研究，推动工业技术的进步。1957 年，清华大学和哈尔滨工业大学先后研制成功数控铣床。

哈尔滨工业大学研制的数控铣床采用电子管计算机编程、磁带记录控制，主轴传动采用电磁离合器齿轮变速，进给驱动采用步进电动机—液压马达扭矩放大器—滚珠丝杠和光栅反馈。这一总体设计构思与当时世界先进水平是同一档次，毫不逊色[2]。其实，我国数控机床研究起步并不晚，但由于种种原因，未能坚持研究下去，致使今日我国与日本、德国在高端数控机床技术领域差距甚远，实为憾事。

二、从"大跃进"到改革开放前（1958—1978）

正值我国机床进入全面发展时，外部环境发生了变化。一方面，"大跃进"提出超英赶美，违背客观规律、浮夸成风。机床产量不断翻番，造成管理混乱、质量急剧下降，所生产的机床大部分质量很差。另一方面，随着国家经济建设的发展，不仅需要普通中小型机床，还需要重型机床、精密机床和自动化机床。我国机床工业不得不在各种干扰下艰难地前进。

1958 年 156 项之一的武汉重型机床厂建成，1959 年自行设计和制造了 C681 重型卧式车床、B1025 龙门刨铣床，开始扭转重型机床主要依靠进口的局面。

1958 年，当时我国还不能生产高精度精密机床，从国外进口没有外汇支持，加上欧美国家对华技术封锁、苏联也中止合作，只能自力更生。1960 年，中央召开高精度精密机床会议，成立领导小组，在对重点用户需求调查的基础上，制定了 1960—1970 年开发 56 个品种、年产 700~800 台高精度精密机床的 10 年规划。到 1970 年，发展了 35 种高精度精密机床，年产量达到 1 225 台[1]。

在此期间，北京机床研究所会同高等院校和工厂对国外典型精密机床样机进行了全面试验，并对精密机床零件用材、冷热加工工艺及其检测技术都进行了比较深入的研究，在保证规划顺利实施上起到了极其重要的作用。

20 世纪 60 年代的精密机床会战取得丰硕的成果。例如，上海机床厂试制成功的 Y7131 齿轮磨床和 Y7520 螺纹磨床，昆明机床厂试制成功的 T4163 坐标镗床和 T42100 坐标镗床等都是接近当时国际水平的产品，外观如图 1-3 所示。从此，我国机床工业跨入了精密加工领域，开始有了自己的高精度精密机床产业。

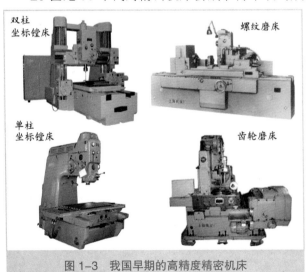

图 1-3 我国早期的高精度精密机床

在研制高精度精密机床的过程中，高精度精密机床发展规划的制定策略和具体实施过程都在我国机床发展史上可圈可点，特别是老老实实、脚踏实地有针对性而非功利性地开展科学实验研究，直到现在仍然值得继承和借鉴。

1960 年 11 月 25 日《光明日报》发表了哈尔滨工业大学机械系机床及自动化专业和哈尔滨机联机械厂共同署名的《从设计积木式机床试论机床的内部矛盾运动的规律》文章。该文在总结哈尔滨机联机械厂创造积木式机床经验的基础上，以自然辩证法的观点，讨论切削过程中工件与刀具的对抗形态对机床结构配置的影响，引起了毛主席的关注，并作了批示 [3]，复印件如图 1-4 所示。

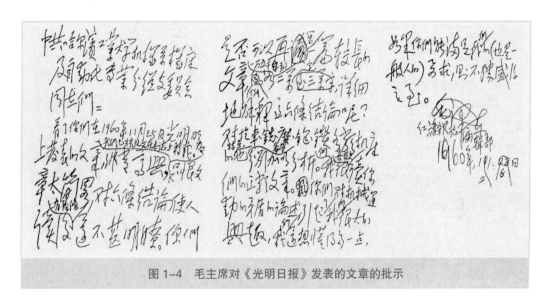

图 1-4　毛主席对《光明日报》发表的文章的批示

对工程实践进行研究总结，并且上升到哲学理念是一项有重大意义的探索，它可以帮助人们从更高、更深的层次来理解工程现象，探讨未来的发展趋势。这种思考问题的方法和理论探索，今天仍然值得大力提倡。

尽管时代不同了，计划经济已经转变为市场经济，环境迥然不同，体制和价值观都发生了明显变化。但是，回顾历史、总结过去的产学研经验对解决今天产学研存在的种种问题也许不无帮助。

由于中苏关系的变化，我国工业布局开始从沿海向内地转移。1964 年开始到1974 年间，采用由沿海老厂包建、包投产的办法，先后在青海、宁夏、贵州等地建立了 17 家机床厂，从而改变了我国机床工业的布局，对发展西部工业起到了很大推动作用。

1966 年，为了发展汽车工业，国家决定在湖北襄樊建立第二汽车制造厂。机械工业部成立了"二汽成套设备战役"办公室，制定规划，组织全国力量进行设备的设计与制造。参加的企业、科研单位和高等院校共有 138 个单位，为建设二汽提供了 369种 7 664 台高效专用专门化机床，包括组合机床自动线 34 条、回转自动线 6 条，到1975 年建成投产。尽管在为二汽提供的设备中有 30% 存在不同程度的质量缺陷，但

6

它标志着中国机床工业有能力提供年产 10 万辆载重卡车的成套设备，完成从单机到成线、成套的飞跃，积累了许多宝贵的经验，为以后发展自动化成套装备奠定了基础[1]。

1977 年，我国金属切削机床的产量达到 19.87 万台，是 1957 年的 7 倍，1979 年机床拥有量达到 278.4 万台，居世界前列，真是"大跃进"。但事后分析，从 1958 年到 1978 年的 20 年间，质量好的机床充其量不过 1/3，大多是废铁一堆。一个突出的案例是 1970 年沈阳第一机床厂的 CW6140A 车床改型，不计算、不试验，42 天完成设计和样机，投产后发现切槽时振动、床头箱发热等严重缺陷，不到一年被迫停产[1]。这种大干快上、无视科学规律、盲目追求速度和数量、不求产品质量的做法留下了极其深刻的教训和后患，应永远引以为戒。

三、进入数控机床发展期（1980—2000）

1979 年，改革开放，济南第一机床厂与日本马扎克（Mazak）公司签订了来图来样加工、合作生产返销车床的协议。此闸一开，迎来 20 世纪 80 年代对外合作的高潮。据不完全统计，1980 年到 1999 年，我国机床工业先后与国外多家企业合作，引进技术约 150 项，包括技术转让、许可证生产、合作生产等，可分为 4 个阶段，见表 1-2。

表1-2　1981~2000年我国数控机床生产概况

年代	特征	机床产量	数控产量	数控品种
1981-1985年"六五"期间	国内数控机床的起步阶段	592 300	7 133	113
1986-1990年"七五"期间	国内数控机床与国外合作生产的阶段	831 900	12 812	
1991-1995年"八五"期间	国内数控机床具有自主知识产权阶段	大波动时期,1991~1993年平均年增速达20%,1994年负增长25%,1995年负增长14.2%,全行业出现亏损		
1996-2000年"九五"期间	提高数控机床国内市场占有率阶段	801 800	47 300	1 500

在此期间，借助国外技术力量，迅速提高了我国机床工业的产品水平、工艺制造水平和管理水平，特别是数控技术的掌握和应用。随着改革开放，打开国门，引进技术，我国开始进入发展数控机床为主线的时期。从表 1-2 可见，这 20 年，数控机床产量增长了 563%，数控机床品种增长了 1 227%，成绩斐然。图 1-5 所示是 20 世纪 90 年代我国机床工业生产的典型数控机床例子。

在这 20 年间，国家和机床制造企业都认识到数控技术的重要性。从"六五"开始，国家投入属于数控攻关和数控机床国产化的技改专项有 75 项，"七五"期间有 58 项。企业也投入大量人力物力发展数控机床和数控系

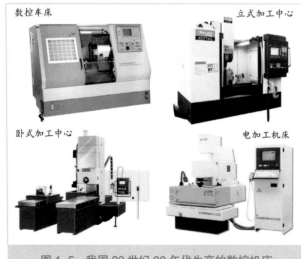

图 1-5　我国 20 世纪 90 年代生产的数控机床

统，一方面，在数控机床的设计和制造技术方面有较大提高，培养出一批设计、制造、使用和维护的人才；通过合作生产现代数控机床，使机床设计、制造和使用水平大大提高，缩小了与世界先进技术的差距；通过利用国外的功能部件、数控系统配套，开始能自行设计和制造高速、高性能、5 面或 5 轴联动加工的数控机床。另一方面，对关键技术的试验、消化、掌握及产品创新尚处于摸索之中。许多重要功能部件，诸如主轴部件、滚动导轨和滚珠丝杠、数控系统等主要依赖国外技术支撑，还没有走出以仿为主的圈子，与德国、日本、意大利等国的差距仍然很大。

特别是数控系统，从"六五"到"九五"的 20 年，尽管出现了华中数控、广州数控、北京凯恩帝等数十家数控系统制造商，厂多人众，但大多把主要精力放在对国外技术的跟踪上，关于基础理论和应用的研究皆有所欠缺，加上与机床主机制造厂家结合不紧密，没有形成合力，进展较缓慢。时至今日，中国高端数控系统市场仍以德国西门子和日本发那科两家公司的产品为主流。

在技术进步的同时，我国机床产业的结构发生了巨大变化。1980 年以后，随着国家政策的放开和改革的深入，一批民营企业家被吸引投资机床行业，部分国有机床工具企业国退民进，转为民营企业。机床工具行业打破了国有企业一统天下的局面，形成了国有企业、集体企业、民营企业、中外合资企业和外资独资企业多种所有制形式并存的新格局。机床企业的数量急剧增加，大型机床集团开始形成。1995 年沈阳第一机床厂、中捷友谊厂（第二机床厂）和第三机床厂合并组建成沈阳机床股份有限公司，成为国营机床企业成功转制的范例，带动了国有机床企业的转制改造。到 1999 年底，我国机械工业系统共有机床工具企业 621 家，其中重点骨干企业 183 家。621 家中属于国有经济的 344 家、集体经济的 116 家、联营经济的 13 家、股份制 68 家、中外合资合作经营的 19 家、港澳台合资合作经营的 7 家、其他 54 家 [1]。可以认为，到 20 世纪末，我国基本建成了比较完整的机床工业体系。

四、黄金发展和成熟期

进入 21 世纪，国家实施振兴装备制造业的战略 [5]，将发展大型、精密、高速数控装备和数控系统及功能部件列为加快振兴装备制造业 16 项重点任务之一。在国家政策支持的推动和市场需求的拉动下，特别是汽车工业的快速发展，制造装备产品需求旺盛，使我国机床工业迅速走出低谷，迎来前所未有的黄金机遇。

自 2004 年开始，我国跃居机床工业大国，连续 9 年成为世界第一机床消费大国和第一机床进口大国，成为全球瞩目的机床大市场，与此同时国产机床所占比重也逐年提升，如图 1-6 所示。

我国沈阳、北一、大连等大型机床集团率先抓住机遇，迎接挑战，进入世界舞台，并购了若干家世界著名机床企业，如德国的 Schiess、Waldrich-Coburg、Zimmermann 等，同时进行土地置换，搬离市区，在郊区新建厂房，扩大生产基地，建立了世界一流的现代化机床制造企业。这些企业在完成搬迁和技术改造后，大力开

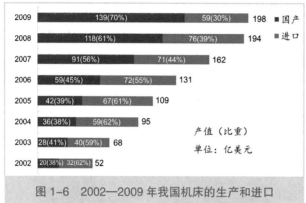

图 1-6　2002—2009 年我国机床的生产和进口

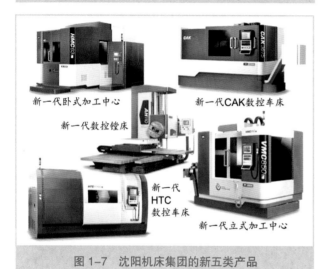

图 1-7　沈阳机床集团的新五类产品

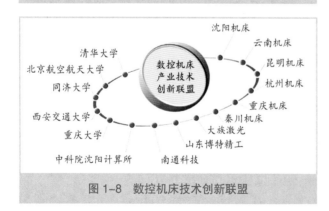

图 1-8　数控机床技术创新联盟

展产品更新换代的工作，取得了显著的成果。例如，沈阳机床集团通过自主研发，于 2010 年推出"新一代"系列新产品，如图 1-7 所示。

为进一步加强企业与高等院校的联系，开展机床产品创新、探索新形势下的产学研模式，沈阳机床集团牵头组成"数控机床产业技术创新联盟"，共有 15 家企业、高等院校和研究所参加，如图 1-8 所示。

处在我国机床工业这个黄金发展期，民营企业毫不示弱，积极参与，强势出击，有的还兼并了大型国有企业。例如，浙江天马集团收购齐齐哈尔第一机床厂，成立了齐重数控装备股份有限公司，江苏新瑞收购了常州多棱机床厂和宁夏长城机床厂，组成江苏新瑞重工科技有限公司。这些新组建的公司既具有国有企业多年积淀下来的技术实力，又具有民营企业的经营管理活力，是我国机床产业中不可忽视的一支生力军。

例如，齐齐哈尔第一机床厂是我国最早的重型机床厂，在重型立车和卧车领域具有举足轻重的地位。重组后焕发了新的活力，推出许多令人刮目相看的创新产品，诸如 HT630 系列数控重型卧式车床（最大工件质量 350t、最大车削直径 ϕ4 500mm、最大加工长度 20 000mm、主电动机功率 250kW）。又如 CWT130×145/180L-MC 数控重型曲轴旋风切削加工中心的成功研制，结束了大型船用曲轴只能依赖进口的历史。

再如，新瑞重工汇集了新瑞机械、宁夏长城、江苏多棱三大品牌 10 个系列的数控机床产品，目前已成为我国数控机床产品门类较为齐全的大型机床制造企业之一，在常州和银川组建了两大研发制造基地。以高新技术和新产品帮助客户提升传统产业，为客户提供最佳解决方案。齐重和新瑞重工的代表性机床产品如图 1-9 所示。

中国的庞大机床市场使全球的机床企业向往不已。特别是进入黄金发展期以来。国外的著名机床企业，如德马吉森精机（DMG MORI）、GF 加工方案（GF Machining Solution）、马扎克

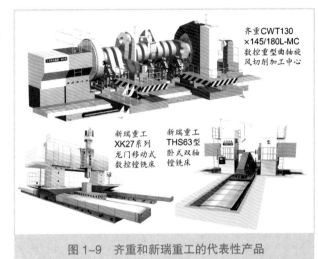

图 1-9 齐重和新瑞重工的代表性产品

（Mazak）、哈斯（HAAS）等公司已经不满足合资合作生产的模式，纷纷在华独资建厂，生产适合中国市场需要的机床。

例如，成立于 2000 年的宁夏小巨人（LGMazak）机床有限公司，是日本马扎克公司在中国的独资工厂，按照日本马扎克智能网络化工厂的构建理念，采用马扎克生产的现代化装备和软件管理系统，建立起智能网络化的生产环境，成为我国机床工业第一家智能网络化工厂。该公司职工 450 人，人均年劳动生产率 200 万元人民币以上，居全国之首，成为效益最好的机床制造厂家。

该公司先后分 3 期扩建，到 2010 年底完成了年产 4 000 台数控机床的规模，成为中国最大的、信息化和自动化程度最高的数控机床生产基地之一。工厂高效率的运作有赖于信息技术和制造技术的深度融合。先进的制造手段、自动化生产设备加上数字化、信息化和网络化管理，确保工厂高效率运行和产品质量。技术、销售、生产、管理各部门的数据在同一网络中流动，信息完全共享，从而实现了缩短生产准备时间和交货周期、提高生产效率、降低成本的目标。数字化、信息化和网络化的发展，将促使企业机构的改革。建立以顾客为核心的经营模式，使各部门与客户实现等距离沟通，为顾客提供最佳的技术支持和服务。这就需要将各类信息准确传达和分配，并及时对工厂底层的物料流进行控制，如图 1-10 所示。

外资独资企业不仅在国内生产先进的机床产品，而且带来新的经营管理理念和模式，形成了

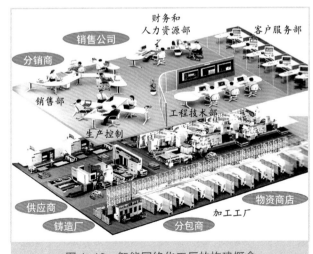

图 1-10 智能网络化工厂的构建概念

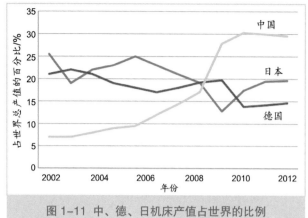

图 1-11 中、德、日机床产值占世界的比例

国家或地区	贸易平衡排名	贸易平衡/百万美元	出口率/%
中国	28	-10 970.0	10%
美国	27	-3 739.3	42%
印度	25	-1 565.4	
意大利	4	3 495.7	78%
中国台湾	3	3 586.0	78%
德国	2	7 222.7	76%
日本	1	10 790.1	63%

图 1-12 世界机床贸易平衡图

国企、民营和外资三足鼎立、三分天下的既竞争又共赢的局面。

2009 年，国外机床产业受经济危机影响较大，我国跃居机床第一生产大国。据统计，我国规模以上机床工具企业 5 382 家，全行业完成工业总产值 4 014 亿元，共生产金属切削机床 580 273 台，其中数控机床 143 904 台。一批高速、精密、复合、多轴联动的数控机床，以及大型数控机床新产品进入了国内市场。到 2010 年，我国金属切削机床产量为 755 779 台，其中数控机床产量达到 223 897 台，是 2005 年的 3.6 倍，标志我国机床产业进入了成熟发展期。2009 年到 2012 年，按机床产值计，我国已经超越德国和日本，成为世界三大机床生产国之一[4]，如图 1-11 所示。

但是，我国机床工业大而不强。在诸多"大国"的桂冠前面，切勿沾沾自喜。我国是机床生产大国、消费大国、进口大国，但却是贸易弱国。美国嘉德纳（Gardner）研究公司 2008 年到 2013 年公布的 28 个国家或地区机床贸易平衡统计数据表明，中国多年皆居于末位，是贸易逆差最大的国家。2012 年逆差高达 109.7 亿美元，而出口率仅占产值的 10%[4]，在世界装备市场中并没有占有举足轻重的地位，如图 1-12 所示。为什么逆差如此之大？甚至近年来还呈增长的趋势？海关统计表明，我国数控机床平均出口单台价仅为 3.3 万美元，而进口单台价则为 21.9 万美元，出口单台价仅为进口的 15%，差不多等于 6.7 台换 1 台。这意味航空航天、汽车、能源等战略性产业所需的高端数控机床不能自给，主要依靠进口。

此外，我国是机床企业和从业人员数最多的国家，但劳动生产率仅是日本的 1/10。图 1-12 还显示，日本、德国和意大利是机床的主要输出国，是贸易顺差的前几位，他们才是真正的机床制造强国。

我国要真正成为机床强国，还有很长的路要走，任重而道远。我们在探索未来趋势时，不要只认为展览会上的国外机床新产品就是发展方向，不明其究竟，知其然不知其所以然，满足于形似，实际神不似，应该多追问为什么。例如，21 世纪初日本森精机（Mori Seiki）公司提出重心驱动，解决办法是采用双丝杠驱动，并作为该公司引以为自豪的核心技术，许多国内机床企业纷纷仿效。可是，森精机 2010 年推出的 XClass 新系列机床，却采用全新的设计思路，在尽可能保留重心驱动的原则前提下，将双驱动改为单驱动以及采取其他多项措施，使机床结构更加紧凑（占地面积减少 20%）和节能（能耗减少 30%~40%），以"绿色"抢占市场制高点。可见，凡事不能够照葫芦画瓢，需要多思考有没有更好的办法来解决面临的问题。

五、新形势、新常态、新机遇

我国经济增速从 2010 年下半年起告别过去 10 年平均 10% 的高速增长，回落到 7% 左右，中速成为新常态。国内机床消费市场随之发生了显著且持续的变化：一方面是机床需求总量明显减少；另一方面则是需求结构明显升级，低端过剩、高端不足的矛盾日益突出。战略趋同和产品同质化的结构性缺陷使大多数中国机床企业缺乏竞争力，陷入困境，必将面临一场严苛的、优胜劣汰的结构调整的大洗牌局面。因此，经营理念领先的企业纷纷在产品开发、企业管理、经营模式等方面寻找突围的方向和途径。

2011 年 4 月在北京举行的第 12 届中国国际机床展览会上就有 58 项国家重大专项成果展出。例如：北京机床研究所展出 NANO-TM500 超精密车铣复合加工机床，大连机床集团展出 VHT 系列立式复合加工中心，秦川机床工具集团展出 QMK009 数控圆锥齿轮磨齿机等。

值得一提的是，QMK009 数控圆锥齿轮磨齿机摒弃了传统的筒形砂轮展成磨削法，采用指状砂轮或小直径盘状砂轮，通过多轴联动数控沿齿廓来磨削大型曲线齿圆锥齿轮。这种数字铲形轮展成切齿法所加工的齿线可为任意曲线，包括现行的 Gleason 圆弧收缩齿制、Oerlikon 延伸外摆线等高齿制、Klingelnberg 准渐开线等高齿制、直齿锥齿轮等[6]。该项技术已获中国发明专利[7]。其加工原理和机床外观如图 1-13 所示。

该机床最大磨削工件分度圆直径 2 500mm、最大模数 50mm、最大齿宽 500mm。与一般多轴联动数控加工圆锥齿轮方法不同，该方法的加工过程是铲形轮齿面包络被加工齿轮齿面的过程，而不是事先计算出待加工齿轮的齿面坐标，再将其作为自由曲面加工。由于加工过程是完全基于齿轮的啮合原理，不仅能够保证所加工的齿轮达到高精度，且具有良好的啮合性能。

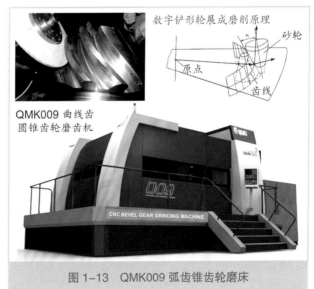

图 1-13 QMK009 弧齿锥齿轮磨床

借助数控技术来实现铲形轮与待加工齿轮展成运动的优势还在于：可以方便地实现各种所需要的展成运动修正，如控制齿面接触斑点的位置、大小和形状，可以明显提高圆锥齿轮传动副的啮合性能。

采用小直径砂轮（刀具）有一系列的优点。首先，在切削或磨削力一定的情况下，主轴的扭矩小，机床受力情况得到改善、变形小。其次，重量轻，易达到高回转精度、易实现动平衡，能耗低，安全性高。再次，磨削接触区小、可有效避免磨削烧伤，效率高。最后，所需空间位置小，给机床总体设计带来极大的方便。

在运用新运动原理的同时，QMK009磨齿机在结构上进行了全新的设计。例如，机床总体配置采用龙门结构，主轴滑座采用重心驱动技术，工件轴垂直布置，回转工作台采用双蜗杆消隙技术，采用静压轴承和闭式静压导轨以及摆头直接驱动等多项先进技术，保证了机床加工硬齿面大型圆锥齿轮的优异性能。

秦川机床工具集团在大型磨齿机的核心技术的基础上，还开发了大型数控圆锥齿轮铣齿机和大型圆锥齿轮测量中心，为大型圆锥齿轮加工提供了全面解决方案。该项目的研制成功彻底摆脱了大型重载圆锥齿轮副长期依赖进口的局面，满足了我国船舶、石油、化工、冶金、矿山等行业对大型高精度硬齿面圆锥齿轮加工装备的迫切需求。

数控机床的功能部件一直是制约我国机床产业发展的瓶颈，特别是数控系统至今对国外产品依赖度很大。国外提供的数控系统是标准平台，并不包括许多重要的、特定用户急需的、加工关键零件的软件，不能与中国机床制造商的高端产品很好地匹配。为此，高档数控机床与基础制造装备国家科技重大专项特别关注有关数控系统的研发课题。

大连光洋科技工程有限公司在国家科技重大专项的支持下，2013年研制成功了"中大型机床亚微米集成智能控制技术"，具有以下三方面的特点：

1）全面集成。大多数的数控系统供应商只生产控制系统本身，即使能够提供伺服驱动装置和电动机，也是标准的外置式电动机，使机床设计的结构合理性受到电动机的制约。此外，机床制造厂家需要从不同的供应商采购不同的功能部件，往往造成相互不能完全匹配的问题。光洋公司研制的基于GNC60/61数控系统的"中大型机床亚微米集成智能控制技术"，将控制系统、驱动装置、以内置直驱电动机为特点的双摆电主轴或双摆工作台以及激光干涉实时反馈位移测量系统集成为一个完整的5轴联动加工闭环控制系统。全面集成的好处在于：由一家功能部件供应商负责整个系统的协调运行，使机床制造商可以集中精力从事机床的机械结构设计，开发出结构更加合理、性能更加优异、高效和节能的高档数控机床。

2）智能化。首先，该系统具有丰富的5轴控制功能，包括工件坐标系旋转与刀尖点坐标控制、平面刀矢插补和双C样条约束插补等，还具有防碰撞技术与在线加工过程的三维仿真，可保护切削刀具和机床部件在调试或加工时不会因相互碰撞而损坏，提高了首件加工或单件加工的成功率。其次，光洋研制的控制系统拥有各种机床误差补偿功能，支持每个坐标的定位误差双向螺距补偿、直线度补偿、3个坐标之间的垂直度补偿以及由于环境温度变化和部件运转发热造成的机床热误差补偿等，对于提升高档数控机床的加工精度具有重要的作用。

该系统配备智能电源，在整流的同时随时调整各桥臂的导通策略，保证 380V 电网电流与电压相位的一致，不论伺服驱动处于电动机还是发电机运行状态，皆可实现功率因数接近 1，基本消除了无功功率和谐波污染。由于智能电源以直流母线电压恒定为控制目标，在伺服驱动瞬间需要大电流时，母线电压仍可保持稳定，提升了伺服驱动乃至数控机床的电刚性，使机床加工零件表面质量有明显的提升。此外，智能电源可同时实现整流和逆变，在机床伺服驱动电动机制动时，电动机处于发电机状态，母线电压有升高的趋势，智能电源将这部分机械能转化的电能回馈给电网。这种应用对于大功率回转驱动（大型立车转台、主轴）和伺服电动机频繁启、制动（高速钻孔、汽车和航空复杂形状零件的高速加工），具有明显的节能效果。此外，这种制动方式不会带来摩擦制动或能耗电阻制动造成的发热以及机械损耗和电气损耗，避免了制动电阻发热造成的电气柜温升，提高了电气元件的寿命，从而提高了驱动系统的可靠性。

3）高速、高精度。该系统采用基于 Windows 操作系统的实时内核，可实现每秒数千次的精确控制任务调度，保证运动控制运算、逻辑控制运算、人机交互等高效实时运行。借助高速光纤将控制指令送达各轴伺服驱动装置，同时将运动部件的坐标位置、电动机负载率、温度等物理量传回控制系统，进行高速信息交互。光洋控制系统另一个特点是精密的位置／角度传感细分技术，将来自直线／角度传感器的信号进行细分处理，可将物理分辨率提升最高达 16 384 倍，且细分处理过程可在 5ns 内完成。与一般高档数控机床借助光栅测量部件位移

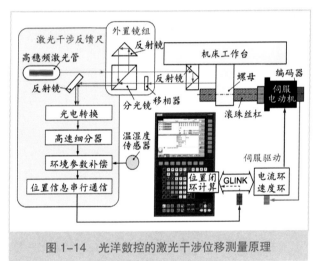

图 1-14 光洋数控的激光干涉位移测量原理

的方法不同，光洋控制系统直接采用激光干涉原理，对机床部件位移实时测量反馈，使机床部件定位精度提升到 0.5μm/1 000mm，在特定条件下的重复定位精度甚至可达 0.1μm，如图 1-14 所示。

沈阳机床集团于 2014 年开始推 i5 系列数控智能机床。i5 数控系统是基于互联网的智能终端，不仅用于机床运动的控制，还实现了智能诊断、智能误差补偿和智能车间管理等功能。更重要的是，基于 i5 智能数控系统开发的车间生产管理系统（WIS）让用户能够实现车间信息的透明化管理，借助移动终端打造"指尖上"的工厂。

2015 年，沈阳机床以 i5 系统核心技术为基础建立 i 平台，将设计、制造、服务、供应链、用户集成到云端，让智能制造从单机扩展到异地机床群，并延伸构建了全款

图1-15　沈阳机床集团的 i5 T3.3 数控智能车床

图1-16　EMAG公司的床身生产车间

销售、租赁、租售和 U2U 模式。所谓 U2U 模式是集团旗下优尼斯（UNIS）服务公司直接对用户（User）服务的经营模式，从卖产品转为卖服务，用户可以按机床的使用时间或所创造的价值付费。这种共享经济的合作方式受到许多中小企业的欢迎。

i5 T 系列智能车床和 i5 M 系列智能铣床皆可按照用户需求进行配置，是高度定制化的机床产品。i5 T3.3 数控智能车床的外观如图 1-15 所示。

这种"互联网＋"的新一代智能机床以及全新的经营模式，受到各方面的关注，如中央电视台、辽宁电视台多次进行了专题访谈，香港文汇报以《沈阳机床智能产品突围》为题大篇幅进行了报道等。

尽管当前机床行业面临下行的巨大压力，但从长期战略上仍然被各国著名机床制造公司继续看好，纷纷在华建立新的、现代化的独资工厂，生产高端机床产品。例如，Mazak 继宁夏小巨人之后在大连建立了更大的现代化未来工厂。DMG MORI 的天津工厂采用大空间空调换气系统技术，除保证室温变化 24h 控制为 ±1.0℃外，并借助换气空调机，提高车间内部压强以及在装配区和加工区设置前室，在保证室温变化最小化的同时防止粉尘、尘埃侵入车间。EMAG 公司在金坛建立了从床身矿物铸造和加工到主轴箱、滑台、刀塔等关键部件加工以及机床装配等现代化恒温车间，生产结构紧凑、加工精度高的倒置式立式加工中心及生产线，其床身铸造和加工车间的全景如图 1-16 所示。

六、未来展望

制造业是立国之本、兴国之器、强国之基。高端数控装备是《中国制造 2025》十大重点发展领域之一。中国要在中华人民共和国成立 100 年时进入制造强国的前列，必须改变高端数控装备主要依靠进口、创新能力薄弱、核心技术缺失的局面，要实现这一宏伟目标，还有很长的路要走。

摆在面前的必须跨越的第一道关口是机床产品的质量。尽管国产的高端机床采用进口的功能部件，但我们的机床加工精度、可靠性和精度保持性仍然与世界名牌产品有相当差距，这不仅是技术的差距，更主要是经营理念、企业管理和人员素质的差距。机床质量不过关，谈不上跻身制造强国。

集成化、复合化和混合加工，一个复杂零件在一台机床上加工完毕仍然是今后若干年追求的目标，不仅是切削加工工艺的复合，如车铣复合、车磨复合，更进一步的是不同工艺过程的混合，例如切削加工和热处理、切削加工与增材制造的混合机床将成为未来 10 年的亮点。

绿色机床是提高机床性能和可持续发展的重要保证，绿色机床不仅是减少诸如冷却液等废弃物的排放，更加重要的是提高能源利用的效率。绿色机床的特征借助结构优化和新材料的应用使转动部件轻量化。移动部件质量小，不仅可减少驱动功率，还有助于提高运动精度。

智能制造是未来制造业的愿景。就机床而言，应该具备两个基本特征：第一个是机床及其关键部件状态的感知，如振动、温升、位移等，将各种传感器嵌入机床和部件的结构，对加工工况和"健康"状态进行监控；第二个是人—机、机—机能够交互和通信，机床数控系统不仅是运动控制器，而且是工厂网络的一个节点，能够与车间管理系统、物料流管理、客户以及机床之间实时通信，提高机床使用的效率和效益。

展望未来，中国制造将更上一层楼，从制造大国迈向制造强国，机床产品更新换代，必将受到世界的青睐。

第二节 机床与过程的相互作用

一、工件和刀具是一对矛盾体

金属切削的基本工作原理是，借助高硬度材料的刀具从硬度较低的工件毛坯上切除多余的金属，从而获得具有一定形位精度和表面质量的特定形状的零件。简言之，以硬克软。实现这一切削过程，工件和刀具之间需要有相对运动和驱动动力，机床就是提供力、力矩和相对运动的工具机，而工件和刀具就是机床内部一对直接相互对抗的矛盾体。以车床为例，机床主轴通过卡盘夹持工件，使其旋转，而固定有刀具的滑座在数控系统的控制下沿床身纵向移动，在刀具和工件的相对运动过程中伴随着刀具和工件的对抗。刀具切除工件上的一层金属，而在工件上形成一定直径、具有一定尺寸精度和表面光洁度的新表面，如图 1-17 所示。

在刀具和工件的相互作用的过程中，不仅通过运动轨迹形成了新的几何表面，还伴随着一系列复杂的物理过程。工件和刀具的相互对抗作用是加工系统的内在激励，在加工系统中产生了 3 种过程载荷：静态力 F_s、动态力 F_d 和热量 Q。机床在这 3 种过程载荷作用下产生了一系列物理响应和变化[9]，仅就 X 一个轴而言，即可发生：

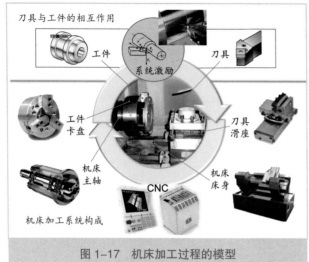

图 1-17　机床加工过程的模型

1）由于受静态和动态切削力而引起的变形 δx (F_s, F_d)。

2）由于切削过程产生的热而形成的温度场和局部温升 δT (Q)。

3）机床部件由于温度场产生的热变形 δx (T)。

上述物理响应的结果都是负面的，是与提高机床加工精度和生产效率的根本目标背道而驰的，它制约工件的加工质量（精度和表面质量），导致刀具和机床的磨损以及加工效率的降低，如图 1-18 所示。

机床设计师的任务就是采取各种措施尽可能地减少这些负面影响，找出其规律，并进一步谋求误差补偿的可能性，才能够不断提高机床的性能。遗憾的是，除静态力所造成的构件变形外，人们对刀具和工件这对矛盾体的对抗机理和后果的认识还不是很深刻，对其

图 1-18　加工过程载荷对机床的影响

普遍规律尚未完全掌握，难以准确地预测和防止。

为了进一步理解工件和刀具这一对矛盾体的相互作用，必须了解什么因素使其对立，矛盾双方如何转化。无论是车削还是铣削，当刀刃切入工件时，会使工件表面层产生塑性变形、挤压和崩裂，金属一小块一小块地变成切屑而与工件表面脱离。形成这一过程的第一个必要条件是刀具材料的硬度，只有硬才能切软。但是，工件材料的变形过程伴随工件表面和刀具切削表面之间的剧烈摩擦和产生大量的热，使刀具刃口变软，造成刀具切削刃的磨损，即工件对刀具产生的反作用将导致刀具切削能力的降低甚至丧失。第二个必要条件是，机床必须提供足够的能形成切屑的力、扭矩和速度，才能保证一定的金属切除率，满足加工效率的要求。

切削速度越高，刀刃与工件和切屑的摩擦定会加剧，发热量就越大，刀具的磨损必然更快，刀具的寿命加剧缩短。为了满足提高生产率的要求，必须寻求新的刀具材料和结构。由此可见，工件和刀具的矛盾双方不断发生转化，主要矛盾的一方从刀具转到机床，

随着机床性能的提高又转回到刀具，如图1-19所示。

二、刀具材料是机床发展的推动者

刀具材料在机床发展史中起到推动者的作用。在工业革命初期主要使用淬硬的高碳工具钢刀具，切削速度很低，仅约10m/min左右。20世纪初，出现了高速钢刀具，使切削速度提高到30m/min~50m/min，无论加工效率和生产力都有了巨大的飞跃。

20世纪50年代开始，硬质合金刀具逐渐获得广泛应用，使切削速度进一步提高到200m/min以上。随后，涂层硬质合金和陶瓷刀具的出现和不断改进，使切削速度进一步提高，高速加工获得了越来越广泛的应用，从而对机床性能提出了很高的要求。100多年来，车削加工非合金钢的切削速度变化如图1-20所示。从图1-20中可见，从1910年到

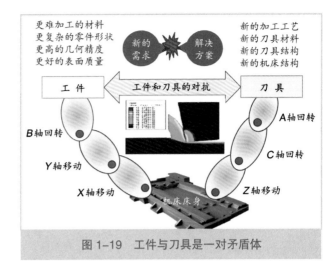

图1-19 工件与刀具是一对矛盾体

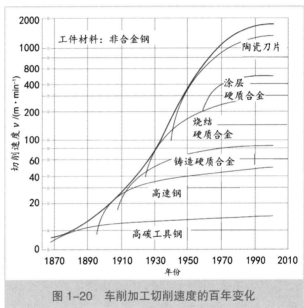

图1-20 车削加工切削速度的百年变化

2010年的100年，车削速度大约提高了50倍[10]。

每一次新的刀具材料出现，切削速度成倍地提高，对机床的结构和驱动方式，特别是动态性能都提出了新的要求。以车削为例，提高切削速度就要提高主轴转速和功率，为了保证切屑的正常形成，必须同时提高进给速度。随着机床运动部件速度的提高和驱动功率的增大，机床发生振动的倾向加大，机构的磨损加剧，给机床结构配置、零部件设计和材料的选用提出了新的挑战。如此反复不已，通过工件和刀具这一对矛盾体的相互作用，推动着制造技术和机床结构向前不断地发展。

三、新需求是创新的拉动者

随着科学技术的进步，制造业，特别是汽车、航空航天、微电子、模具等新兴产业的发展，新产品层出不穷，零件的形状越来越复杂，零件的材料更加难以加工，零

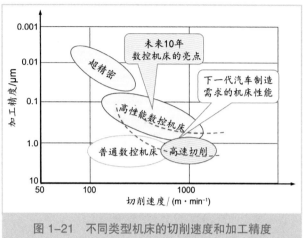

图 1-21 不同类型机床的切削速度和加工精度

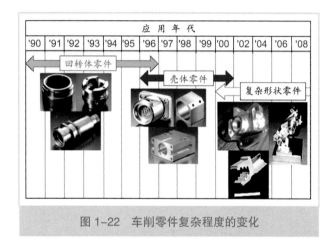

图 1-22 车削零件复杂程度的变化

件的几何精度和表面质量要求也越来越高。这些国民经济支柱产业的新需求不仅促使新的工艺、新的刀具材料和结构的出现，更需要能够满足这些加工要求的新一代机床。

据统计，数控机床的加工精度和切削速度大约每 **8~10** 年提高一倍。定位精度很快将告别微米时代而进入亚微米时代，精密化与高速化汇合而成新一代高性能数控机床。高性能数控机床是下一代汽车和航空制造需要的关键装备，是未来 10 年数控机床的亮点，如图 **1-21** 所示。

制造技术的进步不仅是切削速度和加工精度的提高，还表现在加工工艺的变化。例如，1990—1995 年期间，数控车床主要用于加工回转体零件，从 20 世纪 90 年代中期开始，在数控车床上配置了自驱动的铣削刀具，可以加工具有回转表面的壳体零件。进入 21 世纪，各种机器的性能日益提高，其零件的结构和形状也越来越复杂，并且希望在一台机床上将一个复杂零件加工完毕，借助工序集中以缩短加工流程、提高效率和保证加工精度，如图 **1-22** 所示。工序集约化的需求导致车铣复合加工机床的出现，无论机床的总体配置、加工工艺和数控轴数，与传统的数控机床相比都发生了很大的变化。

工业新需求对机床而言是一种外部矛盾，促使工件和刀具的矛盾对立和加剧、相互转化加速，即外部矛盾通过内部矛盾拉动机床进一步发展。特别是专、特、精的机床产品，为用户采用新的工艺开辟了道路。这就是为什么要提倡机床制造厂要当好用户的工艺师的根本原因，掌握这一规律后开发出来的新产品就会有所创新、有所突破，能够大幅度提高生产率，得到用户的认可，必将驶向无人竞争的蓝海，开辟一片新天地。

例如，近一个世纪来，在刀具材料的推动和工业需求的拉动下，车床的发展历经从皮带车床、齿轮箱变速车床、数控车床、带有自驱动刀具的转塔数控车床、具有自动装卸工件功能的正倒置车削加工单元和具有自动换刀功能的车铣复合加工中心的变迁，如图 **1-23** 所示。

四、颤振：矛盾的激化 [11]

工件与刀具的相互对抗不是稳态的。机床是由若干相对运动部件组成的柔性多体耦合系统，产生于耦合链两末端的工件和刀具之间的切削力是变化的，在铣削加工时尤为明显，其大小与切削层的面积（或切屑厚度）有关，而变化频率与铣刀的转速和齿数有关，如图 **1-24** 所示。

从图中可见，装夹在机床主轴上的铣刀是一个有限刚度和阻尼的弹性系统。当刀齿切入工件时，在切削力的作用下会产生一定位移，加以参与切削的刀具齿数也是变数，切屑厚度及其所产生的切削力呈明显的周期变化特征，从而对加工系统产生一个激振力，成为工件和刀具对抗的一种特定形态。当这种激励能量达到一定能级时，且当其频率与机床固有频率接近，就会产生谐振，使工件和刀具的矛盾激化，出现颤振现象，加工过程就从稳定状态进入非稳定状态。颤振是人们不希望出现的，是机床和过程的相互作用的危险地带。它加剧刀具的磨损、导致加工表面质量降低，甚至使加工过程无法进行。如何防止出现颤振，避免矛盾的激化是人们关注的焦点，也是高性能机床设计的关键。

采用小的背吃刀量（吃刀深度）保持加工过程处于稳定区是消极的办法，不符合高性能数控机床必须具有高金属切除率的目标。因此，提高工件和刀具系统的刚度和阻尼，使图 **1-24** 中的稳定性叶瓣图上移，减少工件和刀具矛盾激化的可能性是机床设计师的重要任务。但是，提高机床结构的刚度和阻尼是有一定限度的。研究加工稳定

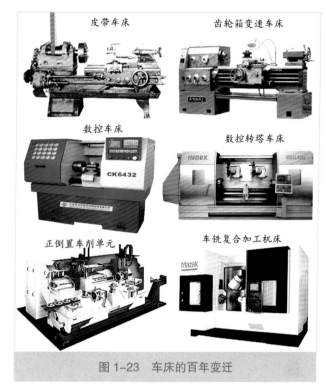

图 1-23 车床的百年变迁

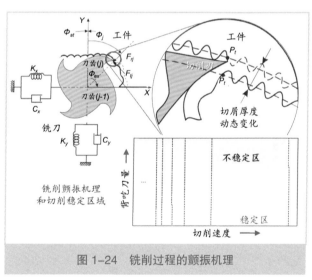

图 1-24 铣削过程的颤振机理

性叶瓣图可以发现，当切削速度增加时，随着切削力变化的频率增加，偏离机床的固有频率，工件和刀具间的激化过程就有可能来不及形成，加工过程稳定区会呈叶瓣状增大的现象。因此，提高切削速度不一定会出现颤振，反而可能使加工过程更加稳定，这就是高速加工的秘诀。

但困难的是，这个叶瓣图是与每一把刀具、每一组工件（特别是不同材料）以及加工过程的切削用量有关，需要通过软件仿真和实验来加以确定。

五、仿真：预测和防止颤振 [12]

进入 21 世纪，计算机仿真技术有了很大的进展，软件的功能日益强大，使机床的研究和设计进入全面关注动态性能的时代。现代机床设计已经不仅仅是运动、功能和强度的设计，必须考虑所设计的机床动态性能如何，而且要在机床没有制造出来以前就能够用它来加工工件，这就要借助虚拟机床来进行仿真，预测和防止出现颤振。

借助仿真预测和防止颤振的概念如图 1-25 所示。从图中可见，从零件的 CAD 文件生成数控程序后，将刀具轨迹输入数控系统，转化为各轴的位移、进给、速度、加速度和加加速度（Jerk）的指令。这些指令作为机床多体动力学模型的运动特性输入，加载到相应轴的进给伺服驱动的动态模型上。同时根据切削用量和刀具建立的切削动力学模型又将动态的切削力加载到机床动力学模型上，构成了数控系统、机床和加工过程三者的协同仿真模型。

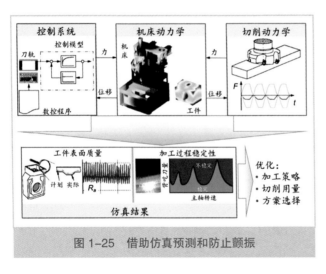

图 1-25　借助仿真预测和防止颤振

协同仿真的结果可以预测这台机床在当前加工条件下的工件表面质量和加工过程的稳定性。

如果工件的表面粗糙度不能满足要求或加工过程出现颤振，首先建议通过改变切削用量，借助稳定性叶瓣图，找到稳定区域。在优化切削用量不能获得理想结果的情况下，改变加工策略（切削路径）或选择不同加工工艺方案也可能消除振动。

第三节 机床与人和环境的关系

机床不是孤立的货物，它是在车间运行的生产装备，在把毛坯转化为零件的同时消耗能源，排放固体、液体和气体废弃物，并与操作者、其他机器、车间环境和生态环境发生各式各样的关系。机床与人和环境的关系是外部矛盾，其大部分影响都是负面的，处理不当会造成内部矛盾的激化，降低机床的加工效率，甚至导致对人的危害和对环境的破坏。

研究和理解机床与人和环境的关系，可以减少机床使用时所产生的负面影响，提高机床的使用效率，保护操作者的健康，改善车间环境，降低生产成本，从而获得更强大的市场竞争力。例如，日本马扎克公司最近的产品宣传重点已经从机床的加工性能和生产效率，转向宜人、生态友好和智能化方面。

一、宜人学：人机关系

宜人学，也称为人机工程，是研究人与机器关系的科学。在工业革命初期，工人是机器的附属物。在昏暗、嘈杂和拥挤的车间里，机器快节奏地运转，工人不断重复简单而枯燥的动作，容易产生疲劳，有害健康，造成各种职业病。

随着科学技术和社会的进步，人们开始发现，提高劳动生产率的途径不仅是提高机器的效率，更重要的是人的能动性，机器是在人的指挥下工作的。何况现代生产需要的不仅是人的体力，更重要的是人的知识和智慧，人是生产中最宝贵的资源。保持人力资源的可用性和高效率，即劳动者的身体健康和良好的心理状态，成为现代化生产面临的新挑战。数控机床实现了人与机在空间和时间上的可分离性。机床主要是在数控程序的指挥下完成加工任务的，人不再需要直接操作机床的动作。机床设计师的任务是使车间编程和仿真能够有效地应用，使机床操作和维护更加方便，不仅要保证操作者的安全和健康，还能使操作者工作更加轻松和愉快。

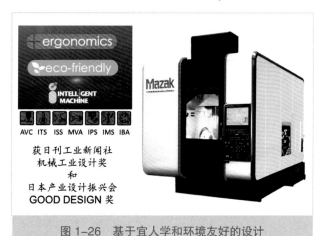

图 1-26 基于宜人学和环境友好的设计

图 1-26 所示马扎克 VARIAXIS i-700 加工中心是宜人学和环境友好设计的成功案例[13]，其特点是：

1) 数控面板可转动。根据操作者需要调整角度，操作直观、方便。
2) 加工空间的可达性。打开前门就是工作台，装卸工件极其方便。

3）宽大的前视窗。保证加工工况的全方位可视性。

4）左侧刀库的易接近性。机床侧面有门可以打开，保证更换刀具方便。

由于该机床兼备宜人学、环境友好和智能化的优点，获得日刊工业新闻社日本机械工业设计奖和日本产业设计振兴会优秀设计（GOOD DESIGN）奖。

智能化是改善人机关系、加强人机协作的高级阶段。机床不仅延伸了人的体力和脑力，而且越来越聪明。机床的智能化使数控机床的操作更加方便，进一步提高机床的性能，加强人机之间的交互和通信，防止意外的发生。例如，马扎克公司开发了下列 7 种机床智能化功能：

1）主动振动抑制（AVC）可减少刀具运动轨迹突然转向时的振动。

2）智能温度补偿（ITS）可补偿温升引起的热变形位移。

3）智能安全屏障（ISS）可防止运动部件之间碰撞和干涉。

4）语音警示（MVA）在可能发生事故时，提示操作者注意。

5）运动精度测量（IPS）监控定位精度的变化。

6）机床维护支持（IMS）提示需要维修部位和维护指南。

7）智能惯性平衡（IBA）消除高速转动的不平衡度。

二、废弃物：车间环境

在机床运行过程中不断产生废气、废液和切屑，它们污染车间的工作环境，消耗能源，危害人的健康。如何在机床设计时就考虑减少废弃物的排放，节约能源，净化车间环境，对废弃物回收和再利用是新的挑战和发展趋势。

例如，德国戴姆勒奔驰（Daimler Benz）汽车公司为改善车间工作环境和提高生产过程能效的措施主要从以下三方面入手：

1）废气排放管理，保证车间的空气流通和温度适中。

2）冷却液和切屑处理，回收和再利用。

3）废水处理，过滤和处理后再排放。

车间通风采用层流通风，提高通风面积率，节约能源。对切削加工产生的油雾采取水淋法，洁净空气再循环。对热加工设备，则采用热交换器和能量回收系统，使加工过程废气再利用，如图 1-27 所示。

从图中可见，机械加工的冷却液回收和切屑分离由切削冷却液回收系统、切屑分离系统和冷却装置组成。冷却液和切屑的混合物经过过滤后借助离心机甩干后用压力机将切屑压成块状，以便回收再利用。而已经不含切屑的冷却液用泵输送到冷却液集中供给系统，进一步过滤和温度控制后循环再利用。

对于不是大量生产的车间需要考虑机床本身的冷却液循环，工作空间温度的控制以及切屑分离。对于采用干切削、微量润滑（MQL）和高速加工的机床，切屑往往带有大量热量，如何保证切屑快速从机床移除是保证机床工作精度的重要环节。

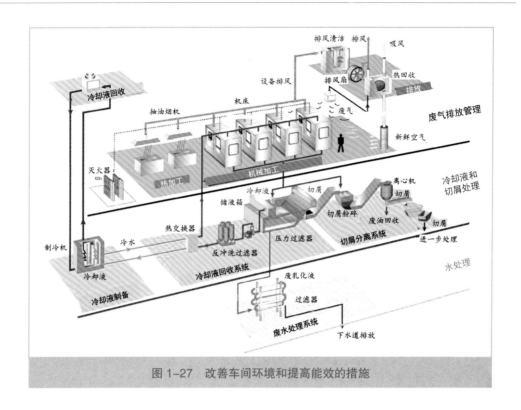

图 1-27 改善车间环境和提高能效的措施

第四节 机床产品的创新理念

产品创新不仅是机床产业本身发展的需要，还将为其他产业带来直接和间接的效益。例如，许多新兴产业，像生物芯片、量子光电器件、复合材料等产业化所需新装备，都要先行开发对应的新型机床作为必要的生产手段。其次，机床产品创新带来的效率提升，直接让所有用户企业得益，也就是说一台机床提高生产效率，就能降低所生产的工业品和消费品的成本。在间接效益方面，机床创新构思往往超越原先的应用领域，"溢出"到用户企业，启发用户将创新构思移植到自身的新产品中，带动进一步的创新和产业结构升级。

一、产品创新的基本概念 [15]

众多的研究表明，产品创新不是孤立的事件，其形成机制和过程呈现出与生物进化类似的路径依赖特征。在一个产业的发展过程中，业内对技术的应用范围、实用价值、未来发展方向等方面的共识，会逐渐地形成一套技术范式，表现为行业内奉为典范的主流产品设计思路和引导行业创新路线的技术轨迹。

基于技术轨迹概念，创新可分为 2 种模式：①沿着既有技术轨迹向前推进，对主流设计进行模仿性、维持性、演进性改良的连续创新；②另辟蹊径、跳出原来的技术轨迹，对既有市场格局和技术产生突破性、颠覆性改变的不连续创新。

连续创新和不连续创新除了在技术轨迹上不同之外，在风险、回报、实施方法等各个方面都有所区别。开发不连续创新产品是实现自主创新的重要一环，但开发不连续创新产品所需的技术较为陌生，可供借鉴的知识和经验不多。此外，用户对不连续创新不熟悉，在推广应用方面需要投入的资源较多，而且需要面对产品不为用户接受的风险。

机床是复杂的工业产品，其开发周期和投资都远比一般消费品为高，企业在规划机床创新路线之前，有必要把握好新产品的创新度，平衡连续创新与不连续创新构思所伴随的风险和回报，以取得较好的创新绩效。

金属切削机床是机床产业的主体产品。它以高刚性金属铸造或焊接床身、笛卡儿坐标系运动学、电动机驱动主轴等作为产品的主流设计概念，并以不断提高机床的功率和定位精度作为技术进步的评价标准。在这个基础上，持续不断地出现各种以功能部件改进为标志的连续创新。

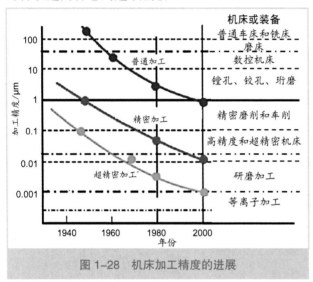

图 1-28　机床加工精度的进展

持续的创新和不断的改进，带动机床产品性能的不断提升。以金属切削加工机床为例，从 20 世纪 40 年代到现在，车削、铣削、磨削机床等的加工精度都经历了持续的、大幅度的提高[10]，如图 1-28 所示。

在各类机床的演进过程中，虽然部分机床引入了人造大理石（矿物铸件）床身、无机械传动的直接驱动等技术跨度较大的新技术，但总的来说，机床产业和用户仍然以主流设计为参照系来理解和评价这些新技术的优劣。加以上述突破性创新构思具有共性，能应用在各类机床上，除了牛头刨床、仿形机床等个别情况外，没有出现整个机床类别被淘汰的现象，而相反在原有机床类别中派生出诸如车铣复合机床等新的机床类别，令机床产品的技术范式在较长一段时间内相对稳定和渐进发展，并以连续创新为主。

连续创新虽然为机床产业和用户带来很大的直接和间接的效益，技术范式的规范作用也指引着机床产业的技术发展方向，降低创新所带来的不确定性和风险。但是，技术范式约束了企业和用户的思维，降低了机床产业对当前社会经济变化的敏感性，令即使领先的企业也可能会变得短视，不研究或不积极推出脱离技术轨迹的创新产品。因此，当代表崭新产品类别和使用模式的创新构思进入市场时，积极采纳新构思的企业将取得绝对优势，颠覆当前市场领导者的控制，并且创造新的周期。那些不能预见技术轨迹变化的企业，则随着旧范式的瓦解而逐渐衰亡。作者认为，在制定企业长期发展战略时固然应该重视不连续创新，但也不能偏废连续创新，必须处理好两者的互动和互补关系。

二、机床产品的不连续创新

回顾历史，机床产业经历了几次主要的技术范式更迭。100 多年来，机床产品在技术层面依次出现了天轴皮带传动、交流电动机驱动、计算机数控、加工中心和多轴复合加工 5 类不连续创新。

1. 天轴皮带传动

天轴皮带传动将机床从手工业的工具提升为工业化机械装备的主角。蒸汽机和大型直流电动机的外部动力通过车间上方的天轴和皮带传送至每台机床，并且借助塔轮机构实现主轴 3~5 种速度的变换。虽然从结构而言，天轴皮带传动机床和其前身人力驱动机床没有重大区别，但由于稳定的机械动力代替人力，降低了对工人体力和技艺的要求，延伸了人的体力，使"工具"转变为"工具机"，大大促进"工厂"这一现代制造组织形态的形成。图 1-29 所示为 1949 年以前上海某机械厂的天轴皮带传动加工车间。

2. 交流电动机驱动

交流电动机的出现使机床的集中驱动方式转变为分散驱动，将动力提供和机床加工功能集成为一体。交流电动机取代了天轴和皮带，通过齿轮变速箱传动来驱动机床主轴，可实现 12~24 种速度的变换，变速范围达 100 以上。由于机床主轴的转速、功率和扭矩大幅度提高，大大提高了机床的加工效率和加工范围。尽管机床仍然由人工操作，一人一机、完成一道工序，但车间不再显得那么拥挤和嘈杂。由此可以营造明亮和整洁的工作环境，工人劳动条件有了明显改善，成为现代化生产的一种象征，如图 1-30 所示。

交流电动机驱动的出现使机床不断向大型化、精密化和自动化发展，可采用多台电动机驱动

图 1-29 1949 年以前上海某机械厂的加工车间

图 1-30 某工厂的机械加工车间

图 1-31　MIT 研制的第一台数控机床

机床的不同部件，以简化传动链和提高自动化程度，并进一步与外围辅助装置和物料输送装置集成，构成自动化单元或自动线。直到今天为止，交流电动机驱动的机床，即普通机床仍然在我国制造业中广泛使用，是多数工厂的加工设备主体。

3. 数控机床

如果说，普通机床是电气时代的象征，那么数控机床就是电子时代的产物，它延伸了人的脑力。借助数字控制的步进或伺服电动机驱动机床部件，使刀具在数控程序指挥下走出空间运动轨迹，以加工复杂曲面。因此，机床创新的主体是进给运动而不是主运动。图 1-31 所示为 1954 年美国麻省理工学院（MIT）研制的第一台数控机床。

数控机床的出现使机床从一种纯机械产品转变为机电一体化产品。随着微电子技术的发展，伴随着许多第二层次的连续和不连续的创新。诸如进给驱动方式从步进电动机、电液伺服进化为直流伺服、交流伺服，直到直接驱动。数控系统从数字控制进化为直接数控、计算机数控等。数控机床除了大大提高生产效率和淘汰了仿形机床外，还对工厂运作和管理产生了根本性的改变。例如，每台普通机床需要一名工人操作，加工质量取决于工人的技艺，而数控机床可以实现人与机在空间和时间上的分离，加工的质量和效率主要取决于数控编程和刀具预调，即主要取决于知识而并非技能，促进了劳动知识化，跨入了知识型智能化制造的新时代。

4. 数控加工中心

数控加工中心与一般数控机床的区别在于增加了换刀机构和刀库，并将主轴传动从变频调速改为伺服调速，以实现主轴定向准停，以便进行刀具交换。将加工中心归为不连续创新的更重要原因在于，机床从人工更换刀具变为自动更换刀具后，生产组织将从一台机床只完成一道工序转变为可以完成多道工序。单台机床可以替代多台机床完成一个工件的加工任务，提高了生产柔性，简化了物料流，改变了生产车间的布局和管理模式。

5. 复合加工机床

复合加工机床将车、铣、磨等多种不同类型的加工工序整合到同一台机床上，借助高端数控系统控制不同的主轴和进给部件对工件进行多轴联动加工，实现一个复杂工件在一台机床上加工完毕。图 1-32 所示为一台车铣复合加工机床。与车削或铣削加工中心相比，复合加工机床并不在于主轴功率和定位精度方面的优势，而是由于工件只需要一次装夹，在多道工序加工后的累计误差较小，明显提高复杂工件的加工精度，减少机床的台数和占地面积，简化物料流，缩短整个工艺流程，降低工艺局限对产品设计的制约。

以上列举的机床不连续创新，虽然没有改变机床的基本工作原理，其不连续性主要体现在大幅度提高了机床的性能和用户

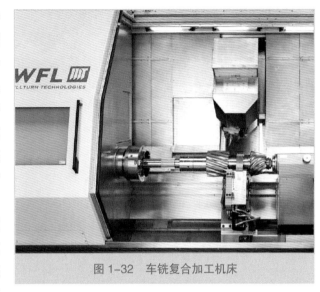

图 1-32 车铣复合加工机床

价值。它的深远影响在于触发了用户企业改变既有的生产模式、生产流程和产品结构，而新的生产模式和新的产品又促进了对新机床的需求。

6. 机床不连续创新的启示

回顾机床创新的历史，毫无疑问连续创新是机床创新的主流，而且通过不断推出连续创新，领先的机床企业可在一定时间内有效地巩固自身的市场领导地位。但是，在很多情况下不连续创新才是根本性地改变机床产业格局的决定性因素。目前世界机床产业是否处于技术轨迹转轨的关键时刻，最近国外机床制造商推出的某些新产品的出发点与以前大不相同，是否正在孕育着重大变革？应密切加以关注。

因此，有必要进一步分析哪些因素促成不连续创新？在什么情况下会再出现？

1）技术革命的推动。工业革命导致天轴皮带传动机床的出现，电气革命使交流电动机驱动获得普遍应用，微电子革命推动数控机床功能不断完善。进入互联网和物联网时代，机床将不仅是一台设备，而且是网络中的一个节点，这对机床的产品创新将会产生什么影响？能够借助网络扩大机床功能范围和提高其创造价值能力的将不是硬件，而是网络和软件，软硬结合、虚实结合将成为下一代智能机床的重要特征，是机床产品不连续创新的方向。

2）用户需求的拉动。不断提高生产效率是永恒的主题。交流电动机驱动与天轴皮带传动相比，大幅度提高了机床的切削速度和功率，而数控机床进一步解决了复杂形状工件加工的难题，加工精度不断提高。用户的新需求在哪里？作者认为，首先是新材料，例如复合材料和难加工材料，都存在许多加工难题，需要新机床和新刀具去加以解决。其次是极限制造，超大、超重和细微加工已经进入机床产品创新者的视野。

3）社会环境的影响。回顾历史，机床是生产设备，是构成工厂的重要组成部分，不断改善人机关系和机床与环境的关系将成为可持续发展的关键。首先机床是用电产品，我国大约有近千万台机床在运行，仅 2010 年就生产金属切削机床 75 万台、成形

加工机床 26 万台，节能和环保是大问题。何况欧盟 2013 年已将机床能效列为新标准制定项目之一，在机床产品创新时不考虑节能和环保将导致重大失误。

4）知识供应链[16]。机床产业的技术进步和发展离不开科学研究。百年来机床列强都是以强大的科研为支撑的。例如，20 世纪初德国柏林工业大学机床研究所所长 Schesinger 教授领导下制定的机床检验标准原则一直沿用至今。亚琛工业大学机床实验室主任 Opitz 教授在 20 世纪 60 年代提出的成组技术编码系统对成组技术的发展产生重大的影响。20 世纪 80 年代塔姆斯特工业大学生产技术与机床研究所在高速加工机床和工艺以及斯图加特大学机床控制研究所在开放式数控系统领域的研究，对德国机床工业的发展和不连续创新都起到了很大的推动作用。

从社会、经济发展的大趋势来看，机床作为生产工具和用能产品，其产品创新今后若干年的焦点可以概括为以下 4 个方面：

1）生态机床[17]。绿色制造是可持续发展的前提，机床作为制造装备必须体现节能减排、以整体效益为本的评价标准。多年来，精度、速度、功率等测度的机床能力指标是机床产品的主要追求目标。当前在生态环境不断恶化的压力下，工业生产需要全方位地降低对环境的负面影响，机床的发展方向也应该从提高能力指标转变为提高效益指标，以更少的资源投入获得更多产出。例如，通过移动部件轻量化可以达到减少驱动功率的消耗，配合先进刀具、工艺过程和切削液可以减少废弃物排放。

2）智能机床[18]。基于互联网和计算机技术的智能化是机床进一步延伸人的脑力的体现。智能化可以提高机床工作的稳定性和可靠性。聪明机床能借助各种传感器对自己的状态进行监控，自行分析与机床状态、加工过程以及周边环境有关的信息，然后自行采取应对措施来保证最优化的加工。换句话说，机床已经进化为可感知当前状态、自行进行思考决策和控制调节的智能机器。例如，按照加工要求帮助操作者选择切削参数，将机床状态以短信方式发送给有关人员等。

3）客户化[19]。从大批量生产向大规模定制转变是制造业总趋势，机床产业也不例外。为用户创造价值不是一句空话。用户生产的产品是不同的，对机床设备的要求也当然各异。例如，复合加工机床的目标是一个复杂工件在一台机床上加工完毕，不同工件有不同的工艺过程和加工方法，复合机床的配置就应该有所不同。可以预见，相当一部分只专注生产和销售传统通用机床的企业将被为用户提供模块化、可重构、柔性化的全面解决方案的竞争者所取代。

4）软硬结合[20]。已经是互联网＋物联网时代的今天，机床越来越与信息化和软件有关。机床不仅是一台生产设备，更是工厂网络、甚至全球供应链网络中的一个节点。在网络中，机床能够与生产管理系统、刀具和物料管理系统，甚至与机床制造商、刀具供应商建立联系，自动处理生产中出现的问题。在即将到来的新一轮的工业革命中，不同企业的机床将处于网络化的信息物理融合系统（Cyber-Physical System），与人和其他设备连成一体，进行运算、通信和控制。

参考文献

[1] 李健，黄开亮.中国机械工业技术发展史 [M].北京：机械工业出版社,2001.

[2] 张曙，朱志浩，樊留群.中国机床工业的过去、现在与将来 [J].制造技术与机床,2011
(11):21-27,31.

[3] 马洪舒.哈尔滨工业大学校史 [M].哈尔滨：哈尔滨工业大学出版社,2000.

[4] Gardner Research.The world machine tool output and consumption survey
2013[EB/OL].[2014-01-12].https://www.gardnerweb.com/cdn/cms/uploadedFil
es/2013wmtocs_SURVEY.pdf.

[5] 国务院.关于加快振兴装备制造业的若干意见（摘要）[EB/OL].[2012-08-28].http://
www.gov.cn/gongbao/content/2006/content_352166.htm.

[6] 工业和信息化部.国家科技重大专项：高档数控机床与基础制造装备 [EB/OL].[2009 -
05-11].http://skzx.miit.gov.cn/n11293472/n12731633/index.html.

[7] 工业和信息化部装备工业司.机床工具行业"十二五"发展规划 [EB/OL].[2012-1-
20].http://www.chinaequip.gov.cn/2011-07/22/c_131002068.htm.

[8] 胡弘，刘插旗.大型、精密齿轮加工装备 [J].中国军转民,2011(5):32-36.

[9] 西安交通大学，陕西秦川机械发展股份有限公司.一种锥齿轮加工方法：1017
74048B[P/OL].[2014-08-28].http://www.patentstar.com.cn/my/frmPatentList.aspx?
db=CN&No=001&kw=101774048B&Nm=1&etp=&Query=%20(101774048%2FGN
%2B101774048%2FPN)&Qsrc=0.

[10] Brecher C,Esser M,Witt S.Interaction of manufacturing process and machine
tool[J].CIRP Annals,2009,58(2):588-607.

[11] Byrne G,Dornfeld D,Denkena B.Advancing cutting technology[J].CIRP Annals,
2003,52(2):483-507.

[12] Quintana G,Ciurana J.Chatter in machining processes: A review[J].International
Journal of Machine Tools and Manufacture,2011,51(5):363-376.

[13] Altintas Y,Brecher C,Weck M,et al.Virtual machine tool[J].CIRP Annals,2005,
54(2):115-138.

[14] Mazak.VARIAXIS i-700[EB/OL].[2014-08-28].http://english.mazak.jp/cgi-bin/it
emreg/itemreg.cgi?action=item_disp&key=5373700.

[15] Heisel U,Stehle T.Energiesparpotenziale in der spanenden Fertigung—Forschung
in Deutschland[C].Tagungsband FtK 2010,Septmber.29-30,2010,Gesellscha ft für
Fertigungstechnik Stuttgart,2010.

[16] 张曙，卫汉华，张炳生.机床的工业设计："机床产品创新与设计"专题（十一）[J].
制造技术与机床,2012(7):10-14.

[17] 张曙，卫美红，张炳生.构建长期稳定的知识供应链：机床产业转型升级途径之七 [J].
制造技术与机床,2010(6): 7-10.

[18] 张曙，谭惠民，黄仲明.绿色将成为新的竞争热点：机床产业转型升级途径之四 [J].
制造技术与机床,2009(12):4-7.

[19] 张曙.现代制造与智能化工厂 [J].现代制造,2013(1):16-17.

[20] 张曙，谭惠民，黄仲明.软硬件结合为用户创造更多价值：机床产业转型升级途径之
二 [J].制造技术与机床,2009 (10):32-35.

[21] 机床工具行业经济形势分析暨行业"十四五"规划纲要, [EB/OL].[2021-3-12].
http://www. cmtba.org.cn.

第二章　机床的总体配置和结构设计

张　曙　张炳生

导读：机床的总体配置方案设计是机床创新的第一步，也是关键的一步，必须充分考虑诸多因素：未来机床的功能，运行环境，对动静态特性的影响，机床可靠性，机床运行效率，市场所能提供的材料、配套件、工艺能力等。它们是决定新机床性能的先天条件。这些因素的和谐统一，才是一个优秀的总体配置方案。可是，现实的设计中有两种极端性偏向：其一，片面降低成本，总体配置中过于简单化、轻量化，严重降低机床的动静态性能和可靠性，污染机床运行环境，缺乏安全措施；其二，片面追求"高大上"，尤其是在外防护上讲究富丽堂皇，难有实际效果，反而造成资源的极大浪费。

据此，本章介绍了机床结构配置的"新视角"和"新方法"，将设计工程师的关注点引导到一个全新的思路平台上，要求设计师不仅要将目光聚焦于机床产品的技术性能、效率和可靠性，还必须全面考虑人、生态环境、全生命周期效益、人机协调和可持续发展。为了说明各种配置的特征，本章列举了五轴加工中心的72种结构配置方式。需要指出的是：配置方式表不是范例，更不是让读者按图索骥；而是说结构配置具有多样性，必须具体情况具体分析，可减亦可增，有必要时可以通过冗余运动的合理配置作更多的变形，这才是"创新"。重点应该理解的是结构配置的六个原则。

在遵循六个原则的基础上，本章进一步阐述了结构优化的五个途径——平衡结构与刚度、有限元分析、拓扑优化、刚度质量比、动态稳定性等，有方法有实例。本章对机床结构件的材料性能提出了选择原则和要求，更进一步介绍了新型材料在机床结构件上的应用。为使读者对机床结构件设计配置有进一步的认识，专门论述了机床结构轻量化设计方法，包括质量刚度的理论匹配、结构轻量化的目标、轻量化的途径及结构轻量化设计的应用领域，尤其应指出这种优化是"反复优化的过程"。

第一节　机床设计的新方法

一、新视角

高性能数控机床是复杂的、造价昂贵的机电一体化系统，必须以新的观点来规划和设计，才能保证一次试制成功，并在实际生产中迅速获得应用，形成生产力和创造价值，提高生产效率和经济效益。

设计视角的"新"表现在产品设计中，不仅聚焦于机床的技术性能、效率和可靠性，而且还关注人、生态环境、全生命周期效益、人机协调和可持续发展。

1. 提高机床的性能

追求机床的高性能是传统设计观点的继续和延伸，主要表现在以下 3 个方面：

1) 高效率。机床是生产装备，单位时间的产出能力，即加工效率是最主要的指标。对金属切削加工机床而言，就是材料切除率或加工特定零件的循环时间。它在很大程度上取决于机床的动静态性能，特别是其结构件尺寸和形状所决定的静态刚度。

2) 高精度。机床的精度可以定义为刀具在加工零件表面时所到达的位置与程序设定值的偏离度。这个误差取决于加工系统，特别是机床结构在切削力和惯性力以及热效应作用下所产生的变形。精度最终表现为工件的尺寸精度，工件形状要素间的相互位置精度和微观的表面粗糙度。

3) 智能化。数控机床不仅延伸了人的体力和脑力，还将能够进一步采集生产数据，处理信息，具有自行做出判断和采取行动的能力，不断"进化"，变得越来越"聪明"。换句话说，机床不仅是技术含量高的物质产品，也是软件和硬件结合的知识产品。软硬结合是高端数控机床的重要特征。

2. 重视生态和环境

机床是消耗能量的产品。机床不仅要具有高的加工效率，还应该具有高的生态效益。生态效益也称为资源效益，是指机床在加工过程中有效使用能源和物料的能力。它体现节能减排的水平和绿色化的程度，是新一代机床的重要标志。

机床存在于车间环境中，离不开周围的机群和人群。机床既要保证操作者的安全又不造成车间环境的污染或影响其他设备的正常工作，还要构建一个和谐、协调和愉快的工作环境。因此，基于宜人学和艺术造型的结合、赏心悦目的外观和操作的方便性将构成机床产品竞争力的新要素。

3. 关注全生命周期

机床的使用年限一般为 10 年，甚至更长一些。机床在整个生命周期内应该保证其可用性和创造价值的能力。在设计阶段不仅应该考虑机床的维修周期、便捷性和成本，还要关注能源和其他材料的消耗。典型案例分析表明，机床使用期间的碳排放量占整个生命周期排放总量的 90% 以上。如果采用轻量化设计方案，虽有可能会增加机床的制造成本或售价较高，但却能明显降低全生命周期的能耗和使用费用。无论是机床制造商还是最终用户，如何取舍，则大有讲究。

我们应该认识到，发展节能产品的大趋势不可阻挡，正如价格便宜的白炽灯最终会被节能灯所取代，机床也不例外。何况与家用电器一样，欧盟有关机床的能效标准已经陆续出台，能耗必将成为进入国际市场的一项重要参考指标。

为了制造业的可持续发展，应将生态效益和全生命周期评价作为数控机床设计的新目标，以减少在其整个生命周期内对环境的负面影响，这将在机床的生态设计一章中详加阐述。

二、新方法

1. 新流程

传统的机床开发过程分为两个阶段：第一个阶段是设计，第二个阶段是试制。传统的所谓设计主要是借助 CAD 建立三维实体模型，经过主观评价后，加以分解，绘制零件图。这种设计方法主要是基于以往的经验，即使采用有限元分析，也大多局限于结构件的应力和变形分析而已，既没有对机床整机的静态和动态性能进行仔细深入的分析，也没有考虑加工过程和控制回路对机床结构的影响。

样机制造出来以后，经过调试和试切，必然出现各种问题。于是再想办法修改设计，消除缺陷，重新制造物理样机。通过试运行、调整和验收，才能投入批量生产。因此，在产品开发阶段对物理样机一再修改，往往耗费大量的人力物力和时间，使新机床的开发一再拖延，有的甚至长达 1~2 年。

新设计方法的目标是物理样机试制一次成功，并将开发周期控制在 3~6 个月。这就要在 CAD 实体模型的基础上，建立机床和加工过程相互作用的模型，借助有关分析软件求解机床整机在静态、动态和热载荷下的响应。设计阶段的输出不仅是图样，而且是对机床性能反复优化结果，即在物理样机试制出来以前，在计算机上"试运行"所设计的机床，对其性能进行评价和优化，把可能出现的缺陷消灭在计算机里。

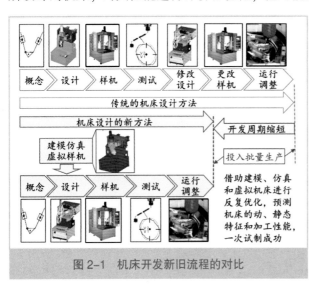

图 2-1　机床开发新旧流程的对比

新的机床设计流程与传统的机床开发流程的区别主要是，在设计阶段引入建模、仿真和虚拟机床，在计算机上反复优化，从而减少机床试制阶段的人力物力的浪费，缩短新机床的开发周期，加快推出新产品[1]，如图 2-1 所示。

数控机床是复杂的机电一体化系统。机床的性能和效率主要取决于其运动组合、结构动力学、控制系统和加工过程的相互作用，并非仅仅是机床结构本身。

此外，作用在机床上的载荷，无论是切削力、惯性力和热量都是动态的，仅仅考虑静态的应力和变形是不够的。

因此，新设计方法的另一特点是将机床动力学、切削动力学和控制回路响应作为一个动态大系统来考量，将零件加工的要求作为系统的输入，谋求在上述子系统的相互作用下获得最佳综合性能，如图 2-2 所示。

2．集成化设计

机床设计可以借鉴汽车和飞机的经验，在不同的设计阶段采用不同的方法、在不同的设计阶段采用不同的方法、工具和软件来优化。整个设计过程是集成化的、反复拟合的、从简单到复杂的仿真优化过程，如图 2-3 所示。

在概念设计阶段，可以在三维实体模型基础上借助简单的刚性多体仿真模型来确定机床的配置和运动特性。假设机床的所有部件只有质量、惯性和运动约束且不会变形，以检验运动拓扑是否合理、几何尺寸是否正确、部件运动时是否干涉。对具有空间机构的并联运动机床而言，运动分析和优化就显得更加重要。

借助有限元分析软件（例如 ANSYS、Solidworks Simulation 等）可以进一步设计、优化机床的主要部件和整机在各种载荷下

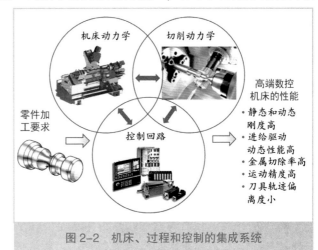

图 2-2　机床、过程和控制的集成系统

图 2-3　机床设计的不同阶段和仿真

表现的性能，此时机床及其部件是有柔度的，在载荷作用下会变形，与实际工作状态接近。因此，有限元分析和仿真的结果可以预测机床的静态和动态性能，用于改进机床的设计。载荷的形式是多种多样的，包括重力、切削力、加减速度的惯性力和热量，是给定的边界条件和分析软件的输入。载荷导致的结果为变形、应力、振动、温升等。借助有限元分析还可以求得机床在约束条件下的优化方案。例如，在保证机床结构刚度前提下的移动部件质量轻量化。

高端数控机床的特征是高速、高精度和多轴控制，机床的控制必须要能够在可接受的精度范围内迅速改变刀具和工件的位置、方向和姿态。因此，在设计阶段就必须

借助机电耦合和柔性多体动力学仿真（例如 ADAMS、MATLAB/Simulink）来分析机床结构动力学和控制回路的相互作用，以高刚度、轻量化的机床结构配合高动态性能的驱动装置来保证复杂零件的加工精度[2]。

新方法的难点在于输入参数的正确性和边界条件的合理性，特别是导轨接合面和轴承的阻尼以及刚度，输入参数有偏差或失真时，输出结果就不可信。各种功能强大的分析软件仅仅是工具，并非智力，只提供判据而并不能做出判断。因此，仿真的结果，特别是机电耦合柔性多体仿真的结果还需要通过实验加以验证，只有通过不断验证，积累经验，才能逐步实现在虚拟机床上"加工"零件的愿景。

第二节 机床的结构配置

一、机床的结构

机床的特点是在床身、立柱或框架等基础结构件上配置运动部件，在程序的控制下使工件与刀具产生相对运动而实现加工过程。现今，数控机床的许多功能部件，如电主轴、数控系统、滚珠丝杠、线性导轨等大多已不再由机床制造企业自行设计和生产，而是向零部件供应商采购。只有机床的运动组合、总体配置和结构件设计仍然是机床制造企业产品开发部门的核心工作。机床结构的总体配置决定了机床的用途和性能，是机床新产品特征的集中体现和创新关键。

机床结构配置和设计的主要目标和功能是：

1）支撑完成加工过程的运动部件。

2）承受加工过程的切削力或成形力。

3）承受部件运动所产生的惯性力。

4）承担加工过程和运动副摩擦所产生热量的影响。

机床结构设计面临的挑战就是如何保证机床结构在各种力载荷和热的作用下变形最小，同时又使材料和能源的消耗也最少。但是这两个目标往往是相互矛盾的，机床结构设计的任务就是在满足机床性能要求的前提下求得两者之间的平衡。

二、结构配置和运动组合

对机床结构配置的要求是实现承载工件和刀具的部件在 X、Y、Z 3 个直线坐标轴上的移动以及 3 个轴线 A、B 和 C 的转动。6 个自由度的运动组合有许多种方案，例如有 3 个移动轴和 2 个回转轴的 5 轴加工中心的组合方案就有 2 160 种之多[3]。但是大多数结构配置的可能方案并不合理，如在回转工作台上叠加直线进给机构，就没有实际意义或难以实现。按照主轴的空间位置和机床结构总体配置，加工中心大体上可以分为立式、卧式和龙门式 3 类。其中立式加工中心和龙门式加工中心的 72 种可能配置如图 2-4 所示。

图 2-4　五轴加工中心的可能配置方案

从运动设计的角度，假定传动链从工件开始到刀具为止，直线运动以 L 表 示，回转运动以 R 表示，具有 3 个移动轴和 2 个回转轴的 5 轴加工中心的运动组合共有 7 种：RRLLL、LRRLL、LLRRL、LLLRR、RLRLL、RLLRL、RLLLR。其中最常见的运动组合有 3 种：LLLRR、RRLLL 和 RLLLR。这 3 种运动组合及其典型结构配置如图 2-5 所示。

图 2-5a 是动梁式龙门加工中心，其运动组合为 LLLRR。工件安装在固定工作台上不动，横梁在左右两侧立柱顶部的滑座上移动（Y轴），主轴滑座沿横梁运动（X轴），主轴滑枕上下移动（Z轴），双摆铣头作 A 轴和 C 轴偏转。

图 2-5b 是立式加工中心，其运动组合为 RRLLL。工件固定在 A 轴和 C 轴双摆工作台上，横梁沿左右两侧立柱移动（X轴），主轴滑座沿 Y 轴移动，主轴滑枕沿 Z 轴上下移动。

图 2-5c 也是立式加工中心，但其运动组合为 RLLLR。工件固定在 C 轴回转工作台上，工作台沿 X 轴移动。主轴滑座沿 Y 轴和 Z 轴移动，万能铣头可作 B 轴回转。

每种运动组合可有不同的结构配置方案。例如，动梁龙门式机床和动柱龙门式

36

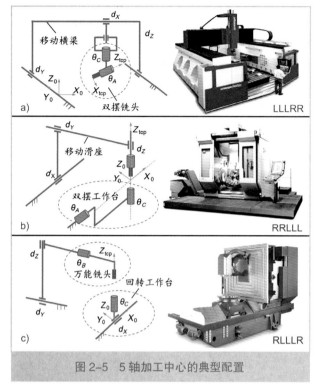

图2-5　5轴加工中心的典型配置

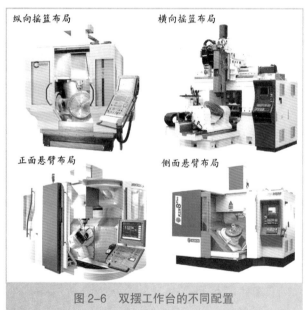

图2-6　双摆工作台的不同配置

机床都属于LLLRR运动组合，车铣复合加工和铣车复合加工大多属于RLLLR运动组合，而RRLLL运动组合可包括A/C轴和B/C轴双摆工作台。具有双摆工作台的4种不同结构布局方案的5轴加工中心如图2-6所示。

三、结构配置的原则

为了实现机床的高加工效率、高精度和高生态效率，机床结构配置应遵循的基本原则[4]是：

1）轻量化原则。移动部件的质量应尽量小，以减少所需的驱动功率和移动时惯性力的负面影响。例如，图2-5a中将大型工件安装在固定不动的工作台上，实现加工过程需要的所有运动都由刀具一方完成，包括X、Y、Z轴3个移动坐标轴和A、C轴2个回转坐标轴。

2）重心驱动原则。移动部件的驱动力应该尽量配置在部件的重心轴线上，避免形成或尽量减少移动时所产生的偏转力矩。例如，图2-5a和图2-5b机床的横梁都是由两侧立柱上方的驱动装置同步驱动，形成的合力在中间，图2-5c的X轴和Y轴配置也遵循重心驱动原则。

3）对称原则。机床结构尽量左右对称，不仅考虑了外观的协调美观，还可减少热变形的不均匀性，防止形成附加的偏转力矩。图2-5的所有配置方案都遵循这个原则。

4）短悬臂原则。尽量缩短机床部件的悬伸量。从机械结构的角度看，悬伸所造成的角度误差对机床的精度是非常有害的，角度误差往往被放大成可观的线性误差。例如，当主轴悬伸为可移动时，加工系统的刚度是变化的，变形量大小也随之变化。因此，悬伸量应尽可能小。

5）近路程原则。从刀具到工件经过结构件的传导路程尽可能短，使热传导和结构弹性回路最短化。换言之，承载工件和刀具载荷的机床结构材料路径和结合面数越少，则机床越容易达到稳定状态。

6）力闭环原则。切削力和惯性力只通过一条路径传递到地基的配置定义为力开环，而通过多条路径传递到地基的则为力闭环。C 型配置通常为力开环结构，龙门式配置为力闭环结构。

根据以上基本原则，机床结构配置应该刚性好、质量小，此外还要考虑制造成本、装配的方便性、工作区的可接近性以及占地面积等因素。

四、不同结构配置方案的比较

机床的结构配置取决于机床的具体用途，没有一个可以适合所有情况的最佳方案，都是权衡利弊而确定的。

现在通过一个案例来阐明选择结构配置和进行评价的基本思路。西班牙 Fatronik 公司根据客户要求设计一台大型铣削和摩擦焊复合机床。初步设计提出 6 种结构配置方案[5]，如图 2-7 所示。

方案 1（图 2-7a）是 C 型结构，固定单立柱，X、Y 轴十字移动工作台，主轴滑枕 Z 轴向移动，属于力开环配置。

方案 2（图 2-7b）是 C 型结构，固定双立柱，工作台 X 轴向移动，主轴部件 Y、

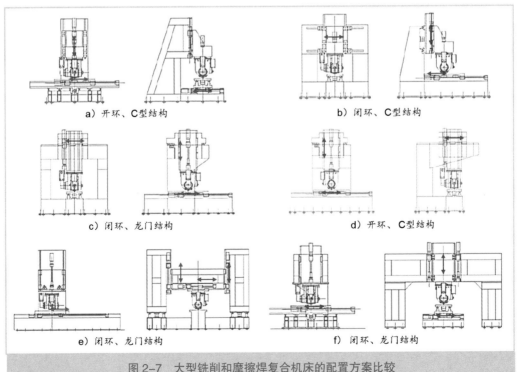

a）开环、C 型结构　　　　　　b）闭环、C 型结构

c）闭环、龙门结构　　　　　　d）开环、C 型结构

e）闭环、龙门结构　　　　　　f）闭环、龙门结构

图 2-7　大型铣削和摩擦焊复合机床的配置方案比较

Z 轴十字移动滑座，属于力闭环配置。

方案 3（图 2-7c）是龙门式结构，固定双立柱，工作台 X 轴向移动，主轴滑座 Y 轴向移动，主轴滑枕 Z 轴向移动，属于力闭环配置。

方案 4（图 2-7d）是 C 型结构，移动宽体单立柱，工作台 Y 轴向移动，主轴滑枕 Z 轴向悬伸，属于力开环配置。

方案 5（图 2-7e）是动梁动柱龙门式结构，立柱 X 轴向移动，横梁 Z 轴向移动，工作台固定不动，主轴部件 Y 轴向移动，属于力闭环配置。

方案 6（图 2-7f）是龙门结构，固定双立柱，固定横梁，X、Y 轴十字移动工作台，主轴滑枕 Z 轴向移动，属于力闭环配置。

为了评价不同结构配置方案，确定下列 7 项评价指标（表 2-1）：

1) 刀具中心点的整机刚度（机床刚度）；

2) 机床的制造成本；

3) 工作空间的可接近性；

4) 加工柔性和工艺兼容性（工艺柔性）；

5) 配置的协调性和对称性（人机协调）；

6) 机床占地面积和高度（占地面积）；

7) 机床操作的安全性。

由于摩擦焊的力很大，大约是铣削力的 2 倍，所以把结构刚度作为方案评价最重要的指标，然后依次是制造成本和操作安全性，而加工柔性和占地面积两项是最不重要的指标。机床配置的性能评价以 5 为最高分，1 为最低分。从表 2-1 中可见，方案 5 的刚度最高，方案 1 的制造成本和可接近性最好，人机协调性、对称性和操作安全性最佳的是方案 5 和方案 6，在占地面积上不同方案没有明显差别。考虑到强力铣削和摩擦焊时机床受力较大，最终选择刚度最高的机床配置方案 5（表 2-1 中以浅紫色标出）。

表2-1　不同布局配置方案的评价

评价指标	方案1	方案2	方案3	方案4	方案5	方案6
机床刚度	1.0	2.0	2.5	2.0	4.0	1.0
制造成本	4.0	2.0	1.5	3.0	2.0	2.5
可接近性	4.0	1.0	1.0	2.0	2.0	2.5
工艺柔性	3.0	1.0	1.0	1.0	1.0	3.0
人机协调	3.0	1.0	2.0	1.0	4.0	4.0
占地面积	2.0	2.0	2.0	2.0	2.0	2.0
安全性	3.0	1.0	2.0	1.0	4.0	4.0

第三节　机床结构的优化

一、结构件与刚度

机床的结构件是指承载工件和刀具的基础件，可以分为两大类：固定不动的床身、立柱、横梁等和移动的滑座、工作台、滑枕等。结构件的优化目标是在保证机床静态和动态性能的前提下使移动部件轻量化。传统的设计观念是机床刚度越大越好，现代的设计观念是机床移动部件越轻越好。移动部件质量轻，不仅可以提高机床的动态性能，更重要的是减少驱动功率，实现节能省材，达到环境友好可持续发展的目的。

对于如何保证机床的刚度，传统的观点是加大结构件的壁厚。加大壁厚固然可以提高机床结构的刚度，便于铸造，看来似乎是机床设计的金科玉律。但是，高端数控机床不仅需要保证较高的加工效率，而且要求部件运动速度较快，定位精度要求较高。伴随着结构质量加大和驱动电机功率增加，部件运动惯性的负面影响随之突出，不仅可能达不到预期要求，且与节约材料和节约能源消耗的理念相悖。

壁厚与重量是立方关系，壁厚与刚度在最有利的情况下也仅是线性关系。更加主要的指标是刚度质量比，随着壁厚的增加，刚度质量比随之降低，材料的有效利用率越来越差。机床结构件设计的关键在于结构件的形状和筋板的布置，应在实现轻量化的同时，实现高刚度和高刚度质量比。

二、有限元分析

为了实现机床结构质量最小和加工精度最高的目标，需要借助有限元分析对机床的静态、动态和热性能进行分析和优化。静态分析指的是忽略随时间变化的惯性力和阻尼的前提下计算结构在稳定载荷下的响应，包括应力、应变、位移和力。静态分析可以是线性的和非线性的。当结构只存在小的弹性变形时选用线性分析，而结构变形大、塑性材料或具有接合面时则需要采用非线性分析。

动态分析用于考量机床结构在动态力作用下的变化，即确定机床或部件的振动特性：固有频率和模态形状，特别是结构与动态载荷（切削力、惯性力和阻尼）的相互作用。

借助热有限元分析考量机床中的热源对机械结构的影响是保证加工精度的另一重要内容，将在"第七章　机床的热性能设计"一章详述。

有限元分析在机床设计中占有重要的地位，借助有限元分析模型可以进行机床结构的静态和动态分析，如图 2-8 所示。有限元分析的最重要的结果如下：

1) 刀具中心点在过程载荷影响下的与理论值的偏离（变形），包括导轨系统和主轴系统的变形；

2) 机床结构的振动模态和频率响应特性；

3) 机床结构中的应力分布；

4) 温度场分布及其所产生的变形。

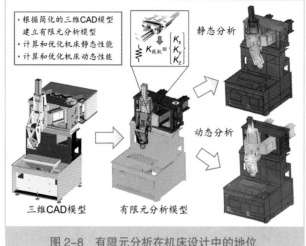

- 根据简化的三维CAD模型建立有限元分析模型
- 计算和优化机床静态性能
- 计算和优化机床动态性能

$$K_{\text{级轨}} = \begin{pmatrix} K_x \\ K_y \\ K_z \end{pmatrix}$$

静态分析

动态分析

三维CAD模型　　有限元分析模型

图2-8　有限元分析在机床设计中的地位

机床结构有限元分析的主要步骤和过程如下：

第1步：前置处理。忽略诸如倒角、圆角、小孔等细节，进行有限元网格划分，求解域被分成若干单元。通过节点相连接的每个单元皆具有自由度、材料和姿态信息。

第2步：计算求解。将机床的床身、立柱等薄壁结构件通常可作为二维单元处理，但仍保留其物理特性，而将复杂的结构件作为三维单元处理。网格划分可以是半自动或全自动的，其中全自动可以划分出非规则网格，但通常精度较低。机床的结构件之间大多数是借助导轨和驱动装置相连的，可以将其视为有一定刚度的弹簧。

第3步：后置处理。将边界条件和载荷施加到仿真模型上，进行后置处理。在后置处理中，可以浏览计算结果和不同载荷作用下的机床结构响应，求得机床静态和动态性能，如位移、应力、反作用力、模态或固有频率等。

三、拓扑优化

拓扑优化是一种新的机床结构件优化方法。其目标是寻找承受单一载荷或多载荷结构件的最佳材料分配方案，即哪里可以去除多余的材料，哪里需要添加材料以满足刚度和动态性能的要求。

优化是在给定的设计空间中，根据给定的荷载和边界条件，计算出最佳材料分配方案[6]。例如：

1）结构刚度不变前提下，体积最小化，减轻构件质量。

2）体积不变前提下，刚度最大化，减小变形。

3）体积不变，一阶固有频率最大化，提高动态性能。

拓扑优化后的结构件，通常形状古怪、不美观，也难以加工，需要进行形状优化，以满足加工工艺要求和提高结构对称程度，同时减小应力集中，改善结构件的动态耐疲劳性。集成的拓扑优化概念和一台成形机床结构件拓扑优化和形状优化的案例[7]，如图2-9所示。

从图2-9a可见，拓扑优化的步骤如下：

1) 在零件三维实体模型中定义拟进行优化的零件尺寸允许空间；

2) 对实体零件进行网格划分，建立其有限元模型；

3) 按照载荷和不同边界条件进行多次拓扑优化；

4) 综合拓扑优化的结果，建立新模型；

5) 在新模型的基础上进行零件结构的形状优化；

6) 最终获得可实现的、优化后的零件三维 CAD 模型。

毫无疑问，当结构件为实体时，其刚度和材料耗费（体积或质量）最大，而没有加强筋的空壳结构件柔度最大，且材料耗费最少。图 2-9b 将这两种极限情况的材料耗费和柔度连成一个三角形，以浅蓝色表示。在这个区域内，都是结构件刚度优化的范围。从图 2-9 中可见，经过拓扑优化和形状优化后，能够铸造和加工的结构件材料耗费仅比空壳结构件增加了 21%（相对材料耗费仅从 0.19 增加到 0.23），而刚度却提高了 350%（相对柔度从 1.00 降低到 0.22）。

近 20 年来，机床结构件的设计方法和制造技术发展很快，1990 年前后，计算机辅助设计以两维为主，其目标是甩图板。到 20 世纪 90 年代中期，陆续出现了有限元分析方法、三维 CAD

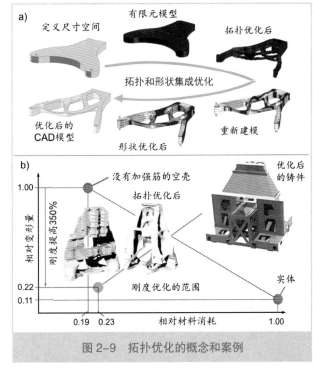

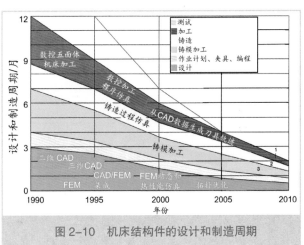

图 2-9　拓扑优化的概念和案例

图 2-10　机床结构件的设计和制造周期

以及 CAD 与有限元方法的集成。进入 21 世纪，有限元方法不仅用于结构静态的应力与应变的分析，还进一步扩展到动态性能和热性能的分析。随后拓扑优化的应用日益广泛，加以制造技术不断进步，机床复杂结构件的设计和制造周期从 12 个月以上缩短到 2~3 个月，大幅度提高了效率，其设计质量也不可同日而语，如图 2-10 所示。

四、刚度质量比

为了进一步阐明机床结构设计的合理性，以图 2-11 所示的落地镗床和龙门铣床为例 [5]，说明机床主要结构件的刚度对整机性能的影响，即柔度分布。图中左侧的落地镗床是典型的 C 型非对称开环结构，立柱固定，工作台 X 轴向移动，主轴滑座在立柱

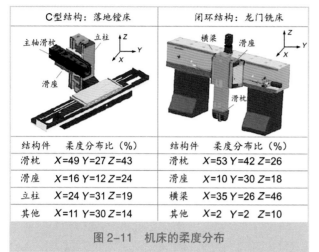

结构件	柔度分布比（%）	结构件	柔度分布比（%）
滑枕	$X=49$ $Y=27$ $Z=43$	滑枕	$X=53$ $Y=42$ $Z=26$
滑座	$X=16$ $Y=12$ $Z=24$	滑座	$X=10$ $Y=30$ $Z=18$
立柱	$X=24$ $Y=31$ $Z=19$	横梁	$X=35$ $Y=26$ $Z=46$
其他	$X=11$ $Y=30$ $Z=14$	其他	$X=2$ $Y=2$ $Z=10$

图 2-11　机床的柔度分布

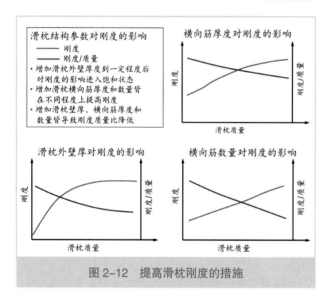

图 2-12　提高滑枕刚度的措施

一侧上下升降（Z 轴），主轴滑枕可前后伸缩（Y 轴）。图 2-11 中右侧的龙门铣床是典型的闭环对称结构。定梁定柱，横梁固定不动，主轴滑座 Y 轴向移动，主轴升降，工作台 X 轴向移动（为简化起见，图中加以忽略）。

从图 2-11 中所列的数据可见，不论哪一种结构配置，也不管在什么方向，滑枕都是刚度的薄弱环节，其柔度占整机柔度的比重最大。此外，C 型结构落地镗床立柱和封闭结构的龙门铣床横梁的柔度也比较大。

图 2-12 所示的曲线表明，在设计滑枕和横梁时，选取合理的外墙壁厚和优化横向筋布局是提高刚度的主要措施。具体影响如下：

1）增加外墙壁厚。开始阶段刚度明显增加，但到一定程度后，壁厚对刚度的影响进入饱和状态。由于结构件质量与壁厚直接有关，刚度质量比下降。因此，一味加大壁厚绝不是提高刚度的好办法。

2）加强筋的合理选择。加强筋可以是纵向或横向的。滑枕和横梁都是同时承受弯曲和扭转力矩的矩形截面的长结构件，从机械设计的角度，纵向加强筋增加质量比较明显，而抗扭能力较差。因此，从质量刚度比的角度而言，纵向加强筋不是好办法。

3）横向加强筋的参数优化。从抗扭和抗弯能力看，横向加强筋的效果比较好，关键在于合理选择横向加强筋的距离和厚度，保持较高的质量刚度比。例如，对于中型落地镗床，滑枕加强筋的厚度约 10mm，间隔距离 200mm 左右为宜。横向加强筋间距过小或厚度过大都不是优化的解决方案。

在设计机床立柱时，由于内部空间较大，可采取较复杂的措施来提高刚度和刚度质量比[8]，如图 2-13 所示：

1）封闭式加强筋。例如十字交叉加强筋，交叉处用圆环加以连接，且在不同面错开布置类似的加强筋，或采取蜂窝结构。

2）双层外壁结构。例如将立柱两侧外壁设计成双层结构，成为结构对称的双墩式立柱。

主轴滑座置于双墩式立柱中间，在改善受力情况的同时提高了刚度。

对不同结构和用途的机床，其刚度和刚度质量比是不同的。对于一般用途的铣床，在刀具中心点整机刚度能达到 20N/μm 就可以被最终用户所接受。

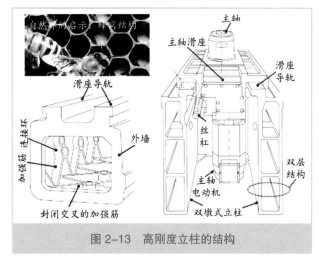

图 2-13　高刚度立柱的结构

五、动态稳定性

机床是在变化的切削力作用下工作的，不出现振动是机床动态刚度好的基本标志。动态刚度不仅取决于机床的结构设计和装配质量，还与加工过程和切削用量有关。评价动态刚度最直观的方法是稳定性叶瓣图。

稳定性叶瓣图是描绘一台机床在不同主轴转速和背吃刀量的情况下是否出现颤振的方法，即机床在什么条件下能够稳定工作。典型的稳定性叶瓣图[5]如图 2-14 所示。图中下部的浅绿色区域是稳定区域，而上部蓝斑区域是不稳定区域。稳定性叶瓣图是机床动态刚度、加工过程、刀具角度、刀具切入材料的深度(背吃刀量)以及被加工材料的函数。如何获得稳定性叶瓣图将在"机床的动态性能及其优化"一章中详述。

在叶瓣图中红线以下是无条件稳定区，在此背吃刀量以下，主轴转速的变化不会导致颤振，但材料切除率较低。在粗加工时，借助叶瓣效应可以优化切削用量，大幅度提高加工效率。如图 2-14

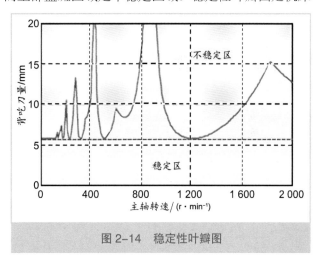

图 2-14　稳定性叶瓣图

所示的稳定性叶瓣图为例，主轴转速在 800r/min~900r/min 范围，背吃刀量甚至超过 20mm，机床仍然可以保持稳定工作。

颤振主要有两种形态。一种是机床结构产生的颤振，其频率较低，声音发闷。另一种是刀具系统产生的颤振，其频率较高，声音发尖。

机床结构设计优化的目标是以最小的移动部件质量和最大的刚度质量比，实现加工过程稳定的、可接受的最小背吃刀量（完全稳定区）。在实现机床结构轻量化和生态效益的同时，达到机床的高生产率和高精度。

机床结构设计优化是一个反复的过程，从概念设计开始，在不同阶段，都需要借助相应软件对机床结构进行反复优化，才能够保证所设计机床的性能。

43

44

第四节　机床结构件的材料

一、对机床结构材料的要求

为了实现高精度、高生产率和生态友好机床的目标，在设计机床结构件时必须关注材料的正确选用。结构件的材料对移动质量、惯性矩、静态和动态刚度以及振动模态和热性能都有很大的影响。

不存在完美无缺的机床结构材料。只有根据具体的结构要求，分析不同材料的优缺点，才能挑选出适合特定机床的理想结构材料。机床结构材料主要功能是：

1）承载移动部件和工件的质量，保证机床的几何尺寸和位置精度。

2）承载切削力和吸收加工过程能量。

对机床结构材料的基本要求是：

1）性能要求，如静态、动态和热性能等。

2）功能/结构要求，如精度、质量、壁厚、易于安装导轨和介质循环系统等。

3）成本要求，如价格、数量、实用性、系统特性等。

二、材料的物理性能

对机床性能有较大影响的材料物理性能如下：

1）弹性模量 E。弹性模量的数值对机床的静态和动态刚度都有正面的影响，是衡量材料是否适合机床结构件的主要指标。

2）泊松比 v 和剪切模量 G。这两个数值对机床扭转刚度有正面的影响。

3）密度 ρ。低密度的移动结构件对机床动态性能有利，而高密度的材料适用于诸如床身、底座等固定不动的结构件。

4）热膨胀系数 α。热膨胀系数越大的材料，越容易产生热变形，对机床结构越不利。

5）比热容 c。结构件的热容量大，使机床对环境温度变化不敏感，但同时意味着机床启动后经过较长时间才能达到热稳定状态。

6）热导率 λ。热导率高使机床结构较快达到热均匀状态，避免局部或不对称扭曲。但应考虑电动机、轴承等发热器件的热量也会很快传给结构件，造成热变形。

7）材料的阻尼。高阻尼对机床动态性能有正面的影响，可抑制振动产生。

三、传统的机床结构件材料

目前机床结构件广泛采用的材料是铸铁和钢，相对其他材料，铸铁和钢价格便宜，且加工性能很好，可以达到很高的几何精度，其共同缺点是热膨胀系数相对较大。铸铁与钢相比的突出优点是阻尼系数高，是应用最广泛的机床结构件材料，但传统铸件的获得需要制作木模和砂型。近年来发展了一种"消失模"铸造工艺，采用易熔的泡沫塑料制作模具，成本较低，特别适用于单件小批铸铁结构件。钢结构件的刚度质量比较大，通常由钢板焊接而成。铸铁和钢的主要物理性能见表2-2。

表2-2 钢与铸铁的主要物理性能

物理性能	钢	灰铸铁	球墨铸铁
弹性模量/10^5MPa	2.10	0.80~1.48	1.60~1.80
密度 /(kg · m^{-3})	7 850	7 100~7 400	7 100~7 400
阻尼系数	0.000 1	0.001	0.000 2~0.000 3
热膨胀系数 /[10^{-6}m · (℃ · m)$^{-1}$]	11	11~12	11~12

四、机床结构件的新材料

1. 树脂混凝土（矿物铸件）

树脂混凝土是用树脂将各种沙砾、碎花岗石等矿物材料凝结在一起，也称之为矿物铸件或人造大理石。其突出优点是热扩散性低，阻尼系数大，稳定性高，耐腐蚀，大多用于精密或高速机床的床身等结构件。在欧洲，大约每10台机床就有1台使用矿物铸件做床身。磨床制造商一直是机床行业使用矿物铸件制作床身的先行者，如 ABA z&b、Bahmler、Jung、Mikrosa、Schaudt、Studer 等公司。近年来，矿物铸件材料在高端数控机床中的应用日趋增多，如 Mikron、KERN 公司的加工中心等。

矿物铸件的密度和弹性模量均大约是铸铁的 1/3，具有与铸铁相同的比刚度。因此同等重量下，在不考虑形状影响时，铸铁件与矿物铸件的刚度是大致相同的。矿物铸件的设计壁厚通常是铸铁件的 3 倍，因此实际刚度往往超过铸铁件。矿物铸件（树脂混凝土）的主要物理性能见表2-3。

表2-3 树脂混凝土和花岗石的主要物理性能

物理性能	树脂混凝土	花岗石
弹性模量/10^5MPa	0.40~0.50	0.47
密度/(kg · m^{-3})	2 300~2 600	2 850
阻尼系数	0.002~0.03	0.03
热膨胀系数 /[10^{-6}m · (℃ · m)$^{-1}$]	11.5~19.5	8.0

矿物铸件适合在承载压力的静态环境下工作（如床身、立柱），不适合作为薄壁和小型机架（如工作台、滑座、换刀装置、主轴支架等）。结构件的重量通常是受矿物铸件生产厂家的设备限制，15t 以上的矿物铸件较为少见。

与传统铸铁件的工艺流程和材料性能的不同，矿物铸件的浇铸需要钢模，相对较高的初期成本是矿物铸件难以推广的原因之一。但该费用可在长期使用中被摊薄(500~1000件/钢模)。借助钢模可浇铸出传统砂模无法浇铸的复杂形状。利用胶粘方式还可将两个或更多的独立矿物铸件精密地装配在一起，从而得到更理想的机床结构。图 2-15 所示为典型的机床矿物铸件。

矿物铸件具有较强的整合性能，例如，在制作机床床身时，可以将导轨直接与矿物铸件浇铸在一起，浇铸完后再对导轨进行铣削或磨削加工。在机身的机座中可直接预留腔体以贮藏切削液；

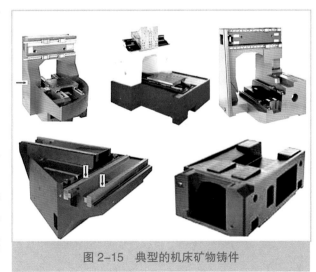

图 2-15 典型的机床矿物铸件

还可以把管道、电线等浇铸入矿物铸件中。此外，矿物铸件能根据具体要求调整配方而获得相应的热膨胀系数，以保持嵌入矿物铸件中的钢铁、塑料件能够很好地整合在一起。

2．花岗石

花岗石的性能与树脂混凝土类似，但具有更好的阻尼性能和热稳定性，主要用于超精密机床和微机床的床身和底座。由于受到天然石材加工的限制，结构和形状都不能太复杂，尺寸也有限。花岗石的物理性能及其与树脂混凝土的比较见表2-3。

3．碳纤维增强材料

碳纤维增强材料的最大特点是质量轻，强度高，阻尼性能和热稳定性也较好。此外，比刚度和比弹性模量都很高，特别适合用于高速移动的结构件。其缺点是制造工艺与传统铸造结构件经浇铸后再进行机械加工大不相同，需要经过缠绕或铺设，加工过程比较复杂，因而成本高昂。

在机床结构配置中，到目前为止，只有德国 EEW 公司的大型龙门式 5 轴高速模型加工机床上的应用案例[9]，如图 2-16 所示。从图 2-16 中可见，由碳纤维增强管材构成的桁架式横梁在两侧焊接钢结构立柱的导轨上作 X 轴向移动，铝合金的主轴滑座在桁架中间，可作 Y 轴向移动，主轴滑枕完成 Z 轴向升降。主轴功率为 35kW，最大进给速度 150m/min，加速度 $3m/s^2$。

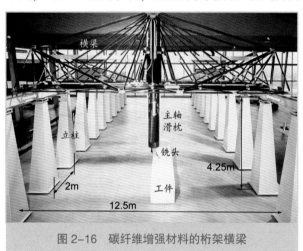

图 2-16　碳纤维增强材料的桁架横梁

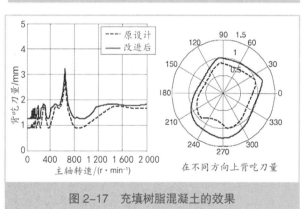

图 2-17　充填树脂混凝土的效果

4．复合三明治钢结构

由于钢的弹性模量较高，因此焊接钢结构的静态刚度很好，但钢的阻尼系数很低，容易引起振动。在焊接钢结构内充填各种减震材料，形成三明治结构，可以提高其阻尼性能。目前应用的复合三明治钢结构主要有以下 3 种：

1）在焊接钢结构中充填树脂混凝土。例如，一台卧式镗铣床的主轴焊接钢结构滑枕中充填树脂混凝土后，它的刚度和总重量基本没有太大变化，但阻尼性能明显改善，动态性能有所提高，稳定性叶瓣图曲线上移，XY 平面内任意方向不出现颤振的背吃刀量有所增加[5]，如图 2-17 所示。

2）在焊接钢结构中充填泡沫铝。泡沫铝具有低密度、高刚度、高冲击吸能性以及良好的阻尼性能和优良的温度稳定性。

3）在焊接钢结构中充填加强纤维。德国 Zimmermann 公司推出的 FZ100 龙门铣床两侧的长立柱采用焊接钢结构，充填 DemTec 加强纤维[10]，如图 2-18 所示。这种结构设计便于装配，能够长期保持稳定，无须维护，特别是热稳定性和阻尼性能很高，从而使该机床具有优越的动态性能，可获得较高的尺寸精度和表面质量。

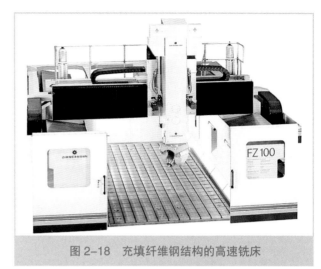

图 2-18　充填纤维钢结构的高速铣床

五、材料的性价比

机床结构件材料的选用离不开性价比分析。欧洲各种结构材料的性价比[5]见表 2-4。由于国内外材料价格相差悬殊，单价对国内参考价值不大，故以灰铸铁的价格为 1，其他材料的价格以相对铸铁价格的倍数表示。比弹性模量是单位质量体积的抗变形能力，比价格是获得单位比弹性模量所花费的代价。

表2-4　机床结构件材料的性价比

结构材料	相对价格	比弹性模量 /(MPa·kg⁻¹·m⁻³)	比价格 /(€·MPa⁻¹·m⁻³)
灰铸铁	1.00	16.0	0.13~0.27
球墨铸铁	1.50	23.5	0.12~0.37
焊接钢结构	1.78	26.5	0.13~0.37
树脂混凝土	1.16	18.5	0.09~0.33
花岗石	1.50	20.5	0.14~0.36
工程陶瓷	1.67~6.00	107.0	0.07~0.47
碳素纤维板	26.6	89.5	0.95~2.40
三明治钢结构	3.50~21.6	62.5	0.21~5.20

从表 2-4 中可见，树脂混凝土相对价格仅略微高于灰铸铁，其比价格可能反而略低于传统材料，是值得重视和推广的机床结构件材料。

第五节　机床的轻量化设计

一、质量、刚度和阻尼

机床结构设计新概念，即轻量化设计的核心理念包括以下 3 个方面：

1）机床移动部件尽可能轻，以减少其驱动功率，提高能效，降低机床的制造成本和运行费用，并减少对环境的负面影响。关注生态效益是现代机床设计的愿景。

2）机床结构应具有足够的有效刚度，以保证所需的加工精度，这是机床结构设计的目标和前提。

3) 机床结构应具有良好的阻尼和减振性能，防止出现颤振，以提高金属切除率（加工效率）。阻尼系数可以视为提高机床动态性能的调节因子。

机床结构的动态性能主要表现为在切削力作用下的低频模态，一阶和二阶固有频率大多在 100Hz 以下；在这个范围内的刀尖点的频率响应特性可以通过有限元方法计算获得。特定条件下的加工稳定性叶瓣图也可以借助相应的计算方法获得。

例如，在设计一台卧式镗铣床时，采取改变结构质量、刚度和阻尼 3 种不同方案来提高机床动态性能，其效果是不一样的 [5]，如图 2-19 所示。从图 2-19 中可见：

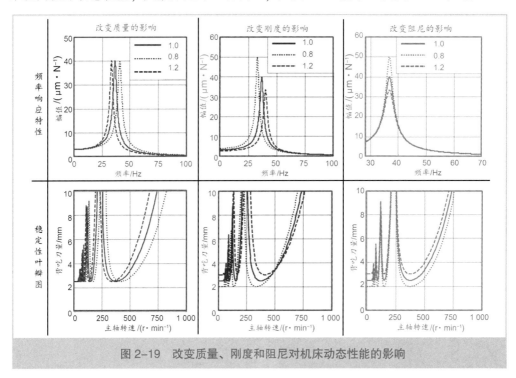

图 2-19　改变质量、刚度和阻尼对机床动态性能的影响

1) 保持机床结构在该模态的刚度不变，而相对质量在 0.8~1.2 范围内变化，这将导致频率响应曲线水平方向移动。结构质量增加，频率响应曲线向低频移动。质量减少，频率响应曲线向高频移动。改变机床结构质量对频率响应曲线形态基本没有变化，对稳定性叶瓣图的影响也很小。这表明，增加结构质量对机床动态性能的改善和加工效率的提高作用有限。

2) 保持机床结构在该模态的质量刚度不变，而相对刚度在 0.8~1.2 范围内变化。这将不仅导致频率响应曲线和稳定性叶瓣图水平移动，同时也在垂直方向发生变化。提高刚度使频率响应曲线的幅度减小，叶瓣图上移，稳定区域增加，加工效率可以提高。这表明，增加刚度对提高机床动态性能是有利的。但切记提高刚度的最有效办法不是增加结构件的质量，而是合理布置加强筋。如果能够保持机床结构质量不变，而将刚度提高 20%，则切削加工时的背吃刀量也可以提高 20%。

3) 提高该模态的阻尼性能。改变材料和结构的阻尼系数将使频率响应曲线和稳定性叶瓣图垂直移动，导致振幅减小。叶瓣图上移的幅度比增加刚度更加明显，稳定区域增加，加工效率可以提高。这表明，阻尼性能对机床的动态性能有明显的作用。除材料的阻尼性能外，部件结合面的质量和固定方法对阻尼性能也有很大的影响。

二、轻量化的内涵

机床轻量化的测度是轻量化系数，即机床的刚度质量比（k/m）或材料的弹性模量密度比（E/ρ）。机床轻量化设计就是借助结构件的拓扑优化和材料的选择获得最大的轻量化系数，提高机床能效。轻量化设计的终极目标是：

1）保持刚度不变的前提下，减少结构的质量。

2）保持质量不变的前提下，提高结构的刚度。

1. 减少质量

机床的结构有重力 $F_N=m \cdot g$，并在移动时产生惯性力 $F_I=m \cdot a$。减少质量 m 对机床能源消耗产生下列 4 方面的影响：

1）减少无效能耗。当机床部件开始运动时，为了克服惯性，需要瞬时的加速力或转矩。这种使机床运动轴运转的加速能是一种无功能，导致电损耗。减少结构件质量可降低驱动系统的负载，减少无效能耗，选用功率较小的伺服电动机。

2）减少摩擦损耗。重力在摩擦点产生的法向压力导致轴承和导轨上的摩擦损耗，降低摩擦损耗可直接提高机床的能效。

3）提高运动轴的加速能力。在驱动力恒定的情况下，降低机床结构件的质量（往往可同时缩小其尺寸）就意味着提高运动轴的潜在加速能力，缩短零件的加工时间和功率消耗，间接地提高了能效。

4）增加控制带宽。机床轻量化系数（刚度质量比）的增加，通常导致机床机械固有频率（刚度质量比的方根）的提高，即控制带宽增大。因而数控系统可采用较大的速度系数 K_v，从而提高机床的加工效率，降低加工过程的能耗。

2. 提高刚度

1）提高加工过程的稳定性。对于特定的机床和过程，特别是铣削过程，提高机床刚度可明显提高加工过程的稳定性。从而可提高加工效率，缩短加工时间，降低能耗。然而在大多数情况下，提高刚度会增加机床结构的质量，背离轻量化的大方向。因此，质量和刚度往往是相互制约的两个因素。

2）增加控制带宽。与减少质量相似，提高刚度也使固有频率提高，增加控制带宽。

轻量化设计对机床能效和性能的直接和间接影响如图 2-20 所示。

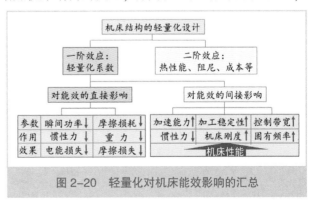

图 2-20　轻量化对机床能效影响的汇总

三、轻量化的途径 [11]

机床轻量化的主要有以下 3 种途径（图 2-21）：

1）结构轻量化。

结构轻量化	材料轻量化	系统轻量化
案例：铣床立柱的拓扑优化设计	案例：激光切割机采用碳纤维增强材料的横梁	案例：镗床主轴滑枕的智能抑振装置
轻量化措施和潜力： • 取决于基础拓扑，优化可使结构件质量轻30%(一般为20%) • 经济易行，是轻量化设计的首选方法	轻量化措施和潜力： • 金属泡沫可使结构件质量轻30%(一般为20%) • 碳纤维增强塑料可轻60%(一般为30%以上) • 碳纤维增强塑料与金属混合结构可轻50%	轻量化措施和潜力： • 采用主动阻尼时取决于应用软件，对智能系统可补偿90% • 借助冗余运动学可使频繁运动部件质量轻90%

图 2-21 机床轻量化的途径

2）材料轻量化。

3）系统轻量化。

结构轻量化的目标是按照载荷大小构建一个理想的结构件。借助三维 CAD 的拓扑优化软件，可按照结构件中拉应力的大小分布材料的位置。通常仅凭借拓扑优化即可使机床结构件轻 20%，是首选的方法。

材料轻量化是采用新材料，如钛、金属泡沫和碳纤维增强复合材料等替代传统的铸铁和钢。金属泡沫三明治材料可减轻 20%，且具有较好的阻尼性能。碳纤维增强复合材料的减重潜力可达 60%，但通常需要埋入诸如导轨一类的钢件，制成品的减重潜力在 30%~50% 之间。

系统轻量化是减轻移动质量的设计新概念和机床功能的集成，有 2 种不同类型：

1）借助机电一体化装置提高或保持机床结构的刚度，即使用较少的材料就可获得较高的刚度，以电代机。例如，在机床结构中集成抑制振动的主动阻尼装置或补偿变形的压电元件，如采用高性能的智能系统，可使振幅或变形减小 90%。

2）采用冗余运动驱动，即在长距离高速移动的进给轴上，额外附加质量尽可能轻而运动方向频繁改变的短距离移动轴，在减少惯性载荷负面影响的同时，实现局部运动轨迹。例如，超精密车床的快速伺服装置，高速激光切割机激光头并联机构等，质量减轻潜力高达 90%。

四、轻量化的适用领域

对于不同类型的机床，轻量化的必要性和可能性是不一样的，绝非所有类型的机床都需要轻量化。究竟哪些机床轻量化的潜力最大？图 2-22 所示为主要类型机床的轻量化需求、潜力和效果 [11]。

磨床的运动特点是加工过程稳定，通常没有诸如换刀机构的高动态机构或高加速度的进给轴，其驱动功率主要用于过程的实现，轻量化的效果不明显，但随着重量的减轻，运输费用和运行能耗会有所降低。车床、车铣复合加工机床和通用铣床的运动轴一般情况下没有很大的加速度，轻量化的节能效果不明显。但是这类机床往往用于精密加工或重力切削，需要很高的结构刚度，降低质量的余地往往不大。此外，这类机床

机床类型 参　数	磨床	车床	车铣复合	铣床	5轴 加工中心	高速 加工中心	高速龙门 加工中心	激光切割 水刀切割
无功功率			+	+	+ +	+ +	+ +	+++
摩擦损耗	+	+	+	+	+	+	+	+
加速度			+	+	+ +	+ +	+ +	+++
过程稳定	+	+	+	+				
控制带宽			+	+	+	+ +	+ +	+ +
轻量化潜力								
轻量化现状								

图 2-22　机床轻量化的适用领域

中的弹性元件，如导轨、滚珠丝杠、轴承必须具有很高的刚度，因此驱动装置需要提供较大的驱动力或扭矩以克服摩擦力和惯性矩。如果轻量化措施能够降低驱动装置中的电损耗，特别是降低高动态的刀具交换过程和工件装卸系统无功功率也是非常有益的。

5 轴联动加工中心主要用于加工形状复杂的零件，多轴联动时部件加速和减速频繁。因此轻量化的结构对其动态性能和加工效率都有正面的影响。由于质量惯性小，驱动装置的电损耗随之减少。

高速铣削中心和龙门加工中心也主要用于加工复杂的表面，同时有多个轴参与工作，加上部件的移动速度较快，要求具有较高的动态性能和轨迹控制带宽，创新的轻量化设计观念有了用武之地。这类机床驱动功率主要消耗于加速和定位过程，随着结构质量的降低，驱动功率和电损耗都随之减少。此外，质量较小时，角加速度和轨迹精度也容易保证。

某些机床，如激光切割、水刀切割几乎没有过程力，但运动行程往往较大，要求加速度很高，甚至达到 $6g$，因此对轻量化的需求很迫切。图 2-22 描绘了机床轻量化的潜力 (绿色) 和现状 (橙色) 。可见轻量化尚处于开始阶段，前景广阔，大有可为。

五、轻量化的设计流程

如何进行机床轻量化设计？以一台铣床的轻量化为例，其设计流程如图 2-23 所示。

1. 确定目标

机床轻量化设计，是以典型加工过程为基础，达到减少运动部件质量和提高加工效率的目标。首先根据加工材料确定切削用量，包括切削速度、刀具直径、刀具角度和最大背吃刀量。铣削是一种不连续的切削过程，切削力是变化的。主轴转速与铣刀齿数之积就是激振力的频率，如果这个频率与机床结构固有频率接近，就可能会出现自激振动。机床的加工效率通常以金属切除率表示，即与刀具切入工件的范围和进给量有关。因此，不出现颤振的最大背吃刀量往往就成为铣削加工效率的重要指标。

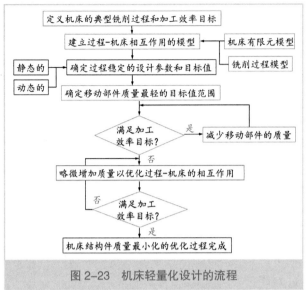

图 2-23　机床轻量化设计的流程

2. 过程与机床相互作用的模型

在机床有限元分析模型和加工过程分析模型的基础上，建立机床与过程相互作用模型。借助此模型可以导出机床在稳定状态下的金属切除率或允许背吃刀量。它们正比于机床结构的有效刚度和阻尼系数，反比于切向切削力系数和刀具齿数。即既与机床结构有关，也与材料和加工过程相关。

3. 确定机床静动态性能设计参数

1）保证加工精度所需的静态刚度。对于一般用途的铣床，刀具中心点在任意方向的最低静态刚度可以设定为 20N/μm。

2）保证过程稳定所需的动态刚度。机床结构的有效刚度和阻尼系数的积，必须大于包含反比于切削力系数和刀具齿数的允许背吃刀量的函数。

4. 确定最小质量的设计参数

确定机床移动部件质量最轻的关键，在于调整机床结构有效刚度与阻尼的关系。在保证加工效率的前提下，增加机床结构的阻尼，取较小的有效刚度，就可降低其质量。增大阻尼的方法有：

1）增加导轨和进给系统的阻尼。

2）采用阻尼系数较大的结构材料。

3）采用自适应的主动阻尼装置。

5. 反复优化

通过增加阻尼，保持机床结构的有效刚度和阻尼系数的积，在满足金属切除率（或背吃刀量）的前提下使机床运动部件质量最轻。

六、主动阻尼装置 [12]

在机床结构有效刚度较低而增加机械阻尼又受到限制的情况下，可以采用主动阻尼装置 ADD，以机电一体化的刚度和鲁棒性替代或加强机械结构的刚度和鲁棒性。

比利时 Micromega Dynamics 公司的 ADD-45N 主动阻尼装置的工作原理、外形和主要特性如图 2-24 所示。固定在机床结构件上的 ADD 中有加速度传感器，用于拾取机床结构的振动信号。该信号经过前级放大后输至外部的控制装置，经过电流放大后，再输送到 ADD 的动圈作动器，推动 ADD 中支撑在弹性系统上动块振动，以抑制或抵消机床结构的振动。

七、轻量化设计的案例[13]

现以一台落地镗床为例，进一步阐明机床轻量化的可能性和设计方法。首先建立机床的柔性多体动力学仿真模型，求得机床主要模态的固有频率、阻尼系数、有效刚度和 $K_{ef}\xi$ 因子。再与典型铣削过程动力学仿真模型联合求解，导出金属切除率的公式，如图 2-25 所示。

从图 2-25 中可见，机床的金属切除率 V_{MRR}，其正比于有效刚度 K_{ef} 和阻尼系数 ξ，反比于铣刀齿数 Z、材料的切向切削力系数 K_t 和进给方向系数 α。可见改变进给方向也可以提高金属切除率。

采用新材料和新结构以实现轻量化的措施如图 2-26 所示。泡沫铝和铝合金结构件替代铸铁件，使主轴滑枕的质量降低了 20%，减少滚珠丝杠直径使驱动电动机功率减少了 40%，驱动装置的惯性减少了 40%。为了进一步提高有效刚度和阻尼，还可采用主动阻尼装置抑制振动，保证加工精度。采用激光跟踪器，控制铣刀的实际位置。

该机床在主轴滑枕前方靠近主轴头的槽中安装了 Micromega Dynamics 公司的 ADD-1kN 主动阻尼装置，以便真实反映机床主轴的振动状态并加以抑制，如图 2-27 所示。

从图 2-27 中可见，轻量化改进设计后的机床在 X_{MT}-Y_{MT} 平面中 30~240° 逆时针范围内最大背吃刀量有了明显的提高，但在 15~270° 顺时针范围内变化不大。接入主动阻尼装置后，情况发生明显

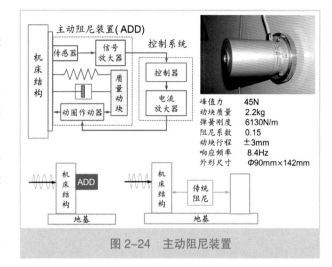

图 2-24 主动阻尼装置

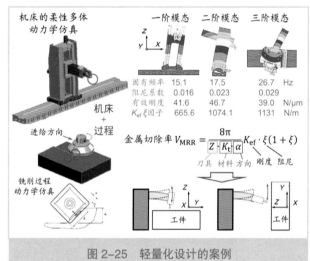

图 2-25 轻量化设计的案例

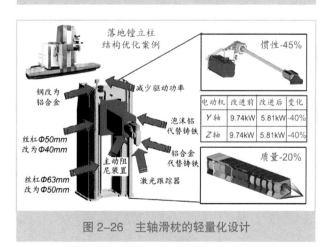

图 2-26 主轴滑枕的轻量化设计

53

54

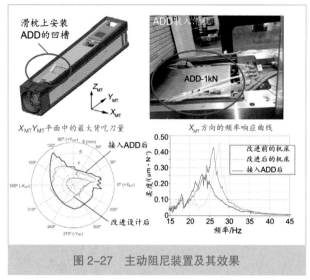

图 2-27　主动阻尼装置及其效果

变化，背吃刀量在大多数的方向皆可达到 4mm，甚至在 120°附近超过了 6mm。

此外，机床经过轻量化改进设计后，频率响应曲线左移，但幅度变化不大。接入主动阻尼装置后柔度幅值明显减小。从而可见，采用主动阻尼装置以提高机床动刚度的效果是十分明显的。

第六节　机床结构配置的创新案例

一、箱中箱结构配置 [14-15]

箱中箱（Box in Box）结构是机床结构设计近年来的重要发展。它的特点是采用框架式的箱形结构，将一个移动部件嵌入另一个部件的封闭框架箱中，故而称之为箱中箱，从而达到提高刚度，减轻移动部件质量的目的。

日本森精机（Mori Seiki）公司在分析机床结构和加工工艺发展以及市场需求的基础上，率先在其产品中推出箱中箱结构，并在箱中箱结构的基础上，采用双丝杠同步伺服驱动，使合成后的驱动力与移动部件质心重合，即所谓的重心驱动（Driven at the Center of Gravity——DCG），以及回转轴电动机直接驱动（Direct Drive Motor——DDM）和对称的八角形主轴滑枕（Octagonal Ram Construction——ORC）等新结构和新技术，显著提高了机床的动态性能和热性能，如图 2-28 所示。由于箱中箱结构配置具有明显的优点，已为众多国内外高性能数控机床所采用。

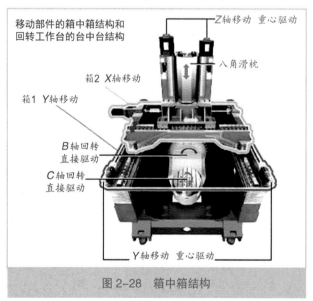

图 2-28　箱中箱结构

二、全封闭结构配置 [16]

瑞士 GF 加工方案公司（GF Machining Solutions）的 HSM 系列高速加工中心和 HPM 系列高

性能加工中心采用树脂混凝土 O 形封闭结构，即床身、立柱和横梁由树脂混凝土浇铸成一体，如图 2-29 所示。树脂混凝土与灰铸铁相比，阻尼系数提高 6 倍以上，具有良好的吸振能力和稳定性，且抗腐蚀。整个机体的结构形状是按照受力情况设计的，上窄下宽。中间的椭圆孔便于工件通过，以便与配置在机床后面的托板交换装置衔接。此外，X 轴和 Y 轴向导轨不等高布局且距离较宽，改善了受力情况。两个移动部件，主轴部件和工作台皆采用轻量化铸铁结构，伺服电动机滚珠丝杠驱动，X、Y 和 Z 轴的最大移动速度为 80m/min，加速度可达 25m/s^2。

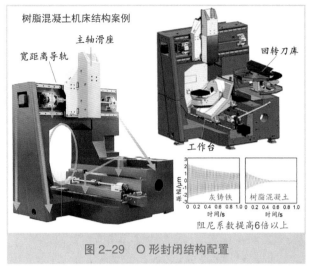

图 2-29　O 形封闭结构配置

三、零机械传动结构配置[17]

德马吉森精机（DMG MORI）公司推出新一代 DMC H linear 系列卧式精密加工中心采用"零"机械传动、模块化结构，

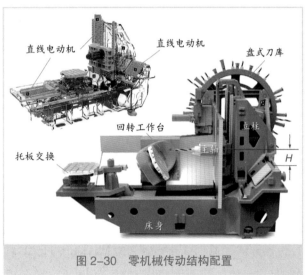

图 2-30　零机械传动结构配置

可根据客户需要配置成 4 轴或 5 轴加工机床，其结构布局如图 2-30 所示。从图 2-30 中可见，稳固的单体床身后侧为一倾斜面，安装有直线电动机和滚动导轨（不同高度），侧面三角形的宽体立柱可沿导轨移动，上导轨面距主轴中心线的距离 H 较小，保证颠覆力矩最小化。

该机床的特点是 X 轴、Y 轴、Z 轴皆采用直线电动机驱动，回转工作台采用力矩电动机直接驱动，整台机床没有诸如滚珠丝杠等机械传动部件，进给速度和加速度分别可达 100m/min 和 10m/s^2，动态性能好。由于没有易磨损零件。精度保持性好，维护简单，维护成本低。所有的驱动装置皆配置在加工区域以外，对加工精度的热影响较小，且容易接近，不易被冷却液和切屑污染。与传统结构配置相比，生产率和加工精度提高了 25%。

四、虚拟 X 轴传动结构[18]

德国阿尔芬（Alfing）公司的 AS600 机床采用模块化配置，由以下 4 个模块组成：

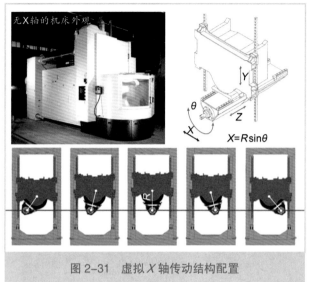

图 2-31　虚拟 X 轴传动结构配置

1）底座和立柱，用于支撑机床运动部件。立柱为框形结构，主轴滑座可沿两侧导轨上下移动。

2）回转工作台，配置于机床底座上，用于实现 B 轴运动或分度。

3）托板交换装置。

4）刀具交换装置。

与一般机床不同，该机床完成笛卡儿坐标 X、Y、Z 轴移动的总体配置设计颇具独特之处，没有 X 轴驱动系统，如图 2-31 所示。

从图 2-31 中可见，在封闭框架的立柱中配置上下移动的滑座，实现 Y 轴运动，滑座下方的主轴滑枕可伸缩，实现 Z 轴运动。但是 X 轴位移的实现与传统方法完全不一样，是虚拟的。它不是由部件的叠加移动来实现，而是由 Y 轴和主轴滑枕绕滑座中心的转角相互配合来实现，$X=R\sin\theta$，最大行程为 650mm。编程方法与传统的笛卡儿坐标没有区别。主轴采用同步电主轴，主轴滑枕的偏转由大功率力矩电动机驱动，以保证输出功率和加速度。这种专利设计的优点是结构紧凑，占地面积小。

AS600 机床同时考虑速度和精度。所有直线和回转运动全部采用电直接驱动，电直接驱动的动态性能好，没有噪音，且磨损非常小。X、Y、Z 轴的快速移动速度为 120m/min，加速度分别为 $15m/s^2$、$15m/s^2$ 和 $20m/s^2$。为了保证在高速运动下的动态性能，机床立柱框架和床身的结构采用复合材料。铸铁床身的内芯浇灌了一种称为 Hydropol 的无收缩混凝土和钢的混合材料，以保证卓越的静态和动态刚度。

五、正倒置复合结构配置 [19]

德国 Hessapp 公司推出 DVT 系列倒置和正置复合配置的立式车床，有 8 种型号，最大加工直径从 250mm 到 750mm，其结构配置形式如图 2-32 所示。

倒置式加工是一种可缩短辅助时间、提高生产效率的新型机床结构配置。正置的立式车削方式为：工件装夹在回转主轴（工作台）上，实现主运动，刀具夹持在刀架上，从上部或侧面实现两个方向的进给，进行端面和外圆的加工。倒置式加工反其道而行之，工件装夹在主轴上，从上面移向刀具并完成两个方向的进给。

从图 2-32 可见，在 DVT 系列机床的斜床身上，两侧有伺服电机通过滚珠丝杠驱动的左右两个移动立柱，分别实现 X_1 轴和 Z_2 轴以及 Z_1 和 Z_2 轴的快速移动和进给。左边是倒置加工，主轴在上方；右边为正置加工，主轴在下方。在左右立柱上的工件主轴或转塔刀架可作 X 轴和 Z 轴方向的快速移动和进给。由于一正一倒，无须将工件反转就可以加工工件的两端，提高了加工精度和效率。此外，倒置的主轴还兼作装卸工件的机械手，加工完毕的工件由机械夹爪放置到机床右侧的传送带上，与左侧传送带上的毛坯不会混淆。

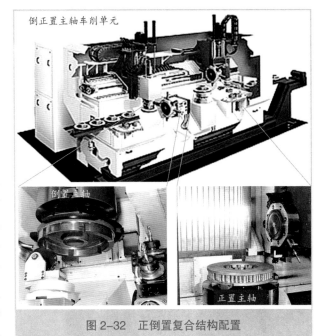

图 2-32　正倒置复合结构配置

倒置加工时，由于进给运动由夹持工件的主轴来完成，在主轴的右侧可配置固定不移动的转塔刀架。正置加工时，转塔刀架配置在立柱的滑座上，实现进给运动，固定在机床右前方的主轴仅提供切削功率。此外，由于工件夹持在主轴上，加工过程中产生的切屑和冷却液立刻坠落在收集器内，有利于保证加工精度和切削热的移除。

横穿机床中部和右侧配置有伸缩托盘式传送带，托板上装上待加工的毛坯，传送带就将毛坯送入机床的加工区域，倒置主轴就移向传送带，抓取或放下工件，工件装卸可在6s内完成，从而明显提高了生产效率，缩短了加工节拍。DVT 系列双主轴机床结构紧凑，可以替代2台机床，占地面积小，加工效率高，适合大批量生产的精密零件完整加工。

第七节　本章小结与展望

与国外机床企业竞相开发崭新结构相比，国内机床企业更倾向使用常规的机床结构。机床结构设计趋同，其性能和投资回报也相近，因此用户选择不同厂家产品的准则就转向价格和付款条件，以期减少投资成本或降低投资风险。在这种市场氛围下，机床制造企业之间进行价格大战是无法避免的悲剧。

在关键零部件高度通用化的今天，一款机床的市场价值，取决于它是否有独一无二的、无可替代的特点，并能够为特定的客户群创造新的价值。机床结构和运动系统的配置如果没有特色，又不能为独特的客户群带来优势，哪怕是选配了最好的功能部件，都不会给机床制造商带来更多的利润。

从本章上述几节的论述和列举的案例可以清楚看到，机床配置和结构设计的趋势有以下几方面：

1）机床移动部件的轻量化是高端机床的重要发展方向。它可减少惯性力的负面影响，提高机床动态性能，减少驱动功率，使机床更加绿色化。欧盟第 7 框架研究计划

58

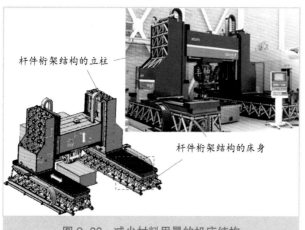

杆件桁架结构的立柱

杆件桁架结构的床身

图 2-33 减少材料用量的机床结构

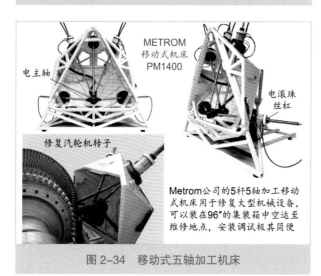

METROM
移动式机床
PM1400

电主轴

电滚珠
丝杠

修复汽轮机转子

Metrom公司的5杆5轴加工移动式机床用于修复大型机械设备，可以装在96″的集装箱中空运至维修地点，安装调试极其简便

图 2-34 移动式五轴加工机床

中有一个："减少金属材料消耗的制造系统[20]"的新项目，其目标是促进生产系统的轻量化。图 2-33 是一台西班牙 Fatronik 公司研制的减金属化的机床结构案例。该机床的床身、立柱和横梁等主要结构件都是由钢管桁架构建而成[20]。

2）以电代机是大势所趋。以电代机是在机床设计中缩短机械传动链或不用机械传动机构，以提高机床的动态性能，减少误差的产生。图 2-34 是一台德国 Metrom 公司推出的移动式 5 轴并联运动机床[21]，其特点是在 5 根电滚珠丝杠驱动的运动平台上安装电主轴，借助空间并联机构实现五轴加工，把轻量化设计原则发挥到极致。整台机床可以装在 96″ 的集装箱中空运至大型机械设备的维修现场，架设在大型设备上面进行维修加工。

3）复合加工对机床结构设计影响深远。传统机床是按照车、钻、铣、磨加工工艺分类的，不同的加工工艺决定了不同机床的总体配置。复合加工是将加工零件的所有工序集成到一台机床上，实现复杂零件在一台机床上完整加工，机床总体配置就要兼顾不同加工工艺的要求。复合加工给机床的结构配置提出了新的挑战，机床的运动轴数大大增加，其结构配置远比单一加工工艺的机床复杂。现在，复合化还仅仅是开始，谁能够抢先占据这个高地，谁就可能赢得主动权。

4）专业化和模块化是新天地。柔性和生产率是制造系统中的一对矛盾。数控机床要替代组合机床进入大量生产领域，必须满足不同用户对机床配置的独特需求，发展专用和专门化的数控机床，在保证一定柔性的前提下提高数控机床的生产效率。同时按照大规模定制的原则进行模块化设计，缩短交货期，提高机床的可靠性。

5）新技术和新材料是新源泉。机床结构件采用创新的复合材料和复合结构，可提高机床结构的阻尼性能，增大机床加工时的稳定切削区域。采用自适应的主动阻尼装置可弥补和提高机械结构的刚度，以机电一体化的鲁棒性替代机械结构的鲁棒性。

参考文献

[1]　Altintas Y,Brecherb C,Weck M,et al.Virtual machine tool[J].CIRP Annals,2005, 54(2):115-138.

[2]　Zaeh M,Seidi D.A new method for simulation of machining performance by inte- grating finite element and multibody simulation for machine tools[J].CIRP An nals,2007,56(1):383-386.

[3]　Moriwaki T.Multi-functional machine tool[J].CIRP Annals,2008, 57(2):736-749.

[4]　张曙, 卫汉华 , 张炳生 . 机床结构配置的新思路 [J]. 制造技术与机床 ,2011(10):8-11.

[5]　Zulaika J,Campa F J.New concepts for structural components[M]//López de Lacai L N,Lamikiz A.Machine tools for high performance machining.Lodon: Spinger-Verlag,2009.

[6]　Povilionis A,Bargelis A.Structural optimazation in product design process[J/OL]. Mechni-ka,2010(1):66-70[2013-02-15].http://www.ktu.edu/lt/mokslas/zurnalai/ mechanika/mechtu_81/ Bargelis181.pdf.

[7]　Maire E,Schmidt T.Von der Natur lernen–kraftflussgerechte,neuartige Gestal- tung gegossener Komponenten[EB/OL].[2013-02-16].http://www.grauguss.de/ pdf/von_der_natur_lernen.pdf.

[8]　Ito Y.Fundamentals in design of structural body components[M]//Ito Y.Thermal de- formation in machine tools. New York:McGraw-Hill,2010.

[9]　EEW-Protec.HSM-Madal standard präsentation[EB/OL].[2013-11-12].http://download.eew-protec.de/hsmmodal_standard_de.pdf.

[10]　Zimmermann.FZ100 Portal milling machine[EB/OL].[2013-11-14].http://www.f- zimmermann. com/fileadmin/Mediendatenbank/Subnavi/Produkte/CNC/PDFs_ FZ_Maschinen/Englisch/ FZ_100_english.pdf.

[11]　Kroll L,Blau P,Wabner M,et al.Lightweight components for energy-efficient ma chine tools[J]. CIRP Journal of Manufacturing Science and Technology, 2011,4(2):148-160.

[12]　Micromega Dynamics.Active damping devices and inertial actuators[EB/OL]. [2012-10-18]. http://www.micromega-dynamics.com/doc/ADD_Catalog_Rev2. pdf.

[13]　Zulaika J J,Campa F J, López de Lacai L N.An integrated process–machine app-roach for designing productive and lightweight milling machines[J].International Journal of Machine Tools and Manufacture,2011,51:591–604.

[14]　Zulaika J J,Dietmair A,Campa F J,et al.Eco-effeicient and highly productive production machine by means of holistic eco-design appoach.[C/OL].[2013-04 -04].3rd International Conference on Eco-Efficency, June 9-11 2010,Egmond aan Zee.http://www. eco-efficiency-conf.org/content/ Juan%20Jose%20Zulaika%20-%20Eco-efficient%20and%20highly%20productive%20 production%20machines.pdf.

[15]　Nakaminami M,Tokuma T,Matsumoto K,et al.Optimal structure design methodology for compound multiaxis machine tools I & II[J]. International Journal of Automation Technology,2007,1(2):78-93.

[16]　Nakaminami M,Tokuma T,Matsumoto K,et al.Optimal structure design method-ology for compound multiaxis machine tools-III[J].International Journal of Automation Techno-logy,2008,2(1):71-77.

[17]　GF Machining Solutions.Mikron high speed machining centers[EB/OL].[2012- 08-18].http:// www.gfac.com/content/gfac/com/en/Products/Milling/high-speed- milling--hsm-/hsm--high-speed-machining-centers/hsm-600-lp.html.

[18]　DMG MORI.DMC H linear series[EB/OL].[2013-09-01].http://en.dmgmoriseiki.co m/pq/dmc-60-h-linear_en/pm0uk12_dmc_h_linear_series.pdf.

[19]　Aalen.The AS product line[EB/OL].[2012-8-18].http://aksde.alfing.de/fileadmin/ min/dokumente/ bilder/support/download-bereich/AKS-10001_AS-Baureihe-e-2. pdf.

[20]　MAG.Vertical turning centers DVT-advantages[EB/OL].[2012-08-18].http://www. mag-ias.com/ en/mag/products-services/turning/vertical-turning-centers/dvt.ht ml#Advantages.

[21]　Zulaika J.Dematerialised manufacturing systems-project details[EB/OL].[2013- 02-16].http:// www.dematproject.eu/dematproject/project-details.

[22]　Metrom.Mobile machine PM1400[EB/OL].[2013-02-16].http://www.metrom.com /fileadmin/ Dokumente/PDF/METROM_Journal_01_201 2_englisch.pdf.

第三章　机床的主轴单元

张　曙　张炳生

导读：主轴部件是机床的核心部件，被称为"机床的心脏"，历来为机床设计师所重视。本书的不同之处在于从机床技术的发展方向来讨论主轴单元的设计、分析等问题，作者阐述的有关主轴的结构、性能、设计方法等都围绕着两个基本思想：

第一，无论是齿轮传动主轴、皮带传动主轴、电主轴都应适应现代高速高精度机床的运行要求，需不断地改进、提高和创新；

第二，基于现代高速高精度机床的不断发展，必须将机床主轴设计思想拓展为功能—精度—环保—节能—配套件可能性—运行智能化等高度统一融合的系统问题，予以全面规划。

据此，本章从部件设计的角度列举了七个重点：主轴的传动类型、主轴的能源供应、主轴的各种轴承配置、滚动轴承系统的配置和预紧、轴承的润滑、主轴系统的冷却、主轴与刀具的接口。书中为设计者提供了大量的设计案例，最后还介绍了具有回转轴的主轴头的结构特点。

主轴的性能分析则着重于对主轴设计或应用过程中的实验与理论问题的探讨。为更好地理解这些理论问题，建议读者参考本书第六章至第八章的相关内容，并了解和熟悉一些与此相关的应用软件。

主轴智能化是主轴结构与应用的重要方向，本章介绍了智能主轴运行状态下的各类传感器及其智能化主轴结构的设计和应用。目前，智能主轴（包括整机智能化）还有许多技术障碍，例如主轴或机床运行状态的数据积累、各种判据的建立。智能运行的软件等还十分缺乏，尤其在国内，尚需做大量研发工作。

第一节 概　述

一、主轴是机床的心脏

从机床运动学和结构布局配置的角度来看，夹持刀具或工件的主轴是运动链的终端元件，是机床最关键的部件之一，它承担的主要功能是：

1）带动刀具（铣削、钻削、磨削）或工件（车削）旋转，主轴的回转精度直接反映到零件的加工精度和表面质量上。

2）在一定的速度范围内提供切削所需的功率和扭矩，以保证刀具能够从毛坯上高效率地切除多余的材料。

在传统机床中电动机轴线和主轴轴线平行，电动机通过皮带、联轴节或齿轮变速传动机构，以不同的传动比驱动主轴。借助皮带或齿轮变速是早期机床主传动的主要特色，而其变速设计则是机床设计的主要任务。在采用皮带和齿轮间接驱动的情况下，切削时所产生的轴向和径向力由主轴承受，电动机和传动系统仅提供扭矩和转速，匹配和维护比较简单。此外，中空的主轴后端没有电动机的阻挡，便于安装送料机构或刀具夹紧机构等。

随着高速加工的普及，机床主轴的转速越来越高，传统的主轴驱动方式已不能满足高速数控机床的要求。例如，当主轴转速提高到一定程度后，传动皮带开始受离心力的作用而膨胀，传动效率下降。高速运转使齿轮箱发热，振动和噪声等问题也开始变得严重。此外，齿轮变速也难以实现自动无级变速。

随着变频技术的发展，机床主轴的速度调节开始采用变频电动机取代或简化齿轮变速箱，以简化机床的机械结构。直到 20 世纪 80 年代电主轴的出现，从根本上突破了主轴驱动在变速方式、调速范围和功率—速度特性方面的局限，有力地推动了高性能数控机床的发展。

电主轴将电动机的转子和主轴集成为一个整体。中空的、直径较大的电动机转子轴同时也是机床的主轴，它有足够的空间容纳刀具夹紧机构或送料机构，成为一种结构复杂、功能集成的机电一体化的功能部件。20 多年来，电主轴在市场需求拉动和技术进展的推动下，不断攻克轴承、冷却、润滑、效率等一系列技术难题。时至今日，已经能够满足大多数高端数控机床的要求，应用日益广泛。

机床主轴部件发展的历史回顾和发展历程如图 3-1 所示。从图 3-1 中可见，市场拉动的因素在 20 世纪 70 年代主要是简化机械传动系统，避免扭转振动；80 年代中期到 90 年代中期是提高切削速度，即主轴的转速；进入 21 世纪是不断降低电主轴的成本，以获得进一步推广应用。技术推动的因素在 20 世纪 70 年代主要是借助变频技术和伺服驱动技术实现无级调速，不断提高电气传动效率；80 年代中期到 90 年代中期是诸如磁浮轴承等各种新型轴承的应用；进入 21 世纪是陶瓷轴承的应用和主轴部件的智能化[1]。

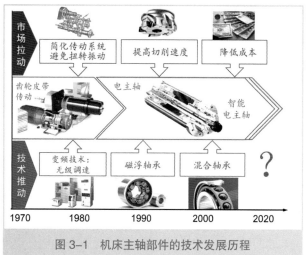

图 3-1　机床主轴部件的技术发展历程

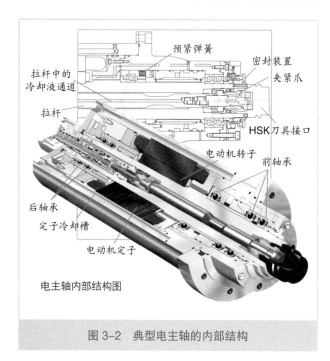

电主轴内部结构图

图 3-2　典型电主轴的内部结构

二、电主轴的基本构成

典型电主轴的内部结构如图 3-2 所示。电主轴通常至少包含前后两组主轴承，以承受径向和轴向载荷，同时往往设有轴承预紧力的调整环节。轴承系统不仅承担了主轴的载荷，还对主轴寿命有决定性的影响。典型的电主轴在前后两组轴承之间安装电动机。由于功率体积比较大，通常需要在电动机定子外周甚至轴承外圈附近设有水冷沟槽，进行冷却，以防止过热。

主轴的刀具端设有密封装置，以防止切屑和冷却液进入。主轴前端的刀具接口是标准化的，如 HSK 和 BT 等。主轴内部有由夹紧爪、拉杆等组成的刀具自动交换夹紧系统，以及保证夹紧可靠的拉杆位置监控。为了给中空刀具提供冷却液，拉杆中间还有冷却液通道。

新型结构的电主轴中，还安装有监控轴承和电动机工况以及加工过程稳定性的加速度、位移和温度传感器[2]。

三、发展趋势

近年来，机床电主轴的进展聚焦于电动机技术、工况监控和运行经济效益，如图 3-3 所示。从图 3-3 中可见，异步电动机将逐步取代永磁同步电动机，碳纤维缠绕转子套将取代金属转子套，以提高单位体积和质量的输出功率，使内置电动机轻小化的同时提高其功率性能[1]。

工况监控是电主轴智能化的基础。将具有多种传感器的测量环安装在主轴前轴承附近，就可以测得主轴的温度、振动等一系列运行参数，从而预防主轴的损坏，补偿其由于热变形和机械载荷所造成的轴向位置误差。

随着内置电动机效率的改善，轴承润滑技术的进步以及鲁棒性的提高，主轴的运行和维修费用也逐步降低。过去人们曾经致力于提高电主轴的转速，但现已转为更加关注高转速下（<15 000r/min）的输出扭矩[1]。随着对主轴可靠性、寿命、维修、运行费用的要求日益苛刻，工况监控就显得非常重要。周期或连续地观察主轴的运行状态，可以防止非正常磨损、过热和意外损坏。主轴

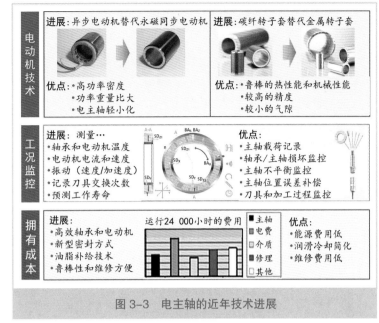

图3-3 电主轴的近年技术进展

的全寿命周期成本包括与主轴、电、油气介质和维修相关的所有费用，这也是电主轴能否获得进一步推广的重要因素。

四、应用领域和特殊要求

在不同的工业领域，对机床主轴的要求是不一样的。它与机床类型、加工工艺、刀具、工件材料和加工精度都有密切的关系，需仔细加以分析。例如，在航空工业中，主要是通过从铝锭中切除大量金属而加工出薄壁结构件，需要大功率和高速主轴，而对于电子工业，在线路板上钻小孔需要的则是高速小功率的主轴。不同工业领域对主轴的共同要求是金属切除率最大化和保证零件加工精度两方面。主要工业领域对主轴的功率、速度、扭矩和精度的要求见表3-1。

对主轴性能要求首先与加工对象的材料有关。加工易切削的铝合金需要大功率

表3-1 不同领域对机床主轴的要求

应用领域	加工材料	速度	功率	扭矩	精度
汽车工业	铸铝	中等	高	中等	中等
	铸铁	低	中等	高	中等
航空航天工业	铝合金	高	非常高	低	高
	钛合金	非常低	低	非常高	高
	碳纤维复合	非常高	低	低	中等
模具工业	钢	高	低	中等	非常高
	铝合金	非常高	中等	低	非常高
通用机械工业	各种材料	中等	中等	中等	中等
电子工业(PCB)	纤维复合板	非常高	中等	中等	高

高速主轴，加工难切削的镍基合金或钛合金需要大扭矩高刚度的低速主轴，加工含有磨料碳粒或碳纤增强塑料的零件需要特别注意主轴端部的良好密封性。用于在电子线路板上钻小孔的主轴，为了提高加工效率，其转速往往高达 100 000r/min ~ 300 000r/min，

需要高精度的空气轴承[1]。因此，机床主轴的类型极其繁多。

在模具工业，主轴既要能用于大进给的粗加工（高效加工），也要适应用小直径铣刀铣削复杂形状表面的精加工（高速加工）。高效加工主轴的功率大而转速中等，高速加工主轴的转速高但切削力不大。模具企业可以购置两台不同的机床，也可以考虑采用可更换主轴的机床。如在一台机床上进行粗加工和精加工，必须在高速和高效之间妥协。

用于航空工业的机床主轴既要满足高速，又需要大功率。加工铝合金结构件时的金属切除率要能够达到 10 000cm³/min 以上。汽车、模具和航空工业领域需要机床的主轴功率—转速特性和转速范围如图 3-4 所示。

磨削是精加工工序。磨削主轴的特点是高速、高精度和高刚度。例如内圆磨削主轴的径向跳动已达到 1 μm 以内。主要用于镗削和钻削的主轴，其轴向刚度要求高，应该采用大接触角的球轴承。但是在高速铣削时，为了减少滚珠离心力对径向刚度的影响，应该采用小接触角的球轴承，两

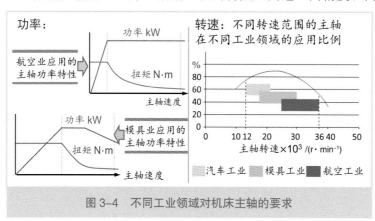

图 3-4　不同工业领域对机床主轴的要求

者是相互矛盾的，设计时需要加以权衡。

复合加工中心的愿景是在一台机床上进行镗铣、车、钻、磨等不同工序，其进一步完善的主要瓶颈就是主轴，没有一种主轴可以满足不同加工情况的要求，达到同样优良的性能。可重构机床、模块化机床则往往需要具有机械、液压、气动和电气标准化接口的可交换主轴[2]。

综上所述，主轴的正确设计和选用是机床设计师面临的最大挑战之一。应根据用户需求和机床用途，仔细分析，斟酌再三，绝不可仅按某一项性能指标（例如转速或功率）轻率地加以决定。

第二节　主轴单元的设计

一、主轴的传动类型
按照传动方式，机床主轴系统可以分为 4 类，如图 3-5 所示：
1）齿轮传动的主轴。
2）皮带传动的主轴。
3）联轴节传动的主轴。
4）与电动机集成的主轴（电主轴）。

上述不同类型主轴传动的性能各异，可根据应用场合的需求加以选用和设计[3-4]。传统机床的主轴部件设计包括在主传动设计中，主轴是齿轮变速系统的最终环节。现代高端数控机床大多采用变频调速，即使采用齿轮传动，也主要用于扩大调速范围，一般仅有两三级。齿轮传动的最大优点是输出扭矩大，适合于大型和重型机床。

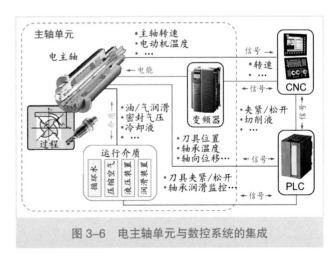

传动类型	扭矩	速度	精度	维修	成本	刚度	噪音	更换	热性能
齿轮	优	差	良	良	中	良	差	中	良
皮带	良	中	中	良	良	良	中	中	良
联轴节	中	良	良	良	良	良	良	中	良
电主轴	中	优	优	中	良	中	优	优	中

图 3-5 不同主轴系统的性能评价

其缺点是转速受到齿轮传动线速度的限制，在高速运转时噪声较大，容易产生振动，且传动效率较低。

三角皮带和齿形皮带传动，价格低廉，维护方便，效率比齿轮传动高，且能够达到相当高的转速（15 000r/min），并在较低转速时（1 000r/min）输出大扭矩，应用非常广泛。皮带传动可保持主轴通孔的特征，特别适合具有棒料送进机构的数控车床。皮带传动的缺点是易发热，对传动轴有径向载荷和噪声大。联轴节传动具有良好的综合性能，维修方便，效率高而振动小，为许多中小型数控铣床所采用，但不能够通过降速而获得大扭矩。

电主轴在速度、精度、噪声和更换方便性方面，皆优于其他传动形式，是高端数控铣床、加工中心和复合加工机床的首选方案。电主轴单元与数控系统的集成如图3-6所示。图3-6中虚线框内皆属于主轴单元的范畴。变频器接受数控系统的信号向电主轴供电，进行主轴转速的调节。电主轴将主轴转速、电动机温度等信息反馈给数控系统。同时，数控系统通过PLC控制刀具的夹紧/松开、切削液的供给以及主轴运行所需的各种介质，如冷却水、压缩空气、液压和润滑油的供应。此外，电主轴还将刀具位置、轴承温度和轴向位移等信息发给PLC和数控系统，构成一个闭环控制回路。

图 3-6 电主轴单元与数控系统的集成

二、主轴的能源供应

主轴系统的能源供应包括电、气、液压和冷却液。它是根据主轴的型号、尺寸、功率和用途进行选择或定制的。

例如，瑞士伊贝格（IBAG）公司将主轴单元的各种能源系统和全部元器件都安装在一个控制柜中，便于日常维护和故障检修。该公司生产的各种不同规格的能源供应部件的外观如图 3-7 所示。其中 45K20 型能源供应单元适用于 HF170 系列大型电主轴（功率 26kW，转速 30 000r/min）。能源供应单元主要具有以下功能：

图 3-7　电主轴的能源供应单元

1）空气供应过滤调节器。它向油雾润滑系统、刀具交换系统、刀柄清洁和迷宫密封提供一定压力的清洁的压缩空气。

2）高压润滑系统或油雾润滑系统。它们用于保证和延长主轴精密轴承的工作寿命，油箱容量为 1.8L，工作压力为 2MPa，过滤精度为 250μm。

3）高效冷却系统。用于保证主轴工作温度的恒定，包括冷却液泵（2L/min）、冷却液箱（40L）和无氟制冷器。

4）变频系统。变频器采用正弦脉宽调制和全数字化微处理器控制，具有短路安全保护，最高输出频率为 1 400Hz。

5）电气控制系统和可编程控制器。用于保证能源供应部件整个系统的正常工作。

6）高压冷却系统（选件）。用于提高工件加工表面的质量和延长刀具的寿命。

45K20 型能源供应单元的外形尺寸为 1 100mm×700mm×1 410mm，没有装冷却液和润滑油时的质量约为 360kg。

能源单元中最重要的部件是变频器，它将三相工频市电转换为频率可变的三相高频电源。电主轴通常采用三相两级脉宽调幅变频器供电电源，简单易行，但也带来一系列问题。由于它是开关运行模式，输出电压不是纯粹的正弦波，含有开关谐波。这种开关谐波不能转化为机械扭矩，只能导致电主轴元件的发热。解决这个问题的方法是在变频器中增加功率半导体，构成三级变频器。这样就可明显减少主轴供电电源的谐波成分[1][5]，如图 3-8 所示。

解决上述问题的另一种方法是在变频器和电动机之间加电感 - 电容（LC）滤波器。这种滤波器能够抑制供电电源的谐波成分，使供电电压和电流的波形非常接近正弦波。需要注意的是滤波器的谐振频率不能激发变频器、也不能够激发电动机产生谐振，否则将造成变频器、滤波器或电动机的损坏。因此需要在控制系统中有效地抑制滤波器的谐振频率。

一台具有永磁同步电动机的电主轴采用不同变频器方案时的热性能如图 3-9 所示。从图 3-9 中可见，采用两级变频器时，电主轴的各组成部分发热量较大，而添加 LC 输出滤波器后，温升明显较小。

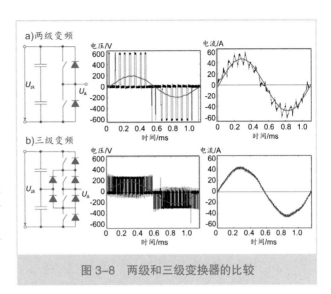

图 3-8　两级和三级变换器的比较

三、主轴轴承

机床应用领域的不同，对主轴轴承系统的要求是不一样的。例如，铝合金的高速切削需要高转速而刚度较低的轴承系统，而钛合金或镍基合金的重切削则需要能承受大切削力和低转速的轴承系统。合理选择轴承类型和配置轴承以及轴承系统的设计优化对机床主轴的性能和寿命有很大影响。主轴轴承的类型有：

1）滚动轴承，包括球轴承和圆柱滚子轴承。

2）液体动压轴承。

3）液体静压轴承。

4）空气轴承。

5）磁浮轴承。

对主轴轴承系统性能的基本要求以及不同轴承系统之间的性

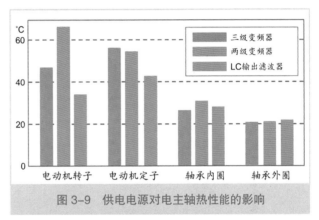

图 3-9　供电电源对电主轴热性能的影响

表3-2　不同轴承系统的性能比较

性能参数	滚动轴承	动压轴承	静压轴承	空气轴承	磁浮轴承
$n \cdot d_m$ 值	较高	中等	中等	非常高	非常高
长寿命	较长	较长	几乎无限	几乎无限	几乎无限
高精度	高	高	非常高	非常高	非常高
高阻尼	较低	较大	较大	中等	较大
高刚度	较高	较高	很高	中等	较高
润滑技术	简单	中等	复杂	中等	复杂
低摩擦	中等	较大	较大	很小	很小
低价格	较低	可接受	可接受	可接受	昂贵

能比较见表 3-2。从表 3-2 中可见，滚动轴承具有明显的综合优势，应用最为广泛。

1．球轴承

需要同时具有轴向和径向高刚度、且 $n \cdot d_m$ 值（转速系数）达到 3×10^6 mm/min 的主轴，通常采用球轴承。高精度角接触球轴承具有径向圆跳动小、刚度高、安装维护方便、性价比高等一系列优点，为大多数电主轴所采用[6]。

例如，瑞士伊贝格（IBAG）公司生产的 **HF170.4 A20 K** 型电主轴前后轴承皆采用角接触球轴承。其结构如图 **3-10** 所示。前轴承是两个内径 ϕ65mm 和接触角 25° 的高精度球轴承，后轴承则为内径 ϕ50mm 角接触球轴承，借助弹簧进行预紧。该型号主轴前端的径向静态刚度为 302N/μm，轴向静态刚度为 260N/μm，最高速为 24 000r/min。标准配置时，轴承润滑采用油气润滑系统，但在最高转速较低时，也可选用油脂润滑。

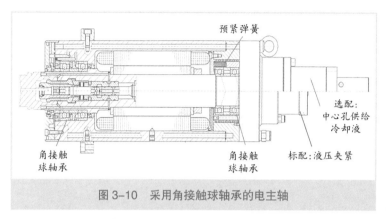

图 3-10　采用角接触球轴承的电主轴

轴承的密封采用空气迷宫间隙密封[7-8]。

随着对电主轴转速要求的提高，出现了高速主轴轴承和陶瓷球金属环混合轴承。高速轴承的特点是滚珠数目较多而球径较小，随之而来的是接触参数的改善，减少了摩擦和发热，以适应高速运转的需要。

陶瓷球混合轴承采用氮化硅（Si_3N_4）作为滚动球体材料，陶瓷材料密度小（3.16g/cm³），而其弹性模量却很高（320 000N/mm²）。材料的密度小，意味着球的质量小，离心力的负面影响就小；而材料的弹性模量高，轴承的刚度就大。因此，在相同预紧力的情况下，陶瓷球混合轴承系统可承受较大的载荷。或者具有相同的载荷能力时的预紧力较小，摩擦和发热少，轴承的寿命较长。此外，陶瓷球还具有硬度高、热膨胀系数小、电绝缘、非磁性、与钢内外圈沟道的摩擦配合性能好、摩擦力和磨损皆较小等一系列优点，为众多高速电主轴制造商所乐意采用[9]。陶瓷球轴承与钢球轴承的物理性能比较如图 3-11 所示。

尽管球轴承具有许多优点，但它也有的局限性，特别是角接触轴承，在离心力和热膨胀的作用下，滚动体会产生径向位移，轴承内圈也会有所扩大。对定压预紧的轴承系统而言，将

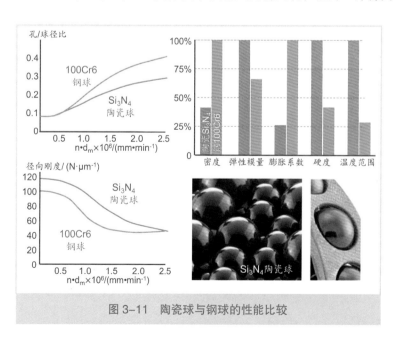

图 3-11　陶瓷球与钢球的性能比较

导致内外圈的相对轴向位移和接触角度发生变化，造成轴承刚度降低，使主轴工作时容易发生颤振。对定位预紧的轴承系统而言，将造成内部载荷的升高，磨损加剧。

为了克服上述缺点，将角接触轴承由两点接触改为3点或4点接触[10-11]。多点接触的目的是保持球的中心位置及其运动规律在运转时不变。在3点接触轴承中，外圈的沟道与球的顶部保持2点接触，内圈在预紧力作用下与球的底部单点接触。

采用实现4点接触轴承有两个方案：刚性的和柔性的。前者的轴承外圈是由左右对称的两半组成，分别按照设定的位置压紧滚珠，保证4点接触。后者的内圈也是由左右两半组成，但其中一侧由弹簧施加预紧力，弹簧的预紧力必须大于主轴的最大轴向载荷，以保证4点接触。实验证明，多点接触轴承对高性能和高速主轴是非常有利的，但结构和安装调整相对复杂。2点接触的轴承和多点接触的轴承的优缺点比较如图3-12所示。

2. 滚子轴承

单列或双列圆柱和圆锥滚子轴承是机床主轴常用的轴承方案。特别是高精度圆柱滚子轴承安装在主轴前颈部作为提高主轴径向刚度的重要措施，其内径通常具有1:12锥度。通过安装时调节滚子与内外圈的径向间隙，施加径向预紧力。与球轴承相比，由于滚动元件与沟道之间的接触区域大，可承受较大的载荷。但接触区域增大，摩擦和发热也随之增加，且难以润滑。当滚子与内外圈出现较大温度梯度时，可能出现极限工况。一

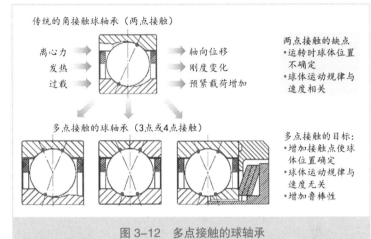

图3-12 多点接触的球轴承

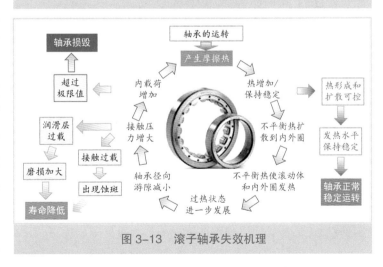

图3-13 滚子轴承失效机理

般来说，外圈的散热条件比内圈好，内圈发热膨胀后直接影响安装时调节好的预紧力，而预紧力增加又导致发热加剧。当所产生的热达到无法扩散的极限值时，就进入"热恶性循环"，甚至在几分钟之内就可能烧毁轴承[1]。滚动轴承发热的机理及其热失效过程如图3-13所示。

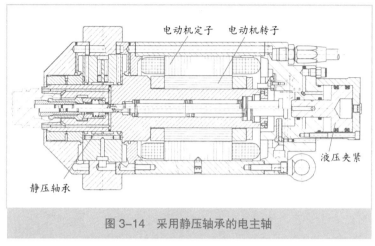

图 3-14　采用静压轴承的电主轴

3. 静压轴承

静压轴承的工作原理是借助轴承缝隙内的高压油保持主轴的平衡。它的承载能力大，摩擦小，结构紧凑，阻尼性能好，动、静态刚度较高，径向和轴向的跳动小。但由于液体内剪切效应可能会导致高速旋转时发热，故在低转速时的优势较为明显。为了克服高转速发热问题，可在液压站设置冷却系统以控制油温。此外，采用自动液压刀具夹紧机构时，可以利用同一能源。它的主要缺点是价格较高，维护较为复杂。

瑞士公司 IBAG 的 HF170.4 HA40 HKV 型静压轴承的电主轴结构如图 3-14 所示，其最高转速可达 30 000r/min~40 000r/min。径向承载能力为 3 500N，主轴前端的径向静态刚度为 400N/μm，轴向静态刚度为 800N/μm。特别是其轴向静态刚度和承载能力皆明显高于滚动轴承[7-8]。

4. 空气轴承

空气轴承的工作原理与静压轴承相似。只不过介质改为黏度很小的压缩空气，因而可以达到非常高的转速，摩擦小，寿命长，但承载能力低。主要用于内圆磨头和高速钻孔机床。为了保证较高的承载能力和刚度，轴承的间隙要非常小，节流孔大小和管道长度对其性能有很大的影响。由于空气流的质量和比热容小，高速运转时剪切力所产生的热不能通过轴承元件扩散，因此采用空气轴承的高速主轴需要特别注意冷却问题。此外，空气的压缩程度会影响气压的稳定程度。轴承供气压力在 0.4MPa~1MPa 可以保证在层流范围内工作。压力过高工作稳定性较差，压力过低会导致轴承的承载能力和刚度低下[4][12]。采用空气轴承的典型电主轴结构和性能如图 3-15 所示。

5. 磁浮轴承

磁浮轴承借助多辐在圆周上互为 180° 的磁极产生径向方向相反的吸力或斥力将主轴浮起，由定子和转子组成，也称为磁力轴承。磁浮轴承除前后轴承外，还需要轴向轴承，才能保证主轴承受轴向载荷。磁浮轴承具有一系列优点，例如：

1）磁浮轴承的定子和转子之间没有摩擦，磨损极小，能够适应高转速和大功率。

2）磁浮轴承不用润滑，无须维修，理论寿命可无限长。

3）电磁力可通过电流加以控制，因此刚度和阻尼是可调的。其静刚度可以超过滚动轴承，但最大承载能力受到体积的限制低于滚动轴承。

4）借助位置传感器监控主轴的空间位置变化，使主轴转动时能保持自动平衡，没有振动。借助力传感器监控载荷大小并自动调整承载能力，属于主动控制型轴承。其缺点是控制系统较为复杂和价格昂贵。

图 3-16 所示为瑞士 IBAG 公司的 HF200 MA40 KV 型磁浮轴承电主轴的结构。最高转速为 40 000r/min，采用高压水冷，以保证电动机和磁浮轴承的工作稳定性。从图中可见，该电主轴除了磁浮轴承外，前后还有一对辅助的球轴承。它与壳体之间有一定

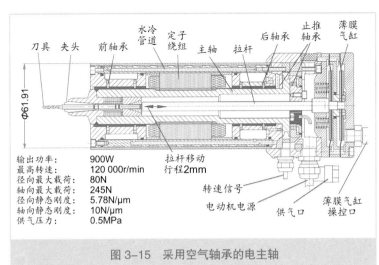

输出功率： 900W
最高转速： 120 000r/min
径向最大载荷： 80N
轴向最大载荷： 245N
径向静态刚度： 5.78N/μm
轴向静态刚度： 10N/μm
供气压力： 0.5MPa

图 3-15 采用空气轴承的电主轴

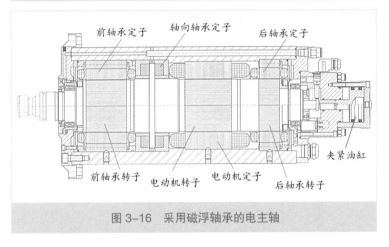

图 3-16 采用磁浮轴承的电主轴

的间隙，主要不是用于承受载荷，而是用作辅助支承，以保证主轴在失电情况下的安全性。主轴前端径向静态刚度为 1 500N/μm，轴向静态刚度为 700N/μm，明显超过同等规格的其他类型轴承[7]。

四、滚动轴承系统的配置和预紧

主轴轴承系统的类型、配置形式和预紧方法对主轴的刚度、发热和转速系数有很大的影响。主轴滚动轴承系统常用的组合配置如图 3-17 所示[4]。

圆锥滚子轴承（图 3-17a）同时承受轴向力和径向力。轴向和径向的刚度都较高，但发热较严重，转速系数较低，仅适用于低速大载荷的情况。圆柱滚子轴承加双列轴向球轴承（图 3-17b）分别承受径向和轴向力。其径向刚度和轴向刚度都很大，且与配置 a 相比，发热较少，转速系数较高。角接触球轴承加圆柱滚子轴承（图 3-17c）可进一步提高转速系数和减少发热，但其轴向和径向刚度较配置 a 和 b 有所降低，适合于中等载荷和转速的主轴。O 配置的角接触球轴承（图 3-17d）前后各配置一组异向角接触球轴承，同时承受轴向力和径向力。力循环成封闭 O 形，径向刚度较高，轴

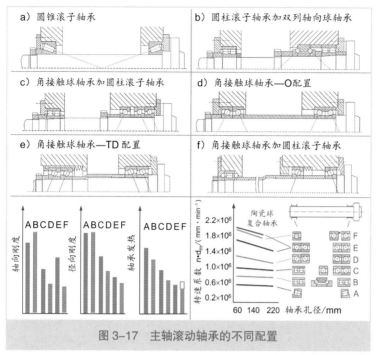

图 3-17　主轴滚动轴承的不同配置

向双向等刚度，动态位移小，转速系数较高。TD 配置的角接触球轴承（图 3-17e）前后支撑各配置一组同向角接触球轴承，明显提高了轴向刚度和转速系数，是中小型电主轴的首选配置。最后，角接触球轴承加圆柱滚子轴承（图 3-17f）的转速系数高，但刚度较低，适合于高速轻载的主轴。此外，陶瓷球混合轴承的转速系数最高，发热最少，为大多数高速电主轴所采用。

除了配置形式外，滚动轴承以及整个主轴系统的性能在很大程度上取决于所选定的预紧力和预紧方法。预紧是对轴承施加一个轴向力，使滚动体与沟道的接触区产生微小的塑性变形。其作用如下：

1）增加径向和轴向刚度，减少弹簧效应。

2）在载荷变化的条件下，保持高运转精度。

3）降低运转时的振动和噪声。

4）防止高速和高加速时滚动体出现打滑和混合摩擦。

5）减少高速时滑动摩擦的成分比例和接触角的变化。

在保证寿命的前提下提高承载能力。

轴承的预紧有两种方法，刚性的定位预紧和弹性的定压预紧。定位预紧方法比较简单。角接触球轴承组的定位预紧原理及预紧力对刚度的影响，如图 3-18 所示。

最常用的方法是将一组角接触轴承背对背异向配置，此时两个轴承内圈之间有间隙，螺母旋紧后间隙减少或消除，从而产生一定的预紧力。由于轴承组接触线的形状近似字母"O"，故通常称为 O 配置。这种预紧方法在细心装配、预紧力调整恰当时，可获得很好的回转精度和刚度。

另一种预紧方法是将一组角接触轴承面对面异向配置，此时两个轴承外内圈之间有间隙，螺母旋紧后间隙减少或消除，从而产生一定的预紧力。由于轴承组接触线的形状近似字母"X"，故通常称为 X 配置。X 配置的径向和轴向刚度高于 O 配置，且易于装配调整，但其 $n \cdot d_m$ 值低于 O 配置[13-14]。

当轴承系统载荷较大时，为了分散载荷，可以采用串联配置，即将一组轴承同向配置，其接触线相互平行。此时，该轴承组只能在一个方向预紧，承受一个方向的载荷，在主轴的另一端必须配置承受相反方向载荷的轴承组。

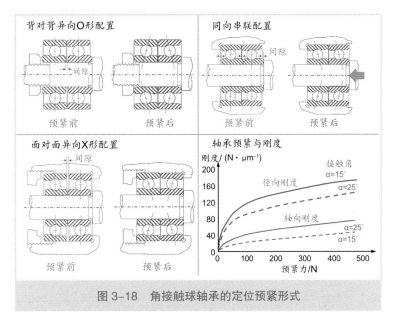

图 3-18　角接触球轴承的定位预紧形式

为了提高轴承系统的承载能力和扩大预紧力的调整范围，通常在两列球轴承之间加隔套或垫圈。通过改变隔套长度或垫圈厚度来调整预紧力。

定压预紧主要有两种方法，弹簧预紧和液压预紧。借助碟形弹簧、弹性隔套或油缸对角接触球轴承的外圈施加恒定的压力，使内外圈产生相对位移。轴承定压预紧的结构相对复杂，但预紧力受轴承系统的温度影响较小。

轴承内圈发热时，其轴向和径向尺寸皆会发生变化，从而可能改变轴承预紧力的设定值。不同预紧方法对轴承温升的敏感度如图 3-19 所示。

从图 3-19 中可见，3 列 O 形配置的角接触球轴承内圈发热膨胀后，向左右两侧产生位移，导致预紧力明显下降。主轴一端的角接触球轴承采用碟形弹簧或弹性隔套定压预紧。发热后内圈虽然有位移，但外圈在弹簧作用下也随之产生位移，预紧力会有所变化，但不明显。如果采用液压定压预紧，则可保持预紧力恒定，且预紧力大小可调。圆锥孔滚柱轴承是主轴轴承的常见形式之一。其预紧方式是调整径向间隙，内圈发热膨胀后，其

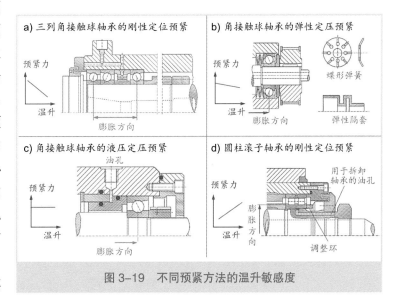

图 3-19　不同预紧方法的温升敏感度

沟道直径略有增大，导致预紧力增加[4]。

五、轴承的润滑

润滑的目的是在轴承滚动体与内外圈沟道接触面之间形成油膜，以减少摩擦和磨损；同时起到防止腐蚀，加快摩擦热扩散的作用[1]。按照主轴转速范围的高低，主轴轴承不同润滑方式的结构、特点和性能如图 3-20 所示。从图 3-20 中可见，机床主轴轴承的润滑有以下 4 种形式：

1）一次性脂润滑。

2）可添加脂润滑。

3）油雾润滑。

4）油气润滑。

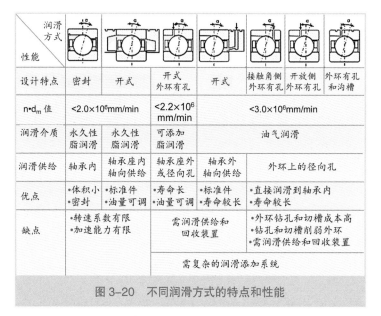

润滑方式 / 性能							
设计特点	密封	开式	开式外环有孔	开式	接触角侧外环有孔	开放侧外环有孔	外环有孔和沟槽
n·dm 值	<2.0×10⁶mm/min	<2.2×10⁶ mm/min	<3.0×10⁶mm/min				
润滑介质	永久性脂润滑	永久性脂润滑	可添加脂润滑	油气润滑			
润滑供给	轴承内	轴承座内轴向供给	轴承座外或径向孔	轴承外轴向供给	外环上的径向孔		
优点	·体积小 ·密封	·标准件 ·油量可调	·寿命长 ·油量可调	·标准件 ·寿命较长	·直接润滑到轴承内 ·寿命较长		
缺点	·转速系数有限 ·加速能力有限	需润滑供给和回收装置		·外环钻孔和切槽成本高 ·钻孔和切槽削弱外环 ·需润滑供给和回收装置			
	需复杂的润滑添加系统						

图 3-20　不同润滑方式的特点和性能

大多数角接触球轴承采用脂润滑，在主轴装配时涂抹规定配方的一次性油脂，无需更换。适用于 $n·d_m<2.0×10^6$mm/min 的工况。为了提高轴承的高速性能和延长其使用寿命，可借助添加系统，定期将新油脂注入轴承附近或轴承内。脂润滑轴承系统的结构简单，维护方便，成本低廉，符合环保要求。但轴承温升相对较高，可能导致工作寿命较短。

油雾润滑以压缩空气为动力，借助油雾器将油液雾化后混入空气流中输送到轴承，在轴承沟道内形成油膜，属于一种持续润滑方式，具有润滑和冷却的双重作用。供油量的多少对润滑效果影响很大。过量的油导致发热增加，供油不足造成磨损加剧。油雾润滑需要外部供油和供气装置，优点是结构相对简单，维护方便，成本也较低；缺点是油雾排放会对车间环境造成一定污染。

油气润滑适用于高速轴承系统（$n·d_m<3×10^6$mm/min），其原理是借助压缩空气定时定量地将润滑油（脉冲油滴）注入轴承。它能根据主轴工况周期性地向指定轴承供给少量润滑油，是一种定时、定量和定点的最小量润滑方式。油气润滑原理及其与脂润滑的比较如图 3-21 所示。根据轴承尺寸的大小，注入量为 60mm³/h~200mm³/h 就可获得良好的润滑效果，耗油量仅为油雾润滑的 1/10，是新型高速电主轴和陶瓷

球混合轴承的首选[13-14]。

六、冷却

1．主轴头的冷却

主轴轴承在高速运转时产生大量的热，发热所引起的变形将导致轴承预紧力变化、机床加工精度降低，甚至主轴部件的损毁。美国哈斯（Hass）公司的立式加工中心所采取的提高主轴头热稳定性的方案如图 3-22 所示。从图 3-22 中可见，主轴滑座的铸件内有一个冷却回路，

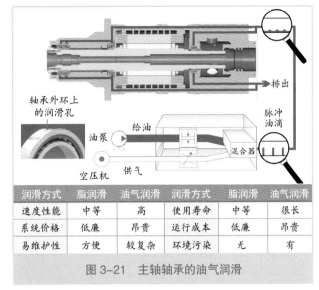

润滑方式	脂润滑	油气润滑	润滑方式	脂润滑	油气润滑
速度性能	中等	高	使用寿命	中等	很长
系统价格	低廉	昂贵	运行成本	低廉	昂贵
易维护性	方便	较复杂	环境污染	无	有

图 3-21 主轴轴承的油气润滑

水泵供给的循环冷水进入回路后，将主轴轴承的热量带走，减少了刀具中心点在 X-Y 平面内的漂移。为了进一步提高主轴部件的热稳定性，对机床的立柱和主轴滑座进行了特殊的通风设计。主轴电动机的上方安装了一台风扇，使冷空气从立柱后方和滑座下方的风口吸入，经过主轴滑座的风道从顶部将热空气排出。在主轴不同转数高速运转 8h 和室温波动 3℃的情况下，刀具中心点在 X、Y、Z 轴方向的热位移 δ_x、δ_y、δ_z 的最大值分别为 10μm、8μm、22μm[15]。

2．电主轴的冷却

电主轴是高能量密度的功能部件。电主轴的热源主要来自电动机和轴承的各种机械和电气损失。为了保证电主轴的热稳定性，不仅要考虑轴承的散热，更要考虑定子线圈和转子密封壳体内的散热。定子线圈和转子密封在壳

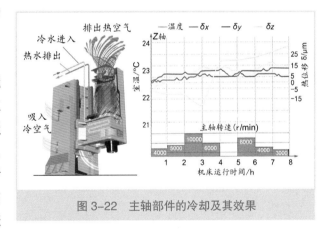

图 3-22 主轴部件的冷却及其效果

体内散热条件差，又无法用风扇散热，可采取强制气冷或水冷，其中水冷的效果较好。

如何在非常狭窄的空间中安排冷却水通道且保证密封，避免冷却水进入电动机绕组线圈，是电主轴设计的一个棘手问题。通常采取的方法是在定子和轴承外套上加工出螺旋宽槽，装入电主轴壳体时加以密封，然后借助高压泵注入冷却水，进行循环冷却，如图 3-23 所示。

3．切削冷却液的供给

切削冷却液最有效的供给方式是从主轴内孔经刀具中心孔直接喷射到刀刃上的切削区，可有效地进行降温和润滑。在钻深孔和铣削难加工材料时，这种需求尤为突出。

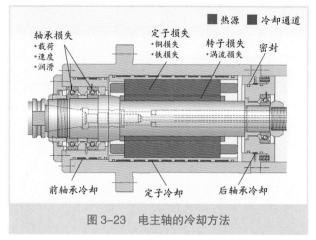

图 3-23　电主轴的冷却方法

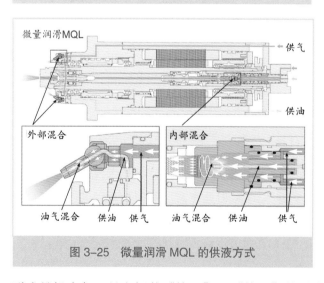

图 3-24　切削冷却液的内供给方式

图 3-25　微量润滑 MQL 的供液方式

例如，德国 CyTec Systems 公司的解决办法是借助主轴后端的旋转管路连接器将切削冷却液从固定管路输送到高速旋转的主轴内[16]，如图 3-24 所示。从图 3-24 中可见，两路供油管路通过连接端盖内的分配轴，先打开陶瓷端面密封，再打开单向阀，经刀柄进入刀具，进行供液。为了避免陶瓷端面密封处于干摩擦状态，采用两路供油回路，其中一个是 0.1MPa 的低压保压回路。当停止供液时，端面密封虽然关闭，但仍处于有油润滑的状态。

为了推广绿色制造，微量润滑（MQL）的应用日益广泛。某公司通过主轴内孔进行微量润滑的原理如图 3-25 所示。从图 3-25 中可见，微量润滑有两种方法，油气内部混合和油气外部混合。微量的油液（黄色）在压缩空气流（蓝色）的带动下，产生雾化后（绿色）喷射到刀刃上的切削区。内部混合的雾化器可配置在分配轴的前端，外部混合的雾化器安装在喷嘴附近。

七、主轴与刀具的接口

1．主轴与刀具的联接形式

加工中心或复合机床的主轴要与各种各样的刀具系统联接，机床主轴内孔和刀具柄部的联接形式是机床与刀具之间的"接口"。"接口"的基本功能是传递切削力或扭矩，保证主轴中心与刀具中心一致，且连接刚度高。此外，要能够精确、方便、可靠和快速地更换刀具。现行的机床主轴内孔和圆锥刀柄的联接标准有：BT（日本）、CAT（美国）、

ISO 和 HSK（德国），如图 3-26 所示。

在镗铣加工机床中，通常使用各种 7:24 的长锥型接口。我国现行的标准为 GB 10944 和 GB 10945，基本与 ISO 标准保持一致，这些长锥面刀柄（BT、CAT 和 ISO）与主轴内孔的联接是依靠两者锥面的接触，而主轴端面与刀柄之间存在一定的间隙。在高速旋转时的离心力、切削力以及热变形的作用下，主轴锥孔的大端孔径会略有膨胀，导致主轴内孔与刀柄之间的接触面减小，使刀具轴向和径向的定位精度降低，随之而来的还有工件加工精度的恶化。为此，近年来出现了一种称为"BIG-PLUS"的主轴与刀具改进接口，它能够同时保持锥面和端面的接触，提高了联接的刚度。在同样切削力作用下，刀具顶端的变形明显减少，如图 3-26 所示。

随着高速切削的出现，德国亚琛工业大学机床实验室（WZL RWTH）专门为高速铣床开发了一种新型主轴与刀具的接口，称为 HSK，并形成了用于自动换刀和手动换刀、中心冷却和外部冷却、普通型和紧凑型从 A 到 F 的 6 个系列。HSK 是一种小锥度（1:10）的空心薄壁短锥柄。拉紧杆拉紧时，短锥径向可略有收缩，使端面和锥面同时接触。从而具有高的接触刚性，径向刚度比短锥柄高 5

图 3-26　不同标准的刀柄类型

倍以上，而轴向夹紧力相当于 7:24 刀柄的 200%。

经分析研究，尽管 HSK 接口在高速旋转时主轴内径也同样会扩张，但由于锥度小、锥面短，过盈量没有完全释放，仍然能够保持良好的接触，因而转速对联接刚性影响不大。HSK 接口形式现在不仅成为德国 DIN 标准，而且为国际标准组织（ISO）所采纳，并被大多数电主轴制造商采用。

2．刀具的自动夹紧

刀具夹紧机构是机床主轴的重要组成部分，没有夹持可靠和精度高的刀具夹紧机构，是无法进行高速切削加工的。刀具夹紧机构按动力源可以分为液压、气动和手动 3 种。当自动换刀时，必须采用液压或气动的自动夹紧机构。

德国 CyTec Systems 公司生产的 CyTwist 自动夹紧机构的工作原理如图 3-27 所示。夹紧机构主要由拉杆（蓝色）、圆周分布的扇形块（黄色）以及环绕拉杆和扇形块的滑套（红色）组成。松开刀具时，滑套向右移动，夹紧扇形块松开；而中间拉杆在弹簧圈作用下向左移动，从而使夹紧爪（深黄色）向内缩，即可取出或放入刀柄。如将滑套右腔充油使其向左移动，扇形块内缩，锥面使拉紧杆向右移动。此时，杆端

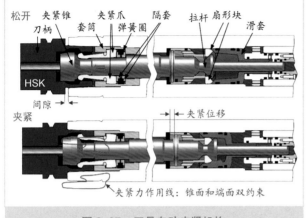

图 3-27　刀具自动夹紧机构

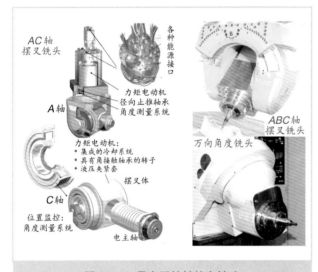

图 3-28　具有回转轴的主轴头

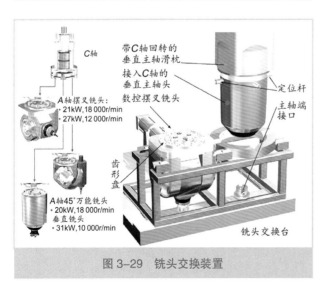

图 3-29　铣头交换装置

的夹紧锥斜面使夹紧爪外胀，压紧 HSK 刀柄的内表面，形成封闭的夹紧力作用线，使主轴内孔与刀柄的锥面和端面同时压紧。压紧后，夹紧机构处于机械自锁状态，无须额外提供夹紧力[16]。

八、具有回转轴的主轴头[13]

将电主轴与力矩电动机集成在一起，在提供切削动力的同时实现 2 个或 3 个数控回转轴，是配置多轴加工机床的主要途径之一。实现主轴头数控回转轴的方案基本分为 3 种（图 3-28）：

1）AC 轴双摆主轴头。电主轴安装在摆叉中间，由两侧的力矩电动机驱动，实现 C 轴回转，摆叉顶部通过齿形盘与力矩电动机的连接，实现 A 轴回转。这种配置的轴向尺寸大，主要用于龙门铣床等大型机床。

2）ABC 三轴主轴头。摆叉壳体上有弧形导轨，可以实现 B 轴 ±15° 的偏转，从而将 3 个回转轴集成在一个主轴头上，用于加工深凹槽零件的大型龙门铣床。

3）万向角度铣头。电主轴的轴线与回转轴成 45°，结构紧凑，通常用于卧式加工中心或落地镗床。

在一些大型和超大型龙门铣床上，为了实现完整加工，一种形式的主轴头往往不能满足要求。为此开发了主轴头交换系统，如图 3-29 所示。在铣头交换台上放置有 2 个以上的铣头，由定位杆和主轴端接口确定其位置和姿态。机床的主轴滑枕上安装有具有齿形盘和连接销的 *C* 轴驱动装置，当主轴滑枕按照数控程序移动到设定的位置时，即可将原来的铣头放在空位，再与不同类型和型号的 *A* 轴摆叉铣头、*A* 轴 45° 万能铣头或垂直铣头快速连接，构成新的 *AC* 轴或 *C* 轴的主轴单元。

第三节　主轴的性能分析

一、静刚度

静刚度是主轴单元最基本的机械性能。大多数主轴可以视为支撑在前轴承（例如 O 配置角接触球轴承）和后轴承（球轴承或圆柱滚子轴承）的超静梁，然后将主轴和轴承组件再装入壳体中。因此，主轴单元的静刚度 k_{st}，由主轴刚度 k_s、轴承刚度 k_b 和壳体刚度 k_h 构成。在切削力 *F* 的作用下产生的刀具端变形 δ_{st} 也是由相应的这 3 部分的变形组成。主轴的静刚度和主轴端变形的计算公式[13]如图 3-30 所示。

从图 3-30 中可见，主轴变形 δ_s 的数值取决于支点间的距离、材料的弹性模量和主轴的截面形状。轴承造成的变形 δ_b 取决于轴承刚度（由前轴承刚度 k_F 和后轴承刚度 k_R 组成），轴承的刚度，特别是前轴承对主轴端的变形 δ_b 有很大的影响，其数值与轴承配置和预紧力有关。主轴壳体的变形难以用计算公式表达，需要借助有限元分析方可获得，但通常较小，往往可忽略不计。

在铣削时，刀具和刀柄插入主轴孔内，这一组合也可以简化为圆柱悬臂梁，刀具端的变形与

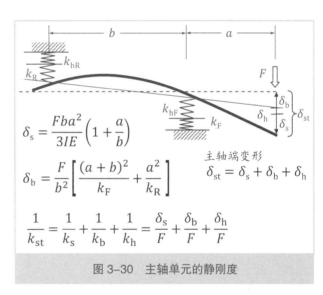

$$\delta_s = \frac{Fba^2}{3IE}\left(1 + \frac{a}{b}\right)$$

$$\delta_b = \frac{F}{b^2}\left[\frac{(a+b)^2}{k_F} + \frac{a^2}{k_R}\right]$$

主轴端变形
$$\delta_{st} = \delta_s + \delta_b + \delta_h$$

$$\frac{1}{k_{st}} = \frac{1}{k_s} + \frac{1}{k_b} + \frac{1}{k_h} = \frac{\delta_s}{F} + \frac{\delta_b}{F} + \frac{\delta_h}{F}$$

图 3-30　主轴单元的静刚度

刀具和刀柄材料的弹性模量及尺寸有关，细长的刀具刚度明显低。

在主轴运转过程中，特别是电主轴，由于电动机的发热以及高速旋转时轴承离心力的影响，使得主轴系统的刚度发生变化。因此静刚度远远不能够真实反映主轴的全部性能，必须对主轴单元的动态性能进行分析。

二、主轴的建模与仿真

主轴单元建模和仿真的目的是在设计初期就能够预测其性能和优化其尺寸，即获得主轴单元的最大动态刚度、最高的金属切除率、最小的尺寸和最少的功率消耗。建

模的方法可分为实验建模、理论建模和热性能建模。

1．实验建模

现有主轴的动态性能可借助测量刀具端的力与位移的频率响应函数而获得。将测得的频率响应函数绘制成曲线就可以求得主轴系统在特定频率段的固有频率、阻尼系数和刚度数值，从而预测主轴结构在什么情况下可能发生振动。实验建模是一种简单而实用的方法，但有一定的局限性：

1）在实验过程中，正在旋转的主轴只有一小部分可以直接接触到，对整个主轴的实验建模有较大难度。

2）主轴的转速和温度对动态性能有较大的影响，特别是轴承在静止和旋转时其动态性能有很大的差别。但要在主轴旋转时测量其频率响应特性是相当困难的。

3）在实验系统的输入和输出数据中提取参数绘制曲线的方法，不能完全识别主轴的动态性能参数。

实验建模的常用方法是采用装有力传感器的力锤敲击刀具端部，然后借助位移传感器或加速度计拾取主轴的振动信号，如图 3-31 所示。在主轴处于静止状态时所建的模型称之为"零转速动态响应"。

图 3-31　用击锤的实验建模方法

有的研究者采用压电或电磁激振器代替锤击，或借助特定的机构自动敲击刀具端，在主轴静止或旋转状态进行激振。此外，也可将主轴悬挂在空中，不仅在主轴端进行激振，也可在主轴其他部位进行激振。实验建模所获得的数据可用于与理论模型对比，特别是用于校正阻尼系数，因此实验建模与理论建模两者皆不可或缺。

2．理论建模

理论建模的目的是描绘主轴系统的输入（力、速度）与输出（位移、轴承载荷和温度）参数之间的数学关系，通常可以用一组微分方程来表达，以求解系统线性和非线性的性能。为了评价主轴系统在工作状态的动态性能，必须将铣削过程的切削参数、工件材料和刀具的几何形状等参数加入模型中，使主轴和轴承的结构模型与铣削过程模型形成一个相互作用的闭环，如图 3-32 所示。从图 3-32 中可见，由于铣刀是多刃刀具，加工时不连续地切入工件，其切屑的截面是变化的，切削力也是变化的。变化的切削力给主轴系统施加激振力，可能使主轴系统产生振动或颤振。

借助铣削过程模型，可在时间域内描述切削力、位移和切屑厚度的变化，从而进一步确定加工过程是稳定的或不稳定的，以及在稳定时的振动幅度是否可接受。时间域建模的缺点是稳定性叶瓣图的计算较复杂，耗时较长。解决的办法是在频率域通过频率响应函数或借助时滞微分方程（DDE）直接求解叶瓣图[13]，如图3-33所示。从图3-33中可见，基本步骤如下：

1）建立切屑层厚度h_j与铣刀转角ϕ_j（时间函数）的关系表达式。

2）建立切削力F的动态模型。

3）引入系统动力学。采取两种求解方法，借助频率响应函数求解或定期延迟微分方程求解。

4）求解决定加工过程稳定性的特征值。

一般来说，用切削力与切削厚度成正比的线性关系对主轴性能进行评价已经足够精确。通常在铝合金粗加工时采用螺旋角<30°的立铣刀，在一般背吃刀量的情况下，螺旋角对叶片图的影响很小，也可以忽略不计（复杂形状的刀具另当别论）。一个借助理论建模求解稳定性叶瓣图的案例如图3-34所示。

3．有限元分析

在理论建模的基础上，借助

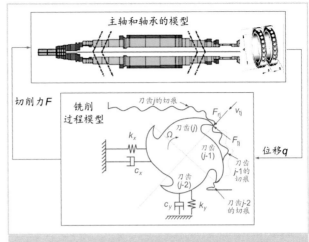

图 3-32 结构模型和过程模型的相互作用

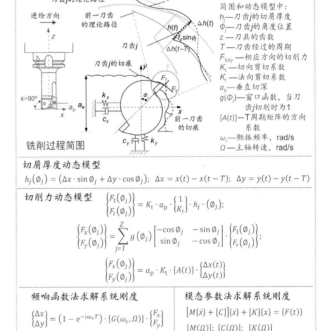

图 3-33 获得稳定性叶瓣图的基本步骤

有限元软件可对主轴系统的动态性能进行快速有效的分析。基于ADAMS软件对一个功率为30kW、转速为24 000r/min的电主轴进行有限元分析的例子如图3-35所示。从图3-35中可见，主轴简化为不同几何截面的复合梁，角接触球轴承简化为具有一定刚度和阻尼的径向和轴向弹性元件，主轴与刀柄的接口简化成刀柄前后接触面为2个径向弹簧和1个代表夹紧爪的轴向弹簧，其他对主轴刚度影响不大的零件简化为质量点添加到主轴的重心线上。然后进行网格划分，将一个虚拟脉冲力施加到刀具端，经

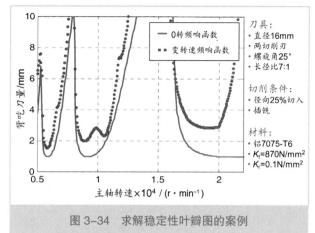

图 3-34　求解稳定性叶瓣图的案例

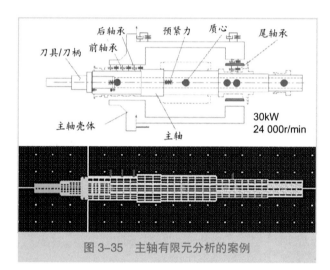

图 3-35　主轴有限元分析的案例

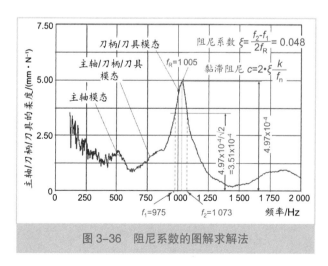

图 3-36　阻尼系数的图解求解法

过运算即可获得求解主轴/刀柄/刀具系统的动柔度数据[17-18]。

通过简化，主轴/刀柄/刀具系统由一系列用弹簧和阻尼表示的机械元件组成。质量和弹簧刚度决定系统的固有频率 f_n，而具有一定阻尼系数的阻尼元件控制着谐振幅度的增大，即系统的动柔度。因此，确定主轴/刀柄/刀具系统的阻尼系数或黏滞阻尼值对整个主轴动态刚度的建模和仿真是非常重要的。一般来说，动态系统的阻尼系数可借助主轴/刀柄/刀具系统的频率响应曲线中的所谓"2平方根法"识别，其方法如图3-36所示。

从图3-36中可见，刀柄/刀具模态的柔度最大，刚度最低，最易出现高频振动。将刀柄和刀具模态响应频率 $f_R=1\,005\text{Hz}$ 时的最大柔度幅值 4.97×10^{-4} 除以 1.414，再以 3.51×10^{-4} 作水平线与频率响应曲线相交，获得 $f_1=975\text{Hz}$ 和 $f_2=1\,073\text{Hz}$，借助 f_R、f_1 和 f_2 即可求得阻尼系数 ξ。频率 f_n 与频率 f_1 的数值越接近，阻尼系数就越小。通过阻尼系数就可以求得有限元分析所需要的边界条件之一：黏滞阻尼 c。

本案例所采用的刀柄刀具组件是一直径为 $D=25.4\text{mm}$ 的整体双齿硬质合金端铣刀插入CAT40的刀柄中，悬伸长度为 $L=76\text{mm}$。将有关边界条件（刚度、质量、黏滞阻尼）输入有限元分析模型后，即可求得主轴／刀柄／刀具系统的不同模态，如图 3-37 所示。

第一模态是主轴模态，其谐振频率为 528Hz，第二模态是主轴／刀柄／刀具模态，其谐振频率为 760Hz，但柔度幅值不明显。第三模态是刀柄／刀具模态，谐振频率较高，为 1 005Hz，系统柔度的幅值最大，即所采用的刀柄和刀具是主轴系统刚度的薄弱环节。

改变主轴／刀柄／刀具系统的配置，其柔度频率频响曲线即主轴的刚度和不出现颤振的切削条件就会产生变化。分别改变刀具直径、刀柄类型、刀柄质量和主轴轴承，其对柔度频率响应曲线的影响如图 3-38 所示。

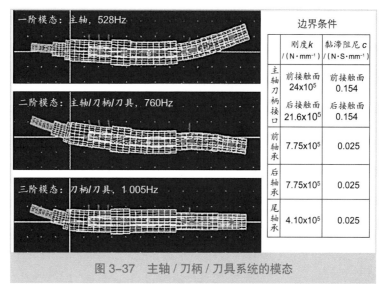

边界条件		
	刚度 k /(N·mm^{-1})	黏滞阻尼 c /(N·S·mm^{-1})
主轴刀柄接口	前接触面 24×10^5	前接触面 0.154
	后接触面 21.6×10^5	后接触面 0.154
前轴承	7.75×10^5	0.025
后轴承	7.75×10^5	0.025
尾轴承	4.10×10^5	0.025

图 3-37 主轴／刀柄／刀具系统的模态

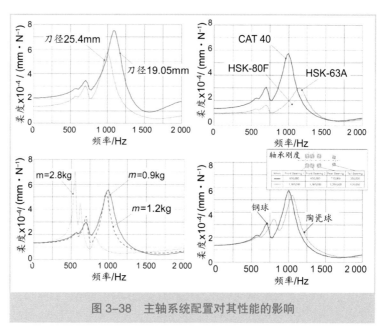

图 3-38 主轴系统配置对其性能的影响

首先，改变刀具直径对主轴系统的性能有很大的影响。若刀具的悬伸长度不变，而直径从 25mm 改为 19mm，系统的谐振频率 f_R 从 1 005Hz 增加到 1 087Hz，柔度的幅值增大，谐振峰值的宽度也增加，系统的刚度和不出现颤振的最大背吃刀量皆随之降低。换言之，刀具直径小，柔度大。

其次，刀柄类型对主轴系统的性能有很大的影响。采用 HSK 刀柄取代 CAT 刀柄可以明显降低主轴系统的柔度，并使频率响应曲线右移。即主轴系统的刚度明显提高，出现颤振的可能性大为减少。

再次，刀柄质量大小的影响也不可忽视。如 CAT40 刀柄有 3 种不同的形式：①直接插入主轴孔（0.9kg）；②带夹头的刀柄（1.2kg）；③液压夹紧刀柄（2.8kg）。随着刀柄质量的增加，频率响应曲线左移，主轴系统的柔度增大。

最后，轴承类型对主轴系统性能的影响。与钢球相比，陶瓷球混合轴承的刚度较好，导致频率响应曲线右移，主轴系统柔度的幅值有所下降。

4．热—构件模型

主轴系统的发热对其刚度、寿命和精度有很大的影响。例如，一台机床进行沟槽铣削。从启动开始，每间隔 30min，借助热像仪测量其主轴端部的温度，工作 3.5h 后，主轴端部的温度从 20℃ 左右上升到 41℃，如图 3-39 所示。这一温升使主轴端轴向伸长，造成加工槽深的尺寸变化达 0.1mm[13]，可见主轴热变形影响之大。

主轴发热的热源主要来自轴承中的摩擦、电动机的损耗（电主轴）和切削过程。切削过程所产生的热主要集中在切削刃上，其大部分被切屑或冷却液带走，大多数情况下对主轴系统的影响不大。电动机的发热取决于电动机的类型和变频器，属于电气工程研究领域。轴承中的热形成、分布和传导是当前主轴性能研究的热点。

主轴系统的结构是轴线对称的，因而可采用两维有限元来进行热分析[19]。主轴轴承及其周边的热传导模型如图 3-40 所示。

从图 3-40 中可见，全部滚动体的热质量 C_b 处于中间；R_b 是滚动体与气腔流体之间的热阻；R_i 和 R_o 是滚动体与轴承内外圈的热阻，是接触压力的函数；R_{ri} 和 R_{ro} 是轴承内外圈与主轴和壳体之间的热阻，正比于接触面之间的实际间隙。

轴承的热源分为内圈热源 P_i 和外圈热源

图 3-39　间隔 30min 的主轴端部热像图

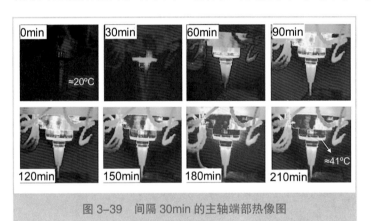

图 3-40　轴承及其周边的有限元热模型

P_o，热源 P_i 和 P_o 的一半分布在轴承圈中，另一半通过接触点传给滚动体。所有接触面(热僵硬区)皆以紫色粗线表示。

模型中的实体表面同时具有外部边界条件（与外部空气的对流）和内部表面（滚动体和固定体之间的空气腔）之间的热交换。这些作用以集中的热阻或分布对流的边界条件加以描述。

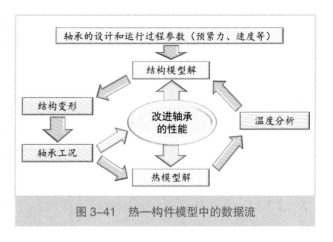

图 3-41　热—构件模型中的数据流

借助 ANSYS 有限元分析软件可对主轴的热—构件模型进行分析，计算包括热效应在内的有限单元的变形。主轴热—构件模型的数据流如图 3-41 所示。

从图 3-41 中可见，轴承及其周边的有限单元在预紧力和离心力的作用下产生一定的变形。它决定了轴承中摩擦力的大小，即机械结构和热模型的输入。通过轴承结构变形分析及其工况评价可以不断改进轴承的性能。热模型求得的温度场和热变形可反馈到机械结构模型中，进一步改进轴承的性能。

应该指出，直到目前为止主轴的热分析建模、预测和优化还处于研究阶段，特别是边界条件（摩擦力和固体表面—流体的热对流）的确定仍然有一定难度，热—构件模型分析的精度还有待进一步提高。

第四节　工况监控和智能化

一、主轴工况监控

电主轴越来越多地集成各种传感器和软件，对其工作状态进行监控、预警、可视化和补偿。主轴的工况监控主要有 3 个方面：振动 / 颤振、温度和变形。采用的传感器有声发射传感器、位移传感器、加速度计、测力仪和温度传感器等。

1. 声发射传感器

在铣削和磨削时，如果出现受迫振动或颤振就会发出频率较高的声音，借助传感器拾取后进行频谱分析，就可以判断是否危害加工质量。声发射传感器的优点是灵敏度较高，不受冷却润滑液的影响，对温度不敏感，安装方便，工作可靠，因而应用范围较广 [20]。磨削加工时采用的典型声发射监控原理如图 3-42 所示。

第 1 种方式是将传感器固定在 砂轮架的壳体上，安装容易，信号传输安全。但离砂轮与工件的接触区较远，信号需经过砂轮、主轴、轴承和壳体，传输路线较长，容易受到外界干扰。

	固定传感器	非接触传感器	环形传感器	冷却液传感器
位置	传感器	传感器	传感器	冷却液 传感器
优点	·装配容易 ·信号传输安全	·远离接触区 ·信号传输安全 ·无干扰	·远离接触区 ·信号传输安全 ·无干扰	·处于接触区 ·装配容易 ·无干扰
缺点	·远离接触区 ·可能有干扰	·装配较困难 ·需反复调整	·装配较困难 ·需反复调整	·信号传输差 ·需反复调整

图 3-42 磨削过程的声发射监控

第 2 种方式是非接触式。将传感器安装在主轴的端部，距离砂轮和工件的接触区较近，信号只经过砂轮和主轴，路线较短，干扰少。但接受传感器靠近高速旋转的主轴，安装时需要反复调整。

第 3 种方式是将具有多种传感器的环安装在主轴与砂轮之间，信号只经过砂轮，路线短，干扰少。但安装时也需要反复调整。

第 4 种方式是将传感器安装在冷却液的喷嘴中，处于砂轮与工件的接触区，直接拾取信号，但信号质量较差。

日本大隈（Okuma）公司推出了一种称为加工导航（Machining Navi）的声发射主轴工况监控系统，如图 3-43 所示。从图 3-43 中可见，通过话筒拾取实际铣削加工的声音，判断是否出现导致加工表面质量差的颤振，并将分析结果作为切削用量调整的依据。操作人员可按照屏幕提示变更主轴转速，或由系统自动选取适合最佳加工工况的主轴转速，使加工过程离开颤振区，最大限度地发挥机床和刀具的潜力，提高铣削加工的效率[21]。

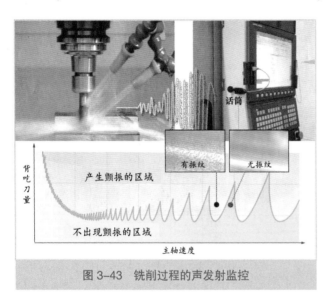

图 3-43 铣削过程的声发射监控

2. 位移传感器

主轴在高速运转时，由于离心力和内置电动机以及轴承发热，将使主轴产生轴向位移，影响加工精度。位移测量及其补偿是主轴工况监控的重要内容之一。

主轴轴向位移检测和补偿常用的方法如图 3-44 所示。第 1 种方法是借助激光刀具位置设定仪测量刀尖点尺寸。第 2 种方法是借助位移传感器测量主轴端位移。这是一种直接的在线测量方法，许多高端电主轴都采用这种方法。第 3 种方法是测量主轴端、前轴承和主轴壳体的温度，换算出主轴端的位移。这种方法同时具有温度监控功能。

3. 集成传感器系统

为了评价主轴的整体性能和全面工况监控，往往在一个主轴中需要集成多种传感器。德国 Prometec 公司提供了一种集成化的主轴传感器系统和分析环。在一个环状器件内分布有 9 个传感器，称为 3SA 环[22]，如图 3-45 所示。将 3SA 环置于主轴端的前轴承处，即可监测和采集 10 项有关主轴性能的数据。

从图 3-45 中可见，3SA 环中有 4 个电感位移传感器（SD），分别监测主轴端在 X、Y、Z 方向的位移（SD_X、SD_Y、SD_{Z1} 和 SD_{Z2}），分辨率为 2μm；3 个加速度计（BA），其中一个径向传感器（BA_X，10kHz，ICP 信号输出），另外两个，一个是径向位移传感器（BA_Y），一个是轴向位移传感器（BA_Z），分别用于检测 Y 和 Z 方向的位移（振幅）；1 个主轴转速传感器（n），每转 1 脉冲，监测主轴转速变化；1 个温度传感器（T），测量主轴端的温度。此外，还有 1 个时间记录器，用于记录主轴接通电源和转动的时间。

借助 3SA 环对主轴和轴承的工况进行监控，可检测主轴的不平衡度，或将信号传输到数控系统，补偿主轴的位置误差。全面工况监控可提高主轴的可用度和运行质量，记录主轴的载荷情况，根据主轴的实际状态决定是否进行维修。

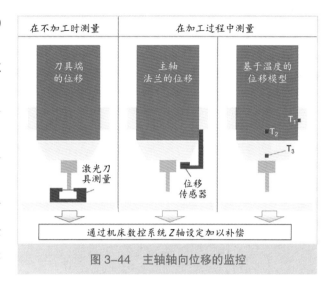

图 3-44　主轴轴向位移的监控

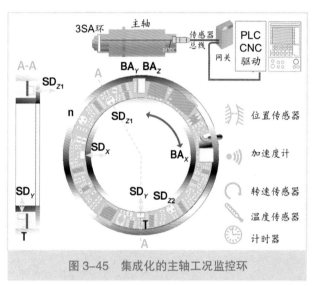

图 3-45　集成化的主轴工况监控环

二、机电一体化自适应装置

1. 主动平衡

机床高速主轴性能有赖于包括刀柄和刀具在内的动平衡度。主轴系统的动平衡度高，加工零件的表面质量和尺寸精度就高，主轴使用寿命就长。主动平衡是在加工过程中测量主轴系统的不平衡度并加以自动调整，以减少由于不平衡所造成的振动[23]。

例如，一种电磁主动平衡系统的原理如图 3-46 所示。从图 3-46 中可见，该装置由平衡转子、极板和励磁线圈组成。在转子圆周每间隔 12° 嵌入一个永久磁铁，且相邻的永久磁铁极性相反。当线圈接通电源时所形成的磁场与永久磁铁的磁场叠加，使图 3-46a 上方的磁铁中的磁通量增加，下方的磁通量减少，产生一个切向推动力，使

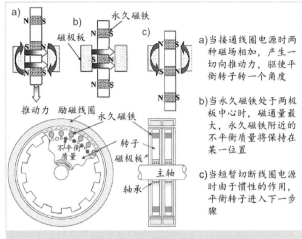

图 3-46 电磁主动平衡装置的原理

a) 当接通线圈电源时两种磁场相加，产生一切向推动力，驱使平衡转子转一个角度

b) 当永久磁铁处于两极板中心时，磁通量最大，永久磁铁附近的不平衡质量将保持在某一位置

c) 当短暂切断线圈电源时由于惯性的作用，平衡转子进入下一步骤

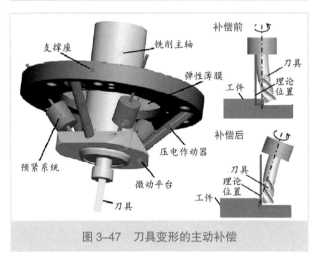

图 3-47 刀具变形的主动补偿

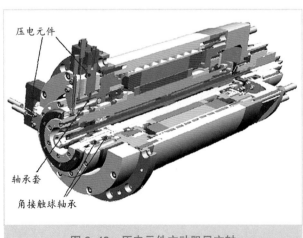

图 3-48 压电元件主动阻尼主轴

平衡转子转过一个角度。当永久磁铁处于极板中心位置时，磁通量最大，使转子上该磁铁附近不平衡质量（铜钉）处于某一转角位置（图3-46b），矫正主轴系统的不平衡度。如果系统平衡度仍不理想，系统瞬时切断电源，转子借助惯性转动一个角度进入下一步骤，直到系统平衡度最佳为止。每步运动时间为 0.35s，整个平衡过程最多 15 步，耗时不超过 5.25s。

2．刀具变形主动补偿

当使用细长刀具铣削工件时，由于刚度低非常容易变形，不仅使刀具实际切削的几何角度发生变化，而且导致振动加剧。一种能够主动补偿刀具变形的主轴系统原理如图 3-47 所示。从图 3-47 中可见，铣削主轴固定在微动平台上，通过 3 个压电作动器（红色）和预紧系统（蓝色）与支撑座连接，构成 3 杆并联微动机构。当铣削加工刀具因变形而偏离理论位置时，微动平台将改变主轴的姿态，调整主轴位置，使主轴偏转微小的角度，从而保持刀具端部处于垂直位置、切削区的工况不变[24]。

3．主动阻尼

为了防止加工过程中出现颤振，除了提高主轴系统的动态刚度外，也可以采用主动、半主动或被动可控阻尼的办法来保证加工过程正常进行。一种具有主动阻尼的主轴如图 3-48 所示。从图 3-48 中可见，在电主轴的端部前轴承轴套上，安装有 2 个相互垂直的压电陶瓷作动器，其端杆作用在轴承外圈上，可根据需要向轴承施加 1kN 范围以内的力，从而改变轴承系统的阻尼[1]。

4．主动安全

复合加工和多轴加工导致机床运动部件的空间关系复杂化，数控编程和操作失误导致的干涉和碰撞的概率大为增加。统计表明，干涉和碰撞所产生的过载是电主轴故障的主要原因。目前解决的主要办法是在数控编程时借助虚拟机床加工仿真来预测是否存在干涉或碰撞，但仿真结果往往与实际情况有所出入。

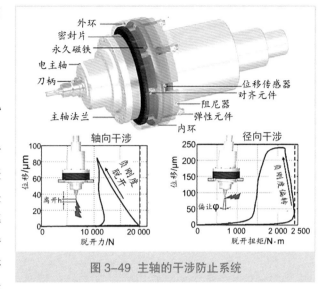

图 3-49　主轴的干涉防止系统

一种双法兰结构的主轴干涉碰撞防止系统如图 3-49 所示。从图 3-49 中可见，主轴的法兰拧紧在保护系统的内环上，内环位于与机床主轴头滑座相连的外环内，借助永久磁铁和预紧弹簧产生所需紧固力（轴向固定力达 18kN，偏转扭矩为 2 300N•m）。

当发生干涉碰撞时，即脱开力达 20kN 或脱开扭矩达 2 500N•m 时，能使主轴脱离进给运动，产生负加速度，迅速停止，避免过载的发生。阻尼元件用于吸收碰撞发生的能量；轴向圆周分布的 3 个位移传感器可记录干涉碰撞时的位移值，以便在数控程序中加以更正[25]。

三、智能主轴实例

1．Step-Tec 电主轴

瑞士 GF 加工方案集团旗下的 Step-Tec 公司是专业的电主轴制造厂家，在电主轴智能化领域处于世界领先地位。其 intelliSTEP 智能化系统可以控制和优化电主轴的工况，如主轴端轴向位移、温度、振动、刀具拉杆位置等[2]，如图 3-50 所示。从图 3-50 中可见，轴向位移传感器安装在主轴端部，用于监控主轴端因离心力和热变形所产生的位移，信号经处理后输送到数控系统进行补偿。

前轴承的温升状态借助 PT100 精密温度传感器测量，以监控轴承和主轴在加工过程中的热性能，超过设定值可通过 PLC 报警或停机。

由三维振动测量传感器 V3D、工况记录 RFID、优化模块 SMD20 以及工况分析软件 SDS 组成的 VibroSet 3D 系统是智能化主轴的核心。机床用户不仅可以在屏幕上观测到主轴的工况，还可以通过 Profibus 总线和互联网与机床制造商保持联系，诊断机床主轴当前和历史的运行状态[26]。

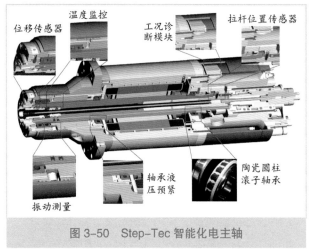

图 3-50　Step-Tec 智能化电主轴

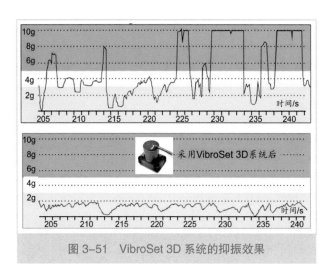

图 3-51　VibroSet 3D 系统的抑振效果

VibroSet 3D 系统的原理是在电主轴壳体中前轴承附近安装了一个加速度传感器。基于 MEMS 技术的三维加速度计，可记录所有 3 个移动轴（X、Y、Z）的加速度值，从而能够有针对性地改进加工过程。所有的故障事件，特别是主轴发生损毁时，可以再现主轴的工况，以便进行分析，找出原因。它是机床主轴的"黑匣子"，通过数据接口 RS-485 将"黑匣子"与计算机连接，借助 SDS 分析软件就可以找出主轴发生故障的原因。

在机床加工过程中，铣削产生的振动可以加速度"g 载荷"值的形式显示。振动大小在 0~10g 范围内分为 10 级，如图 3-51 所示。0~3g 表示加工过程、刀具和刀夹都处于良好状态，3~5g 警示加工过程需要调整，否则将导致主轴和刀具的寿命的降低，5~10g 表示加工过程处于危险状态，如继续工作，将造成主轴、机床、刀具或工件的损坏。此系统可预测主轴部件在当前振级工况下可以工作多长时间，即主轴寿命还有多长。

在 VibroSet 3D 过程监控系统中也可由用户设定一个 g 极限值，当振动超过此值时，系统报警并自动停机。系统也可以将某一时段的振动记录下来，以便进一步分析。定期记录的数据包括：日期、时间、g 值、g 极限、主轴转速、刀具号、进给速率、数控程序块号和程序名。可记录程序块的容量为 18 000 条，如果时间间隔为 2.5s，可记录加工过程状态长达 12.5h。

主轴工况诊断模块用于记录主轴的运行数据，由主轴制造商读取和分析。液压预紧系统根据主轴转速对轴承施加预紧力，压力由比例阀控制。当主轴转速在 10 000r/min 以下时预紧力为恒值，10 000r/min 以上随速度增加而减小。后轴承采用陶瓷滚柱轴承，结构紧凑、刚度高，借助其内锥孔调整预紧力，安全可靠。拉杆位置传感器可监控拉杆 3 个不同的位置：刀具夹紧、刀具松开和没有刀具的夹紧状态。

2．Fischer 电主轴

瑞士 Fischer Precise 公司为航空工业、汽车工业和模具工业的高性能机床配套各种电主轴系统，提供从变频器、冷却系统、润滑系统到 Smart Vision 智能监控系统的全面解决方案[27]。

Fischer Precise 电主轴特点如图 3-52 所示，主要有以下 4 个方面：

1）主轴轴心冷却系统。明显减少主轴的热膨胀，使电动机的输出功率增加，保持主轴的热稳定性，延长主轴的使用寿命。

2）Fischer Precise 公司提供的 Smart Vision 软件和硬件，可对主轴工况进行监控和诊断，以避免主轴过早出现故障，并可事先估计主轴的剩余使用寿命，以便将主轴的性能发挥到极致。Smart Vision 监控和诊断的数据包括：①主轴转速；②使用功率；③刀具更换次数；④主轴温度；⑤振动大小。

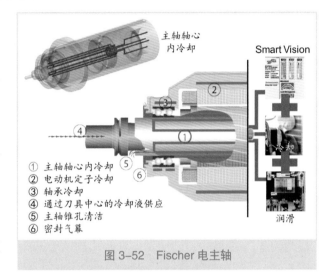

① 主轴轴心内冷却
② 电动机定子冷却
③ 轴承冷却
④ 通过刀具中心的冷却液供应
⑤ 主轴锥孔清洁
⑥ 密封气幕

图 3-52 Fischer 电主轴

3）尽管已经采取冷却措施减少热变形，但主轴在工作时仍然会因温度变化产生轴向微小位移。此外，主轴在高速旋转时由于惯性力的影响，也会产生微小的位移。对精密加工来说，这些微小位移也是可观的，必须加以补偿。具有轴向位移补偿的电主轴的工作原理如图 3-53 所示。从图 3-53 中可见，在电主轴的壳体端面位置安装了轴向位移传感器，可以检测出由温升引起的热变形位移 Δ_{therm} 和机械力造成

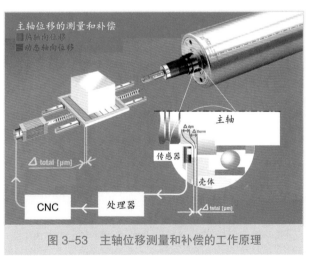

图 3-53 主轴位移测量和补偿的工作原理

的动态轴向位移 Δ_{dyn} 之和的总位移 Δ_{total}。经过数据处理后，输入数控系统，使机床工作台增加或减少相应的位移，从而实现总误差的补偿，以提高机床的工作精度。

4）除采用油气润滑的球轴承外，Fischer 公司还提供一种采用静压技术的 Hydro-F 电主轴。其利用纯水作为工作介质，同时执行支承、冷却和刀具夹紧功能。Hydro-F 静压轴承可以大幅度提高主轴的刚度和阻尼性能（比滚动轴承大 10 倍），大幅度提高加工表面的质量并延长主轴和刀具的寿命。

第五节　本章小结与展望

主轴是机床的心脏，它的性能对机床整机的性能、生产率和加工精度有决定性的影响。装有刀具的主轴又往往是机床静动态刚度的薄弱环节和激振源。

本章的重点放在高端数控机床的电主轴。其目的是为机床设计师提供分析主轴部件的思路，从创新的主轴部件案例中获得启迪。帮助机床设计师进行主轴的优化设计和正确选用，迎接面临的挑战。

电主轴结构设计的发展趋势是：

1）从电和机两方面着手，使电主轴在给定的有限空间内提供尽可能大的功率和扭矩以及较大的变速范围，不断提高电—机转换效率，减少热量的产生。

2）轴承是旋转体与固定体的中介体，是保证主轴回转精度的元件，也是摩擦和发热的源头。从结构、材料、制造工艺和润滑方式着手，减少摩擦和磨损，不断提高效率和转速系数，延长使用寿命。

3）随着微机电器件和通信技术的发展，主轴智能化越来越引起人们的注意，需要从控制软件和工况监控两方面入手，使主轴能够随时感知工况并能自主地加以调节。智能化和自适应是新一代电主轴的重要特征。尽管自适应机电一体化装置在主轴单元中的应用目前尚处于研究阶段，但它代表机床主轴单元的未来发展趋势。

参考文献

[1] Abele E,Altitas Y,Brecher C.Machine tool spindle units[J].CIRP Annals,2010, 59(2):781-802.

[2] 张曙,卫汉华,张炳生.机床主轴部件的创新[J].制造技术与机床,2011(11):6-9.

[3] Cao Y Z,Altintas Y.Modeling of spindle-bearing and machine tool systems for virtual simulation of milling operations[J].International Journal of Machine Tools and Manufacture, 2007,47(9):1342-1350.

[4] Weck M, Brecher C.Werkzuegmaschinen konstruction und brechnung 8th ed.[M]. Berlin:Spinger-Verlag,2006.

[5] Rothenbücher S,Schiffler A,Bauer J.Die Speisung machcht's[J].Werkstatt und Betrieb,2009(7-8):63-65.

[6] 吴玉厚.数控机床电主轴单元技术 [M]. 北京 : 机械工业出版社 ,2006.

[7] IBAG.Comprehensive knowledge in high speed cutting[EB/OL].[2013-08-21]. http://www.ibag.se/download/Catalogue.pdf.

[8] 张曙 ,Heisel U. 并联运动机床 [M]. 北京 : 机械工业出版社 ,2003.

[9] Schaeffler Group.Super precision bearings[EB/OL].[2014-01-12].http://www. schaeffler.com/remotemedien/media/_shared_media/08_media_library/01_ publications/schaeffler_2/catalogue_1/downloads_6/sp1_de_en.pdf.

[10] Weck M,Spachtholz G.3-and 4-contact point spindle bearings[J].CIRP Annals, 2003,52(1):31-316.

[11] Brecher C,Spachtholz G,Paepenmüller F.Developments for high performance machine tool spindles[J].CIRP Annals,2007,56(1):395-399.

[12] 熊万里 , 侯志泉 , 吕浪 , 等 . 气体悬浮电主轴动态特性研究进展 [J]. 机械工程学报 , 2011,47(5):40-58.

[13] Quintana G,Ciurana J,Campa J.Machine tools spindles[M]//López de Lacai L N, Lamikiz A.Machine tool for high performance machining. Lodon:Spinger Verlag,2009.

[14] Li H, Shin Y C.Analysis of bearing configuration effects on high speed spindles using an integrated dynamic thermo-mechanical spindle model[J].International Journal of Machine Tools and Manufacture,2004,44(4):347-364.

[15] 哈斯自动数控机械 (上海) 有限公司 . 立式加工中心 [EB/OL].[2014-09-01].http:// haascnc-asia.com/DOCLIB/brochures/VMC_2052/index.html?0509.

[16] Cetec Systems.CyMill & CySpeed:Milling head and motor spindle technology[EB/ OL].[2013-3-3].http://www.cytecsystems.de/cytecsystems/english/index.htm.

[17] Badrawy S.Dynamic modeling and analysis of motorized milling spindles for optimizing the spindle cutting performance [R/OL].[2013-03-03].http://www.nanot echsys.com/wp-content/uploads/file/PDFs/DynamicModelingandAnalysis.pdf.

[18] 熊万里 , 李芳芳 , 纪宗辉 , 等 . 滚动轴承电主轴系统动力学研究综述 [J]. 制造技术与 机床 , 2010(3):25-36.

[19] Holkup T,Cao H,Kolář P,et al. Thermo-mechanical model of spindle[J].CIRP Annals, 2010,59(1):365-36.

[20] Tönshoff H K,Karpuschewski B, Mandrysch T,et al.Grinding process achievements and their consequences on machine tools challenges and opportunities[J].CIRP Annals,1998,47(2):651-668.

[21] Okuma. 大隈公司独一无二的技术 : Machining Navi[EB/OL].[2014-09-01].http:// www.okuma.co.jp/chinese/onlyone/process/index.html.

[22] Prometec.Umfassende spindel-überwachung[EB/OL].[2013-04-23].http://www. prometec.com/download/datasheets_machining/3SA_Ring.GE.pdf.

[23] Moon J D,Kim B S,Lee S H.Development of active device for high speed spindle system using influence coefficients[J].International Journal of Machine Tools and Manufacture, 2006,46(9):978-987.

[24] Neugebauer R,Denkena B,Wegener K.Mechatronic systems for machine tools[J]. CIRP Annals,2007,56(2):657-686.

[25] Abele E,Korff D.Avoidance of collision-caused spindle damages—Challenge, methods and solutions for high dynamic machine tools[J].CIRP Annals,2011,60(1): 425-428.

[26] Step-tec.3D Vibration diagnostic[EB/OL].[2014-09-01].http://www.step-tec.com/ content/gfac/step-tec/en/products/3d-vibration-diagnostic.html.

[27] Fischer.Technology[EB/OL].[2014-09-02].http://www.fischerspindle.com/ technology/.

第四章　机床的进给驱动

张　曙　张炳生

导读： 欲保证机床刀具切削点加工出准确的、符合精度要求的曲线或曲面，就必须有可靠和高精度的进给驱动机构，这是现代数控机床的基本要求。

现代制造业向机床加工业提出了更多更高的诉求，一个零件上往往有多种几何要素，这些几何要素通常无法通过一把刀具加工完成。于是，传统的加工中心上配置了自动换刀系统，借助这种自动换刀系统，机床可多工步连续顺序切削，以完成多种几何要素的加工。其不足之处在于连续顺序加工的效率较低，在许多大批量加工中，既要求加工精度和可靠性，还要求高的加工效率。本章在阐述现代数控机床进给驱动技术的同时，更提供了多轴驱动并行加工的思路，而数字控制技术的发展为机床业提供了这样的技术可能性。现代数控系统，包括多数国产控制系统可以同时控制几十个进给驱动机构同时同步运行，可令机床将连续顺序加工工艺变为同步并行加工工艺，使加工时长缩短到原来的几十分之一。不言而喻，这需要机床进给驱动系统设计的创新。

必须提醒设计师注意的另一个技术要点是：设计机床进给驱动机构时，仅考虑机构的运行方向和速度是片面的，尤其是对于高速精密加工和复杂曲线曲面加工，必须充分重视驱动进给机构的加速度和加加速度问题。它涉及进给驱动机构的"质量—刚度—阻尼匹配"，也与驱动控制系统的响应能力有关。只有这些要素优化匹配，才能设计一个优良完美的进给驱动机构。

为实现机床进给驱动系统的预期目标，需要科学合理地设计机床的导向、驱动两个机械机构，同时配以相应的能源供应机构。本章将对导向机构与驱动机构分别叙述。读者会发现，无论是导向机构设计还是驱动机构设计都存在着"矛盾"的表述，例如，有的设计讲究"无摩擦"，以提高效率，减少磨损；而另一些设计则要求"增加阻尼"以提高机构的抗振动能力。是否矛盾？我们的回答是否定的。所有进给驱动机构的设计都有其适用场合和规范，我们不可能设计出一种适合于所有运行范畴的进给驱动机构。在机构设计或选用时，设计师必须充分考虑未来机床所加工产品的几何特征、材料性能、毛坯状态、要求加工的精度、产品的使用场合、生产纲领、机床运行环境、市场对机床成本的期望等。

第一节 概 述

一、进给驱动是数控机床的关键技术

进给驱动是机床实现加工过程的关键。通过直线和圆周进给运动的串联或叠加，刀具和工件之间方可形成相对运动，加工复杂形状的表面。进给驱动的配置布局、速度和精度在很大程度上体现了机床的总体性能。特别是高端数控机床的进给运动更加复杂和关键。例如，一台具有转塔刀架的车铣复合加工机床需要 10 个直线和圆周进给运动，才能完成不同的加工工艺，如图 4-1 所示。

高性能数控机床的终极愿景是不断提高生产效率和扩大工艺范围，尽可能在一台机床上完成所有的加工工序，以一台机床替代多台机床，同时提高机床的精度，加工以前无法或难以加工的零件。体现在进给驱动设计上的目标是：

1）提高系统的动态性能。

2）拓宽速度频带的控制范围。

3）保证空间轨迹精度。

4）高可靠性和合理的成本。

随着社会经济的发展和对生态保护的重视，机床进给驱动系统除了要满足既有的设计目标外，还需要致力于提高能效、环境友好，改善人机关系等新目标。

图 4-1 机床的直线和回转进给运动

二、进给驱动的组成

数控机床的进给驱动是在数控系统的指挥下将机床的执行部件（如工作台、滑座、立柱等）移动到预定位置，主要由以下 4 个部分组成[1]：

1）位置控制指令生成。待加工的零件通过数控编程后生成刀具轨迹并分解为各轴的位移，发出位置控制指令。

2）伺服驱动。将位置指令的电信号通过速度控制、电流控制和功率放大后，借助伺服电动机转换成机械运动。伺服电动机可以是旋转电动机，也可以是直线电动机。速度反馈和电流反馈回路用以保证系统的工作稳定性。

3）机械传动。伺服电动机的回转运动通过机械传动机构转换成直线运动，驱动诸如工作台、滑座等执行部件实现所要求的位移。采用直线电动机等直接驱动方式可简化机械传动。

4）位移检测和反馈。由直线或回转位移测量装置检测实际的直线位移和角位移，并将误差反馈给位置控制环，加以补偿。

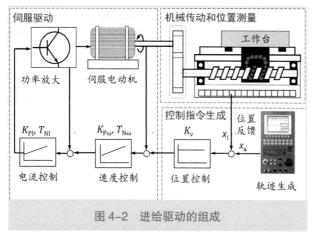

图 4-2 进给驱动的组成

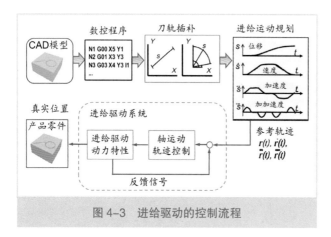

图 4-3 进给驱动的控制流程

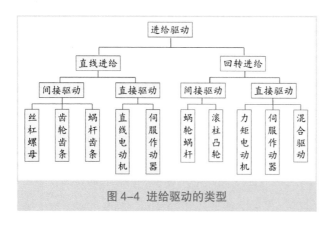

图 4-4 进给驱动的类型

机床进给驱动上述 4 个组成部分的相互关系如图 4-2 所示。从图 4-2 中可见，即使是简化后的进给驱动架构也是一个多闭环回路的机电耦合控制系统。

进给驱动的控制流程如图 4-3 所示。从按照零件 CAD 模型编制数控程序开始，经过刀具轨迹的直线、曲线或样条插补后，生成刀具的运动轨迹，即进给运动的路径规划。在刀轨规划中不仅要考虑刀具的位移和进给速度，还要考虑其加速度和加加速度，然后向驱动系统输出参考轨迹的位移、速度、加速度和加加速度 4 个参数，进行各轴运动轨迹的控制。在进给驱动系统动力特性的影响下获得真实的位移，并将其反馈给位置信号的输入端，形成一个闭环回路。

三、进给驱动的分类

机床进给驱动的任务是完成刀具和工件之间的复杂空间运动，其形式多种多样，如图 4-4 所示。从图 4-4 中可见，按照运动的形式，可以分为直线进给驱动和圆周进给驱动两大类。按照驱动动力和执行部件之间是否有中间机械传动环节，可分为间接驱动和直接驱动。实现间接直线驱动的机械传动机构有丝杠螺母、齿轮齿条和蜗杆齿条。能完成直接直线驱动的有直线电动机和电液伺服作动器。实现间接回转驱动的机械传动机构有蜗轮蜗杆、滚柱凸轮传动。能完成直接回转驱动的有力矩电动机、伺服作动器和混合驱动装置等。

第二节 导轨系统

导轨系统的基本功能是完成两个相互运动构件之间的导向，用于保证机床部件处于正确运动方向和姿态。对导轨系统的基本要求如下：

1）导向的几何精度，包括位置和姿态，是构成机床几何精度的主要因素，其误差直接反映到零件的加工精度上。

2）有足够的刚度，能承受加工过程中的切削力和部件运动的惯性力，且变形最小。

3）耐磨、摩擦力小且没有爬行现象。

传统的机床大多采用滑动摩擦导轨（硬轨）。在高端数控机床中应用最广泛的是滚动导轨。在需要更高的刚度、精度和阻尼以及承受大载荷时，可采用静压导轨。空气静压导轨、磁性导轨等主要用于小载荷和精密的制造装备。

一、滑动摩擦导轨副

滑动摩擦导轨副是机床进给的传统导向机构，结构简单，工作可靠，具有良好的阻尼性能。特点是刚度高，承载能力大，且应用广泛。特别是在大型、重型机床、车床和磨床以及部件移动速度低于 **0.5m/s** 的情况下较为多见。

滑动摩擦导轨副的性能优劣取决于接触面之间的接触均匀程度。通常依靠一定数量的刮研斑来保证其附着力最小，且在移动构件的导轨面上常有 **1mm** 左右深的油槽以保证充分润滑。典型滑动摩擦导轨副的结构形式有 V 型、燕尾型和矩形，如图 **4-5** 所示。

为了减少摩擦力，在滑动摩擦导轨副的短导轨（动导轨或上导轨）表面贴敷一层特制的复合工程塑料带（图 **4-5** 中以红色表示），使它与长导轨（静导轨或下导轨）配合滑动。将金属对金属的摩擦副改变为金属对塑料的摩擦副，从而改变导轨的摩擦特

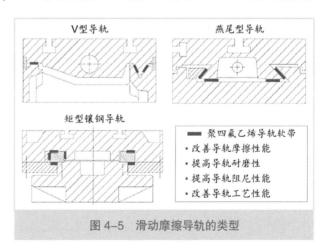

图 4-5 滑动摩擦导轨的类型

性 [2]。目前，贴塑材料常采用聚四氟乙烯导轨软带和环氧型耐磨导轨涂层两类。

聚四氟乙烯导轨软带是以聚四氟乙烯为基体，加入铜粉、二硫化钼和石墨填充剂混合烧结，做成导轨软带状。聚四氟乙烯导轨软带的特点是：

1）贴塑后的滑动副动、静摩擦系数基本接近，能防止由于动、静摩擦系数差别而引起的低速爬行现象，保证运动的平稳性。德国 SKC 公司贴塑导轨与铸铁摩擦导轨副摩擦系数的比较如图 4-6 所示 [2]。

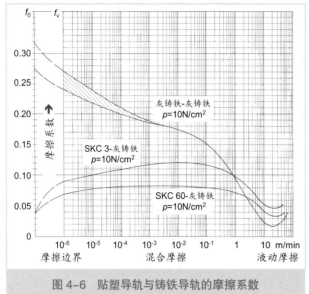

图 4-6　贴塑导轨与铸铁导轨的摩擦系数

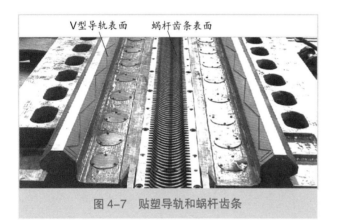

图 4-7　贴塑导轨和蜗杆齿条

2）耐磨性好。由于聚四氟乙烯塑料导轨软带材料本身具有自润滑作用，因此对润滑的供油量要求不高，采用间歇供油即可。

3）减振性能好。塑料的阻尼性能好，其减振消声性能对提高摩擦副的相对运动速度有很大的意义。导轨贴塑后，其相对移动速度可达 15m/min 以上。

4）工艺性能好。在一定程度上可降低对粘贴塑料的金属基体硬度和表面质量的要求，而且塑料导轨面可进一步加工（铣、磨、刮），能够获得良好的导轨表面质量。

环氧型耐磨导轨涂层，是以环氧树脂和二硫化钼为基体，加入增塑剂混合成膏状为一组分、固化剂为另一组分的双组分塑料涂层。它不仅可用于平面导轨，还可用于圆柱面和成形表面的涂敷。例如，一台大型龙门铣床工作台采用涂塑导轨和涂塑蜗杆齿条的案例，如图 4-7 所示 [2]。

二、滚动直线导轨副

滚动直线导轨副由导轨体、滑块、滚动体、保持器、端盖等组成。当滑块与导轨体相对移动时，滚动体在导轨体和滑块之间的槽内滚动，并通过端盖内的滚道，从工作负荷区滚到非工作区，然后再滚回工作区，不断反复循环，从而把导轨体和滑块之间的移动变成滚动体的滚动。为防止灰尘和脏物进入导轨滚道，滑块两端均装有塑料密封垫。滚动体可以是滚柱、滚球或滚针。循环型滚动直线导轨的主要优点如下：

1）定位精度高。由于是滚动摩擦，不仅摩擦系数是滑动导轨的 1/50，且动、静摩擦系数差别很小。机床部件运动平稳，没有爬行现象，可达到微米级的定位精度。

2）磨损小，能长期保持运动精度。滑动导轨往往因油膜逆流影响运动精度，加以润滑不充分，容易导致磨损。而滚动导轨的摩擦和磨损小，能长期保持机床的运动精度。

3）适合高速运动，驱动力小。滚动导轨的摩擦力小，不仅适合高速运动，而且可降低移动部件的驱动功率。尤其是需要频繁往返的运动，可明显降低能源消耗。

　　4）可同时承受全方位的载荷。由于除移动方向 X 方向外的运动皆受到约束，滚柱直线导轨和滑块不仅承受上、下、左、右的力 F，还承受3个回转坐标的偏转力矩 M。

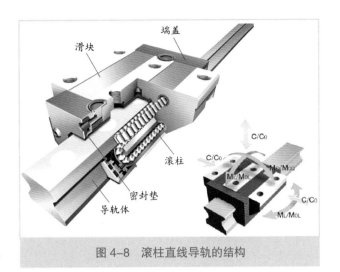

图4-8　滚柱直线导轨的结构

　　循环型滚动直线导轨安装调整方便，通常作为功能部件由专业厂家制造。鉴于滚动直线导轨的一系列优点，在高性能数控机床中获得了普遍应用。特别是滚柱直线导轨承载能力较滚珠直线导轨大，应用最为广泛[3]。典型的循环型滚柱直线导轨的结构如图4-8所示。

　　通常采用2根导轨体和4~8个滑块组成一个导轨系统，滑块之间要保持等高、同面和同向。因此滚动导轨副按尺寸精度可分为标准级、精密级、高精密级和超精密级。

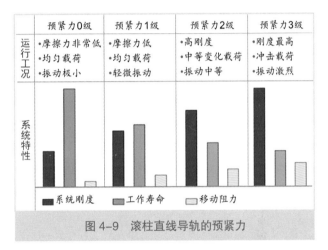

图4-9　滚柱直线导轨的预紧力

　　机床移动部件的质量和切削力由滑块中的滚动体承受，按照滑块的承载能力可分为紧凑型、标准型、加长型和重载型。导轨系统的刚度可借助预紧力加以调整，一般也分为不同等级，如图4-9所示。从图4-9中可见，随着预紧力的加大，系统的刚度有所提高，但导轨的寿命缩短，移动阻力加大。

三、具有测量功能的导轨系统

　　为了便于测量部件移动的位移，可将测量系统与导轨系统集成。瑞士施耐博（Schneeberger）公司推出的具有磁尺的滚柱直线导轨的外观和原理如图4-10所示。从图4-10中可见，在导轨体上有一条经磨削的槽，其上黏合一条磁性带，经过磁化后成为磁尺，并覆盖透磁的保护层[4]。

　　磁尺上有两条磁轨。一条是间隔200μm、N和S极交替的精密增量磁轨；另一条是绝对位置的参考磁轨。当磁尺与传感器有相对位移时，磁阻材料中的磁场强度发生正弦变化，并转化成为电信号，经倍频细分后可以输出5μm、1μm或0.2μm分辨率

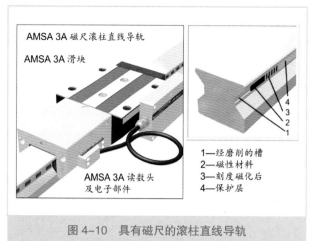

1—经磨削的槽
2—磁性材料
3—刻度磁化后
4—保护层

图 4-10　具有磁尺的滚柱直线导轨

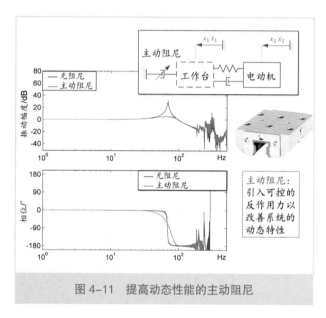

图 4-11　提高动态性能的主动阻尼

主动阻尼：引入可控的反作用力以改善系统的动态特性

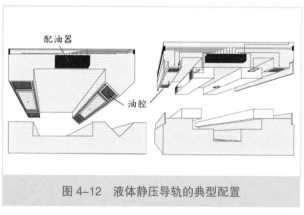

图 4-12　液体静压导轨的典型配置

的信号。导轨体上附加磁尺后，并在沿导轨移动的一个滑块上安装传感器（读数头），即可构成同时具有导向和测量功能的导轨系统。

2013 年，在北京举办的中国国际机床展览会上，南京工艺装备制造公司和广东凯特精密机械公司也展出了带磁栅尺测量系统的智能滚动直线导轨，标志着我国滚动功能部件向智能化迈出了一大步。

四、有主动阻尼的导轨系统

主动阻尼的原理是在工作台上增加类似线性导轨滑块的制动装置。通过控制系统指令，借助压电陶瓷在加速或减速时向导轨增加摩擦力，从而形成可控的反作用力，改变系统的阻尼特性以提高系统的动态特性，如图 4-11 所示。从图 4-11 中可见，由于一阶固有频率段的振幅大为降低，使进给系统的频宽由 8Hz 增加至 16Hz，明显改善了系统的抗干扰性，提高了高速运行时的可靠性，K_v 值也提高了 100%[5]。

五、液体静压导轨

液体静压导轨是将具有一定压力的油液经节流器输送到导轨面的油腔，形成承载油膜，将相互接触又有相对移动的导轨金属表面隔开，从干摩擦转变为液体摩擦。其典型配置如图 4-12 所示。这种导轨由于导轨接触面之间有一层油膜，导轨面不直接相互接触，摩擦系数小，阻尼性能好，磨损极小，寿命长，在低速下运行也不易产生爬行。但是静压导轨结构相对复杂。其承载能力和刚度与油腔面积、供油压力、流量和流阻等参数有关。安装调试费时，制造成本较高，宜用于工作载荷大的大型或重型数控机床。

为了简化静压导轨的设计和制造，降低静压导轨系统的成本，一些功能部件供应商提供静压导轨的组件和系统。例如，德国 Zollern 静压轴承系统公司可提供静压导轨、带节流孔的静压油腔片、V 型导轨块等[6]，如图 4-13 所示。

又如，德国舍弗勒公司（Schaeffler）采用标准尺寸的滚动直线导轨体，将滚动滑块改为静压滑块构成静压导轨系统，如图 4-14 所示。从图 4-14中可见，其外形与滚柱直线导轨相似，结构非常紧凑，安装

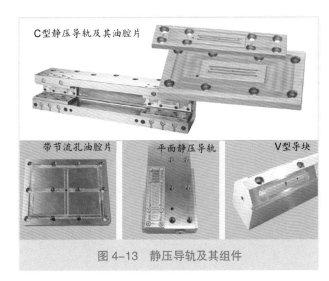

图 4-13 静压导轨及其组件

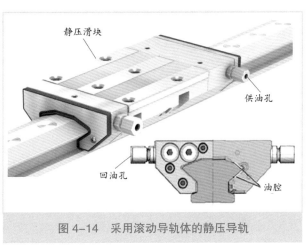

图 4-14 采用滚动导轨体的静压导轨

调整与滚动导轨一样方便。既保持滚动导轨系统的低摩擦和高精度特点，又明显提高了阻尼性能，为机床设计师开拓了新天地[1]。

六、磁性导轨

磁性导轨是一种磁悬浮导向系统。它借助位置相反的电磁铁对铁导轨的吸力使滑座悬浮，从而保持相对运动副之间没有机械接触，具有零摩擦、无磨损、无须润滑和寿命长的优点。

例如，德国汉诺威大学制造技术与机床研究所（IFW）研制的卧式加工中心磁性导轨主轴滑枕，其结构原理如图 4-15 所示。从图 4-15 中可见，滑枕上有上、下、左、右对称分布的 4 组电磁铁，当电源接通后，就对立柱上 4 条铁导轨产生相等而相反的吸力，使电主轴保持在中心 C 的位置。此时，主轴滑枕在两侧直线电动机的驱动下，可沿磁性导轨作 Z 轴轴向移动。主轴滑枕由铝合金制造，以减轻移动质量，并避免对磁性系统的干扰。直线电动机与垂直方向偏离 7.5° 的目的是形成向上的分力，抵消主轴滑枕的自重。

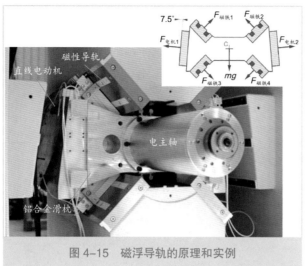

图 4-15　磁浮导轨的原理和实例

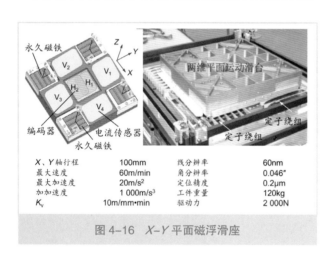

X、Y 轴行程	100mm	线分辨率	60nm
最大速度	60m/min	角分辨率	0.046″
最大加速度	20m/s²	定位精度	0.2μm
加加速度	1 000m/s³	工件重量	120kg
K_v	10m/mm·min	驱动力	2 000N

图 4-16　X–Y 平面磁浮滑座

导轨运动副之间的间隙由传感器检测，并可加以控制和调节 [7]。

另一案例是西班牙 Tekniker 技术研究所研制的 X-Y 平面磁浮滑台。在固定底座上配置有两组相互垂直的 4 个电动机定子绕组，而移动台面底部的相应位置则布置有对应的永久磁铁阵列。在磁通力的作用下，构成具有 Z 轴浮力和 X 轴及 Y 轴推力的二维平面电动机，使滑台可在 X-Y 平面内移动和偏转，实现高速和精密定位。移动滑台的中间是网格编码器 H_1 和 H_2，用于测量和反馈移动滑台在 X-Y 平面的位置及其角度。电流传感器 V_1、V_2、V_3、V_4，用以测量电流，即磁通量大小，借以控制和保持 Z 轴的位置。该两维平面电动机滑台的结构原理和基本参数如图 4-16 所示 [8]。

磁浮平面电动机滑台具有优越的动态性能和纳米级的定位精度，在微机床和微加工领域具有良好的应用前景。因此，国内外许多研究机构，诸如日本东北大学机电一体化和精密工程系、加拿大不列颠哥伦比亚大学精密机电一体化实验室等 [9-10] 都在开展这方面的研究。但平面电动机滑台的缺点是阻尼性能较差，多自由度的运动控制系统往往过于复杂，尚未被工业界普遍接受。

七、精密导轨系统

在超精密机床、微机床和三坐标测量机等精密设备中，需要高精度的导向系统。其共同特征是保证精度第一、载荷不大、移动距离有限。精密导轨系统主要有超精密滚动支撑和空气静压导轨两类。

1. 超精密滚动支撑

在微机床直线移动滑座中采用不循环的滚柱支撑系统是颇为常见的。由于没有滚动体循环系统，省去了许多组件，缩小了支撑和导向系统的尺寸以及所需空间。对于亚微米级的精度而言，这些都是极其重要的。不循环的精密滚柱导轨系统的案例如图 4-17 所示。从图 4-17 中可见，在 V 型导轨体的两侧和两端安装有带保持器的滚柱导轨片，平导轨体上也安装同样的导轨片。构成 5 点接触单自由度的直线运动副。该系统在水平位置时借助滑座本身的重力，形成滚动导轨的恒定预紧力。在垂直位置时则借助配重或弹簧施加预紧力。

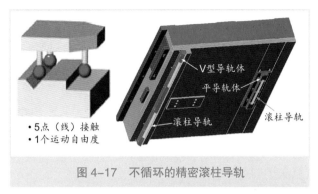

图 4-17 不循环的精密滚柱导轨

日 本 东 芝 机 床 公 司 (Toshiba Machine) 的高精密机器部研发了一种用于超精密设备的 V-V 型滚动导轨，如图 4-18 所示。它是在精密双 V 型导轨上配置带保持器的高精

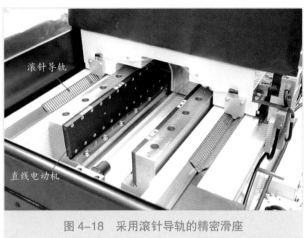

图 4-18 采用滚针导轨的精密滑座

密滚针导轨片，以期最大限度地减少摩擦力。所有滚针经过极其严格的挑选，直径偏差小于 20nm，从而能够同时保证滑座所必需的高定位精度和高运动精度，以及高速和高刚度的基本性能[11]。

2. 空气静压导轨

空气静压导轨的原理与液体静压导轨类似。它是将压缩空气通过气腔输入导轨两滑动表面之间，形成一层空气薄膜，以减少摩擦和磨损。其原理和结构如图 4-19 所示。由于空气的黏度很低，且具有可压缩性，加以阻尼性能很差，因此对空气导轨的制造和装配精度要求很高。调整不当，可能会出现"气锤"现象。防止的办法是采用多个具有独立节流器的气腔。此外，空气导轨对温度不敏感，能够在很大的温度范围内工作，但承载能力较低。

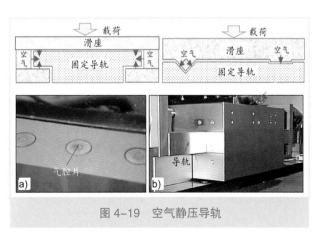

图 4-19 空气静压导轨

第三节　直线进给

一、直线进给的类型

进给驱动要完成切削过程的进给和机床部件定位或换刀时的快速移动。据统计，在机床加工过程中，用于切削的时间仅占约 35%，换刀和 X、Y、Z 轴定位等辅助运动时间占 60% 以上。切削时的进给速度受工艺限制，一般远低于进给驱动系统的性能高限。因此，快速移动的距离、速度、加速度和加加速度是体现进给驱动系统动态性能的要素。在快速行程小于 50mm 的情况下，为了缩短机床部件移动的辅助时间，进给系统的加速度和控制器的比例增益 K_v 影响最大。而在机床部件移动距离大于 200mm 时，需要加快移动速度才能缩短辅助时间。因为此时高加速度所能节省的辅助时间与整个移动过程时间相比，所占比重不大。换句话说，即使高于 $10m/s^2$ 的加速度，对缩短长距离移动所费时间的影响也不大，因此 K_v 值影响也属次要。

直线进给是机床最主要的进给形式，普遍应用的直线进给机构有：

1）丝杠螺母副。

2）齿轮齿条副。

3）蜗杆齿条副。

4）直线电动机。

丝杠螺母、齿轮齿条、蜗杆齿条都是间接驱动模式，借助机械传动机构将伺服电动机的旋转运动转换为直线运动，只有直线电动机属于"零"机械传动的直接驱动模式。不同的机械传动机构在移动距离、驱动力、传动效率等方面皆有所不同，适合不同的工况和不同类型的机床。

二、滚珠丝杠螺母副

1．结构特点

滚珠丝杠螺母副的传动效率高，具有高载荷下发热量较小、磨损小、寿命长和无爬行以及驱动力矩大和具有自锁特性等一系列优点，应用广泛，是高性能数控机床不可或缺的功能部件。

滚珠丝杠螺母副由丝杠、螺母、滚珠和密封圈等配件组成。按照滚珠循环方式可分为内循环和外循环两种结构。内循环结构的特点是借助螺母上的反向器将滚珠返回导程的始端，结构较为简单。但由于运动方向改变较大，有一定的冲击，产生噪声，一般不适合高速运转的情况。外循环结构特点是滚珠在螺母最后一个导程进入螺母外部循环管道，然后再返回到第一导程入口。循环过程比较平稳，冲击较小，$n·d_m$ 值较高，应用较广泛。两种不同滚珠循环方式的结构和原理如图 4-20 所示。

滚珠丝杠副广泛用于各种机床中行程小于 5m 的水平和垂直进给驱动系统，也有 10m 以上行程的个别案例。机床上所采用的滚珠丝杠的直径和导程多在 12mm~160mm

和 5mm~40mm 范围之间。高速滚珠丝杠副的移动速度可达 100m/min，加速度可达 2g。

滚珠丝杠螺母副的设计、计算及验收由国家标准 GB/T 15785 规定，不同的供应商皆有各自的推荐规范。按照导程误差、表面粗糙度、几何允差、背隙、预紧力范围、温升和噪声分为不同精度等级，可根据机床所需的精度加以选用。

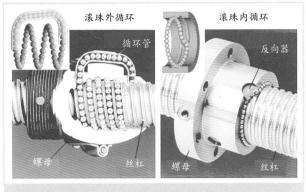

图 4-20 两种不同的滚珠循环方式

2．预紧力

滚珠丝杠螺母副虽然背隙不大和爬行现象轻微，但在高速和高频往复运动时，仍然会对运动精度造成一定影响。在实际应用中大多会对滚珠丝杠螺母副进行预紧，施加一定拉力或压力载荷，以消除背隙。预紧有 3 种方式（图 4-21）：

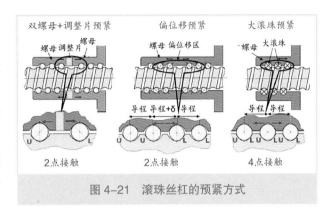

图 4-21 滚珠丝杠的预紧方式

1）双螺母加调整垫片。滚珠螺母由两部分组成，改变中间调整垫片的厚度，两个螺母即产生方向相反的微小位移。从而使丝杠螺母间的间隙为零或负值，以消除背隙，并形成一定的预紧力。这种预紧方式简单易行，应用最为广泛。

2）偏位移预紧。采用特殊结构的螺母，其中间的一个导程较大，可使丝杠滚道中的两侧滚珠位置偏移，形成预紧。接触点增加为每侧 2 个。预紧力的大小由偏位移的数值决定，但不可调节。

3）大滚珠预紧。采用直径较大的滚珠，挤入滚道，形成预紧。接触点增加为每侧 3 个。预紧力的大小由滚珠直径决定，也不可调节。

丝杠传动螺母副的预紧，不仅消除了反向背隙，且系统刚性也得到提高。但预紧力过大会增加摩擦力，导致传动副发热和加速磨损，寿命降低。此外，除了恒定的预紧力外，随着转速提高，滚珠还会对螺母产生相应的径向离心力，导致高速运动时预紧力过大。因此，预紧力不应大于滚珠丝杠最大动态荷载的 10%，重预紧可取 8%~10%，中等预紧取 6%~8%，轻预紧则取 4%~6%。

借助预紧来减少背隙的方法，引发了传动副精度、最大荷载和寿命三者之间的矛盾。为了延长高预紧力丝杠的寿命，不得不使丝杠在低于满负荷状态下运行。解决这一矛盾的一项德国专利技术（DE 10 2009 057 324.0）是在双滚珠螺母和中间法兰之间，加入两枚弹性垫圈，构成一种新型双螺母结构，如图 4-22 所示。采用该技术后，

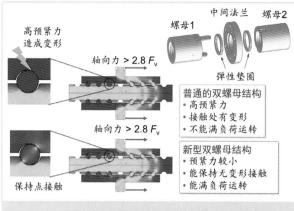

图 4-22　低预紧力的滚珠丝杠副

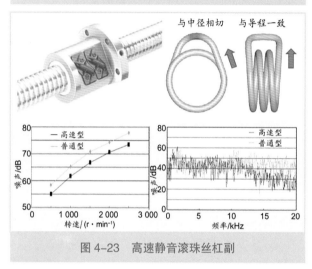

图 4-23　高速静音滚珠丝杠副

106

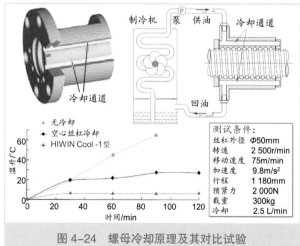

图 4-24　螺母冷却原理及其对比试验

即使在较低的预紧力下，滚珠仍然维持与螺杆和螺母的接触。测试结果显示，3kN 的预紧力即可与原有设计的 5.5 kN 等效，使滚珠丝杠螺母副的寿命由 4×10^8 转提升至 1.8×10^9 转[12]。

为了监控双螺母滚珠丝杠驱动系统在工作状态下预紧力的大小和变化，德国汉诺威大学生产工程和机床研究所，将力和温度传感器置入螺母壳体，通过信号放大和无线通信模块，将系统在移动工作状态下的实时工况数据加以采集，发送给计算机或数控系统[13]。

3．静音化

为了适应高端数控机床高速化的需要，上银科技公司开发了一种高速静音滚珠丝杠。它采用特殊设计的滚珠回流管道，使滚珠在切线方向离开和进入导程滚道。由于滚珠循环管道与丝杠中径相切、与导程一致，滚珠循环阻力大为降低，回流通畅，没有冲击和振动。噪声强度比普通型号下降 3dB~5dB，且音质有明显的改善，中高频率（>1 000Hz）刺耳的摩擦音大为减弱[14]，其原理和效果如图 4-23 所示。高速静音滚珠丝杠特别适合用于转速高的场合。

4．螺母冷却

在滚珠丝杠螺母副高速运转时，螺母无疑是一个主要热源。上银科技公司开发了一种称为 Cool-1 型的螺母冷却系统，以满足高速数控机床精密进给传动的需要。其原理和测试结果如图 4-24 所示。

从图 4-24 中可见，在螺母体上分布有若干冷却通道孔，通过端盖上的沟槽形成冷却回路，借助油液循环将热量带走。按照图示的测试条件，进行了 120min 的对比试验。结果表明，无冷却时滚珠丝杠螺母副的温升高达 60℃以上，采用空心丝杠冷却系统温升也要超过 20℃以上，而采用 Cool-1 型冷却螺母后温升可以长时间稳定在 10℃以下。如果再配合空心丝杠冷却，可以实现极佳的温控效果和运动精度[14]。

5. 电滚珠丝杠

与电主轴相似，电滚珠丝杠是将滚珠丝杠螺母传动副与伺服电动机集成为一个功能部件，结构原理如图 4-25 所示。从图 4-25 中可见，伺服电动机的转子是一根空心轴，其前端支撑在双列角接触球轴承上，以承受双向轴向载荷。滚珠螺母借助联接套与空心轴的端部连接，随电动机转子旋转。当螺母固定时，丝杠将在空心轴内伸缩，驱动固定在丝杠一端的移动部件。若丝杠两端固定，则螺母和电动机一起随执行部件移动[15]。

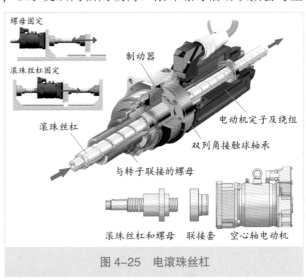

图 4-25　电滚珠丝杠

电滚珠丝杠不仅结构紧凑，刚度高，动态性能好，能效高，且丝杠工作时几乎不承受扭矩，仅承受轴向载荷，可在垂直、水平或任意角度下安装，故在并联运动机床上率先获得应用。

6. 双控制进给系统

日本京都大学研发了一种双控制滚珠丝杠进给系统，用以实现亚微米机床的进给驱动，其原理如图 4-26 所示。从图 4-26 中可见，滚珠丝杠一端支撑在一对角接触球轴承上。与轴承外圈接触的套筒可在压电作动器的推动下移动，对角接触轴承外圈施加预紧力，使其处于过预紧状态，钢球因此产生微小变形。这种变形能的释放推动丝杠，即工作台的微量移动。借助双控制系统将此微量线性移动叠加在滚珠丝杠的转动上，就可实现大范围的精密进给。例如，该实验工作台的粗行程范围为 200mm，微量行程范围为 10μm，最大载荷为 5kg。调整控制参数，可获得 20nm 的分辨率和 260Hz 的工作带宽[16]。

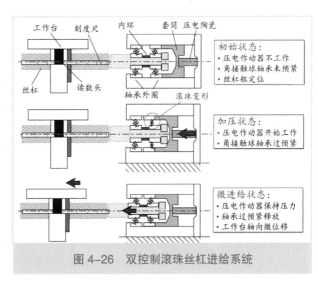

图 4-26　双控制滚珠丝杠进给系统

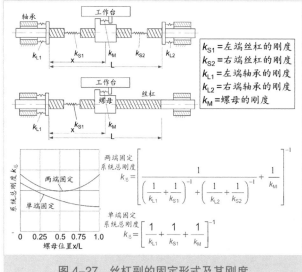

图4-27 丝杠副的固定形式及其刚度

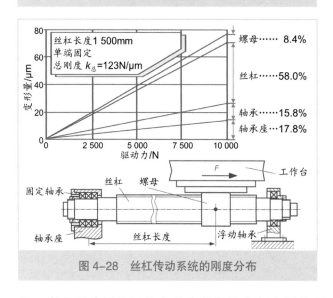

图4-28 丝杠传动系统的刚度分布

7．轴向静刚度

丝杠螺母传动系统将伺服电动机的转矩转化为推动执行部件的力，它承受扭转、压缩或拉伸以及弯曲载荷，会产生一定的变形，将直接影响执行部件的移动精度和定位精度。整个传动系统的轴向静刚度由丝杠、螺母、轴承和轴承座构成，并与丝杠轴承的固定方式和螺母（工作台）所处位置有关[3]，如图4-27所示。

从图4-27中可见，当丝杠两端支撑采用单端轴向固定时，螺母离开固定端越远，传动系统的刚度越低。当丝杠采用两端固定方式时，螺母处于丝杠中间位置，整个传动系统的轴向静刚度最低。随着螺母向一端靠近，刚度又提升。两种轴向固定方式相比，丝杠两端固定方式的刚度明显高于单端固定方式。

应该指出，系统的总刚度低于任一单个组件的刚度。因此，有必要分析总误差中是哪些组件在起主要作用。例如，对一根长度为1 500mm的丝杠螺母传动系统进行轴向固定方式分析，结果如图4-28所示。从图4-28中可见，该驱动系统的总刚度为123N/μm，总变形量接近80μm。丝杠的轴向变形占总变形量的58%，居第一位，是最薄弱的环节。但轴承和轴承座的变形之和也占总变形量的33.6%，超过1/3，因此在进给驱动系统设计时不能忽视轴承结构的合理性[3]。

8．动态性能

在机床设计早期阶段就对丝杠螺母传动系统的动态特性建模和分析，对提高进给驱动的性能有很大的作用，应该引起足够的重视。

丝杠螺母传动系统的动态模型如图4-29所示。从图4-29中可见，该模型由两部分组成，一部分主要是电动机和丝杠构成的回转系统，而另一部分是螺母和工作台构成的直线运动系统，两部分叠加后即可获得系统的等价转动惯量和等价刚度。建立电动机输入电压与输出扭矩以及与工作台速度之间动态模型，然后将机械模型与控制模型进行耦合分析，即可进一步对整个进给驱动系统进行动态性能分析和预测[17]。

除了解析法外，借助混合有限元分析法，对滚珠丝杠驱动系统进行动态分析，也是非常有效和必要的方法。滚珠丝杠为一细长的圆柱体，在高速旋转时会产生扰动。丝杠的一阶固有频率与其刚度、直径、悬空长度、转速相关。丝杠有限元分析的案例如图 4-30 所示。分析表明，一阶模态包含丝杠的扭转、轴向和侧向变形，对定位精度影响最大。二阶和三阶模态主要是丝杠的扭曲和偏转，对定位精度的影响较为不明显[18]。

三、静压丝杠螺母副

液体静压丝杠螺母副是丝杠螺母驱动的一个重要突破。它的工作原理是以油膜取代滚珠丝杠的滚珠，螺母在丝杠齿面一定厚度的油膜上运动，丝杠与螺母的螺纹表面相互不直接接触，摩擦力可忽略不计，传动效率高。油膜厚度由专门的控制器调节，不受运动速度和荷载大小的影响。因此，在改变运动方向时不会产生背隙，低速时也没有爬行现象，故可在高速度和高加速度下运行。

德国 Hyprostatik Schönfeld

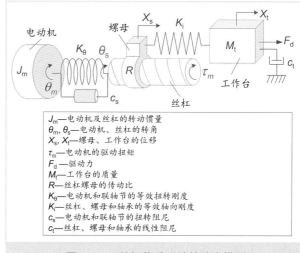

J_m—电动机及丝杠的转动惯量
θ_m, θ_s—电动机、丝杠的转角
X_s, X_t—螺母、工作台的位移
τ_m—电动机的驱动扭矩
F_d—驱动力
M_t—工作台的质量
R—丝杠螺母的传动比
K_θ—电动机和联轴节的等效扭转刚度
K_i—丝杠、螺母和轴承的等效轴向刚度
c_s—电动机和联轴节的扭转阻尼
c_t—丝杠、螺母和轴承的线性阻尼

图 4-29　丝杠传动系统的动态模型

109

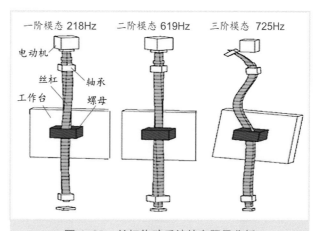

一阶模态 218Hz　　二阶模态 619Hz　　三阶模态 725Hz

图 4-30　丝杠传动系统的有限元分析

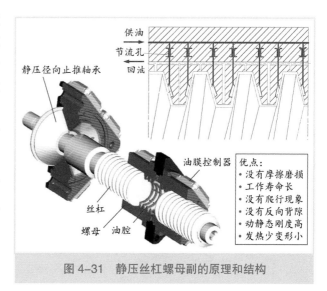

优点：
· 没有摩擦磨损
· 工作寿命长
· 没有爬行现象
· 没有反向背隙
· 动静态刚度高
· 发热少变形小

图 4-31　静压丝杠螺母副的原理和结构

公司开发的静压丝杠螺母副的原理和结构如图 4-31 所示。从图 4-31 中可见，螺母的外侧有油膜厚度控制器，压力油通过节流孔向梯形螺纹表面上的油腔连续供油，以保证螺母与丝杠螺纹表面之间存在的油膜，且保持其厚度恒定不变[19]。

液体静压丝杠传动的能源效率远高于直线电动机。例如，典型应用的液体静压丝杠螺母驱动所需的供油量约为 2L/min，工作压力约为 5MPa，驱动液压泵和热交换器的功率为 0.45kW。加上实现驱动力 10 000N 和进给速度 400mm/min 的伺服电动机功率 0.14kW，能源总消耗小于 0.7kW，是实现同等驱动力和进给速度的直线电动机的几分之一。

静压丝杠螺母副的刚度比滚珠丝杠螺母副和直线电动机的刚度都高。例如，直径 50mm、长度为 400mm 的静压丝杠螺母副的刚度可高达 350N/ μm~400N/ μm，是直线电动机的 3 倍以上。由于液体静压丝杠的摩擦力在运动换向时不会变化，因此可以实现比滚珠丝杠更高的定位精度、更精确的轨迹运动和微小位移。此外，液体静压丝杠螺母副具有极佳的阻尼性能和减振作用，明显改善机床的动态性能，使之运动平稳，噪声很低，在超精密和纳米加工机床上获得日益广泛的应用。

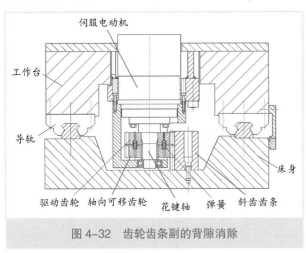

图 4-32　齿轮齿条副的背隙消除

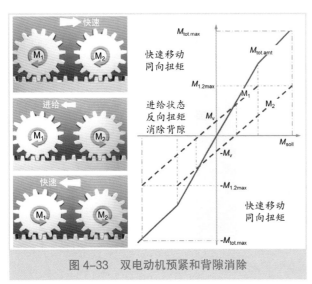

图 4-33　双电动机预紧和背隙消除

四、齿轮齿条副[20]

对于长行程的直线进给，推荐采用齿轮齿条传动副。将若干齿条接长，可以实现几十米以上的行程，在大型龙门铣床中最为常见。齿轮齿条传动的优点是刚度与行程的长度无关，仅取决于齿轮和齿轮轴的扭转刚度和齿轮与齿条的接触刚度。在齿轮齿条副中作为传递功率的齿轮其特点是转速低而扭矩大，往往需要配以减速装置。因此，齿轮齿条驱动系统设计的关键在于：系统扭转刚度的提高和反向背隙的消除。

消除齿轮齿条传动背隙有不同的方法。最常见的方法是借助两个齿轮的齿形错位来消除背隙，如图 4-32 所示。从图 4-32 中可见，两个斜齿轮安装在同一伺服电动机轴上，一个齿轮压配合装在电动机轴的锥部,另一齿轮则安装在花键轴部位,在弹簧的作用下可以轴向移动。借助两个斜齿轮的齿形错位来消除齿轮和齿条传动的背隙。

另一种方法是采用主、从两个伺服电动机来消除背隙,其原理如图 **4-33** 所示。从图 **4-33** 中可见,在工作台上安装有两个伺服电动机 M_1 和 M_2,当同向顺时针转动时,M_1 和 M_2 提供同一方向的扭矩,工作台向右快速移动。反之,同向逆时针转动,则实现向左的快速移动。当两个伺服电动机异向转动时,主伺服电动机用于提供高扭矩,实现向左进给运动,而从伺服电动机则用于施加预紧力以消除背隙。

五、蜗杆蜗轮齿条副 [3]

在大型龙门铣床中,工作台和工件的质量很大,为了提高驱动系统的刚度,增加传动副的接触面积和推动力,可以采用静压蜗杆蜗轮齿条副,如图 **4-34** 所示。从图 **4-34** 中可见,驱动轴上的齿轮带动复合形状的齿轮蜗杆(蜗杆的外圈有齿形),齿轮蜗杆支撑在两端的滚针轴承和静压轴向轴承上,只有一个旋转自由度,与工作台底部的蜗轮齿条啮合,驱动工作台移动。与静压丝杠螺母副的原理类似,蜗轮齿条上有静压油腔,在蜗杆和齿条接触面之间形成油膜,以减少摩擦力和防止出现爬行现象,提高进给驱动的刚度和阻尼性能。

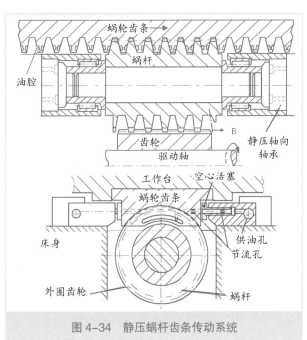

图 4-34　静压蜗杆齿条传动系统

六、直线电动机驱动

1. 直线电动机驱动的特点

直线电动机驱动是一种直接驱动方式,它依靠直线电动机初级和次级间的磁力移动工作台,中间没有机械传动元件。由于没有丝杠、螺母、联轴节、电动机轴和轴承等机械传动元件,直线电动机所产生的推力直接克服切削力和运动质量的惯性力,使工作台沿导轨移动,如图 **4-35** 所示。

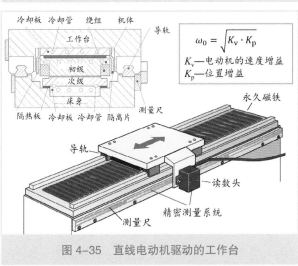

$$\omega_0 = \sqrt{K_v \cdot K_p}$$

K_v——电动机的速度增益
K_p——位置增益

图 4-35　直线电动机驱动的工作台

111

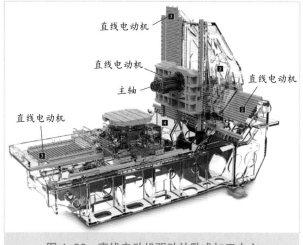

图4-36 直线电动机驱动的卧式加工中心

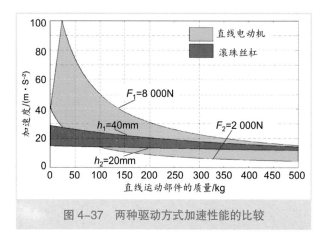

图4-37 两种驱动方式加速性能的比较

与滚珠丝杠驱动相比，直线电动机的加速度大（10g），移动速度快（300 m/min），能快速定位。其伺服控制带宽大，调速范围可达1∶10 000。换言之，在启动瞬间即可达到最高速度，在高速运行时可迅速停止。此外，由于直线电动机驱动无机械传动机构，没有摩擦损耗，出现爬行现象的可能性几乎为零，路径插补滞后甚小，故能达到比滚珠丝杠更高的精度和可靠性。直线电动机的定位精度可达0.1μm，而滚珠丝杠定位精度仅为2μm～5μm。

由于直线电动机驱动的一系列优点，近年来在高速、精密和高性能机床中获得越来越广泛的应用。例如，德马吉森精机公司的DMC H系列加工中心的X、Y、Z轴皆采用直线电动机，其配置布局如图4-36所示。采用直线电动机直接驱动，使移动部件的快速移动速度达到100m/min，加速度达到1g，加加速度达到150m/s³。高动态性能的驱动装置使定位速度提高了30%，定位精度达4.0μm，重复定位精度达3.0μm。从而使机床生产效率和加工精度皆提高了25%以上[21]。

直线电动机的加速性能与运动质量成反比，与电动机驱动力成正比。其加速性并非在所有情况下都优于滚珠丝杠螺母系统。滚珠丝杠与直线电动机在加速能力上的比较如图4-37所示。从图4-37中可见，驱动力F在2 000N～8 000N之间的直线电动机仅在载荷较小时能达到高加速度（绿色），而导程h为20mm～40mm的滚珠丝杠驱动却能在大范围内保持其加速能力（红色），这是因为质量的惯性经过减速比才能反映到旋转运动的伺服电动机上[1]。

2. 直线电动机的类型

直线电动机分为同步直线电动机和感应直线电动机两类，感应电动机的定子由金属条构成，同步电动机的定子由永磁材料构成。机床上常用的同步直线电动机产生的最大推力可达15kN～20kN，额定推力可达6kN～8kN，远比感应式直线电动机的最大推力 5kN~10kN、额定推力 0.8kN~2kN 为高，特别适用于重切削的机床。而感应直线电动机由于推重比高（小型感应直线电动机质量仅 1.5kg），更加适合要求高加速度的中小型机床使用。

3. 直线电动机驱动的设计要点

直线电动机驱动没有机械接触和中间传递构件，系统相对简单，在设计时只需要考虑电动机本身的刚体动力学和静态刚度，但必须注意其以下特点：

1) 直线电动机的发热较大，有时甚至高达 100℃，通常需要循环水冷却，以消除对机床结构产生的负面影响。

2) 重型机床工作台采用直线电动机驱动，由于大质量在高速高加速度下运动时可能出现低频惯性振动，这种振动被安装在工作台上的测量系统拾取，造成控制系统的不稳定和加工表面质量的降低。因此中小型机床采用直线电动机驱动有较大优势。

3) 直线电动机没有自锁紧特性。为了保证操作安全，直线电动机驱动的运动轴，尤其是垂直运动轴，必须额外配备对重和锁紧机构。

4. 直线电动机驱动的成本

尽管直线电动机直接驱动的动态性能明显优于滚珠丝杠螺母伺服驱动。但与滚珠丝杠螺母驱动系统比较，其成本较高。

例如，德国斯图加特制造技术中心研制并联运动机床时，对两种驱动方案的成本进行了比较，其结果如图 4-38 所示。从图 4-38 中可见，直线电动机的价格大约是伺服电动机的两倍以上，即使加上滚珠丝杠和铰链等机械零部件，滚珠丝杠驱动方案的成本仅为直线电动机的 75%。成本高、能耗大是制约直线电动机普遍推广的主要障碍[22]。

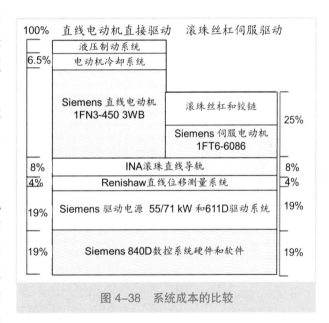

图 4-38　系统成本的比较

第四节　圆周进给和回转圆工作台

一、圆周进给是多轴加工的关键

机床在加工复杂形状表面时，为了提高加工效率、保证加工质量和防止干涉，除了笛卡儿坐标系 X、Y 和 Z 轴的直线进给外，还需有控制刀具与工件相对姿态的回转

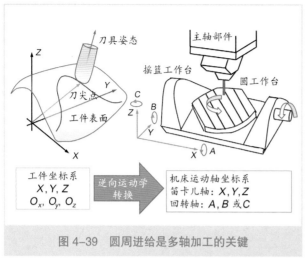

工件坐标系
X, Y, Z
O_x, O_y, O_z

逆向运动学转换

机床运动轴坐标系
笛卡儿轴：X, Y, Z
回转轴：A, B 或 C

图 4-39　圆周进给是多轴加工的关键

坐标系 A、B 或 C 轴的圆周进给，即第 4 轴和第 5 轴。加上 X、Y 和 Z 轴 3 个直线轴，构成 5 轴联动加工，如图 4-39 所示。

第 4 和第 5 轴的圆周进给是 5 轴联动加工机床的关键技术之一。它可以是 AC 轴联动、AB 轴联动或 BC 轴联动。这两种圆周进给可由安装工件的工作台完成，也可以由装有刀具的主轴系统来完成，或者由两者共同完成。

工作台的圆周进给可以借助伺服电动机、通过机械传动或集成的电动机直接驱动来实现。具有机械传动的圆周进给驱动，由电伺服驱动、机械传动和角度编码器位置反馈 3 部分组成。目前应用于回转工作台的机械传动机构主要有：

1）蜗轮蜗杆副。

2）锥齿轮副。

3）滚珠传动副。

4）滚柱凸轮副。

二、蜗轮蜗杆副

蜗轮蜗杆副是传统的分度和圆周进给机构，广泛用于镗铣床和齿轮加工机床。其典型结构和外观如图 4-40 所示。用于数控回转工作台的蜗轮蜗杆传动副的蜗杆通常需进行热处理，以减少高转速和高加减速带来的磨损。解决的方法是在采用铜合金蜗轮的同时，将蜗杆的表面淬硬到 45HRC~60HRC。硬度低的蜗轮容易磨损，硬度高的蜗杆容易断裂或刮伤蜗轮齿面或咬死，在很多情况下往往难以兼顾。

蜗轮蜗杆传动副的回转工作台可以作为分度装置，对于 100mm~500mm 直径的工作台分度精度一般为 ±20″ 左右。对于 1 000mm 以上的大直径回转工作台，分度精度需要提高到 ±15″，以减少圆周上的误差。当工作台处于倾斜工作位置时，由于质量载荷的影响，其分度和

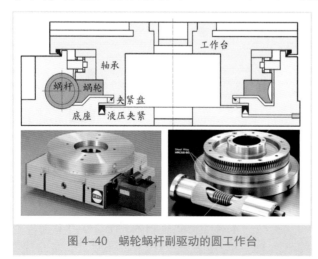

图 4-40　蜗轮蜗杆副驱动的圆工作台

位置精度将明显下降。大多数回转工作台的实际转动角度范围有限，只有部分蜗轮齿处于经常工作状态，从而造成不均匀磨损。使用一定时间后，可将蜗轮转过 180° 重新安装，使用另一半蜗轮齿。为了提高回转精度，可在蜗轮轴上安装角度编码器（圆光栅或磁栅），实现闭环控制。

许多机床功能部件供应商，如瑞士的 Lehmann 公司、美国的 Hass 公司和日本的 Nikken 公司等都提供基于蜗轮蜗杆传动副的回转工作台。这些回转工作台有不同的配置形式，如垂直双主轴工作台、AC 轴双摆工作台、摇篮式双摆工作台和 BC 轴双摆工作台等，如图 4-41 所示。

蜗轮蜗杆传动存在背隙。消除背隙对圆周轨迹精度的影响是设计回转工作台的关键。消除蜗轮蜗杆副背隙的方法主要有以下 3 种：

1）双螺距蜗杆驱动。

2）双蜗杆驱动。

3）蜗杆同步驱动。

对消除蜗轮蜗杆副传动背隙要求不太高时，可采用图 4-42 所示的双螺距蜗杆。这种蜗杆的左右两侧齿面具有不同的螺距 P_1 和 P_2，因此蜗杆的齿厚从头到尾逐渐增厚或减薄。但由于齿廓同一侧的螺距是相同的，所以仍可保持正常啮合。其缺点是随着蜗杆齿厚的减薄，蜗杆的强度将有所降低。

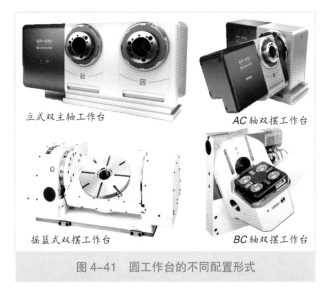

图 4-41　圆工作台的不同配置形式

立式双主轴工作台　　AC 轴双摆工作台

摇篮式双摆工作台　　BC 轴双摆工作台

115

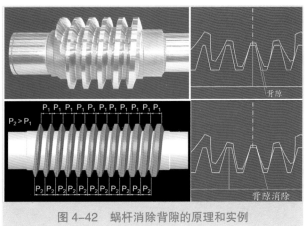

图 4-42　蜗杆消除背隙的原理和实例

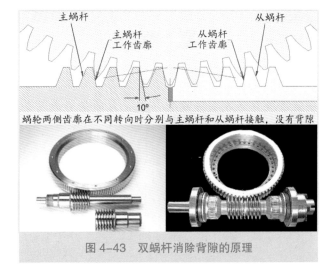

图 4-43　双蜗杆消除背隙的原理

双蜗杆驱动的原理是，在一根主蜗杆轴上套一个空心的、可轴向移动的从蜗杆。借助两者之间的调整片控制从蜗杆的轴向位置，就可以消除反向背隙。采用双蜗杆消除反向背隙的原理和实物如图 4-43 所示[23]。

双蜗杆同步驱动是在蜗轮的 180°位置处分别配置一个蜗杆，中间以差动轮系连接，使其保持无间隙同步。但是这种方式对轮系传动精度要求较高，否则也会出现背隙。此外还可以采用两个同步伺服电动机驱动两个蜗杆，其中一台电动机实现圆周进给，另一台用于消除背隙，效果较好。

三、滚柱驱动[24]

滚柱驱动（Roller Drive）是一种新型无间隙机械传动机构，可以用于构建新型数控回转工作台。例如，日本三共机械（Sankyo Seisakusho）公司的 RA 系列精密驱动单元，由具有弧面凸轮的输入轴和圆周上均匀分布有若干个从动滚柱元件的转轮组成，如图 4-44 所示。

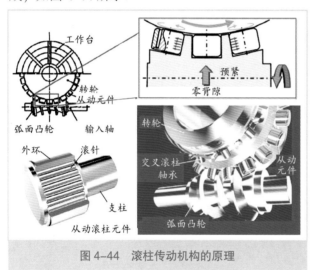

图 4-44　滚柱传动机构的原理

从图 4-44 中可见，工作台与转轮是固定在一起的，输入轴上的凸轮槽表面与转轮上的从动滚柱元件外环表面呈线接触啮合，从而驱动转轮（工作台）转动。从动滚柱元件的支柱端被冷压配到转轮的圆周分布孔中，由于中间有滚针轴承，其外环在啮合过程中是旋转的，将啮合过程的滑动摩擦转化为滚动摩擦，提高了传动效率，明显减少了磨损。

转轮与壳体之间安装有交叉配置的滚柱作为承受轴向和径向载荷的支撑轴承，以保证其高刚度和高精度的回转。

调整输入轴（弧面凸轮）与输出轴（转轮）的轴间距，就可以消除传动间隙或施加预紧力。对比试验表明，滚柱凸轮驱动的工作台的静态和动态性能皆明显高于传统的蜗轮蜗杆驱动的工作台。两种不同驱动形式工作台的试验结果见表 4-1。从表 4-1 中可见，滚柱凸轮驱动没有背隙，对不平衡质量不敏感，回转时的抖动极其轻微。其定位精度可达 10.6″，重复定位误差仅 3.6″。对滚柱驱动工作台的位置精度、固有频

表4-1　蜗杆蜗轮和滚柱凸轮传动的对比

传动形式		蜗杆蜗轮	滚柱凸轮
一阶和和二阶固有频率		230Hz，280Hz	270Hz，430Hz
位置精度	定位精度	38.6″	10.6″
	重复定位精度	2.7″	3.6″
	平均波动值	32.8″	34.5″
回转时抖动		有	极轻微
不平衡质量的影响		有影响	无
反向背隙		有	无

率、回转误差和不平衡敏感性进行了性能试验，所获得的结果如图 4-45 所示。对图示曲线解读如下：

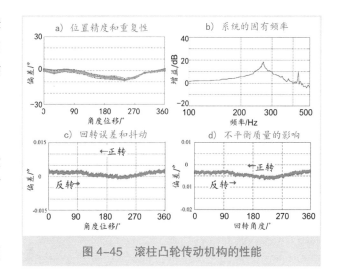

图 4-45 滚柱凸轮传动机构的性能

1) 位置精度及其重复性，它是机床检验标准规定的项目，在半闭环的条件下测量。从测量结果看，重复性很好，误差具有规律性，可以设法补偿。

2) 系统的固有频率响应，在某种程度上描述了系统的刚度和阻尼性能。刚度和阻尼低，容易发生颤振。滚柱驱动工作台不仅第一、第二固有频率较高，而且峰值较低，系统的动态性能较好。

3) 回转误差和抖动是机构的啮合元件节径误差和没有完全啮合所造成的系统偏差。滚柱驱动工作台回转误差正反向基本一致，且与静态角度误差曲线基本重合，没有抖动。

4) 机床的回转工作台将在水平、垂直和倾斜不同位置工作，加以工件形状各异，存在回转质量不平衡的问题。滚柱驱动工作台对质量不平衡不敏感，且所造成的误差正反向基本一致。

尽管滚柱驱动工作台有上述诸多优点，但元件制造精度要求高，工艺性较差，故而成本较高，使其应用受到一定限制。

四、直接驱动回转工作台

1. 直接驱动的特点

采用伺服电动机配以蜗轮蜗杆传动副驱动的回转工作台因为体积大、电动机和回转工作台之间的干涉位置多，导致可用回转半径小、工件装夹和机床操作不便。

直接驱动的回转工作台是一项新技术。工作台由专门设计的力矩电动机直接驱动，电动机的转子与工作台主轴直接连接在一起，中间没有任何机械传动机构，其结构如图 4-46 所示。

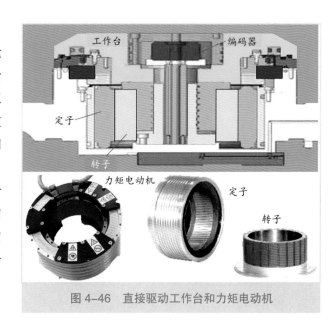

图 4-46 直接驱动工作台和力矩电动机

双主轴立式工作台 　法兰式工作台

双主轴摇篮式双摆工作台

图 4-47　AC 轴直接驱动工作台的不同配置形式

力矩电动机

A 轴摆动

C 轴回转工作台

冷却系统

力矩电动机

摇篮架

图 4-48　AC 轴直接驱动的应用案例

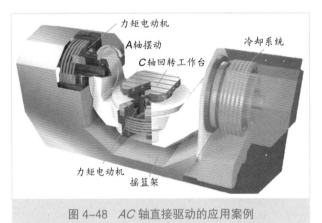

NTX系列复合机床

转子

B 轴

C 轴

定子　编码器

NMV系列加工中心

大直径轴承提高工作台的刚度

B 轴工作台

C 轴工作台

图 4-49　BC 轴直接驱动的应用案例

直接驱动回转工作台结构非常紧凑，动态性能好，惯性小，转速高。除圆周进给外，在高转速时还可用于车削加工。由于没有机械传动的背隙和磨损问题，维修方便。如辅以直接测量系统，即可获得很高的分度和回转精度（±5″），且使用寿命远比机械传动回转工作台长。

2．直接驱动工作台的类型

直接驱动回转工作台有不同的配置形式，除常见的垂直轴水平工作台外，还有多主轴工作台、法兰式工作台、摇篮式双摆工作台等类型，如图 4-47 所示。

摇篮式 AC 轴双摆工作台为大多数 5 轴数控机床所采用，其特点是空载时摆动耳轴的轴线与工作台重心偏离。但装夹工件后，工件与摇篮工作台的合成质心与摇篮的回转轴线应大体重合，以减少回转所需的扭矩和不平衡质量对机床动态性能的负面影响。特别是在设计专用数控机床时，可按照加工对象较准确地配置运动质量的分布，以提高机床的动态性能。

例如，日本牧野（Makino）公司 D500 立式加工中心的摇篮式 AC 轴双摆工作台的结构如图 4-48 所示。从图 4-48 中可见，A 轴摇篮的两端配置有直接驱动的力矩电动机，可在 +30°~-120° 范围内摆动，最大扭矩 5 400N·m。C 轴工作台也由力矩电动机直接驱动，可连续回转，最大扭矩 2 700N·m。A、C 轴直接驱动电动机的最高转速皆为 50r/min。由于采用高扭矩力矩电动机直接驱动，圆周进给的速度与直线进给大体相当，提高了机床加工效率[25]。

再如，德马吉森精机公司在其NTX系列车铣复合机床的主轴部件上采用*B*轴直接驱动，以实现铣头的转角定位和圆弧进给，*C*轴实现铣刀旋转。在NMV系列立式加工中心上采用的*BC*轴直接驱动双摆工作台，以实现5轴加工[26]，如图4-49所示。

五、数控3+2轴的优势

5轴联动加工被视为高端数控机床的象征，但其结构复杂，价格昂贵，编程较复杂。在很多情况下，除了复杂的曲面（如叶片）或复杂模具外，实际需要的往往是5面加工，而非5轴联动加工。采用3轴加工中心，配备2轴回转工作台，即3+2轴加工，就可以满足实际要求。采用3+2轴加工配置方案的设备占地面积小，能源消耗少，投资仅为5轴联动机床的75%左右，特别适合中小零件的加工。数控3+2轴加工工艺方案的综合优势如图4-50所示。从图4-50中可见，除刀具姿态不随曲面变化外，3+2轴具有在加工深槽时可采用较短的刀具、采用较大的切削用量以及借助工作台的倾斜使刀具切削刃有利于切削等优点[27]。

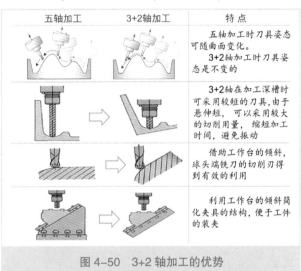

图4-50　3+2轴加工的优势

例如，在3轴立式加工中心上配置具有3个主轴的摇篮式*AC*轴双摆工作台，即可同时加工3个零件，如图4-51所示。由于实现了在一台机床上进行多主轴多面加工，生产效率很高，适合于大批量生产。

图4-51　高效率的3+2轴加工

六、混合驱动回转工作台

对于加工超精密光学零件、航空航天仪表零件的机床，往往仅需要一定角度范围内的圆周进给，而不需要连续的圆周运动。针对这种情况，日本东京工业大学研发了一种适合小型超精密加工机床的电、气混合驱动转台，其原理和性能如图4-52所示。

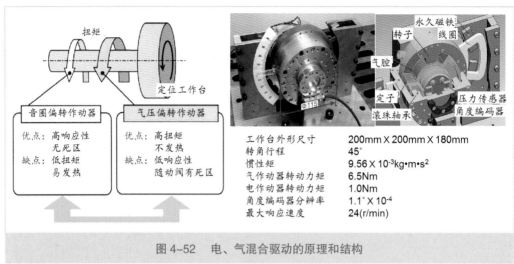

工作台外形尺寸	200mm × 200mm × 180mm
转角行程	45°
惯性矩	$9.56 × 10^{-3}$kg•m•s^2
气作动器转动力矩	6.5Nm
电作动器转动力矩	1.0Nm
角度编码器分辨率	$1.1° × 10^{-4}$
最大响应速度	24(r/min)

图 4-52　电、气混合驱动的原理和结构

从图 4-52 中可见，电作动器采用音圈电动机原理，通有电流的线圈在磁场的作用下产生一个与电流成比例的转角。它具有高响应性和无死区的优点，但力矩小、易发热。若同时辅以气作动器，借助相反气腔中的压力差，则能提供较大的力矩，且不发热；但反应慢，且控制阀在反向时有死区。将气、电两种不同作动器的优点加以集成，实现了优势互补，是一种具有应用前景的新型高性能回转工作台[28]。

第五节　测量传感系统

高端数控机床的进给驱动采用位置、速度、加速度和载荷传感器以提高其定位精度和响应带宽。广泛应用的测量传感系统有：

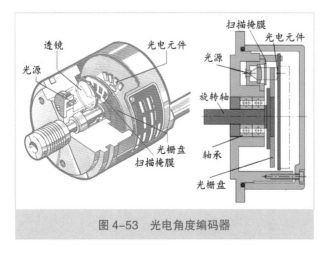

图 4-53　光电角度编码器

1）位置检测。

2）速度检测。

3）加速度检测。

4）电流检测。

一、位置测量

1. 光电角度编码器

光电角度编码器，是一种通过光电转换将转轴上的角度位移量转换成脉冲或数字量的传感器，在数控机床中应用非常广泛。

光电角度编码器是由光源、扫描光栅、光栅盘和光电元件组成，如图4-53所示。通常光电角度编码器与伺服电动机同轴，当电动机旋转时，光栅盘与电动机同速旋转，借助扫描光栅将光分为若干扫描场，穿过光栅盘形成周期变化的明暗光信号，投射到相应的光电元件上，然后转换成一系列脉冲信号。根据信号的相位差，可以判断旋转方向。按照基准参考信号可以实现准停。通过单位时间输出的脉冲数就能反映伺服电动机的转速。光电角度编码器可用于回转工作台、摆叉铣头等圆周进给的直接测量和位置反馈，但用于滚珠丝杠螺母副直线进给的间接位移测量和半闭环位置反馈更为普遍。

2．直线光栅尺

在高端数控机床中大多采用直线光栅尺作为直线进给的位置反馈，实现闭环控制，借以消除滚珠的运动特性误差和反向误差，以提高机床的加工精度。

光栅位置检测装置，按照测量原理可分为绝对式和增量式。绝对测量法是指编码器通电时就可立即得到位置值并随时供后续信号处理电子电路读取，无须移动轴执行参考点回零操作。绝对位置信息来自一系列绝对码构成的光栅刻线。增量测量法的光栅由周期性刻线组成。位置信息通过计算自某点开始的增量数（测量步距数）获得。由于必须用绝对参考点确定位置值，因此在光栅尺或光栅尺带上还刻有一个带参考点的轨道。参考点确定的光栅尺绝对位置值可以精确到一个测量步距。按照扫描方式可分为成像扫描和干涉扫描。

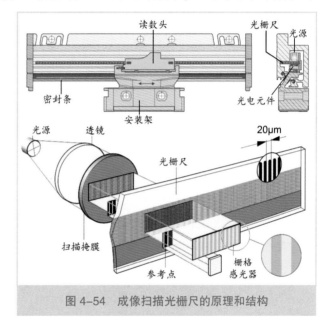

图 4-54　成像扫描光栅尺的原理和结构

成像扫描的原理是采用透射光生成信号：两个具有相同或相近栅距的光栅尺光栅和扫描掩膜彼此相对运动。扫描掩膜的基体是透明的，而作为测量基准的光栅尺可以是透明的也可以是反射的。当平行光穿过一个光栅时，在一定距离处形成明／暗区，扫描掩膜就在这个位置处。当两个光栅相对运动时，穿过光栅尺的光得到调制。如果狭缝对齐，则光线穿过。如果一个光栅的刻线与另一个光栅的狭缝对齐，光线无法通过。光电池组将这些光强变化转化成电信号。特殊结构的扫描掩膜将光强调制为近正弦输出信号，如图 4-54 所示。成像扫描原理用于 20μm 至 40μm 的栅距。德国海德汉公司的 LC、LS 和 LB 直线光栅尺皆采用成像扫描原理。

干涉扫描的原理是利用精细光栅的衍射和干涉形成位移的测量信号。其原理如图 4-55 所示。阶梯状光栅用作测量基准，高度 0.2μm 的反光线刻在平反光面中。光栅尺前方是扫描掩膜，其栅距与光栅尺栅距相同，是透射相位光栅。光波照射到扫描掩膜时，光波被衍射为三束光强近似的光：-1、0 和 +1。光栅尺衍射的光波中，反射的衍射光的光强为 +1 和 -1。这两束光在扫描掩膜的相位光栅处再次相遇，又一次被衍射和干涉。

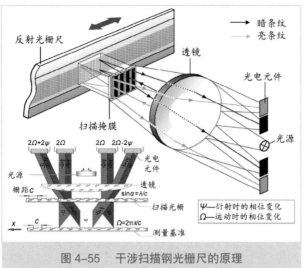

图 4-55　干涉扫描钢光栅尺的原理

它也形成三束光，并以不同的角度离开扫描掩膜。光电池将这些交变的光强信号转化成电信号。扫描掩膜与光栅尺的相对运动使第一级的衍射光产生相位移：当光栅移过一个栅距时，前一级的 +1 衍射光在正方向上移过一个光波波长，-1 衍射光在负方向上移过一个光波波长。由于这两个光波在离开扫描光栅时将发生干涉，光波将彼此相对移动两个光波波长。也就是说，相对移动一个栅距可以得到两个信号周期。例如，干涉光栅尺的栅距一般为 8μm、4μm，甚至更小，其扫描信号基本没有高次谐波，能进行高倍频细分，因此特别适用于高分辨率和高精度应用。海德汉公司 LF 系列光栅尺采用的是基于干涉扫描原理的封闭式直线光栅尺。

光栅按照材质可分为玻璃光栅和钢光栅。此外，还可按照精度等级和量程长度来区分，根据机床的不同需要加以选择。

德国海德汉公司的 LC 系列封闭式光栅尺的原理和结构如图 4-54 所示。LC 系列采用绝对和增量刻度的玻璃尺，单场成像扫描。按精度分为 ±3μm 和 ±5μm 两种，分辨率分别为 0.005μm 和 0.01μm，光栅最大长度分别为 3 040mm 和 4 240mm；运动速度不大于 180m/min[29]。

3．无轴承角度编码器

无轴承角度编码器具有大的孔径，其光栅尺根据直径大小采用不同材质制造，小

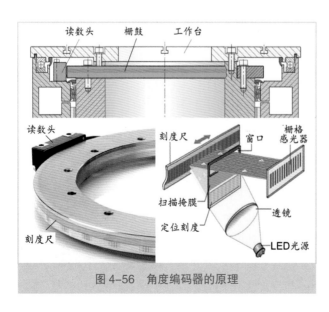

图 4-56　角度编码器的原理

尺寸的采用玻璃光盘，中等的采用钢鼓，大尺寸（甚至可达 10m）的采用钢带。此外，无轴承角度编码器可与机床结构集成为一体。

例如，海德汉公司的 ERA 4 200 无轴承角度编码器的外形、工作原理以及与机床工作台集成的案例如图4-56 所示。从图4-56 中可见，栅鼓是一个钢环，其圆周镀金表面上刻有栅距为 20μm 的光栅和参考点。栅鼓随工作台旋转，读数头固定在基体上。采

用单场成像扫描原理将两者的相对转角位移转化为电信号。读数头的光源经聚焦后穿过扫描掩模上的光栅，投射到栅鼓表面的刻度尺上，形成明暗交变的光信号。经反射后穿过扫描掩模上的窗口投射到栅格感光器上，产生 4 个相位差为 90° 的电信号。经过高倍频细分处理，每转可发出高达 52 000 个正弦电信号[30]。

二、速度检测

为了跟踪工作台的运动和提高其阻尼性能，伺服控制器需要检测进给驱动的速度。常用的方法是将位置编码器检测到的数值加以微分，即可得到相应的速度值并反馈给速度控制器，以提高进给驱动的性能。例如，对进给驱动的两种不同转速情况（300r/min 和 30r/min），引入速度检测和反馈后的实际效果如图 4-57 所示。从图 4-57 中可见，对当 300r/min 转速输入但没

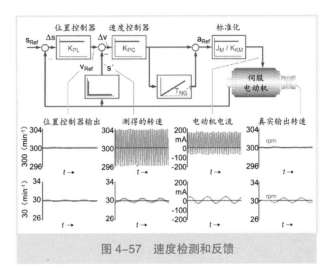

图 4-57　速度检测和反馈

有加入速度反馈时，测得的转速在 296r/min~304r/min 范围波动，加入速度反馈后，电动机的实际输出转速可与输入值保持基本一致[31]。

三、加速度检测

加速度反馈用于改善机床结构动态性能的控制算法和检查进给驱动的真实轨迹。加速度可以直接测量，也可以从位置测量数值的二阶导数求得。基于压电晶体的标准加速度计可以测得运动部件的绝对加速度，但它将进给驱动刚体的加速度与机床结构的振动信号混淆在一起，不一定有利于进给驱动控制性能的改善。通常采用基于电磁感应的铁传感器测量进给驱动部件相对运动的加速度。

第六节　本章小结与展望

进给驱动是高端数控机床的重要组成部分，对机床的性能起到决定性的影响。本章提出的设计直线和回转进给驱动的若干原则和影响其动态性能的要素以及当前国外的研究热点，可供机床设计人员和国内功能部件制造厂商参考。

机床的导轨系统是保证机床工作精度的关键。滚珠线性导轨由于其摩擦系数小、安装调试方便，获得日益广泛的应用。但在重型机床、超精密机床、微机床中仍有一

定的局限性，静压导轨、空气导轨仍有很大的发展空间。在微机床中基于平面电动机的无导轨 2 坐标 3 自由度气浮工作台是机床产品创新的典型案例。

滚珠丝杠是直线进给驱动应用最广泛的形式。目前正在向高速、降噪，缩减空间、轻量化，提高 n•dm 值和加速度能力方面发展。虽然直线电动机在速度和加速度方面有着很大的优势，但也有其局限性，目前滚珠丝杠还享有巨大的价格和技术成熟度优势，因此对滚珠丝杠驱动的技术创新活动仍然非常活跃。特别是预紧力的设定、调整和控制，这是消除反向背隙、减少磨损的关键。

回转工作台是 5 轴加工中心和复合加工机床的关键功能部件。传统的伺服电动机通过蜗轮蜗杆传动减速的驱动方法有一定的局限性。若干新的机械传动机构正在研发之中，例如滚动凸轮等已获得实际应用。电直接驱动，包括直线电动机和力矩电动机，由于没有机械传动，具有结构紧凑、动态性能好等一系列优点，已经成为高端数控机床回转运动的首选驱动方案，但成本、能耗和冷却问题尚有待进一步解决。

3 轴联动加工中心辅以 2 轴标准回转工作台的 3+2 轴控制方案在许多情况下是高生产率和较低成本的解决方案，值得加以重视。

参考文献

[1] Altinas Y,Verl A,Brecher C,et al.Machine tool feed drives[J].CIRP Annals,2011, 60(2):779-796.

[2] SKC-Technik.Slideway coatings[EB/OL].[2013-03-20].http//skc-technik.de/bilder/ antifriction_coatings.pdf.

[3] Weck M,Brecher C.Werkzuegmaschinen mechatronische systeme,vorchubantribe, prozessdiagnose,6[th]ed.[M].Berlin:Spinger-Verlag,2006.

[4] Schneeberger.Monorail and AMS product catalog[EB/OL].[2014-09-02].http://www. schneeberger.com/zh/ 产品 / 线性导轨和直线导轨 /monorail-mr- 滚柱型 .

[5] Verl A,Frey S.Improvement of feed drive dynamics by means of semi-active damping[J]. CIRP Annals,2012,61(1):351-354.

[6] Zollern.Plain hydrostatic-bearing system[EB/OL].[2013-03-21].http://www.Zollern.de/ fileadmin/Upload_Konzernseite/Downloads/Brochueren/Gleitlager/Hydrostatic-Bearing- Systems.pdf.

[7] Denkena B,Kallage F,Ruskowski M,et al.Machine tool with active magnetic guide[J]. CIRP Annals,2004,53(1):333-336.

[8] Etxaniz I,Izpizua A,San Martin M,et al.Magnitic levitated 2D fast drive[J].IEEE Transactions on Industry Applications,2006,126(12):1678-1681.

[9] Gao W,Dejima S,Yanai H,et al.A surface motor-driven planar motion stage integrated with an XYθ_z surface encoder for precision positioning[J].Precision Engineering, 2004,28(3):329-337.

[10] Lu X D,Usman I.6D direct-drive technology for planar motion stages[J].CIRP Annals,2012,61(1):359-362.

[11] Toshiba-Machine.Non-circulation type V-V roller guideway[EB/OL].[2013-03-21].http:// www.toshiba-machine.co.jp/en/technology/tech_catalog/f2.html.

[12] Verl A,Frey S,Dadalau A,et al.Vorschubantribe//Tagungsband,Fertigungstechnisches Kolloquim Stuttgart[C].Sept 29-30,2010,Stuttgart.Gesellschaft für Fertigungstechnik Stuttgart,2010.

[13] Möhring H-C,Bertram O.Integrated autonomous monitoring of ball screw drives[J].CIRP Annals,2012,61(1):355-358.

[14] HIWIN.Ballscrew technical Information[EB/OL].[2013-03-02].http://www.hiwin.com.tw/download/tech_doc/bs/Ballscrew-(C).pdf.

[15] AMK.SPINDASYN Hollow shaft motor[EB/OL].[2013-03-20].http://www.amk-antriebe.de/downloads/downloadcenter/dokucd_en/index.htm.

[16] Fujita T,Matsubara A,Kono D,et al.Dynamic characteristics and dual control of a ball screw drive with integrated piezoelectric actuator[J].Precision Engineering,2010,34(1):34-42.

[17] Kim M S,Chung S C.A sysmatic approach to design high-performance feed drive systems[J].International Journal of Machine Tools and Manufcture,2005,45:1421-1435.

[18] Okwudire C,Altintas Y.Hybrid modeling of ball screw drives with coupled axial, torsional, and lateral dynamics[J].Journal of Mechanical Design,2009,131(7):1-9.

[19] Schönfeld R,Schönfeld J.Hydrostatic lead screw in comparion to liner motor and ball screw[EB/OL].[2013-3-20].http://hyprostatik.de/fileadmin/inhalte/pdfs/article_lead_screws.pdf.

[20] 张曙,卫汉华,张炳生.直线进给驱动及其技术热点：机床产品创新设计专题（四）[J].制造技术与机床,2011(12):14-17.

[21] DMG MORI.DMC H linear series[EB/OL].[2013-09-01].http://en.dmgmoriseiki.com/pq/dmc-60-h-linear_en/pm0uk12_dmc_h_linear_series.pdf.

[22] 张曙,Heisel U.并联运动机床[M].北京：机械工业出版社,2003.

[23] 张曙,张炳生,卫美红.回转工作台和圆周进给[J].制造技术与机床,2012(1):9-12.

[24] Dassanayake K M, Co S S,Tsutsumi M,et al.High performance rotary table for machine tool applications[J].International Journal of Automation Technology,2009,3(3):343-347.

[25] Makino.Makino introdues new D500 5-axis Machining Center[EB/OL].[2013-03-21].http://www.makino.com/about/news/makino-introduces-d500-5-axis-machining-center/44/.

[26] DMG MORI.High precision 5-axis control vertical machining center NMV 5000 DCG[EB/OL].[2013-12-22].http://en.dmgmori.com/blob/172034/d7bd0ec76e8ecc8c4b672d1fd67df02a/pm0uk13-nmv5080-pdf-data.pdf.

[27] Moriwako T.Multi-functional machine tool[J].CIRP Annals,2008,57(2):736-749.

[28] Shinno H,Yoshioka H,Hayashi M.A high performance tilting platform driven by hybrid actuator[J].CIRP Annals,2009,58(1):363-366.

[29] Heidenhain.Linear encoders with single-field scanning[EB/OL].[2013-03-21].http://www.heidenhain.com.cn/de_EN/php/documentation-information/documentation/brochures/popup/media/media/file/view/file-0241/file.pdf.

[30] Heidenhain.Angle encoders without integral bearing[EB/OL].[2013-03-21].http://www.heidenhain.de/de_DE/php/dokumentation-und-information/dokumentation/prospekte/popup/media/media/file/view/file-0350/file.pdf.

[31] Heidenhain.Rotary encoders for highly dynamic servo drives[EB/OL].[2013-03-21].http://www.heidenhainweb.com.ar/bajando.php?id=57763221.pdf.

第五章　机床的几何精度和测量

张炳生　张　曙

导读： 机床的精度与误差问题是贯穿于机床的设计、制造、运行和检测的全过程的任务，机床的几何精度则是机床精度问题的基础。长期以来，国内机床界对机床精度的分析存在诸多片面认识。例如：各机构的误差是如何相互影响、关联和传递的？理论对比没有准确的阐述。运动机构的误差是什么样的？大多数认为只是某个方向上的误差。本章将从理论上准确地告诉读者：所有运动机构的误差都可以用空间坐标的六个方向误差来表述。由此，顺理成章地解决了所有串联运动机构误差的相互影响和叠加问题，可以建立整机或机构的误差模型。在建模的基础上，通过误差测量又可进一步识别各项误差参数。

本章以精度和误差的概念为切入点，分清了准确度与精密度差异，强调了精度的国家标准的重要意义和严肃性，提出了有关机床精度的六个热点问题。

作为重点，本章详细阐述了机床结构误差的空间概念：机床任何一个可运动机构都有六项空间误差。这六项空间误差可以在一个直角坐标系内显示，并用一个 4×4 的矩阵表述，机床若干串联机构的各项误差可以通过这些坐标系的平移或旋转将所有误差转移到刀具切削点。其数学表述即为这些转移矩阵的乘积。同时还指出，在数学模型的建立过程中，可以将非敏感误差予以简化。

为了便于读者理解或掌握建立机床静态精度模型的方法，本章以一台三坐标加工中心和一台五轴数控机床为例，分别演示了它们建模的详细过程。读者在理解机床静态精度建模方法思路的同时，务必重视后续的三个应注意问题和六项基本原则。本章在此提请读者关注一个有趣且十分有前途的逆向问题：通过测量和模型拟合来修正模型并识别误差参数。

机床精度的测量方法是精度设计的一个不可或缺的重要手段。本章集中展示了十一种当前国内外先进的机床精度测量方法——位置精度的激光测量、移动直线度的激光测量、角偏误差的激光测量、空间对角线测量、分段空间对角线测量、三维激光跟踪测量、回转轴校准装置、回转轴的激光跟踪测量、球杆仪测量法、平面正交格栅测量法及空间球检测法，介绍了测量和评估原理。最后还讲述了测量的误差和不确定度，以及采取一定措施以减少测量误差和不确定度。

第一节　概　述

一、机床的精度与误差

机床是工作母机，用以加工具有一定尺寸精度、形位公差和表面粗糙度的零件。机床的加工精度直接影响零件的品质，因此精度是机床性能的主要指标之一。随着科技的进步，工业产品日新月异，零件的形状日益复杂、精度要求越来越高，从而对机床加工精度的要求也水涨船高，并且直接关系到汽车工业、航空航天、信息技术等支柱产业的现代化和竞争力。因此，不断提高机床的加工精度是机床产品创新面临的巨大挑战。据统计，每隔 8 年左右机床的加工精度大约提高一倍，当前高端数控机床的加工精度已跨入亚微米时代。

精度和误差是一对矛盾。机床的加工精度受到结构总体配置、功能部件、装配质量、使用条件和制造成本等方面的制约，绝非越高越好。何况误差永远存在，且随着加工精度的提高，原本可以忽略的误差也开始成为主要的矛盾，进一步提高加工精度的难度也越来越大。机床设计师的任务是洞悉产生各种误差的原因和机理、减少误差的措施以及补偿误差的方法，以最低的成本满足最终用户对机床精度的要求。

1. 基本定义[1]

测量精度涵盖两个不同而又相关的概念，即准确度和精密度。准确度（Accuracy）是指测量结果与"实际值"之间的接近程度，是多次测量结果的平均值，以误差大小来表示。误差越小，准确度越高；误差越大，准确度越低。精密度（Precision）是指在相同条件下 n 次重复测定结果彼此相符合的程度，即测量结果的重现性，也称为重复性（Repeatability）。精密度的大小用偏差来衡量。偏差越小，精密度越高。

准确度和精密度不同点还在于：准确度是由系统误差与随机误差之和决定的；精密度仅仅反映随机误差的大小，而并非测量值与实际值接近的程度。准确度高，一定需要精密度高；但精密度高，却不一定准确度高。因此精密度是保证准确度的先决条件。但系统误差是规律的，通常可采取相应措施加以补偿；而随机不确定误差是偶然性的，却难以补偿。准确度与精密度两者之间的关系如图 5-1 所示。

现以两台同类型机床 M 和 N 测量工作台移动 100mm 的定位精度为例，分别进行 5 次测量，其结果见表 5-1。从表 5-1 中可见，机床 M 的误差数值较大，但分布比较集中，最大与最小误差之差仅 0.02mm，即准确度不高而精密度较高。机床 N 的误差数值仅为机床 M 的 1/10 左右，但分布范围比较散，最大与最小误差之差高达 0.18mm，

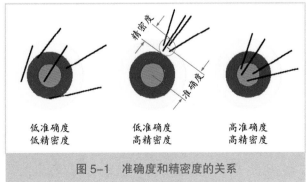

低准确度　　　　　低准确度　　　　　高准确度
低精密度　　　　　高精密度　　　　　高精密度

图 5-1　准确度和精密度的关系

127

表5-1 两台机床的定位准确度和精密度对比

机床		第1次	第2次	第3次	第4次	第5次
机床A	测量值	100.89	100.91	100.90	100.89	100.91
	误差值	+0.89	+0.91	+0.90	+0.89	+0.91
	精密度	最大误差-最小误差：0.91-0.89=0.02				
	标准差	$\sigma=0.10$				
机床B	测量值	100.09	99.91	100.02	99.95	100.06
	误差值	+0.09	-0.09	+0.02	-0.05	+0.06
	精密度	最大误差-最小误差：0.09-(-0.09)=0.18				
	标准差	$\sigma=0.075$				

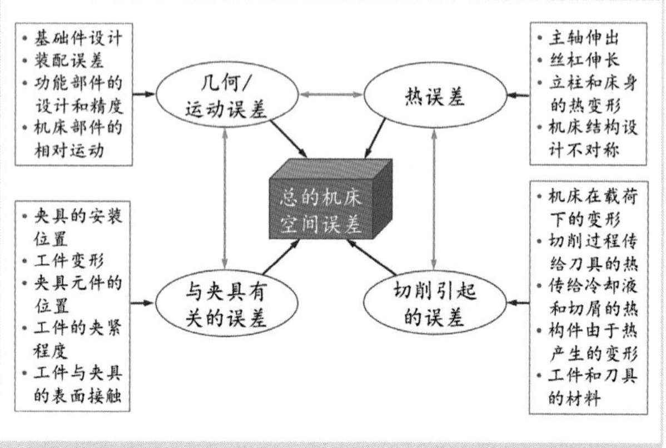

128

图 5-2 机床的总空间误差和误差源

精密度很低。反之，如果将机床 M 的误差补偿值设定为 +0.9mm，加工精度就可以大大提高。因此，精密度是反映机床质量的重要指标。

2．误差源

机床的各种误差最终反映为刀具中心点的实际空间轨迹与理论空间轨迹的差别，这一空间误差由 4 部分组成，如图 5-2 所示：

1）在无负荷或精加工条件下机床的几何 / 运动误差。

2）由机床内部热源和环境温度变化而造成的热误差。

3）由切削力和惯性力引起的动态误差。

4）与夹具和装夹有关的误差。

这4种误差并非完全孤立，相互有一定的关联（图 5-2 中以棕色箭头标示）。如在不同环境温度下测量的几何和运动误差值是不一样的。

本章主要阐述几何误差和运动误差及其测量方法，机床的热性能和动态性能将在后续两章加以详细讨论。机床的几何误差和运动误差由下列因素决定：

1）机床基础结构件的形状、构造、材料及其尺寸和形位精度。

2）机床的装配误差。特别是结构件的相互平行和垂直误差与装配工艺和检测方法有很大的关系。

3）功能部件的结构设计和精度。例如滚珠丝杠、直线滚动导轨的精度都直接反映机床的几何精度。

4）机床部件的相互运动造成的静态误差。例如移动部件质心位置的变化对机床的几何精度产生的影响等。

二、机床的精度标准

机床的精度标准是机床产品长期生产实践和理论研究成果的集中体现，用以评价机床产品质量合格与否，是机床生产和贸易的准则。精度标准规定了各项误差的定义、测量方法和精度指标。机床的精度标准通常分为企业标准、行业标准或国家标准和国际标准。这些标准有各自的独特性，也有共同性。它们对于机床制造业的发展具有重要的推动作用，有利于提高机床的质量水平，有利于保证机床的生产能力，有利于机床的正确使用和维护。

企业标准用以保证机床在制造装配过程、出厂检验、用户安装以及使用过程中的精度，是树立企业机床品质形象的标杆。不同机床企业标准有所差异，仅适用于本企业，一般严于国家标准。

行业和国家标准是某一国家行业主管部门或国家标准主管机构制定的标准，具有法律效力，为境内机床制造企业所共同遵守。但是，各国有各国的标准，例如德国的DIN 标准，美国的 ANSI 标准和日本的 JIS 标准等。有时误差名称看似相同，但数据和计算公式不同，含义并不一样。所以，机床的误差不仅是数值大小，还要看遵循的是什么标准。忽视不同国家标准之间的差异，将在机床用户和设计工程师中造成一定的认知混乱，不利于我国机床制造业的发展和产品质量的提高。

国际标准是由国际标准化组织（ISO）提出，以利于国际技术交流和贸易。各国国家标准向国际标准靠拢是全球化的大趋势。我国 1978 年加入国际标准化组织后，积极采用国际标准化组织的有关技术政策，等效采用 ISO 国际标准来制定各种国家标准，包括有关机床方面的国家标准。例如，《GB/T 17421：机床检验通则》系列标准[2-4]等效《ISO 230：机床检验通则》系列标准。差别是 ISO 230 系列标准已经扩展到 10部分，GB/T 17421 系列标准仅有前 4 部分，而且新版本发布时间滞后比较长，反映了我国机床制造业的产品创新、试验研究和生产技术与世界水平尚存在一定差距，见表 5-2。从表中可知，在《ISO 230：机床检验通则》系列标准的 10 部分中，除噪声和振动外都与机床静态几何精度密切相关。

机床的精度标准不仅有通则，还有针对不同类型机床的精度标准，用于对某类机床的特征精度加以详细的规定。例如《加工中心检验条件第 1 部分：卧式和带附加主轴头机床几何精度检验（水平 Z 轴）GB/T 18400.1-2010》[5] 等效ISO 10791-1:1998；《加工中心检验条件　第 4 部分：线性和回转轴线的定位精度和重复定位精度检验 GB/T 18400.4-2010》[6] 等效 ISO 10791-4:1998 等。

机床精度标准的贯彻执行需要一定时间，应该保持一定的稳定性，但也不是一成不变

129

表5-2　机床检验通则的国家标准和国际标准

标准名称	GB/T标准	最新版本	ISO标准	最新版本
第1部分：在无负荷或精加工条件下机床的几何精度	GB/T 17421.1	1998	ISO 230-1	2012
第2部分：数控轴线的定位精度和重复定位精度的确定	GB/T 17421.2	2000	ISO 230-2	2006
第3部分：热效应的确定	GB/T 17421.3	2009	ISO 230-3	2007
第4部分：数控机床的圆检验	GB/T 17421.4	2003	ISO 230-4	2005
第5部分：噪声辐射的确定			ISO 230-5	2000
第6部分：体和面的对角线定位精度的确定			ISO 230-6	2002
第7部分：回转轴的几何精度			ISO 230-7	2006
第8部分：振动			ISO 230-8	2010
第9部分：根据ISO 230系列的测量不确定度估算			ISO 230-9	2005
第10部分：数控机床测头系统的测量性能确定			ISO 230-10	2011

的。随着科学技术的发展和产品更新换代，经过若干年后需要加以修订。因此，机床制造企业不仅应该遵循国家标准，更要关注国家标准和国际标准的版本更迭，及时修订本企业的标准，并用于指导产品生产和新产品开发。

三、机床几何精度的热点

随着制造工业对机床加工精度要求的日益提高，特别是新兴工业的崛起，诸如光学镜面的细微加工，人造关节的精密加工等，不仅加工精度高，且材料特殊，加工困难，需要探索一系列解决机床几何精度设计和测量问题的新思路、新途径。

1. 误差的分析、建模和仿真

加深对机床几何精度的认识和理解，进行系统分析、建模和仿真，将以往忽略不计的误差信息重视起来，加以全面探讨，才能大幅度提高机床的加工精度。对直线移动部件，过去只考虑移动方向无约束自由度的定位精度，但对高精度机床而言，如何有效地减少有约束自由度的误差就成为新课题。例如，X滑座的姿态误差对Y滑座空间运动精度的影响，如图 5-3 所示。由此可见，误差是相互关联的，坐标系中任何一个误差都会对其他误差带来影响。若要探其究竟，误差的建模和仿真就是非常必要的。

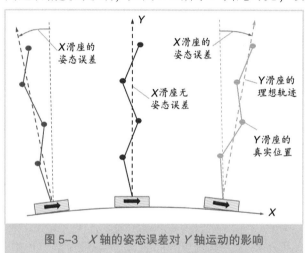

图 5-3　X轴的姿态误差对 Y 轴运动的影响

2. 机床运动链和几何精度

刀具中心点和工件轮廓的相对位置是由机床的运动链（Kinematic Chain）串联或并联形成的。运动链上的部件都有自己的坐标系。运动链长，误差就可能叠加，变得更大。运动链的运动耦合形式不同，误差转移的方式和结果也不一样。此外，为了实现亚微米级的高精度加工，有时必须拓展机床的运动链形式和相应的控制方式。例如，在快刀伺服（Fast Tool Servo）车削时，为了实现高精度、高光洁度的细微复杂型面的加工，不仅要使用控制器对主轴进行位置检测，还要在 X、Z 轴控制之外，增加两个冗余运动轴，以实现高速、高频响、微小距离的刀具快速驱动。

3. 机床的结构配置和几何精度

机床的结构配置对其几何精度有很大影响。对高速、高精度机床而言，机床的主要结构件（如主轴、床身、工作台等）的静态和动态力学性能、材料特性和热响应特性等，显得十分重要和敏感。移动部件的结构形状、质量大小，以及移动轴线、驱动力轴线和测量轴线三者的重合程度对机床几何精度的影响尚有待从理论上进行深入探讨。例如，倒置式加工机床在配置上往往具有传动链短、结构对称、力封闭、移动部件质量小和快速热移除等优点，在几何精度的实现及其保持性方面具有优势。

4．空间对角线误差的测量

数控机床设计者和使用者共同关心的不仅是移动部件的定位精度，更加重要的是多轴运动叠加后的体积精度（Volumetric Accuracy），即空间综合精度，它直接表述了加工工件的实际精度。国际标准化组织在 2002 年提出《ISO 230-6：体和面的对角线位置精度的确定》，反映了空间综合精度的重要性。因而空间综合精度的测量方法、测量仪器和测量基准等成为近年来的研究热点。

5．多轴机床的几何精度及其测量

5 轴数控加工机床中，3 个直线运动轴与 2 个回转轴的匹配方式有多种，在不同机床上其表现形式又有很大差异。5 轴加工机床误差的循迹、建模和测量尚未有简单易行的妥善方法。回转轴是 5 轴加工机床与 3 轴加工机床的根本差别。国际标准化组织在 2006 年提出《ISO 230-7：回转轴线几何精度的确定》，体现了多轴联动数控机床在机床品种发展中占有越来越重要的地位。

6．机床几何误差的补偿

借助提高机床部件制造精度的方法来提高机床综合精度有时是不经济的，有一定的局限性。找出误差的来源及其规律，建立误差模型，通过数控系统对系统性误差加以补偿，特别是 5 轴加工机床的误差补偿是当前研究的热点。

第二节　机床几何误差的分析

一、误差对加工精度的影响

机床几何精度对所加工的零件的形状、尺寸允差和表面粗糙度皆产生明显的影响。对不同类型和等级的机床的要求是不完全一样的，取决于对所加工零件的形状和精度要求。早在 1927 年，柏林工业大学机床研究所 Schlesinger 教授就制定了机床几何精度的验收标准，其基本概念沿用至今。

几何误差的主要来源是机床所有运动部件保持其正确的空间位置的程度，如同心、相互垂直、相互平行、位移的准确度和姿态变化等。

现以车床为例，说明机床的各种几何误差及其表现形式对工件加工精度的不同影响，见表 5-3。

二、机床误差的类型

1．几何误差的构成

机床的几何误差可分为如图 5-4 所示的 4 种类型：

1）导向机构（导轨）的几何误差。导轨是机床部件的运动基准，无论直线导轨和圆导轨，滚动导轨或滑动导轨，都存在制造精度和配合间隙，将导致被其约束的运动部

131

表5-3 车床几何精度对加工精度的影响

部件名称	几何误差形式	对工件精度的影响
主轴箱	主轴与机床导轨不平行	工件有锥度，端面不平，端面不垂直于轴线
	主轴跳动	工件不圆，母线不直，粗糙度差，内外圆不同心
纵向滑座	导轨接触面间隙（含压板）	工件母线不直，切蜗杆螺纹时角度不准确，出现振动
	纵向丝杠螺距误差、丝杠螺母间隙	切螺纹时，螺距误差不稳定；车削锥度误差增大，锥度母线不直；圆弧及曲线母线不准确
	纵向丝杠与床身导轨不平行，丝杠前后轴承与螺母座三点不同心	当导轨间隙增大时，导轨与丝杠不平行影响刀尖位置，造成工件的尺寸、母线直线度误差加大
横向滑座	导轨有间隙、不垂直，丝杠螺距误差，两轴承座与螺母座三点不同心	加工尺寸不稳定，锥度不准，母线不直，刀尖的曲线轨迹误差大，端面不平且粗糙度差
刀架	刀架回转位置误差，刀具中心高误差	影响工件尺寸和表面粗糙度，刀刃角度改变，切削力变大
床身	导轨直线度不好，导轨接触面差	工件母线不直，对长工件影响大，切削不稳定，易产生振动
尾架	与导轨接触差，套筒有间隙、与主轴不同心	顶尖不稳定，顶尖偏移后造成工件有锥度

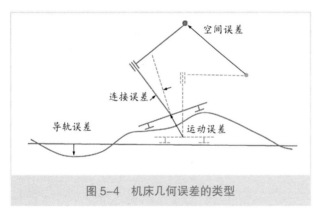

图5-4 机床几何误差的类型

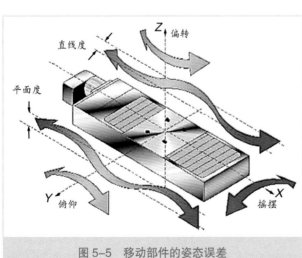

图5-5 移动部件的姿态误差

件产生几何误差。

2）部件的运动误差。由伺服电动机驱动运动部件所产生的各种误差，如丝杠的螺距误差、传动机构的反向间隙等。运动误差通常反映为运动部件位置误差和定位误差。

3）结构件的连接误差。机床结构件的连接也是几何误差的来源之一。例如，立柱在滑座上的固定形式和螺栓分布都会影响结构件之间的垂直度误差大小。

4）加工空间误差。机床的各种几何误差最终反映在刀具中心点的实际空间位置与理论位置的差异，即工件的加工误差。

机床的运动部件在沿轴线移动过程中，除了定位误差外，还有如图5-5所示的3项姿态误差：

1）绕Z轴的左右偏转，形成运动部件的直线度误差。

2）绕Y轴的上下俯仰，形成运动部件的平面度误差。

3）绕X轴的两侧摇摆，造成移动部件倾斜，形成空间误差。

2. 阿贝误差（Abbe Error）

现代数控机床大多采用光栅测量尺进行位置测量，构成闭环控制，以提高定位精度。光栅尺通常安装在导轨的一侧，并不与工作台的坐标在同一轴线。换句话说，数控程序命令值与位置测量反馈值并不是同一点，测量点并非刀具中心点。因测量轴线不重合和姿态误差所产生的误差称为阿贝误差。阿贝误差的示意图如图5-6所示。一般情况下，由于姿态误差比较难测量，阿贝误差往往忽略不计。但对高精度机床而言，就必须仔细探讨，因为阿贝误差放大了姿态误差对加工精度的影响。因此，在高精度机床设计时必须考虑运动部件测量系统的选择和合理布局，以及空间阿贝误差对机床加工精度影响的分析及其补偿方法等。

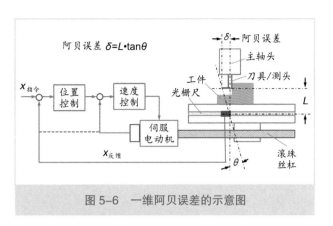

图 5-6　一维阿贝误差的示意图

3. 误差数目和坐标系

运动部件沿轴线移动将产生3项平移位置误差和3项姿态误差。在笛卡儿坐标的 X、Y、Z 轴系中就有 $3\times3=9$ 项平移位置误差和 $3\times3=9$ 项姿态误差，此外还有 3 个坐标轴的相互垂直度误差（方正度），共有 21 项独立的系统误差，如图5-7所示。

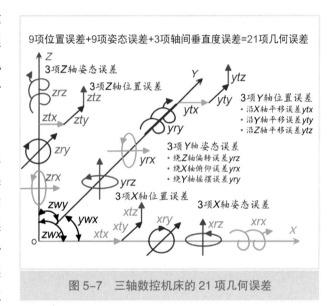

图 5-7　三轴数控机床的 21 项几何误差

对 5 轴数控机床而言，除了 $3\times5=15$ 项平移位置误差和 $3\times5=15$ 项姿态误差外，还有 7 项坐标系之间非正交的方正度误差和 2 项回转轴的位置设定误差，总共有 39 项相互独立的系统误差。对运动轴数更多的复合加工机床，误差的数目更多，分析更加复杂。

三、运动机构误差的分析 [7]

多轴数控机床由若干直线移动机构和回转运动机构串联叠加而成，机构的位置和姿态误差对刀具中心点或工件误差的影响是空间传递的过程。为了研究方便起见，首先分别对单坐标的直线运动机构和回转运动机构的坐标和误差转移进行分析。

1. 直线移动机构

机床直线移动机构的典型例子如图5-8所示。当机床部件（滑座、工作台、立柱等）沿 X 轴导轨移动时，其相对于固定参考坐标系或其他坐标系的空间关系可借助齐次转

133

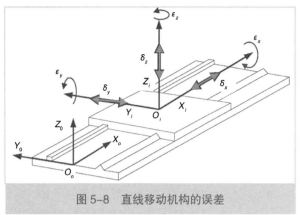

图 5-8　直线移动机构的误差

移矩阵来表达，在三维空间中，它是一个 4×4 的矩阵。

设滑座 i 的坐标原点 O_i 相对参考坐标系 $O_0\text{-}X_0Y_0Z_0$ 的坐标为 a、b、c，且皆处于第一象限，当滑座在 X 方向移动距离 Δx 时，在理想的状态下，没有误差，仅是一种单纯的坐标平移，其坐标转移矩阵如下：

$$T_{i理论} = \begin{bmatrix} 1 & 0 & 0 & a+\Delta x \\ 0 & 1 & 0 & b \\ 0 & 0 & 1 & c \\ 0 & 0 & 0 & 1 \end{bmatrix} \tag{5-1}$$

实际上，滑座移动 Δx 后将产生 3 项直线误差（δ_x、δ_y、δ_z）和 3 项姿态误差（ε_x、ε_y、ε_z、δ_x），其中下标 x 指 X 轴方向，其余轴也是类似的定义。δ_x 为沿 X 轴方向的平移位置误差 xtx，δ_y 为沿 Y 轴方向的平移位置误差 xty、δ_z 为沿 Z 轴方向的平移位置误差 xtz，ε_x 为沿 X 轴方向绕 X 轴的摇摆 xrx，ε_y 为沿 X 轴方向绕 Y 轴的俯仰 xry，ε_z 为沿 X 轴方向绕 Z 轴的偏转 xrz，（参见图 5-7、图 5-8）。此时，由于误差已经是一空间矢量，滑座坐标系和参考坐标系已不再相互平行，若将各种误差分别投影到 $O_i\text{-}X_iY_iZ_i$ 坐标系各轴上，则滑座坐标系和参考坐标系之间的关系为：

$$\begin{Bmatrix} X_i \\ Y_i \\ Z_i \\ 1 \end{Bmatrix} = T_{i实际} \begin{Bmatrix} X_0 \\ Y_0 \\ Z_0 \\ 1 \end{Bmatrix} = \begin{bmatrix} 1 & -\varepsilon_z & \varepsilon_y & a+\Delta x+\delta_x \\ \varepsilon_z & 1 & -\varepsilon_x & b+\delta_y \\ -\varepsilon_y & \varepsilon_x & 1 & c+\delta_z \\ 0 & 0 & 0 & 1 \end{bmatrix} \begin{Bmatrix} X_0 \\ Y_0 \\ Z_0 \\ 1 \end{Bmatrix} \tag{5-2}$$

则含有误差的转移矩阵：$T_{i实际}$：

$$T_{i实际} = \begin{bmatrix} 1 & -\varepsilon_z & \varepsilon_y & a+\Delta x+\delta_x \\ \varepsilon_z & 1 & -\varepsilon_x & b+\delta_y \\ -\varepsilon_y & \varepsilon_x & 1 & c+\delta_z \\ 0 & 0 & 0 & 1 \end{bmatrix} \tag{5-3}$$

上述 6 种误差除 δ_x 外，主要是由导轨的尺寸误差以及导轨在空间的平直度、不平行和不同面等因素造成的。在设计高精度机床导轨系统时，必须注意误差值的控制和工艺基准的合理设置，以保证直线移动机构的所有误差以及最终反映到刀具中心点上的误差都控制在预定的范围内，而不能仅仅考虑滑座或工作台的定位误差 δ_x。

2. 回转运动机构

在笛卡儿坐标系中进行误差分析，当 C 轴转台绕 Z 坐标轴回转时，同样会出现 6 种误差，如图 5-9 所示。从图 5-9 中可见，δ_x、δ_y 分别是 C 轴运动在 X 和 Y 方向的径向误差，δ_z 为 C 轴运动的轴向误差；ε_x 和 ε_y 分别是 C 轴绕 X 和 Y 坐标的姿态误差，ε_z 则是转台的转角定位误差。

在上述 6 种误差的综合作用下，回转运动机构的主轴轴线位置将产生漂移。在误差的影响下，理论原点 O 偏移到 O'，实际的 C 轴（棕色）不再与 Z_0 轴重合或平行，不与 X-Y 平面垂直，而

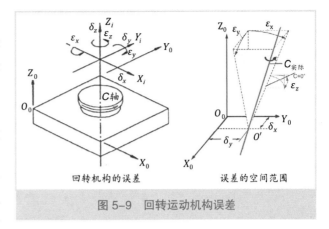

图 5-9 回转运动机构误差

由 8 根虚线构成的倒四面锥台体是 C 轴转盘可能出现的误差位置空间。其中转角位置误差 ε_z 主要由驱动机构（如蜗轮等）的偏心、支承与执行部分（如主轴外径与主轴内锥孔）不同心造成的。其他误差则由回转机构中诸零件的设计允差及装配后综合形态构成。例如，回转主轴前后轴承支承孔的不同心，前轴承支承端面与中心不垂直，以及装配和制造间隙，最终表现为安装在回转机构上的刀具或工件中心的偏移和刀具或工件中心线的倾斜。

四、几何误差的转移[8]

1. 坐标系的转移

误差分析的目的是求得机床运动状态的刀具中心点（TCP）相对工件表面数控程序轨迹之间的偏移大小，即机床的几何精度。为此，必须了解机床直线或回转运动机构的位置和误差如何转移到刀具中心点或工件上的过程，即运动部件坐标系的转移。

每个运动部件皆可按照刚体运动学以杆件和铰接符号来建立运动学模型，描述其动链相互关系。一台动梁动柱 5 轴龙门加工中心的运动学示意模型如图 5-10 所示。从图 5-10 中可见，龙门架沿床身导轨（Y 轴）的移动，纵向滑座在横梁上的移动（X 轴），铣头滑座的垂向移动（Z 轴）是 3 个直线运动机构。双摆铣头绕 Z 轴的回转和绕 X 轴的偏转则为 2 个回转机构（C 轴和 A 轴）。运动链始端是床身，终端是刀具中心点，中间依次经过上述直线和回转运动部件。机床参考坐标系 O_0-$X_0Y_0Z_0$ 为固定不动的床身。图中蓝色的运动学模型是没有误差的理想状态示意模型，而棕色模型是有误差的运动学示意模型。

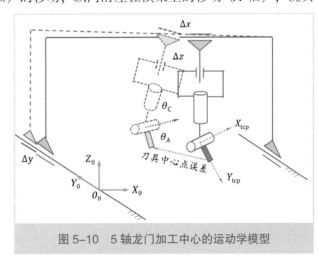

图 5-10 5 轴龙门加工中心的运动学模型

135

为了获得整台机床的转移矩阵，必须先建立每个运动部件自己的参考坐标系（图中未表示），然后将分列的坐标系中的各项位置变化和误差依次转移到下一个部件，直至刀具中心点的坐标系。在理想的无误差状态下，整台机床的转移矩阵为各运动部件坐标系的转移矩阵 T_1、T_2、T_3、T_4、T_5 和刀具中心点转移矩阵 T_{tcp} 的乘积：

$$T_{理论} = [T_1] \cdot [T_2] \cdot [T_3] \cdot [T_4] \cdot [T_5] \cdot [T_{tcp}] =$$

$$\begin{bmatrix} -\sin\theta_C \cos\theta_A & \cos\theta_C & -\cos\theta_C \sin\theta_A & -l_t \sin\theta_C \sin\theta_A + \Delta x \\ \cos\theta_C \cos\theta_A & -\sin\theta_C & \cos\theta_C \sin\theta_A & l_t \cos\theta_C \sin\theta_A - \Delta y \\ \sin\theta_A & 0 & \cos\theta_A & -l_t \cos\theta_A - l_4 + a_1 - \Delta z \\ 0 & 0 & 0 & 1 \end{bmatrix} \qquad (5\text{-}4)$$

上述矩阵中的各项是机床各运动轴的位置增量 Δx、Δy、Δz、θ_A、θ_C，机床结构几何参数 a_1、l_4 和刀具长度 l_t 等要素空间转移的结果。

此矩阵尚未将各运动部件的位置误差 δ_x、δ_y、δ_z 和姿态误差 ε_x、ε_y、ε_z 考虑在内，包含全误差的矩阵表达比矩阵（5-4）复杂得多，但其转移过程类似，即整台机床的转移矩阵为各运动部件转移矩阵的乘积，在后续的案例中将进一步阐述。

必须指出，要保证坐标转换的正确性是有条件的，那就是机床各机构间的关系（平行、垂直或其他角度）必须是正确的。因此，在机床设计时应该将两运动机构的结合部设计成可修配、可测量和可调整的，以利于机床精度的提高。

2. 误差的敏感度

在坐标系转移的过程中，某些误差在新坐标系中被保持或扩大，称之为敏感性误差，在机床设计时应加以控制或缩减。有些误差经坐标系转换后，在新坐标系中所反映的误差将收缩或减少，称之为非敏感性误差。

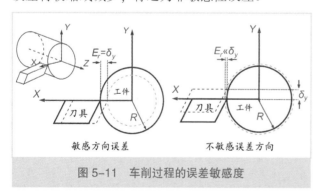

图 5-11　车削过程的误差敏感度

以车削加工为例，对误差敏感度进行分析。车刀位置在工件坐标系内沿 X、Y 方向的误差分别为 δ_x 和 δ_y，假设 δ_x 和 δ_y 这两项误差大小基本一样，但它们对工件直径加工精度的影响是完全不同的，如图 5-11 所示。从图 5-11 中可见，刀具中心点在 X 方向的位置误差 δ_x 几乎完全反映为工件半径 R 的误差 $E_R \approx \delta_x$，而刀具在 Y 方向的位置误差 δ_y 只有极小一部分反映到加工工件直径上，即 $E_R \ll \delta_y$。

因此，在建立误差转移矩阵时，应仔细分析各项误差的敏感程度，忽略不敏感误差，简化矩阵的参数，使理论计算更为简单。同时在机床结构设计中对非敏感性误差可以适当放宽允差值，以降低机床的制造成本。

第三节　机床几何精度设计与案例

一、立式加工中心的误差分析 [9]

立式加工中心是应用广泛的数控加工设备，通常由 3 个轴的直线运动部件组成，最常见的结构配置形式及其运动链中各坐标系的关系如图 5-12 所示。

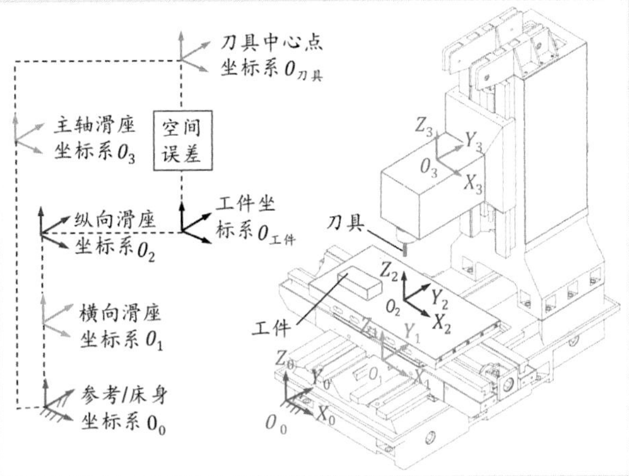

为了便于进行机床空间误差的分析，设参考坐标系 O_0-$X_0Y_0Z_0$ 为处于机床加工空间之外的、固定在地基上的床身，移动坐标系 O_1 为横向移动的下滑座，移动坐标系 O_2 为纵向移动的工作台，移动坐标系 O_3 为沿立柱垂直升降的主轴滑座。工件安装在工作台上，其坐标系为 O_w，刀具安装在主轴上，其中心点坐标系为 O_t。

图 5-12　立式加工中心的坐标系转移

从图中可见，机床的运动链从床身参考坐标系开始分为两条。一条是经过主轴滑座到刀具，另一条是经过横向移动下滑座和纵向移动工作台到工件。如果没有误差，两条运动链终端保持在空间轨迹上同一点。若刀具中心点偏离工件表面上的轨迹点，就出现空间误差。借助逆向求解法将工作台坐标系 O_2-$X_2Y_2Z_2$ 的误差向下滑座坐标系 O_1-$X_1Y_1Z_1$ 转移，表述 $[^1T_2]_{实际}$，则可求得 X 轴的工作台纵向滑座在 Y 轴的下滑座坐标系中的实际位置和的转移矩阵：

$$[^1T_2]_{实际} = \begin{bmatrix} 1 & -\varepsilon_{z2}(x) & \varepsilon_{y2}(x) & a_2 + \Delta x_2 + \delta_{x2}(x) \\ \varepsilon_{z2}(x) & 1 & -\varepsilon_{z2}(x) & b_2 + \delta_{y2}(x) \\ -\varepsilon_{y2}(x) & \varepsilon_{z2}(x) & 1 & c_2 + \delta_{z2}(x) \\ 0 & 0 & 0 & 1 \end{bmatrix} \tag{5-5}$$

式中：

$\varepsilon_{x2}(x)$　　　工作台绕 X 轴的摇摆误差；

$\varepsilon_{y2}(x)$　　　工作台绕 Y 轴的俯仰误差；

$\varepsilon_{z2}(x)$　　　工作台绕 Z 轴的偏转误差；

a_2　　　　　坐标原点 O_2 与坐标原点 O_1 在 X 方向的偏置距离；

b_2　　　　　坐标原点 O_2 与坐标原点 O_1 在 Y 方向的偏置距离；

c_2　　　　　坐标原点 O_2 与坐标原点 O_1 在 Z 方向的偏置距离；

$\delta_{x2}(x)$　　　工作台沿 X 轴的线性位移误差；

$\delta_{y2}(x)$　　　工作台沿 X 方向移动时在 Y 方向对 X 轴的垂直偏移误差；

$\delta_{z2}(x)$ Δx_2 工作台沿 X 方向移动时在 Z 方向对 X 轴的垂直偏移误差；

工作台在 X 方向的移动距离。

将下滑座坐标系 O_1-$X_1Y_1Z_1$ 的误差向机床固定参考坐标系 O_0-$X_0Y_0Z_0$ 转移，表述为 $[^0T_1]_{实际}$ ，则可求得 Y 轴的横向下滑座在机床参考坐标系中的实际位置和姿态的转移矩阵如下：

$$[^0T_1]_{实际} = \begin{bmatrix} 1 & -\varepsilon_{z1}(y) & \varepsilon_{y1}(y) & a_1 + \delta_{x1}(y) \\ \varepsilon_{z1}(y) & 1 & -\varepsilon_{x1}(y) & b_1 + \Delta y_1 + \delta_{y1}(y) \\ -\varepsilon_{y1}(y) & \varepsilon_{x1}(y) & 1 & c_1 + \delta_{z1}(y) \\ 0 & 0 & 0 & 1 \end{bmatrix} \tag{5-6}$$

式中：

$\varepsilon_{y1}(y)$	下滑座绕 Y 轴的摇摆误差；
$\varepsilon_{x1}(y)$	下滑座绕 X 轴的俯仰误差；
$\varepsilon_{z1}(y)$	下滑座绕 Z 轴的偏转误差；
a_1	坐标原点 O_1 与坐标原点 O_0 在 X 方向的偏置距离；
b_1	坐标原点 O_1 与坐标原点 O_0 在 Y 方向的偏置距离；
c_1	坐标原点 O_1 与坐标原点 O_0 在 Z 方向的偏置距离；
$\delta_{y1}(y)$	下滑座沿 Y 轴的线性位移误差；
$\delta_{x1}(y)$	下滑座沿 Y 方向移动时在 X 方向对 Y 轴的垂直偏移误差；
$\delta_{z1}(y)$	下滑座沿 Y 方向移动时在 Z 方向对 Y 轴的垂直偏移误差；
Δy_1	下滑座在 Y 方向的移动距离。

将坐标系 O_3-$X_3Y_3Z_3$ 的误差向参考坐标系 O_0-$X_0Y_0Z_0$ 转移，以 $[^0T_3]_{实际}$ 表示，则可求得 Z 轴的主轴滑座在机床参考坐标系中的实际位置和姿态的转移矩阵如下：

$$[^0T_3]_{实际} = \begin{bmatrix} 1 & -\varepsilon_{z3}(z) & \varepsilon_{y3}(z) & a_3 + \delta_{x3}(z) \\ \varepsilon_{z3}(z) & 1 & -\varepsilon_{z3}(z) & b_3 + \delta_{y3}(z) \\ -\varepsilon_{y3}(z) & \varepsilon_{z3}(z) & 1 & c_3 + \delta_{z3}(z) + \Delta z_3 \\ 0 & 0 & 0 & 1 \end{bmatrix} \tag{5-7}$$

式中：

$\varepsilon_{z3}(z)$	主轴滑座绕 Z 轴的摇摆误差；
$\varepsilon_{x3}(z)$	主轴滑座绕 X 轴的俯仰误差；
$\varepsilon_{y3}(z)$	主轴滑座绕 Y 轴的偏转误差；
a_3	坐标原点 O_3 与坐标原点 O_0 在 X 方向的偏置距离；
b_3	坐标原点 O_3 与坐标原点 O_0 在 Y 方向的偏置距离；
c_3	坐标原点 O_3 与坐标原点 O_0 在 Z 方向的偏置距离；
$\delta_{z3}(z)$	主轴滑座沿 Z 轴的线性位移误差；
$\delta_{x3}(z)$	主轴滑座沿 Z 方向移动时在 X 方向对 Z 轴的垂直偏移误差；

$\delta_{y3}(z)$ 主轴滑座沿 Z 方向移动时在 Y 方向对 Z 轴的垂直偏移误差；

Δz_3 主轴滑座在 Z 方向的移动距离。

设安装在主轴上的刀具中心点转移矩阵为 $[^3T_{刀具}]$，安装在工作台上的工件表面刀尖轨迹点的转移矩阵为 $[^2T_{工件}]$，若这两点矢量皆转移到机床坐标参考系，在没有误差的理想情况下，两者应该重合，即：

$$\left[{}^0T_{工件}\right]_{理论} = \left[{}^0T_1\right] \cdot \left[{}^1T_2\right] \cdot \left[{}^2T_{工件}\right] \tag{5-8}$$

$$\left[{}^0T_{刀具}\right]_{理论} = \left[{}^0T_3\right] \cdot \left[{}^3T_{刀具}\right] \tag{5-9}$$

$$\left[{}^0T_{工件}\right]_{理论} = \left[{}^0T_{刀具}\right]_{理论} \tag{5-10}$$

但在有误差的实际情况下，刀具中心点与工件表面刀尖轨迹点是偏离的，两者之间存在的空间误差矢量 E_v，可表述如下：

$$\left[{}^0T_{工件}\right]_{实际} = \left[{}^0T_{刀具}\right]_{实际} \cdot [E_v] \tag{5-11}$$

$$[E_v] = \left[{}^0T_{刀具}\right]_{实际}^{-1} \cdot \left[{}^0T_{工件}\right]_{实际} \tag{5-12}$$

空间误差矩阵 E_v 描述了刀具和工件之间误差的空间位置和姿态。由于立式加工中心仅有直线运动轴，若将矩阵 E_v 中的各坐标轴的位置矢量分出，则可借助软件在数控系统中加以补偿。

二、5 轴数控机床的误差分析

1. 机床的结构特点

现以一台 VHK320 型 5 轴联动数控等离子焊接机为例，阐述 5 轴数控机床（指含有回转运动结构）的误差分析方法。该机床外观如图 5-13 所示。从图 5-13 中可见，该机床有 3 个直线移动机构：后床身上有纵向（X 轴）移动的下滑座和横向移动（Y 轴）的上滑座以及沿立柱垂向升降（Z 轴）的主轴滑座。前床身则有工件回转

图 5-13　VHK320 型 5 轴数控等离子焊接机

工作台（*B* 轴）和摆动摇篮（*A* 轴）两个回转机构。

为了精度分析方便起见，将该机床分解为 5 个组件部分：①后床身及纵横十字滑座组件；②立柱滑座组件；③前床身和摇篮组件；④工件回转轴组件；⑤焊枪组件，如图 5-14 所示。

从图 5-14 中可见，这是一个由较多接合面组成的复杂结构，在充分保证各独立

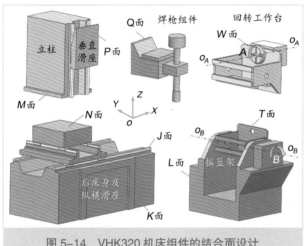

图 5-14　VHK320 机床组件的结合面设计

组件的加工装配精度的前提下，要完全依靠各组件间的结合面（*P-Q*，*M-N*，*K-L*，*W-T*）自身的加工精度来满足焊枪（工具）与工件间的位置精度要求是比较困难的，或者说制造成本高昂。为此，该机床设计时考虑了 4 个调整环节（*Q* 面，*N* 面，*L* 面，*W* 面）和两个测量基准（*J* 面和 O_A-O_A 轴芯棒）。这些调整环节在机床装配时按照工艺顺序，逐个刮研配合，最后可以令装在 O_B-O_B 轴

线上的工件相对于焊枪中心点之间的位置达到较高的精度。

上述的机床组件分割方法、调整面的设置和检测基准的选择等并非是唯一的，只适合本案例的特定情况，仅供读者参考。从本案例可以总结出以下原则，结合具体情况进行综合考虑：

1）在不改变机床功能和结构配置的前提下，在合适的位置上进行分解。

2）兼顾需要与可能，即在本厂加工工艺允许的条件下，尽量满足机床的功能需要，选好合理的工艺基准。

3）便于精度检测和验证，与机床精度相关的部件在设计时必须考虑检测基准，必要时应同时设计其精度检测用的专用检具。

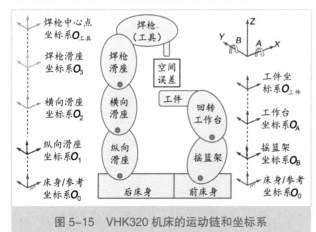

图 5-15　VHK320 机床的运动链和坐标系

在应用这些原则时应结合具体情况进行综合考虑。

2. 机床几何误差的构成

VHK320 数控等离子焊接机的运动链和坐标系分解如图 5-15 所示，从图 5-15 中可见，前后床身固定在地基上，可视为一个整体，是整台机床的参考坐标系 O_0-$X_0Y_0Z_0$。以后床身为起点的运动链经过纵向（*X* 轴）下滑座坐

标系 $O_1\text{-}X_1Y_1Z_1$、横向（Y 轴）上滑座坐标系 $O_2\text{-}X_2Y_2Z_2$ 和垂直滑座坐标系 $O_3\text{-}X_3Y_3Z_3$ 而到达焊枪（工具）；从前床身开始的运动链经过摇篮架坐标系 $O_A\text{-}X_AY_AZ_A$ 和回转工作台坐标 $O_B\text{-}X_BY_BZ_B$ 而到达工件。

建立此坐标转移系统时基于两个假设：

1）所有部件的坐标系方向与焊枪头部的坐标方向一致。

2）各部件间的接合面误差与结构设计要求一致。在实际加工中，接合面的误差通常在装配时借助配磨或铲刮予以消除。

3．误差的理想模型和实际模型

在没有误差的理想状态下，焊枪中心点与工件表面的待焊点将完全重合，若将运动部件的坐标依次转移，存在下列关系：

$$\left[{}^0\boldsymbol{T}_{\text{工具}}\right]_{\text{理论}} = \left[{}^0\boldsymbol{T}_1\right]\cdot\left[{}^1\boldsymbol{T}_2\right]\cdot\left[{}^2\boldsymbol{T}_3\right]\cdot\left[{}^3\boldsymbol{T}_{\text{工具}}\right] \tag{5-13}$$

$$\left[{}^0\boldsymbol{T}_{\text{工件}}\right]_{\text{理论}} = \left[{}^0\boldsymbol{T}_A\right]\cdot\left[{}^A\boldsymbol{T}_B\right]\cdot\left[{}^B\boldsymbol{T}_{\text{工件}}\right] \tag{5-14}$$

$$\left[{}^0\boldsymbol{T}_{\text{工件}}\right]_{\text{理论}} = \left[{}^0\boldsymbol{T}_{\text{工具}}\right]_{\text{理论}} \tag{5-15}$$

3 个直线运动机构的综合转移矩阵为：

$$\left[\boldsymbol{T}_{\text{直线}}\right] = \left[{}^0\boldsymbol{T}_1\right]\cdot\left[{}^1\boldsymbol{T}_2\right]\left[{}^2\boldsymbol{T}_3\right] = \begin{bmatrix} 1 & 0 & 0 & a_1+a_2+a_3+\Delta x_3 \\ 0 & 1 & 0 & b_1+b_2+b_3+\Delta y_2 \\ 0 & 0 & 1 & c_1+c_2+c_3+\Delta z_1 \\ 0 & 0 & 0 & 1 \end{bmatrix} \tag{5-16}$$

两个回转运动机构的综合转移矩阵为：

$$\left[\boldsymbol{T}_{\text{回转}}\right] = \left[{}^0\boldsymbol{T}_B\right]\cdot\left[{}^B\boldsymbol{T}_A\right] = \begin{bmatrix} \cos\theta_B & 0 & \sin\theta_B & a_B \\ 0 & 1 & 0 & b_B \\ -\sin\theta_B & 0 & \cos\theta_B & c_B \\ 0 & 0 & 0 & 1 \end{bmatrix} \cdot \begin{bmatrix} 1 & 0 & 0 & a_A \\ 0 & \cos\theta_A & \sin\theta_A & b_A \\ 0 & -\sin\theta_A & \cos\theta_A & c_A \\ 0 & 0 & 0 & 1 \end{bmatrix} =$$

$$\begin{bmatrix} \cos\theta_B & -\sin\theta_A\sin\theta_B & \cos\theta_A\sin\theta_B & a_A\cos\theta_B+c_A\sin\theta_B+a_B \\ 0 & \cos\theta_A & \sin\theta_A & b_A+b_B \\ -\sin\theta_B & -\sin\theta_A\cos\theta_B & \cos\theta_A\cos\theta_B & -a_A\sin\theta_B+c_A\cos\theta_B+c_B \\ 0 & 0 & 0 & 1 \end{bmatrix} \tag{5-17}$$

式中：

θ_B　　　　摇篮绕 Y_B 轴回转的角度；

θ_A　　　　摇篮绕 Y_A 轴回转的角度；

a_B, b_B, c_B　　摇篮坐标系原点在机床参考坐标系中的偏置位置；

a_A, b_A, c_A　　回转工作台坐标系原点在摇篮坐标系中的偏置位置。

在理想状态下，机床各运动机构均不存在误差时，则有：

$$\left[\boldsymbol{T}_{回转}\right]\cdot\left[{}^{A}\boldsymbol{T}_{工件}\right]=\left[\boldsymbol{T}_{直线}\right]\cdot\left[{}^{3}\boldsymbol{T}_{工具}\right] \tag{5-18}$$

即：

$$\left[{}^{0}\boldsymbol{T}_{工件}\right]_{理论}=\left[{}^{0}\boldsymbol{T}_{工具}\right]_{理论}$$

事实上，机床的所有运动机构都存在不同程度的姿态误差 ε 和位移误差 δ。机床的工具传动链由 3 个直线运动机构串联组成，其实际误差的转移矩阵为：

$$\left[{}^{0}\boldsymbol{T}_{工具}\right]_{实际}=\left[{}^{0}\boldsymbol{T}_{1}\right]_{实际}\cdot\left[{}^{1}\boldsymbol{T}_{2}\right]_{实际}\cdot\left[{}^{2}\boldsymbol{T}_{3}\right]_{实际}\cdot\left[{}^{3}\boldsymbol{T}_{工具}\right] \tag{5-19}$$

工具系统传动链的第 1 环节是纵向滑座，纵向滑座坐标系 $O_1\text{-}X_1Y_1Z_1$ 的误差向机床固定参考坐标系 $O_0\text{-}X_0Y_0Z_0$ 转移，其转移矩阵为：

$$\left[{}^{0}\boldsymbol{T}_{1}\right]_{实际}=\begin{bmatrix} 1 & -\varepsilon_{z1}(x) & \varepsilon_{y1}(x) & a_1+\delta_{x1}(x)+\Delta x_1 \\ \varepsilon_{z1}(x) & 1 & -\varepsilon_{x1}(x) & b_1+\delta_{y1}(x) \\ -\varepsilon_{y1}(x) & \varepsilon_{x1}(x) & 1 & c_1+\delta_{z1}(x) \\ 0 & 0 & 0 & 1 \end{bmatrix} \tag{5-20}$$

式中：

$\varepsilon_{x1}(X)$　　　　纵向滑座绕 X 轴的摇摆误差；

$\varepsilon_{y1}(X)$　　　　纵向滑座绕 Y 轴的俯仰误差；

$\varepsilon_{z1}(X)$　　　　纵向滑座绕 Z 轴的偏转误差；

a_1　　　　纵向滑座坐标系原点 O_1 对机床参考坐标系原点 O_0 在 X 方向的偏置距离；

b_1　　　　纵向滑座坐标系原点 O_1 对机床参考坐标系原点 O_0 在 Y 方向的偏置距离；

c_1　　　　纵向滑座坐标系原点 O_1 对机床参考坐标系原点 O_0 在 Z 方向的偏置距离；

$\delta_{x1}(X)$　　　　纵向滑座沿 X 轴的线性位移误差；

$\delta_{y1}(X)$　　　　纵向滑座沿 X 方向移动时在 Y 方向对 X 轴的垂直偏移误差；

$\delta_{z1}(X)$　　　　纵向滑座沿 X 方向移动时在 Z 方向对 X 轴的垂直偏移误差；

Δx_1　　　　纵向滑座在 X 方向的移动距离。

工具系统传动链的第 2 环节是横向滑座，横向滑座坐标系 $O_2\text{-}X_2Y_2Z_2$ 的误差向纵向滑座坐标系 $O_1\text{-}X_1Y_1Z_1$ 转移，其转移矩阵为：

$$\left[{}^{1}\boldsymbol{T}_{2}\right]_{实际}=\begin{bmatrix} 1 & -\varepsilon_{z2}(y) & \varepsilon_{y2}(y) & a_2+\delta_{x2}(y) \\ \varepsilon_{z2}(y) & 1 & -\varepsilon_{x2}(y) & b_2+\delta_{y2}(y)+\Delta y_2 \\ -\varepsilon_{y2}(y) & \varepsilon_{x2}(y) & 1 & c_2+\delta_{z2}(y) \\ 0 & 0 & 0 & 1 \end{bmatrix} \tag{5-21}$$

式中：

$\varepsilon_{x2}(y)$　　　　横向滑座绕 X 轴的俯仰误差；

$\varepsilon_{y2}(y)$ 　　　横向滑座绕 Y 轴的摇摆误差；

$\varepsilon_{z2}(y)$ 　　　横向滑座绕 Z 轴的偏转误差；

a_2 　　　横向滑座坐标系原点 O_2 与纵向滑座坐标原点 O_1 在 X 方向的偏置距离；

b_2 　　　横向滑座坐标系原点 O_2 与纵向滑座坐标原点 O_1 在 Y 方向的偏置距离；

c_2 　　　横向滑座坐标系原点 O_2 与纵向滑座坐标原点 O_1 在 Z 方向的偏置距离；

$\delta_{x2}(y)$ 　　　横向滑座沿 Y 方向移动时 X 方向对 Y 轴的垂直偏移误差；

$\delta_{y2}(y)$ 　　　横向滑座沿 Y 方向移动时的线性位移误差；

$\delta_{z2}(y)$ 　　　横向滑座沿 Y 方向移动时 Z 方向对 Y 轴的垂直偏移误差；

Δy_2 　　　横向滑座在 Y 方向的移动距离。

工具传动链第 3 环节是焊枪滑座，焊枪滑座坐标系 $O_3\text{-}X_3Y_3Z_3$ 的误差向横向滑座坐标系 $O_2\text{-}X_2Y_2Z_2$ 转移，其转移矩阵为：

$$[^2\boldsymbol{T}_3]_{实际} = \begin{bmatrix} 1 & -\varepsilon_{z3}(z) & \varepsilon_{y3}(z) & a_3 + \delta_{x3}(z) \\ \varepsilon_{z3}(z) & 1 & -\varepsilon_{x3}(z) & b_3 + \delta_{y3}(z) \\ -\varepsilon_{y3}(z) & \varepsilon_{x3}(z) & 1 & c_3 + \delta_{z3}(z) + \Delta z_3 \\ 0 & 0 & 0 & 1 \end{bmatrix} \tag{5-22}$$

式中：

$\varepsilon_{x3}(z)$ 　　　焊枪滑座绕 X 轴的俯仰误差；

$\varepsilon_{y3}(z)$ 　　　焊枪滑座绕 Y 轴的偏转误差；

$\varepsilon_{z3}(z)$ 　　　焊枪滑座绕 Z 轴的摇摆误差；

a_3 　　　焊枪滑座坐标系原点 O_3 与横向滑座坐标原点 O_2 在 X 方向的偏置距离；

b_3 　　　焊枪滑座坐标系原点 O_3 与横向滑座坐标原点 O_2 在 Y 方向的偏置距离；

c_3 　　　焊枪滑座坐标系原点 O_3 与横向滑座坐标原点 O_2 在 Z 方向的偏置距离；

$\delta_{x3}(z)$ 　　　焊枪滑座沿 Z 方向移动时在 X 方向对 Z 轴的垂直偏移误差；

$\delta_{y3}(z)$ 　　　焊枪滑座沿 Z 方向移动时在 Y 方向对 Z 轴的垂直偏移误差；

$\delta_{z3}(z)$ 　　　焊枪滑座沿 Z 方向移动时在 Z 方向的线性位移误差；

Δz_3 　　　焊枪滑座在 Z 方向的移动距离。

机床的工件传动链由两个回转运动机构，即摇篮架和工作台串联组成（图 6-15），其实际误差的转移矩阵为：

$$\left[^0\boldsymbol{T}_{工件}\right]_{实际} = [^0\boldsymbol{T}_B]_{实际} \cdot \left[^B\boldsymbol{T}_A\right]_{实际} \cdot \left[^A\boldsymbol{T}_{工件}\right]_{实际} \tag{5-23}$$

工件系统传动链的第 1 环节是摇篮架，摇篮架坐标系 $O_B\text{-}X_BY_BZ_B$ 的误差向机床参考坐标系 $O_0\text{-}X_0Y_0Z_0$ 转移，其转移矩阵为：

$$[^0\boldsymbol{T}_B]_{实际} = \begin{bmatrix} \cos\theta_B & -\varepsilon_{zB} & \sin\theta_B + \varepsilon_{yB} & a_B + \delta_{xB} \\ \varepsilon_{zB} & 1 & -\varepsilon_{xB} & b_B + \delta_{yB} \\ -\sin\theta_B - \varepsilon_{yB} & \varepsilon_{xB} & \cos\theta_B & c_B + \delta_{zB} \\ 0 & 0 & 0 & 1 \end{bmatrix} \tag{5-24}$$

143

式中：

ε_{xB}　　摇篮轴线 O_B-O_B（Y 方向）绕 X 轴的姿态误差；

ε_{yB}　　摇篮轴线 O_B-O_B 自转时的转角误差；

ε_{zB}　　摇篮轴线 O_B-O_B（Y 方向）绕 Z 轴的姿态误差；

a_B　　摇篮坐标系原点 O_B 与机床参考坐标系原点 O_0 在 X 方向的偏置距离；

b_B　　摇篮坐标系原点 O_B 与机床参考坐标系原点 O_0 在 Y 方向的偏置距离；

c_B　　摇篮坐标系原点 O_B 与机床参考坐标系原点 O_0 在 Z 方向的偏置距离；

δ_{xB}　　摇篮坐标系原点 O_B 在 X 方向的坐标偏移误差；

δ_{yB}　　摇篮转轴 O_B-O_B 在 Y 方向的直线平移误差；

δ_{zB}　　摇篮坐标系原点 O_B 在 Z 方向的坐标偏移误差。

A 轴回转坐标系 O_A-$X_A Y_A Z_A$ 的误差向摇篮坐标系 O_B-$X_B Y_B Z_B$ 转移，其转移矩阵为：

$$[^B\boldsymbol{T}_A]_{\text{实际}} = \begin{bmatrix} 1 & -\varepsilon_{zA} & \varepsilon_{yA} & a_A + \delta_{xA} \\ \varepsilon_{zA} & \cos\theta_A & \sin\theta_A - \varepsilon_{xA} & b_A + \delta_{yA} \\ -\varepsilon_{yA} & -\sin\theta_A + \varepsilon_{xA} & \cos\theta_A & c_A + \delta_{zA} \\ 0 & 0 & 0 & 1 \end{bmatrix} \tag{5-25}$$

式中：

ε_{xA}　　工作台轴线 O_A-O_A 自转时的转角误差；

ε_{yA}　　工作台轴线 O_A-O_A（X 方向）绕 Y 轴的姿态误差；

ε_{zA}　　工作台轴线 O_A-O_A（X 方向）绕 Z 轴的姿态误差；

a_A　　工作台坐标原点 O_A 与 O_B 摇篮坐标系原点在 X 方向的偏置距离；

b_A　　工作台坐标原点 O_A 与 O_B 摇篮坐标系原点在 Y 方向的偏置距离；

c_A　　工作台坐标原点 O_A 与 O_B 摇篮坐标系原点在 Z 方向的偏置距离；

δ_{xA}　　工作台轴线 O_A-O_A 在 X 方向的直线平移误差；

δ_{yA}　　工作台坐标原点 O_A 在 Y 方向的坐标偏移误差；

δ_{zA}　　工作台坐标原点 O_A 在 Z 方向的坐标偏移误差。

由于工件是固定在工作台上的，两者可视为一体。故 $[^A\boldsymbol{T}_{\text{工件}}]_{\text{实际}}$ 可以不计。鉴于工件与 A 坐标系固定，故工件至 A 的转移矩阵与 A 至 B 的转移矩阵可视为同一个。

在有误差的实际情况下，工具中心点与工件表面焊接轨迹点是偏离的，两者之间存在的空间误差矢量 $\boldsymbol{E}_V$，可表述如下：

$$[^0\boldsymbol{T}_{\text{工件}}]_{\text{实际}} = [^0\boldsymbol{T}_{\text{工具}}]_{\text{实际}} \cdot [\boldsymbol{E}_V] \tag{5-26}$$

$$[\boldsymbol{E}_V] = [^0\boldsymbol{T}_{\text{工具}}]_{\text{实际}}^{-1} \cdot [^0\boldsymbol{T}_{\text{工件}}]_{\text{实际}} \tag{5-27}$$

现就与本节两案例相关的机床几何误差模型建立过程进一步阐明以下问题：

1）上述两个机床静态几何误差模型虽然具有一定的代表性，但仅适用于该案例的运动机构。对不同的机床运动链配置，有不同的数学模型。本节介绍的只是建立机床静态几何误差模型的思路和方法。

2）粗看起来，机床几何误差模型最终表达形式十分烦琐。但在实际应用中，可作具体分析，将一些非主要的、或影响较小的因素（如对总体精度影响小于 1/10）忽略不计。

3）在建立起机床静态几何误差模型后，可以根据每个部件的工艺状况和总体精度要求，设定每个部件或机构的精度参数，再借助模型测算或优化。在此，"优化"的概念并非每个部件的精度越高越好，而是抓住对整机精度影响最大的因素，力求在满足总体精度要求的前提下，尽可能地降低对零部件的精度要求。

三、机床静态精度设计的基本原则

建立机床几何误差模型是一种新的理论设计思路，有利于设计者将机床的整体精度设计与部件精度设计和数字运算联系起来，在设计阶段即可预测、预置所设计对象的精度状况和工艺要求。

通过前面几节的讨论，可以认为现代机床几何精度设计应遵循的基本原则如下：

1）理论设计与经验设计相结合的原则。设计任何一种新型的高精度机床，要十分重视对已有机床产品结构和配置的分析，要善于用模型分析法，剖析其精度设计中的优点、长处和失误。然后，建立新的模型，对新机床的精度进行预测和结构预置。将"模仿"提高到新的理论高度，摆脱知其然而不知其所以然的尴尬局面。理论设计与经验设计相结合，两者不可或缺。在当前，应提倡先用理论分析法解析已有产品，然后用理论建模的方法设计新型机床。

2）遵循和尊重标准的原则。机床制造业经过一百多年的发展、沉淀，积累了丰富的理论与实践成果。这些成果的集中体现就是标准。世界有国际标准，各国有各国的标准，行业有行业的标准。这些标准有各自的独特性，也有共同性。它们对于机床行业的发展具有重要的推动作用，有利于提高机床的质量水平，有利于提高机床的生产能力，有利于机床的正确使用和维护。近年来，我国机床行业出现了无视和轻视国家标准的倾向，采用的标准五花八门，其中包括精度指标、规格尺寸、型号、名称等，在用户中和设计工程师中造成了一定的认知混乱，不利于机床行业的发展和产品质量的提高，也不利于市场的规范化。

3）精度的适用性原则。机床的几何精度设计，应在确定的加工范围内稳定地满足加工要求为依据。对于专用机床来说，应以满足特定工件的加工要求为准。在确定精度控制项目时，应以适用为原则。大幅度收缩精度控制公差或无原则地扩展精度控制项目，将会增加不必要的制造成本。

4）精度稳定可靠性原则。保持机床的可靠性和精度的长期稳定是用户对机床产品的基本要求。因此，设计中应选优质可靠的元器件，采取必要的抗磨损措施，适当提高机构的刚性和强度。对高端机床来说，更要充分考虑机构及整机的动态性能和热性能。此外还应有效地保护与精度有关的部件，尽可能避免受到污染，保持良好的润滑状态。在有条件的情况下，让移动副或转动副处于重力的平衡状态。

5）容易调整检测的原则。通常情况下，机床是在接近满负载状态下长时间运转的，经过一段时间，精度势必有所下降。所以在结构设计中，对一些重要精度应增加调整机构，在必要的部位设计测量基准。调整的方法要简洁、方便，且调整后有相应的简单可靠的检测方法。如有必要，在机床发货时的随机附件中应配有专用的工具或检具。

6）工艺可行性原则。在机构精度设计中，从零件加工、组件装配到部件结合，要力求工艺性合理简单。每一步均有合理而明确的精度数据，并保证数据的稳定、可测、可重复，要在理论和操作上尽可能防止反向调整。

第四节　几何精度的检测与补偿

现代数控机床的几何精度越来越高，仅凭借传统的直角尺，平尺，千分表等测量手段已无法适应机床高精度测量的要求。尤其是对于旋转坐标轴的几何精度，更无法凭借传统检具去测量。近20年来，随着激光测量技术的不断发展，各种激光干涉仪已成功应用于数控机床的几何误差检测。由于激光测量的基本单位是光的波长，故而能够大幅度提高测量的精度及其可信度，分辨率可达1nm，测量误差10nm~50nm，成为高端数控机床几何精度检测的主要方法[10]，这也是本节的阐述重点。

一、移动部件的直接测量[11]

1．位置精度的激光测量

用激光干涉仪可方便和准确地测量数控机床直线移动部件的位置精度和定位精度，而且不受移动距离的限制。加上借助数据处理软件和误差补偿软件，可快速获得符合国家检验标准的结果，应用日趋广泛，已成为高端数控机床精度验收的首选方法。

某卧式镗铣床Y方向位置精度的激光干涉测量原理如图5-16所示。由激光器发出的激光束，经干涉镜投射到反射镜，反射后经干涉镜再回到激光器中的接收传感器。如将机床主轴初始位置设为0，随其在Y方向位置的不同，激光头每次发出光束

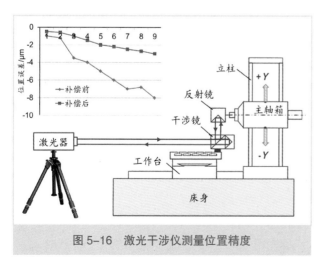

图5-16　激光干涉仪测量位置精度

总数与 0 位时的差值乘以波长，即为所测量的位置 L_i。这个位置值 L_i 与控制器设定的位置 L_{i0} 的差值 ΔL_i，即为位置误差。为了使测量的位置误差更接近于实际情况，采样点的间隔可随机截取，以便能够较实际地反映滚珠丝杠误差和导轨间隙等在不同位置对机床移动部件实际位置精度的影响。

位置精度测试的记录曲线例子在图 6-16 中左上角所示，确切地说是记录曲线的均值线。蓝点线为未作螺距补偿前的位置精度曲线。根据这条曲线对 n 个丝杠点做螺距补偿。补偿数据可以通过激光干涉仪的软件直接输入数控系统控制器，也可以人工输入控制器。红点线即为经螺距补偿后所测得位置精度曲线的均值线。经螺距补偿后 Y 向位置的累积误差由 8μm 降为 3μm。

大多数激光测量中的最大不确定度是由环境条件与标称值之间的差异引起的（空气温度、空气压力、相对湿度），即使环境条件的微小变化都会改变激光源的特性，影响激光的折射率，也会改变被测件的形状尺寸，这些变化都会影响测量读数。为了降低环境因素对测量结果的影响，测量时在被测点附近固定一个环境补偿器（环境补偿单元和高精度环境传感器），对激光（测）长进行补偿。

2．移动直线度的激光测量

直线度是指机床运动部件沿轴线方向移动时的横向或俯仰偏移，即某一给定方向的直线度误差。借助角度干涉仪测量主轴中心线对工作台移动的不垂直度（垂直平面内的直线度）的原理如图 5-17 所示。从图 5-17 中可见，由激光器发出的激光束在直线度棱镜（Wollaston 镜）处同时分为两束光，分别射向反射镜

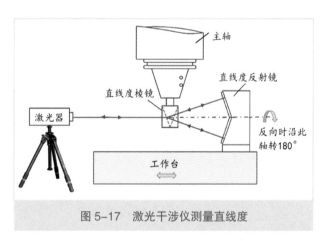

图 5-17　激光干涉仪测量直线度

的两个镜面。由于工作台移动时有直线度误差，使反射镜位置产生微量左右偏斜，于是两束光经反射镜返回至棱镜时就有先后偏差。经激光器内传感器接收，可分辨出两者的差值，即为该点导轨测量方向上的误差。随着工作台的移动，可随机采样，测量多个点的导轨直线度误差，自动生成在测量段内的误差曲线。为了消除因反射镜本身或安装位置的误差对测量数据的影响，可以在反向测量时将反射镜绕本身的转轴旋转180°。若将直线度反射镜转过 90°，则可测量导轨在水平面内的横向直线度。

3．角偏误差的激光测量

主轴对于工作台运动时的垂直度是机床的一项重要几何精度。传统的用千分表固定在主轴端部旋转的测量方法，不能完全真实地反映主轴对工作台导轨的垂直度。因为其中包含了工作台面的不平行度以及工作台面对导轨的不平行度。

角度干涉仪是一种高精度和高效测量方法。它测量主轴中心线对工作台运动（或

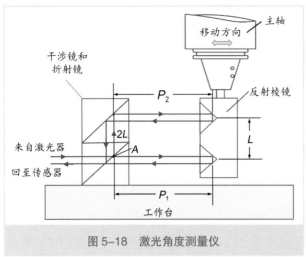

图 5-18　激光角度测量仪

导轨）不垂直度的原理如图 5-18 所示。从图 5-18 中可见，带有变径折光镜的干涉仪平置于工作台上，反射棱镜安装于主轴中心上，棱镜上有两组 V 型反光镜，其间有一定的距离 L。所以，在干涉镜和变向折光镜内，光路的长度为 $2L$。当来自激光器的光束到达 A 点时，分为两束，一束直线前进，经反射后返回到激光器的接收传感器，其路径长度为 P_1。另一束偏转 90° 后投射到上面一个反射镜，再返回到接收传感器，其经过的路径为 P_2+2L 再返回到接收传感器。

当 $P_2+2L-P_1-2L=P_2-P_1=0$ 时，表明主轴中心线垂直于工作台。当 $P_2-P_1=\Delta P\neq 0$ 时，说明主轴对工作台的不垂直度误差为 $\Delta P/L$。

在工作台移动时，角度干涉仪自动随机采样，则可以真实地反映主轴中心线在全行程内对工作台导轨的不垂直度。通过多次反复采样测量及对随机数据的处理，可以剔除部分干扰对测量可信度的影响。

二、空间几何精度的测量

随着尖端工业对机床加工精度要求的不断提高，仅仅考虑机床的单项线性轴的几何精度已经是远远不够的，近年来出现了许多测量机床空间几何精度的仪器和方法。

1. 空间对角线测量

为了提高机床空间精度的测量效率，机床检验通则国际标准《ISO230-6：2002 体和面的对角线定位精度的确定》提出面和体的对角为了提高机床空间精度的测量效，机床检验通则国际标准《ISO230-6：2002 体 和 面 的对角线位置精度的确定》提出面和体的对角线测 [12]，仅需测加工空间中的 4 条体对角线，或者 12 条面对角线，即可求出机床的空间几何精度。因为对角线长度是几何向量之和，能综合反映机床空间几何精度的误差。机床加工空间对角线的测量原理如图 5-19 所示。激光

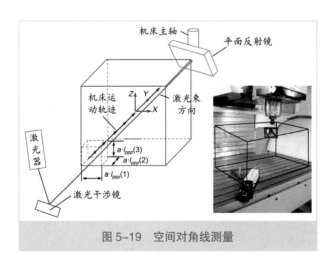

图 5-19　空间对角线测量

干涉仪安装在工作台上，大尺寸的平面反射镜安装在机床主轴上，两个部件的相对运动轨迹构成加工空间立方体的对角线，而激光束经过位于对角线上的光学系统测得对角线长度。但值得注意的是，由对角线总长度的差异来评估机床的空间精度，有时可能会产生误判。

例如，当机床部件的移动程为 2m×1m×0.5m，且没有任何空间误差存在时，其体对角线长为 2.291 288m，但当此机床在 X 轴向产生 25μm/m 的定位误差，在 Y 轴向产生 100μm/m 的误差，在 Z 轴向没有误差，所计算出来的结果也是 2.291 288m，这两种机床的体对角线长虽相同，但实际的定位精度却完全不同[13]。

2．分段空间对角线测量

为解决上述对角线测量法在空间精度上误判的问题，美国光动公司提出基于多普勒位移测量仪和向量测量技术的"分段空间对角线测法[14]"。其原是分段测机床加工空间的 4 条体对角线，也就是由测起始点起，分段地移动一个控制轴，各轴向的移动距离都相同，每次的移动轴依 X→Y→Z 的顺序进行移动与暂

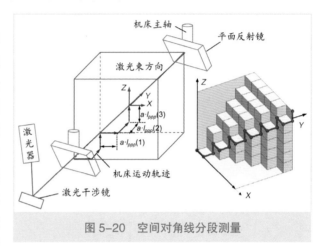

图 5-20　空间对角线分段测量

停（获取坐标位置用），机床部件的运动是断续的且其轨迹与激光束不平行，但最终必须抵达对角线的终点，如图 5-20 所示。在测量过程中，由于主轴（平面镜安装之处）移动方向与对角线方向有关，使用者必须使激光束的入/反射点均落在平面镜的范围内，否则将获取不到激光信号，导致测量失效。利用空间 4 条对角线分段测量，可测量出机床的 12 项几何误差：3 个坐标轴的直线定位误差、垂直面的直线误差、水平面的直线误差及 3 个坐标轴的相互垂直度（方正度）误差，并对测量空间的 4 条对角线误差进行补偿。系统精度为百万分之一，即 1μm/m，分辨率为 0.01μm，测量空间范围为 1 000mm×1 000mm×1 000mm。

3．三维激光跟踪测量

三维激光跟踪测量技术在许多工业部门都已经获得成功应用，它也适用于机床空间几何精度测量。除通用的徕卡、法如等激光跟踪仪外，已有专用于机床空间测量的商品化激光跟踪仪出现。例如，德国埃塔隆（Etalon）公司推出的 Laser-TRACER 激光跟踪测量系统，用于机床空间误差标定和检测[15]。该系统结构紧凑，半自动化操作，测量所需时间短，测量精度高。自动跟踪激光干涉仪的结构以及用于测量一台中型加工中心空间精度的实况，如图 5-21 所示。

从图 5-21 中可见，激光跟踪仪安放在工作台上的一角，激光头可俯仰 -20°~+85°，并绕中心回转 ±200°，反射镜（猫眼）安装在主轴端部，当主轴移动和转动时，干涉

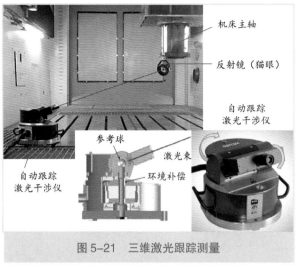

图 5-21　三维激光跟踪测量

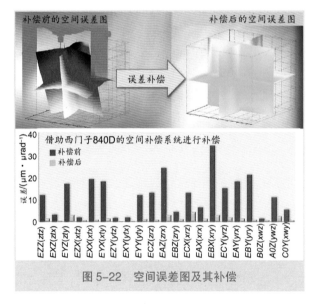

图 5-22　空间误差图及其补偿

仪和反射镜相互寻迹找正，随之自动跟踪，多点测量机床加工空间不同位置的对角线长度。测量范围为 0.2m~15m，可用于测量各种规格大小的机床，分辨率为 0.001mm，参考球的直径稳定度为 0.1μm，误差测量的不确定度为 0.2μm/m，后续增加测量长计时，每增加 1m，则不确定度增加 0.3μm。根据机床规格大小的不同，整个测量过程可在 1~3h 内完成。

该激光跟踪系统配备有两套软件，TRAC-CAL 用于制作误差图和误差补偿，TRAC-CHECK 用于精度检测。数据可通过接口直接输入西门子、发那科和海德汉等数控系统，直接予以补偿。由西门子 840D 控制器空间误差补偿系统进行补偿前后的误差图和 21 项误差的补偿效果如图 5-22 所示（误差表示的代号参见图 5-7）。误差补偿效果明显，最大单项误差从 35μm 降低到 5μm 以内。

三、回转轴的几何精度测量

机床上的回转轴，以往主要是指回转工作台。随着 5 轴加工机床和车铣复合机床等新配置的出现，回转轴的类型也随之发生变化，给机床几何精度测量工作带来很大挑战。角度位置精度误差或回转轴校准误差可能使机床所加工的零件出现严重缺陷。为此，机床检验通则的国际标准《ISO 230-7：2006 回转轴线几何精度的确定》对此加以规定[16]。

1. 回转轴校准装置[17]

英国雷尼绍（Renishaw）公司推出的 XR20-W 回转轴校准装置与 XL-80 激光干涉仪配合使用，可测量机床回转机构（回转工作台、分度机构、主轴等）的精度。其原理如图 5-23 所示。

从图 5-23 中可见，XR20-W 主体借助固定环安装在被测轴上，它是一个装在精密转台上的集成式角度反射镜。反射镜组相对于主体外壳可旋转，其角度位置通过安装在主轴部件上的高精度光栅系统进行伺服控制。XR20-W 旋转时，激光系统非常精确地测量旋转角度，测量精度保持在 ±1 之内，分辨率为 0.1。通过使回转轴依次到达一系列测量点，即可测量并绘出该回转轴的总体精度图。借助蓝牙通信实现无线操作和数据传送。

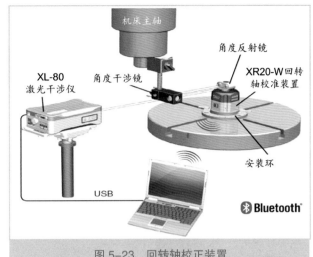

图 5-23　回转轴校正装置

这个测量系统的关键是角度反射镜只跟随回转机构同步旋转 5° 左右，一旦超过 5°，即自行返回零点，然后继续跟随机床工作台同步旋转，直至 360° 完成。所测量的数据经自动平均加权处理后，可输入机床数控系统，进行自动补偿。补偿后，机床回转机构的工作精度可望达到 3"~5"。

2．回转轴的激光跟踪测量

Etalon 公司的激光跟踪仪 LaserTRACER 也可用于回转轴空间位置精度的测量，其原理如

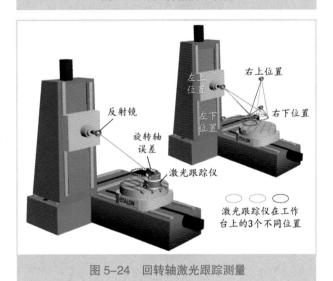

图 5-24　回转轴激光跟踪测量

图 5-24 所示。激光跟踪仪安放在工作台的一侧，反射镜安装在主轴上。跟踪仪与反射镜对准进入跟踪状态后，工作台正反 180° 和 360° 回转，采集一个圆周的位置数据（图 5-24 中红色）。主轴头沿立柱上下移动，立柱沿床身左右移动，即可采集一组圆周数据。然后，将激光干涉仪移动 120° 安放在工作台的另一位置，重复上述过程。最后，将跟踪仪再挪动 120°（图 5-24 中红、绿、紫 3 种颜色标识），重复上述过程，即可获得整个工作空间的回转轴位置误差图和误差值，包括角度定位误差、轴向偏移量、径向偏移量和倾斜偏移量。

激光跟踪仪还可用于同时测量两个回转轴的空间位置精度，如 A/C 双摆主轴头，如图 5-25 所示。从图 5-25 中可见，激光跟踪仪安放在工作台上，反射镜安装在主轴上。跟踪仪与反射镜对准进行跟踪后，电主轴从垂直位置上摆 90°，然后交叉水平回转 90°，电主轴再下摆 90° 回到原地并反向重复上述过程。最后交叉在原地正反回转 360°，构成第 1 个花瓣状的正反向测量循环。沿横梁移动主轴部件一定距离后，进行

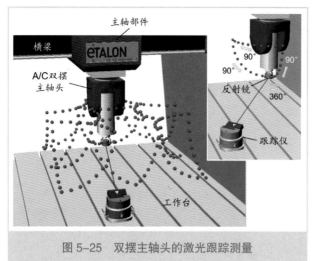

图 5-25　双摆主轴头的激光跟踪测量

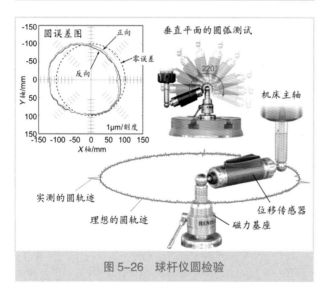

图 5-26　球杆仪圆检验

第 2 个花瓣的测量，最终形成一朵花状的空间误差图。在图 5-25 中以红点表示。

四、机床运动的圆检验

数控机床的 2 个线性轴线联动产生的圆形轨迹，受两轴线的几何偏差和数控及其驱动装置偏差的影响而偏离几何圆。它是直线定位偏差、轴线不垂直、运动周期偏差、反向间隙、加速度和位置环增益误差的综合反映，对数控机床的加工精度有明显的影响。国家标准《GB/T 17421.4-2003（ISO230-4：1996）机床检验通则第 4 部分：数控机床的圆检验》规定了 2 个线性轴线联动所产生的圆形轨迹的圆滞后、圆偏差及半径偏差的检验和评定方法。

1. 球杆仪测量法

球杆仪是最常用的数控机床圆检验仪器，雷尼绍公司 QC20-W 无线球杆仪是其中的代表性产品[18]。其测量状态和典型的圆误差图如图 5-26 所示。从图 5-26 中可见，磁力基座固定在工作台上，球杆仪两端的球借助磁性连接基座和主轴。球杆仪核心部件是一个精密位移传感器，在绕一个固定点旋转时能测量出整个圆周半径的变化。此外，还可在通过基座轴线的平面中执行 220° 圆弧的测试。

QC20-W 球杆仪标准组件包括一个 100mm 长的球杆仪和 50，150 和 300mm 长的加长杆。球杆仪与不同尺寸的加长杆组合使用，可方便地进行 100mm~600mm 半径的圆测试。球杆仪精密位移传感器的分辨率为 0.1μm，球杆仪系统测量精度为 ±1.25μm。

误差信号处理在球杆仪内自动进行，数据传输使用蓝牙无线模块输至计算机中。Ballbar 20 软件可以按照 GB/T 17421.4 检验标准进行误差分析，显示数据和生成报告。除圆偏差外，还可根据圆轨迹特征分析识别出其他 19 项机床几何精度 的误差值，即在无负载条件下对机床在某一平面内双向定位精度好坏的综合评价和诊断。

近 10 年来，许多学者对如何借助球杆仪测量 4 轴和 5 轴数控机床的各项几何精度进行了探索[19-21]。一个对 5 轴数控机床 A/C 双摆工作台误差的测量案例如图 5-27 所示。图 5-27 中分为 4 种不同 A 轴和 C 轴误差的测量状态：

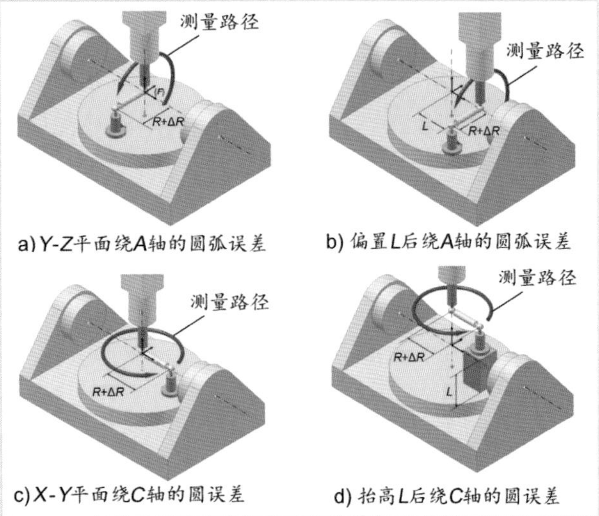

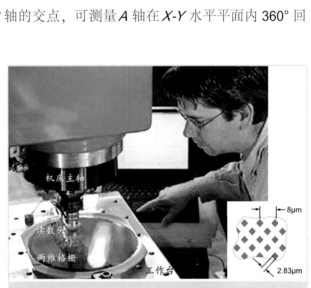

a) Y-Z平面绕A轴的圆弧误差　　b) 偏置L后绕A轴的圆弧误差

c) X-Y平面绕C轴的圆误差　　d) 抬高L后绕C轴的圆误差

图 5-27　双摆工作台的圆检验

1）主轴端的球位于 A 轴和 C 轴的交点，可测量 A 轴在 Y-Z 垂直平面 -30°~120° 摆动范围内的圆弧误差。

2）主轴端的球位于偏离 C 轴中心 L 处的 A 轴线上，用于测量 A 轴坐标系的相互垂直度（方正度）。

3）主轴端的球位于 A 轴和 C 轴的交点，可测量 A 轴在 X-Y 水平平面内 360° 回转动范围内的圆误差。

4）主轴端的球位于高于 A 轴线 L 处的 C 轴线上，用于测量 C 轴坐标系的相互垂直度（方正度）。

2．平面正交格栅测量法[22]

海德汉公司的 KGM 181 平面正交格栅可用于半径从 115mm 小到 1mm 的圆插补动态检验，如图 5-28 所示。从图 5-28 中可见，平面正交格栅的基座安放在工作台上，读数头安装在机床的主轴上，两者之间保持（0.5±0.05）mm 的间隙，是一种非接触测量。可在进给量 80mm/min 的运动情况下，测量 2 轴联动任何形状的平面运动轨迹精度，而不仅是圆检验。KGM 格栅在 2 个垂直轴方向，可输出 2 个周期为 4μm、相位差为 90° 的信号。借助 ACCOM 软件处理后，可进行误差分析和补偿，测量精度达 ±2μm。

图 5-28　平面正交格栅测量

五、空间球检测

空间球检测也称为 R-Test，是间接测量刀具和工件间运动关系准确度的方法，可用于测量 5 轴联动数控机床的空间运动误差[23]。其工作原理如图 5-29 所示。从图 5-29

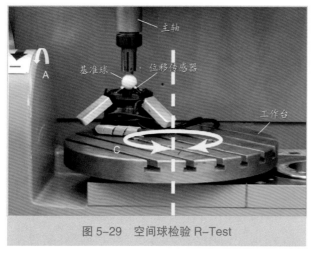

图 5-29 空间球检验 R-Test

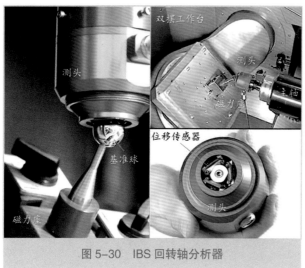

图 5-30 IBS 回转轴分析器

中可见，精密基准球安置在主轴端回转中心，有 3 个空间 90° 正交的位移传感器的测量仪置于工作台的一侧，3 个位移传感器的中心线会聚于精密球的球心。当数控机床进行 4 轴或 5 轴联动时，基准球心与位移传感器中心线交汇点将产生偏移，其数值大小和方向由位移传感器测出，借助软件进行处理后即可求得机床空间运动误差并进行补偿。

图 5-30 所示为荷兰 IBS 精密工程公司推出的基于 R-Test 原理的回转轴分析器。带有磁力座的精密基准球安放在 A/C 双摆工作台上，含有 3 个位移传感器的测头安装在机床主轴端。即可用于快速测量工作台的位置和相互垂直度，满足国家标准《GB/T 18400.6-2001 加工中心检验条件 第 6 部分：进给率、速度和插补精度检验》的全部要求。

分析器测头分为有线和无线 2 种类型：Triton 有线测头的测量范围为 1mm，分辨率为 0.1μm。基准球的直径为 Φ22mm，圆度误差小于 0.25μm，测量不确定度小于 0.6μm。Trinity 无线测头的测量范围为 3.50mm，分辨率为 0.2μm，基准球的直径为 Φ22mm，圆度误差小于 0.6μm，测量不确定度小于 1.0μm（在 1mm 范围内）。无线测头使用比较方便，但有线测头测量精度较高[24]。

六、测量的误差和不确定度

不管用何种方法或仪器测量物理量，包括机床的几何精度，都存在测量误差，即被测量的测量值与其真值之差。误差可分为系统误差和随机误差。两者的差别在于前者具有确定性，服从因果律；后者具有随机性，服从统计律。系统误差通常是确定的，但不等于都可以确知。通过仪器校准、理论分析等方法可以确知的系统误差分量是已定系统误差，可采取适当方法加以修正或补偿。

由于测量误差的存在而使待测量的量值不能确定的程度称之为不确定度，是从概率意义上对测量结果的不确定性的评价。它反映了可能存在的随机误差分布范围，是测量结果带有的一个参数。误差可能为正，但也可能为负或接近于零，而不确定度总是大于零的正值。如果某个误差分量能被求出，则可用它对测量值进行修正，而不确定度却不能用于测量值的修正。

机床几何精度测量的诸多干扰因素都是随机变化的。例如：环境的温度、气压、湿度的变化，周围设备的振动，电网系统的电压、电流及周围磁场的微小变化；测量元器件本身性能的漂移等都会造成测量数据的不确定度，机床运动机构内的间隙也会令测量数据产生变化。

表5-4　激光长度测量对环境参数的敏感度

环境条件	环境不确定度	测量结果不确定度
环境大气温度	1℃	1μm/m
环境大气压力	1hPa	0.3μm/m
空气湿度	10%RH	0.1μm/m
空气中CO_2含量	100cm³/m³	14nm/m

155

例如，大多数激光长度测量中的不确定度是由环境条件与标称值之间的差异引起的（空气温度、空气压力、相对湿度和 CO_2 含量），即使环境条件的微小变化也会改变激光波长和相关测量读数。如当环境温度升高 1℃，激光波长大约增加百万分之一。诸多环境条件的不确定度组合到一起，最终可能导致 10^{-5} 以上的测量不确定度。激光长度测量对环境参数的敏感度见表 5-4。

即使对测试条件进行多方优化或补偿，终究不可能完全消除干扰因素和测量误差，因而测量数据的不确定度是必然的。采取以下措施可以减少测量误差的不确定度：

1）适当的测试环境。如恒温、恒湿、稳压、电磁屏蔽等。

2）采用精度较高和性能稳定的测试仪器，正确的安装和使用方法。

3）对测试数据进行反复多次的采样，然后进行合理的数据处理，以确信随机数据的离散度控制在可信范围之内。或者用维纳滤波或卡尔曼滤波等方法，对测试数据进行预测，以保证不确定数据的可信度。

4）对操作者进行专业知识培训，不断提高专业素质。

第五节　本章小结与展望

深入研究机床误差形成的机理，是摆脱经验设计的局限而进入理论设计的主要途径。过去主要按照国内外的机床新产品，搜集样本和参数，进行综合类比，以确定自己设计方案的主要参数、结构形式和传动原理。这类基于模仿的产品开发理论和方法，可称之为"经验设计"。机床产品创新仅仅依靠"经验设计"的方法具有很大的局限性，类比与仿制往往很难突破原有设计的框架。由于知其然而不知所以然，击不中要害，有时甚至会适得其反。我国许多模仿国外的机床产品，往往在外观上大体相似，但精度和可靠性还有较大的差距。特别是在发展高端数控机床过程中的成功、挫折或现存瓶颈，无不反映了经验设计的局限性和理论设计的重要意义。

机床静态几何精度是机床产品的主要验收依据，是满足用户需求的基本标志。遵循现行的国家和行业标准，关注国际标准的最新进展，了解各国标准之间的差异，是每个机床制造企业和设计师在新产品开发伊始就必须主动加以考虑的，而并非在机床产品制造完成后再予以被动评价。

机床静态几何精度的测量是度量误差大小、分布范围的手段和方法。本章主要聚焦于激光干涉、激光跟踪、球杆仪和空间球等新型测量方法和手段，特别是多轴空间误差和回转轴误差的测量。对于在实践中广泛运用的传统测量仪、检具、基准球尺、基准球板和试切等机床精度检验方法，限于篇幅，没有加以介绍和阐述。

空间误差，即体和面的对角线误差，是2个以上数控轴误差在空间的合成。在很大程度上反映了机床的实际加工精度，可借以制作加工空间的误差分布图，在数控系统中加以补偿。在西门子、发那科和海德汉等数控系统中都已经集成3轴空间误差的补偿软件，取得了较好的实际效果。

对包含两个回转轴的5轴数控机床以及不同配置形式的复合加工机床，其空间精度测量和误差补偿方法是当前的研究热点，还有待于进一步完善。特别是空间球检验法（R-Test）简单适用，是具有发展前景的空间误差测量方法。

尽管静态几何误差要占机床误差的主要部分，但机床的几何精度往往受到其动态性能的干扰和影响。因此，在机床静态精度设计中必须把动态性能以及加工过程的优化同时放在重要位置加以综合考虑。本章的重点在于讨论机床静态几何精度和误差模型以及测量和补偿方法，与机床精度有关的结构配置、振动、热变形等将在相应的章节中加以讨论。

参考文献

[1]　叶柏君. 工具机精度与检验 [EB/OL].[2014-09-05].http://wenku.baidu.com/view/117223bbfd0a79563c1e72b7.html?from=rec.

[2]　中国国家标准化管理委员会. 机床检验通则：第 1 部分　在无负荷或精加工条件下机床的几何精度：GB/T 17421.1-1998[S]. 北京：中国标准出版社,1998.

[3]　中国国家标准化管理委员会. 机床检验通则：第 2 部分　数控轴线的定位精度和重复定位精度的确定：GB/T 17421.2-2000[S]. 北京：中国标准出版社,2000.

[4]　中国国家标准化管理委员会. 机床检验通则：第 4 部分数控机床的圆检验:GB/T 17421.4-2003[S]. 北京：中国标准出版社,2003.

[5]　中国国家标准化管理委员会. 加工中心检验条件：第 1 部分　卧式和带附加主轴头机床几何精度检验 (水平 Z 轴)：GB/T 18400.1-2010[S]. 北京：中国标准出版社,2010.

[6]　中国国家标准化管理委员会. 加工中心检验条件：第 4 部分　线性和回转轴线的定位精度和重复定位精度检验：GB/T 18400.4-2010[S]. 北京：中国标准出版社,2010.

[7] Schwenke H,Knapp W,Haitjema H,et al.Geometric error measurement and compensation of machines—An update[J].CIRP Annals,2008,57(2):660-675.

[8] Lamikiz A,Lopez de Lacalle L N,Celaya A.Machine tool performance and precision//Lopez de Lacalle L N,Lamikiz A.Machine tools for high performance machining[M].Lodon:Springer Verlag,2009.

[9] Okafor A C,Ertekin Y M.Derivation of machine tool error models and error compensation procedure for three axes vertical machining center using rigid body kinematics[J].International Journal of Machine Tools and Manufacture,2000,40(8):1199-1213.

[10] 杨帆,杜正春,杨建国,等.数控机床误差检测技术新进展[J].制造技术与机床,2012(3):19-23.

[11] 张曙,张炳生,卫美红.机床静态精度设计与测量[J].制造技术与机床,2012(3):5-8.

[12] ISO.Test code for machine tools-Part 6:Determination of positioning accuracy on body and face diagonals(Diagonal displacement tests)ISO 230-6:2002[S].Geneva:ISO,2002.

[13] Ibaraki S,Knapp W.Indirect measurement of volumetric accuracy for three-axis and five-axis machine tools:A Review[J].International Journal of Automation Technology,2012, 6(2):110-124.

[14] Optodyne.A laser system for volumetric positioning and dynamic contouring measurement[EB/OL].[2013-10-12].http://www.optodyne.com/opnew5/DownloadFile/booklet.pdf.

[15] Etalon.LaserTRACER-highest measuring accuracy for machine tool error compensation[EB/OL].[2013-10-14].http://www.mmsonline.com/cdn/cms/uploaded files/Etalon_LaserTRACER_white_paper1009.pdf.

[16] ISO.Test code for machine tools-Part 7: Geometric accuracy of axes of rotation ISO 230-7:2006[S].Geneva:ISO,2006.

[17] Renishaw.XR20-W 无线型回转轴校准装置[EB/OL].[2014-02-12].http://resources.renishaw.com/en/details/brochure-xr20-w-rotary-axis-calibrator--55105.

[18] Renishaw.QC20-W 无线球杆仪[EB/OL].[2014-02-12].http://resources.renishaw.com/en/details/Brochure%3a QC20-W wireless ballbar(59047).

[19] Lee K I,Yang S H.Measurement and verification of position-independent geometric errors of a five-axis machine tool using a double ball-bar[J].International Journal of Machine Tools and Manufacture,2013,70:45-52.

[20] Hsu Y Y,Wang S S.A new compensation method for geometry errors of 5 axis machine tools[J].International Journal of Machine Tools and Manufacture,2007,47:352-360.

[21] Uddina M S,Ibaraki S,Matsubara A,et al. Prediction and compensation of machining geometric errors of five-axis machining centers with kinematic errors[J].Precision Engineering,2009,33:194-201.

[22] Heidenhain.测量系统:机床检验和验收检测[EB/OL].[2014-02-12].http://www.heidenhain.com.cn/fileadmin/pdb/media/img/208871-28_Measuring_Devices_For_Machine_Tool_Inspection_and_Acceptance_Testing.pdf.

[23] Bringmann B,Knapp W.Machine tool calibration: Geometric test uncertainty depends on machine tool performance[J].Precision Engineering,2009,33(4):524-529.

[24] IBS.Machine tool inspection and analyzer solutions[EB/OL].[2012-10-12].http://ibspe.com/public/uploads/content/files/Machine-Tool-Inspection-SEA-web.pdf.

157

第六章　机床的动态性能及其优化

张炳生　张　曙

导读： 在机床动态性能的长期研究中，形成了相互联系、不可或缺、互为支撑的三个方面：自激振动的研究、结构动态特性研究和动态性能测试研究。实践证明：机床的动态性能具有多样性和可变性。所谓"多样性"是指不同的机床有不同的动态性能，即使同一类机床，甚至同一设计下的机床，它们的动态性能也可能有相当大的差异。所谓"可变性"，是指即使同一台机床，由于其运行状态或环境的不同，也会导致其动态性能有较大变化。那么，机床动态性能研究的意义在何处呢？请读者在参阅本章时，关注以下几点：

第一，建立合理的且可信度较高的机床动态模型对于结构设计具有指导意义。但建立动态模型不是一蹴而就的事，是一个"结构设计—理论建模—实验验证(包括测试)"反复循环拟合的过程。一个基本合理可信的动态模型对结构设计、机床实际运行及机床智能化控制都有重要意义。

第二，在机床动态性能研究中，要十分重视各种机构（含元器件）在不同状态下的动态参数识别，由此积累丰富我国自己的动态性能参数数据库。这项工作是我国机床动态性能研究的基础性工作，需要广大机床界学者、设计工程师的合作。

第三，机床颤振研究中，必须有大量切削试验才能获得稳定性叶瓣图。此项工作十分重要，但工作量极大。可否通过动态模型的拟合获得？稳定性叶瓣图不仅可以指导我们获得无条件稳定区的切削参数，更可以指示我们在相对稳定区得到效率更高的无颤振切削参数。

机床运行的智能化控制离不开对机床动态性能的研究成果，我们需要积累大量有关机床动态性能的数据库，才能建立机床在各种切削状态下稳定运行的判据，实现智能化控制。

第一节　概　述

一、基本概念

关于机床动态性能优化设计的研究，始于 20 世纪 60 年代。半个多世纪以来，以 TOBIAS 等人为先驱的国内外学者为此做了大量的基础性研究，提出了具有实用价值的理论和方法，研发了切实有效的测试手段以及数据处理和分析软件[1]。不仅使机床动态性能研究达到了很高的学术水平，同时进行的大量工程应用研究，在高端数控机床的研发中，起到了很明显的作用，成为机床新产品开发不可或缺的重要手段[2]。

在机床动态性能的长期研究中，形成了相互联系、不可或缺、互为支撑的 3 个方面：自激振动研究、结构动态特性研究和动态性能测试研究。核心问题是机床结构的动态特性，它涉及机床的结构形态、材料、性能、加工质量、接合面状态、装配过程的合理性等方面，甚至结合面紧固件的应用都会对整机的动态性能产生影响。由此可知，机床结构动态特性是一个综合性的问题，不同形式或不同规格的机床有不同的动态性能，即使同一规格的机床其动态特性也会有所差异。

机床动态性能研究的目的在于对机床动态性能进行优化。因此，研究的过程一般是实物建模—测试验证—模型优化—实物验证等阶段的反复拟合过程，应贯穿于机床设计的每一个阶段，而不单是机床结构设计完成后的最后验证。

机床动态性能研究的目的在于对机床动态性能的优化。因此，研究的过程一般是实物建模—测试验证—模型优化—实物验证等阶段的反复拟合过程，应贯穿在机床设计的每一个阶段，而不是机床结构设计完成后的最后验证。

机床的动态性能始于对机床振动的研究，但随着技术的发展和研究的深入，已经不能将机床动态特性仅仅看作单纯的机械振动问题，而应与数控机床的实际运作状态密切联系起来。现代数控机床是机电一体化设备，包括数控系统、伺服驱动、机床结构、加工过程以及位置和工况反馈，如图 6-1 所示。机床整机的动态性能是各子系统动态性能的综合，也就是说，机床动态性能是各子系统对加工过程动态力（包括切削力和惯性力）的综合响应，不能仅考虑

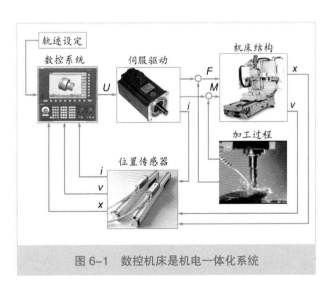

图 6-1　数控机床是机电一体化系统

机床机械结构的动态响应，还要考虑控制系统和驱动系统的动态响应。

多年来，各国学术界和工业界对机床动态性能分析和检测方法的研究因目的不同而各有侧重。尽管对加工过程振动的基本问题已经有比较全面的认识，但还没有形成机床动态性能的公认定义以及有关机床动态性能的验收条件和规范标准。为此，本书对机床动态性能设计若干基本概念表述如下：

1）机床动态性能是指机床整体结构在动态力作用下的动态特性，包括模态、阻尼、谐响应、动刚度 / 柔度等。

表6-1 设计原始数据在机床静动态设计中的体现

原始参数	机床的静态设计	机床的动态设计
工件型谱和尺寸范围	• 总体结构配置形式 • 结构件的尺寸 • 各向行程范围	• 预估主要部件的模态特征 • 预选可优化的结构件 • 建立初步模型
加工批量和毛坯形式	• 测算主轴功率 • 估算构件强度和刚度 • 选择润滑冷却方式 • 切屑流向和排屑方式	• 尽可能过滤掉影响机床稳定性最大的模态 • 预测调整频率响应曲线的方法和效果
刀具类型和换刀方式	• 确定主轴及其轴承结构 • 选定主轴转速范围 • 选择刀库类型和容量	• 调整机床的频率响应特性 • 转移可能出现的共振点 • 改变切削参数抑制颤振
机床的安装和工作环境	• 机床起吊、运输和安装 • 隔振和安全防护措施 • 电源、稳压和干扰屏蔽 • 环境温度的稳定和控制	• 通过改变主要结构件适应或抑制外部影响 • 将外部环境与机床结构统一建模，优化结构参数
控制方式和能源供应	• 数控系统和伺服驱动 • 抗干扰设计和配置 • 节能和绿色环保	• 提高驱动装置动态性能 • 通过软件改变频率响应 • 借助传感器实现主动控制

2）机床动态精度是指机床在动态力作用下振动导致的加工精度降低，即机床实际加工时相对静态测试时的精度保持能力。

3）机床动态效率是指机床在动态力作用下不出现振动的最大金属切除率，即能够稳定可靠地进行切削过程的加工效率。

4）机床动态性能优化是指对机床动态性能的改善、机床动态精度和动态效率的提高所采取的措施和方法。

在机床设计中，无论是静态结构设计还是动态性能设计，尽管在方法上有所不同，但都需要关心所设计的机床的用途、加工批量、刀具类型、控制方式和使用环境等诸多问题。因此对这些问题关注的目的和具体内容是不一样的 [3]，见表 6-1。

从表中可见，机床的动态性能设计的思路、目标、方法和过程与实现机床用途和功能的静态结构设计有很大不同，动态设计更关注机床在加工过程中的表现，为此需要作进一步深入探讨。

二、机床中的振动

在大多数情况下，机械结构的振动是有害的，尤其是在金属切削机床中。为保证加工质量，提高切削效率，减少刀具的磨损、降低噪声都希望尽可能减小或消除振动。在机床中的振动形式有自由振动、受迫振动和自激振动。

1．机床中的自由振动

自由振动是在系统本身的内力作用下发生的，而不是受外力激励作用产生的。当系统的平衡遭到破坏，依靠其本身的弹性恢复力来维持的振动，即为自由振动。振动的频率为系统的固有频率，与系统的刚度质量比的平方根成正比。当系统存在阻尼时，振动将逐渐衰减，衰减的快慢与阻尼大小成正比。

在机床中，自由振动的形态并不多见。通常是由地基传来的瞬时冲击引起，或者是某一运动部件突然启动、停止或快速反向时，才可能产生自由振动，并随之迅速衰减。因此，自由振动只会短暂地影响机床的加工精度和表面质量。

2．机床中的受迫振动

在外力持续激励作用下产生的振动称为受迫振动或强迫振动。若激励力为任意频率的简谐力，则所产生的受迫振动将以相同频率振动，与系统的固有频率无关。振动的能量来自激励源，振幅不会衰减。当这个简谐激励力的频率接近于机床结构某个固有频率时，会产生共振。

在机床工作过程中，经常会产生这种简谐激励力。例如，主轴旋转时，其不平衡旋转质量的离心力将造成周期性变化的简谐激励力，形成强迫振动。当机床移动机构做高速往复运动时，由于惯性力的周期性反复冲击，也将成为具有一定频率的周期性激励力。尽管可以通过采取动平衡、阻尼缓冲等多种手段来消除或减轻受迫振动的影响，但是一旦与机床固有频率接近而出现共振现象时，对机床加工精度和表面质量的影响就变得不可忽略。对精密机床而言，这一点显得尤为重要。

3．机床中的自激振动[4]

自激振动（或称为颤振）发生在机床加工过程中，是机床和加工过程相互作用的结果。通常是由于切削过程的动态不稳定，或移动部件在导轨上的运动不稳定（爬行），或伺服机构的动态不稳定等原因造成的。其中对机床动态性能影响最为显著的是刀具和工件之间自发产生的颤振，历来是机床动态性能研究的热点。

关于机床自激振动形成机理的学说有很多，主要有以下 3 种：

1）振型耦合。切削时刀具因受到工件硬点冲击或切削深度突然变化产生受迫振荡，机床—刀具系统的弹性在短时间内维持振动。若机床的进给系统继续前进，其中一部分能量转化为机床弹性系统维持振动的能量。当转化的能量大于振动消耗的能量时，振动加剧，直至刀具损坏，加工过程无法进行。

2）再生效应。刀具由于某种突发的阻力在工件表面上留下波纹。当刀具第二次切过该表面时，因切削深度变化而导致切削力的变化，刀具在此处表面留下更深的波纹。反复作用的结果导致发生振幅急剧增大的自激振荡，使加工表面质量急剧下降，甚至导致工件报废。

3）切削力随切屑滑移速度改变的特性。刀刃表面与切屑的摩擦系数是随相对运动速度而变化的。由于切屑的伸长、折断、受阻等原因，切屑在前刀面上的滑移速度产生周期性变动，导致摩擦力振荡，以致切削力周期性变化，引起切削过程振动。

4．振动与材料

机床中的振动不仅与结构有关，与所用的材料也有密切联系，如图 6-2 所示。从图 6-2 中可见，树脂合成材料（如复合树脂、树脂混凝土等）具有很高的阻尼系数，受到激励后，振动会在数毫秒内迅速衰减。碳钢的阻尼系数较小，初始响应幅值虽不大，但衰减过程相对很缓慢。铸铁具有较好的阻尼性能，阻尼系数大约是钢的 2 倍，

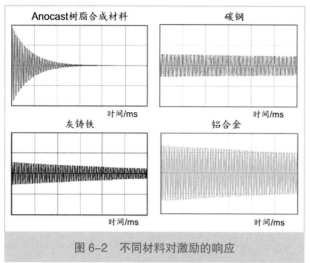

图 6-2　不同材料对激励的响应

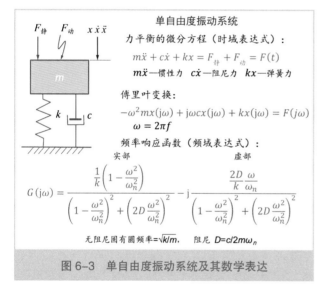

图 6-3　单自由度振动系统及其数学表达

振动的衰减时间约为树脂合成材料的 10 倍。由于其工艺性能好、价格低廉，是机床结构件最常用的材料。铝合金的阻尼性能较差，不仅初始响应幅值大，而且衰减时间较长，大约是树脂合成材料的 45 倍。

工件材料对机床的振动也有很大的影响。例如，钛合金的强度高、切削力大，但弹性模量低、易变形，在加工过程中容易产生振动。

三、单自由度系统的振动特性[5]

单自由度振动系统是机床动力学的基础。机床中许多机构(如工作台的驱动机构) 皆可以简化为单自由度系统。单自由度振动系统将质量、阻尼、刚度都看成集中于一点的理想元件。例如，质量 m 为刚度无限，弹簧 k 则不考虑其质量等。在许多情况下，这种理想化使问题变得比较简单，但其解又有足够的精度。

单自由度振动系统的简图和数学表达如图 6-3 所示。

从图 6-3 中可见，质量 m 在静态力和动态力的作用下，产生位移 x、速度 $\dot{x}$ 和加速度 $\ddot{x}$。弹簧 k 的恢复力方向与位移 x 的方向相反，大小与位移量成正比；阻尼力的大小与速度 $\dot{x}$ 成正比，方向与运动方向相反；惯性力则与质量 m 和加速度 $\ddot{x}$ 成正比。据此即可建立系统的力平衡的微分方程，即单自由度振动系统的时域表达式。随后，对其进行傅里叶变换，即可获得其频域表达式，即系统的频率响应函数。

单自由度振动系统的特性可以通过如图 6-4 所示的幅频、相频和幅相特性进一步加以描述。从图 6-4 中可见，幅频特性是频率响应函数的图形描述。当频率 $f = 0$ 时，其幅值即为系统的静柔度，随着频率的增加而增大，而在固有频率附近达到最大值。最大动柔度与系统阻尼 c 有关，当阻尼增加时，振动的幅值将减小，响应频率降低。因此在许多情况下，增加阻尼是抑制振动的有效方法。

幅相特性用以描述振动的幅值和相位的关系。当相位角 φ 为零时，幅相实部的坐标值为系统的静柔度。频率沿曲线的逆时针方向增加，系统柔度随之增加，其向量即为柔度的幅值变化，夹角 φ 是虚部与实部的反正切。当达到固有频率时，柔度幅值达到最大，近似等于 $2kD$ 的倒数。

相频特性描述相位角与频率的关系。当系统处于初始状态时，相位角为 $0°$；而在固有频率附近，相位角接近 $-90°$，此时系统的柔度最大。

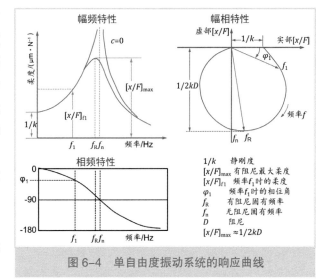

图 6-4　单自由度振动系统的响应曲线

第二节　建模、仿真和优化

一、模型的类型和优化目标 [6]

机床动态性能研究的终极目标是极大地提高机床加工过程的动态效率和动态精度。改善新研发的机床或者现有机床的动态性能改善，都可以借助各种数学模型和仿真手段，对机床的动态性能进行预估和评价，找到优化机床动态性能的方向和途径。建模、仿真和优化之间的相互关系如图 6-5 所示。

机床动态性能分析的建模基础是三维 CAD 实体模型。将 CAD 模型进行不同程度的简化后，可建立机床结构或驱动系统的动态性能分析模型。一个真实描述而又相对简单的模型能够为优化设计提供巨大的帮助。对仿真结果基本满意的设计可以进行样机或部件试制，然后对这些物理模型进行性能测试、设计修改和进一步优化。

1．集中参数模型

三维 CAD 设计软件可直接提供零部件的质量或惯性矩大小和重心几何位置。最简单的动态性能分析模型就是将三维 CAD 实体模型中的机床零部件简化为集中的质量，然后将不同的集中质量和惯性矩、接合面的弹簧—阻尼元件联系起来，构成多自由度的集中参数模型，如图 6-6 所示。

集中参数模型的建模耗时短，对计算机的计算能力要求不高，

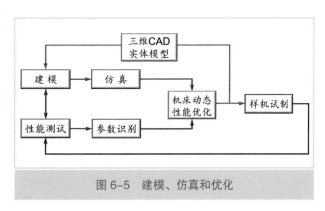

图 6-5　建模、仿真和优化

163

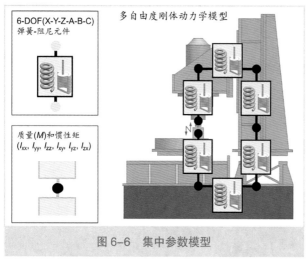

图 6-6　集中参数模型

图 6-7　从 CAD 模型到有限元模型

164

易于建立和使用。但它是一种高度抽象和简化的模型，与机床的结构和零部件没有直接对应的联系，只能用于粗略地估算系统的动态特性。

2．有限元模型

有限元分析（FEA）是一种有效的结构力学数值分析方法。它在连续体力学领域，包括机床结构静、动态特性分析中已经普遍成功应用。主流的三维 CAD 软件，如 ProE、NX、CAXA、SolidWorks 等都能与有限元分析软件（如 ANSYS、MSC、SolidWorks Simulation 等）无缝集成，自动或人工划分有限元网格，进行机床结构的应力应变、静动态特性分析和仿真。

为了减少网格（有限单元和节点）数量，以缩短所需的计算时间，在模型转换时必须去除三维 CAD 模型中的小孔、倒角和沟槽等对整体结构动态性能没有明显影响的设计细节。对表面形状变化不大的零件，如床身等则采用较大的网格，如图 6-7 所示。机床动态性能有限元模型建立的难点在于边界条件如结合面阻尼系数的确定，往往需要通过实验方法求得。

3．混合模型

为了简化边界条件的确定、缩短计算时间，往往采用有限元和集中参数相结合的混合模型，混合模型的特点是将机床主要结构件或部件用有限元法建模，而将导轨、丝杠螺母等运动结合面和螺钉连接的固定结合面简化为结构件之间或若干结构件集合体之间的耦合点，并用相应的弹簧—阻尼单元加以连接。

一个有限元和集中参数混合模型的案例如图 6-8 所示。从图 6-8 中可见，在建模过程中进行了大量的简化。例如，以 X 轴方向移动立柱为主的集合体 1 描述了两种典型的耦合：驱动系统（滚珠丝杠—螺母）和线性导轨，而实际上每个运动轴的结合面都同时存在这两种耦合。此外，仅用弹簧图形代表弹簧 - 阻尼单元也是该案例的简化特征之一。

4．优化目标和优化参数[2]

在机床设计的不同阶段都需要进行建模、仿真和优化，但每个阶段的优化具体目标和优化参数并不完全相同，见表6-2。

例如，在运动学设计和总体配置阶段，优化参数主要是控制轴的数目和布局，运动部件的质量和惯性矩，驱动和结合面的位置和结合面的刚度系数等。在结构动力学分析阶段，优化参数主要是材料性能（比重、密度和弹性模数等），质量和刚度分布，结构件的拓扑优化和结合面阻尼系数等。在模型验证阶段是导轨刚度系数和阻尼系数，轴承刚度系数和阻尼系数等。

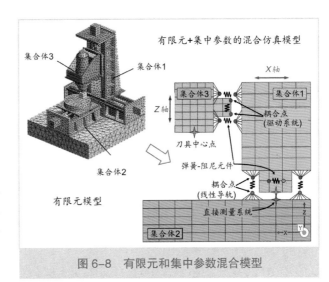

图6-8　有限元和集中参数混合模型

表6-2　数控机床动态性能的优化

开发阶段	目标属性	优化参数
运动学和总体配置	・机床的工作空间 ・各阶固有频率 ・静刚度和动刚度 ・串扰偏差	・控制轴的数目和布局 ・运动部件的质量和惯性矩 ・驱动和结合面的位置 ・结合面的刚度系数
结构动力学	・质量和惯性矩 ・结构件的刚度 ・弯曲和扭转模态 ・应力分布	・材料性能（弹性模数等） ・质量和刚度分布 ・结构件拓扑优化 ・结合面阻尼系数
模型验证	・静刚度和动刚度 ・各阶固有频率 ・模态振型 ・频率响应	・导轨刚度系数 ・导轨阻尼系数 ・轴承刚度系数 ・轴承阻尼系数
控制系统	・设置时间、过冲量、路径偏差（刀具中心点） ・稳定性和颤振 ・加工过程参数	・数控参数（如路径设定等） ・驱动属性（扭矩、惯性矩、死区时间） ・控制系统增益系数

二、模态分析和结构优化

模态分析是机床动态性能分析的主要方法和内容。模态振型揭示了机床主要结构在不同频率下的动位移（变形）方向和大小，描绘了机床动柔度的频率响应特性。

现以江苏多棱数控机床公司的高架桥式 5 坐标龙门加工中心为例，阐明机床模态分析和结构优化的主要内容和过程[7-8]。

1．有限元模型

建模前需进行前处理，即对整机 CAD 模型进行适当简化，删除小孔、倒角、倒圆等小特征，并对小曲率、小锥度进行直线化和平面化，简化后将整机 CAD 模型通过接口文件转换到有限元分析软件中。借助 ANSYS 软件的实体单元模块对 CAD 模型进行网格自动划分，并定义一个质量单元以模拟电主轴及其摆叉结构对整机的影响。结合面参数是影响机床整机动态性能的关键。针对导轨结合面进行试验台测试来获得其特征参数，以此参数来定义弹簧—阻尼单元。根据实际边界条件，对机床底部进行约束处理。为了得到精确而又计算方便的有限元模型，在建模时对某些重要区域的网格进行局部细化，以提高网格划分的质量。最终得到有 133 000 个实体单元、1 个质

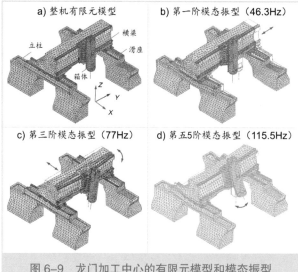

图 6-9 龙门加工中心的有限元模型和模态振型

量单元和 62 个弹簧—阻尼单元的整机有限元模型，如图 6-9a 所示。

2．仿真结果分析

对有限元模型进行模态分析，可以得到整机的动态特性。其中一阶、三阶和五阶模态振型能较准确地描绘机床动态特性，分别如图 6-9b、图 6-9c 和图 6-9d 所示。

模态振型图显示，一阶模态振型主要是机床整体结构在 X 方向的摆动，特别是主轴滑座相对变形量较大；三阶模态振型主要是横梁的扭曲与弯曲变形；五阶模态振型主要是主轴箱体的弯曲变形和横梁的扭曲变形。应该指出，各阶模态振型仅仅表示出机床各部位相对振动的位移和姿态，并不能全面反映机床的动态性能。

整机的频率响应函数分析能更清楚地表述机床在动态切削力干扰下的抗振性能。在整机有限元模型刀具中心点施加 X、Y、Z

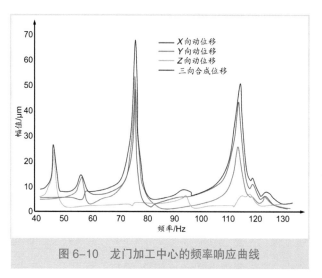

图 6-10 龙门加工中心的频率响应曲线

方向分力幅值皆为 **1 000N** 的简谐动态力。简谐力的频率范围根据模态分析结果设为 **40Hz~140Hz**。用该简谐力对整机有限元模型激振后获得的频率响应曲线如图 **6-10** 所示。从图 **6-10** 中可见，一阶、三阶和五阶固有频率附近的动柔度幅值较大，尤以三阶固有频率为甚。这一仿真结果表明，有必要对该加工中心的主要结构件，如滑座、横梁和主轴箱进行结构优化和改进设计。

3．部件的结构优化

根据上述动力学仿真分析对加工中心的主要部件结构进行重新设计时，采用基于固有频率为目标函数，辅以多种设计方案比较的优化方法。首先对主要部件结构设计出多种方案，然后以这些方案结构的尺寸，主要是内部筋板的厚度为变量进行优化。在质量最小的前提下，使得部件结构在自由边界条件下的前三阶固有频率的加权平均值最大化。

以对机床动态性能影响较大的部件横梁为例，对其内部结构采用完全不同于传统的筋板设计，如图 6-11 所示。从图 6-11 中可见，为提高横梁抗扭刚度，将横梁内部的纵向筋板从辐射布局改为两层交叉布局，同时在横向增加两块斜的加强筋板，以提高横梁的弯曲刚度。

同样，对立柱和主轴箱体也采取了改变加强筋布局及其厚度的方法，提高了动静刚度，明显提高了整机的动态性能。

对该加工中心的立柱、横梁和主轴箱体进行结构优化后，分别在自由状态下对其固有频率的变化进行比较，见表 6-3。从表 6-3 中可见，有关部件的固有频率皆有较大提高，机床动态性能得到了明显改善。

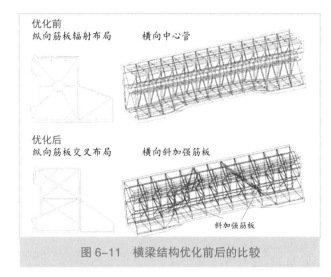

图 6-11　横梁结构优化前后的比较

表6-3　主要部件结构优化前后固有频率的比较

部件	优化前后	一阶固有频率	二阶固有频率	三阶固有频率
立柱	优化前	118.4Hz	131.6Hz	151.6Hz
	优化后	159.9Hz	348.4Hz	393.7Hz
横梁	优化前	115.49Hz	135.27Hz	140.10Hz
	优化后	129.26Hz	148.57Hz	154.02Hz
主轴箱体	优化前	288.7Hz	367.6Hz	399.5Hz
	优化后	321.5Hz	383.4Hz	427.3Hz

三、拓扑优化

拓扑优化是寻求在给定设计空间内质量最优分布和最佳力传递路线的优化方法，可在不增加、甚至减少机床结构件质量的前提下，提高机床的动刚度和固有频率，即提高机床的动态加工效率和精度。

例如，一台立式加工中心在模态分析中发现其立柱的动柔度较大。为了提高其刚度，初步改进方案是在立柱内部和外侧底部添加筋板。但立柱质量却因而增加了大约 15%，这与结构轻量化目标相悖。

为此，借助 Hypermesh 软件平台对加强刚度后的立柱结构进行材料分布的拓扑优化。结果表明，立柱后顶部应力很小，可以将质量移除，形成一个不规则的立柱空间结构。因此需

图 6-12　立柱结构的拓扑优化

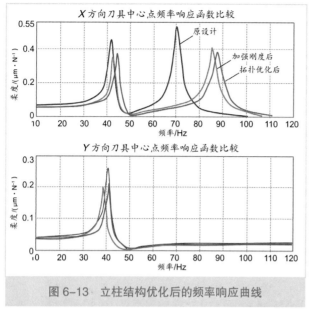

图 6-13 立柱结构优化后的频率响应曲线

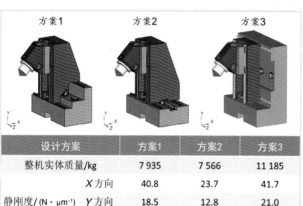

设计方案		方案1	方案2	方案3
整机实体质量/kg		7 935	7 566	11 185
静刚度/(N·μm⁻¹)	X方向	40.8	23.7	41.7
	Y方向	18.5	12.8	21.0
	Z方向	15.9	14.9	12.5
一阶固有频率/Hz		16.3	13.7	16.0

图 6-14 五轴加工中心不同布局方案比较

要对拓扑优化后的立柱进行重新设计。新设计的立柱后上部是一个斜截面，质量保持与原设计大致相等而刚度大为提高，优化过程如图 6-12 所示[9]。

边界条件对拓扑优化的结果有很大的影响。对于不同的立柱内部空间结构，意味着空间质量分布的变化和力传递路线的变化。本案例优化时，假设刀具中心点的 3 个方向的切削力皆为 3 000N，以立柱柔度最小和固有频率最高为优化目标，优化后的频率响应曲线如图6-13所示。从图 6-13 中可见，无论在 X-Z 平面或 Y-Z 平面，一阶模态的动刚度皆提高了约 20%，在 X-Z 平面 90Hz 附近的刚度提高了约 30%，且其各阶固有频率皆有不同程度的提高[9]。

总体布局和配置是机床创新的关键。在机床设计的初始阶段，首先根据用途和加工空间确定总体布局，然后进行详细设计。但目前在新机床开发时，大多根据经验或参照类似机型确定总体布局，当结构设计时发现刚度不足再进行有限元分析和优化，往往难以获得理想的结果。

现以 3 种不同总体布局的 5 轴加工中心为例[10]，说明在方案设计阶段进行拓扑优化的必要性。3 个方案的加工范围和进给驱动方式相同，区别在于：方案 1 的立柱 Z 方向进给驱动系统和导轨呈不同高度阶梯布置；方案 2 的立柱 Z 方向进给驱动系统和导轨皆布置在 X-Z 平面内；方案 3 的立柱 Z 方向进给驱动系统和导轨皆布置在 Y-Z 平面内，如图 6-14 所示。

首先，以实体定义设计空间，即每个部件都是充满材料的实体，不考虑内部细节，这种结构所具有的刚性是整机设计的上限。但其质量最大，一阶固有频率最低。3 种不同方案的质量、刚度和固有频率的比较见图 6-14 中的附表。

将实体模型导入 HyperWorks OptiStruct 软件，对 3 种不同布局方案，以最小质量为优化目标进行拓扑优化，其结果如图 6-15 所示。设计者在综合比较不同方案的整机质量大小和刚性高低后，选择以方案 1 为基础进行机床后续的开发设计工作。

设计方案		方案1	方案2	方案3
整机质量/kg		2 069	2 005	3 424
静刚度/(N·μm⁻¹)	X 方向	22.2	18.9	27.0
	Y 方向	9.5	9.4	12.7
	Z 方向	10.0	10.0	10.0
一阶固有频率/Hz		22.6	22.5	22.5

图 6-15　不同配置方案拓扑优化的比较

四、机电耦合仿真

数控机床的动态性能不仅取决于机械结构，还与数控系统和伺服驱动系统的性能密切相关，两者是相互影响的。借助计算机辅助控制工程软件（如 MATLAB，Simulink）可以把控制回路的动态性能与机床结构的动态性能加以耦合，集成在一个模型里加以分析，进行机电耦合仿真。

机床结构的柔性多体模型与伺服驱动控制回路集成在一起进行机电耦合仿真的基本概念如图 6-16 所示[11]。从图 6-16 中可见，伺服驱动系统（包括非线性环节）

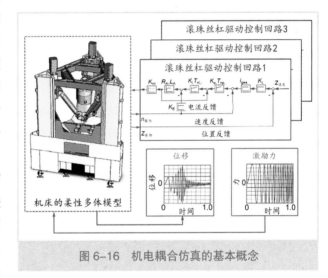

图 6-16　机电耦合仿真的基本概念

为 3 杆并联机床多体系统的每个运动轴提供驱动力。同时，由机床多体系统各轴的速度反馈和位置反馈构成闭环控制回路。

在仿真运算过程中，从外部对机床模型的刀具中心点施加激振力作为输入，其输出的位移变化即频率响应函数。它不仅是机械结构本身的柔度变化，还是机床机械结构和驱动控制回路的共同响应，更全面地反映了机床的动态性能。

第三节　动态性能的测试

一、动态性能测试的内容和方法

1. 测试的主要内容

机床动态性能测试是对机床整机动态参数和动态行为的辨识。根据测量机床在一

169

定激振力激励下所表现的振幅与相位随频率变化的特性，据此评价机床的动态性能、识别动态参数、验证和修正有限元分析等理论模型，找出机床结构的薄弱环节。从而改进机床的设计，提高机床的动态效率和动态精度。其主要内容有：

1）固有频率的测定。机床是由若干零部件组成的多体多自由度系统，每个子系统都可能对应有一个或若干个固有频率。例如，固有频率较低的基础结构件和固有频率较高的主轴-刀具系统。在机床整机动态性能测试中，通常仅关注对机床动刚度有较大影响的低阶固有频率，特别是前几阶固有频率。测定机床的低阶固有频率对预防共振的出现、改善机床的动态性能有重要的意义。

2）模态振型的测试。机床结构对应每个固有频率都有一个相应的模态振型，它反映了机床在某一共振频率（固有频率）下的整机振动形态，可直观地发现在该频率下振动较大的部件及其振动特征，即结构的薄弱环节，为机床改进设计提供方向。

3）阻尼比的识别。阻尼比是表征机床抗振性的指标之一。通过对幅相特性曲线的分析，可以识别各阶固有频率下的阻尼比。增大机床的阻尼可以提高机床的动态刚度，扩大切削稳定性叶瓣图的稳定区，防止自激振动。采用被动阻尼器和主动阻尼器可以改善机床的动态性能。

4）动刚度的测定。动刚度是机床在激励力作用下所表现的刚性。通常在频率响应曲线中以其倒数，即柔度的幅值加以描述。在各阶固有频率附近，柔度的幅值较大，即刚度较低。动刚度是衡量机床抗振性好坏的主要指标。

5）动态效率的测定。机床的动态效率是指在加工过程中不出现振动的最大金属切除率。动态效率是机床动态性能的综合反映，不仅涉及机床的机械结构和加工过程，还包括数控系统的性能，诸如加减速控制等。

6）动态精度的测定。机床的动态精度是体现动态性能优劣对加工精度影响的程度。动态精度也是机床动态性能的综合反映，控制系统对动态精度同样有很大的影响。目前还没有直接量化的测试方法和评价指标，仅能借助间接地测量机床加工的标准试件的尺寸精度和表面粗糙度加以评定。

2．振动测试的基本原理[5]

机床动态性能测试是典型的机械振动测试过程。振动测试的基本流程如图6-17所示。从图6-17中可见，首先需要采取一定的方法对机床施加动态变化的力进行激励，使机床产生振动。首选的激振点是刀具中心点，以模拟切削过程。激振的方法可以是用力锤敲击，也可以采用电动、电磁、电液和压电晶体等激振器

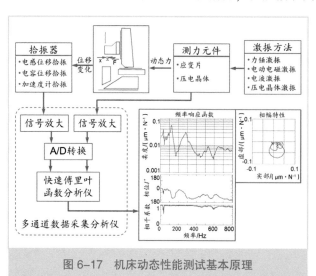

图6-17 机床动态性能测试基本原理

加以激励。与此同时，需要借助测力元件(应变片或压电晶体等)将激振力的大小和变化转换成电信号，作为多通道数据采集和分析系统的输入。机床部件在激振力的作用下将产生一定响应（微小的位移和相位变化）。利用电容或电感拾振器、加速度计等将此位移和相位变化转换成电信号，输入数据采集和分析系统。在数据采集和分析系统中，经过信号放大和 A/D 转换以及借助快速傅里叶函数变换等分析软件

表6-4　激励信号的类型和特点

	简谐	变频	噪声	伪噪声	脉冲
信号的时域特征					
信号的频域特征					
测试时间	很长	长	短	短	很短
设备价格	高	高	低	低	很低
泄漏防止	很好	好	尚可	好	好
能量密度	很高	高	低	低	很低
非线性检测	可以	可以	有条件	有条件	有条件

获得机床动态性能的频率响应函数、相位特性、相干性和幅相特性。

　　动态激振力可以有很多种不同的形式。不同类型的激励信号对测试时间、设备和测试费用、信号泄漏的影响以及能量密度和用于非线性检测的可能性，见表 6-4。

　　满足机床频率响应的激振力信号可分为两类。第一类是噪声或脉冲信号，包含的频谱广泛，可借以快速进行激励而获得全频谱的响应信号。其关键在于，对输入信号和响应信号的频谱分析。第二类是周期性信号，大多是简谐信号，容易产生，并可用数学形式表达。但其测试过程的时间长、装置价格较高，适合对机床动态性能的试验研究。因此，类似噪声的非周期信号，即脉冲信号（如力锤激振），通常更适用于机床动态性能的现场测试，数据采集过程较快，测试时间短，费用较低。

二、激振方式和激振器

1．相对激振和绝对激振 [5]

　　按照激励力的施加形式，机床动态测试的激振可分为相对激振和绝对激振，如图 6-18 所示。相对激振时，激振器安装在刀具和工件之间进行动态激励，从而造成相对位移变化，激振器与机床结构组成了一个力闭环系统。除动态力外，还可以施加一定大小的静态力，用以消除机床部件之间的间隙，与实际加工过程的状态比较接近。电液激振器、压电晶体激振器和电动激振器都

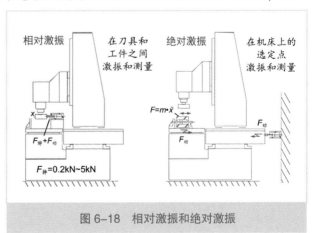

图 6-18　相对激振和绝对激振

可以用于相对激振。

绝对激振是从机床外部施加激振力，对机床结构进行激励。例如，在机床部件上安放带振动质量的绝对式振动器，依靠其振动时所产生的惯性力对机床激振。或在机床外的固定点安装激振器，对机床部件进行激振。绝对激振时，机床在地基上没有固定，以便能够响应激励而产生振动。绝对激振时只有动态力，机床零部件之间的间隙将视为一种非线性因素处理。

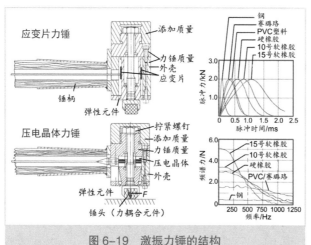

图6-19　激振力锤的结构

2. 激振力锤

激振力锤是一种简单而实用的脉冲式激振器，两种具有不同力传感器的力锤结构和力锤的典型脉冲特性、频率特性如图6-19所示[5]。从图6-19中可见，力锤主要由锤头、弹性元件、力锤质量和力传感器（应变片或压电晶体）组成。使用力锤敲击刀具或机床部件时，弹性元件将产生一定变形，由应变片或压电晶体转换为电信号。更换力锤顶部的添加质量可以改变脉冲力的大小。锤头（激振力耦合元件）可由不同材料（钢、塑料或橡胶）制成。由于锤头材料硬度不同，输出的脉冲信号时间和频谱也有所不同。钢锤头产生的激振脉冲时间很短，接近于典型的脉冲函数，所包含的频谱范围较广。软材料锤头的脉冲时间较长，且随频率增加而很快衰减，尤以软橡胶为甚。软锤头仅适用于低频特性明显的机床动态性能测试，可根据不同测试要求更换锤头。

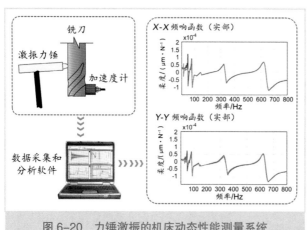

图6-20　力锤激振的机床动态性能测量系统

力锤激振动态性能测量系统的组成如图6-20所示[4]。从图6-20中可见，振动测量的过程大致是：用激振力锤重复敲击铣刀若干次，处于铣刀端部的加速度计即可拾取位移响应信号。借助数据采集和分析软件即可获得机床柔度的频响函数。

美国制造实验室（Manufac-turing Laboratories）公司推出专门用于机床动态性能测试的力锤激振系统 MetalMAX。该系统包括机床模态测试和数据采集所需的各种硬件，包括激振力锤、加速度计、信号放大和 A/D 转换器。此外，还配有机床动态性能测量和仿真的软件，能迅速而方便地将频响函数转换成有用的切削参数（背吃刀量、主轴转速和进给量等），可预测机床的动态性能（如防止颤振的稳定性叶瓣图），如图 6-21 所示。MetalMAX 力锤激振机床动态性能测量系统非常紧凑，整个系统可以放在小手提箱中携带，安装调试方便，不仅可用于机床的试验研究，也可在车间条件下作为机床动态性能验收的手段[12]。

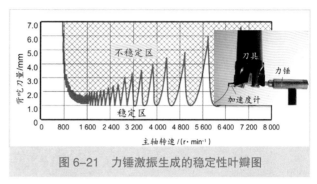

图 6-21　力锤激振生成的稳定性叶瓣图

3．电动激振器

电动激振器的原理类似扬声器，可将周期变化的电信号转化为机械振动。一款丹麦 B&K 公司生产的电动激振器的结构简图如图 6-22 所示[5]。从图 6-22 中可见，在永久磁铁的磁力线回路中嵌入了一个在膜片弹簧支撑下

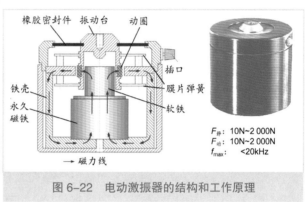

$F_{静}$：10N~2 000N
$F_{动}$：10N~2 000N
f_{max}：<20kHz

图 6-22　电动激振器的结构和工作原理

的动圈，当信号功率发生器的激励电流通过动圈时，动圈顶部的工作台就产生相应的振动，从而可对机床部件进行激励。

电动激振器是一种应用广泛的相对激振器，结构简单，工作可靠，使用也比较方便，是机床动态性能测试的常用设备之一。根据不同供应厂商的产品型号差异，电动激振器可产生 10N~2 000N 动态和静态的混合激振力，动态激振力的最高频率可达 20kHz。

4．电磁激振器[5]

采用非接触式电磁激振器对旋转着的刀具（铣床）或工件（车床）进行激振，能够更加接近机床的加工情况。它是一种安装在刀具与工件之间的相对激振器。

典型电磁激振器的工作原理和特性如图 6-23 所示。从图 6-23 中可见，激振器由转子和定子两部分组成。激振时，转子固定在旋转的主轴、刀具或工件上，随之转动。定子通常固定在工作台上，定子与转子间保持大约 0.7mm 的间隙。定子的衔铁上绕有直流和交流两个励磁线圈，分别由直流电和交流电供电，可同时产生静态力和动态力。最大静态力为 2 000N，最大动态力为 420N。动态力随激振频率上升而下降，当频率为 400Hz 时，动态激振力约 300N，而频率为 1 000Hz 时，动态激振力仅 150N，激振的最

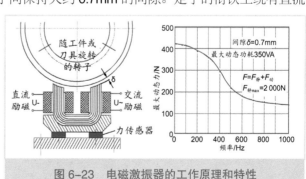

图 6-23　电磁激振器的工作原理和特性

173

大动态能耗为350V·A。定子底部安装有压电晶体测力元件，用以测出激振力的大小和波形。

5．电液相对激振器[5]

图6-24所示是一种紧凑的电液相对激振器结构，宽度仅80mm，安装测试极其方便。从图6-24中可见，激励柱塞的右端油腔由液压单元保持20MPa以内的静压力（相当于7 000N的静态力），而在柱塞中部的左右环形面施加由电液伺服阀控制的动压力，所产生的最大动态力可达1 500N。

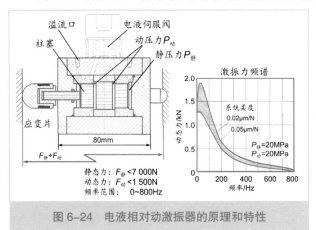

图 6-24　电液相对动激振器的原理和特性

激振器的最大动态力不仅取决于液压系统的压力，还与整个机床动态性能测试系统的刚度有关。当机床柔度较大时，在同样液压压力下产生的动态激振力较小。此外，由于受到电液伺服阀动态性能的限制，激振力也是激振频率的函数。当频率超过150Hz时，动态激振力明显降低。柱塞的运动幅度与激振频率和液压单元的流阻相关，当频率为150Hz时，激振力约为750N，柱塞行程约为±6mm。激振头位于激振器柱塞的左端，其外周贴有应变片，用于测量激振力的大小和波形。

6．电液绝对激振器[5]

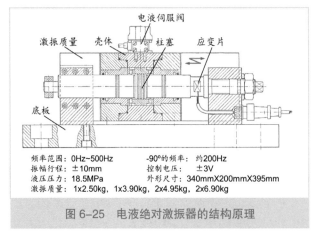

图 6-25　电液绝对激振器的结构原理

电液绝对激振器是借助一定质量的激振块在加速度变化时所产生的动态力对机床部件激励，以类似"地震"的逆原理进行工作，其典型结构如图6-25所示。从图6-25中可见，电液伺服阀控制进入柱塞左右环形腔的液压油流变化，使柱塞杆及其两端的激振块往复快速移动。这一运动的反作用力通过固定在机床工作台上的激振器底板传给机床，对机床进行动态激励。柱塞杆在受力状态下的变形借助应变片测出，并转化为反映动态激振力的电信号。激振的频率范围为0Hz~500Hz，振幅最大行程±10mm，激振质量块有4种不同规格，可以组合成不同大小的激振质量。

7．压电陶瓷激振器

压电效应是某些晶体材料能够产生正比于在其表面所承受机械压力的电荷特性，广泛用于力传感器。随着新型逆压电效应陶瓷材料的出现，对元件施加电压也可使其外轮廓产生几何变化，称之为力变换器或压电致动元件。德国物理仪器（Physik Instrumente）

公司的压电陶瓷激振器的工作原理和外观如图 6-26 所示[13]。

从图 6-26 中可见，逆压电效应的力变换器有纵向叠堆式、横向板式和薄膜式 3 种。纵向叠堆式力变换器的行程变化 ΔL 是每个单元叠加的总和。最大可达 300μm，最大刚度可达 2 100N/μm，最大承载力 3 500N。横向板式力变换器的每个单元都可完成全行程变化 ΔL，故行程范围较小，仅为 20μm~45μm，变换器刚度范围为 8N/μm~15N/μm，最大承载力 100N，皆与叠堆式力变换器相差甚远。薄膜式力变换器由钢和陶瓷两种材料合成，虽行程范围较大，但刚度和承载力度都较小。

叠堆式力变换器所需的激励电源电压高达 1 000V，以实现大幅度的行程。板式力变换器的激励电源电压约 100V，但所需电流较大。随着功率放大器的技术的进展，叠堆式和板式力变换器都可以作为机床动态性能测试的相对激振器，但能够达到的最大幅值要比电液激振器小得多。

图 6-26　压电陶瓷激振器的原理

表6-5　不同激振方式的特点

激振方式	正弦信号	随机信号	非周期信号	最高激振频率	最大动力力	最大静态力	机床状态
电动相对激振	可	可		20kHz	1 800N	2kN	
电液相对激振	可	可		1 200Hz	1 500N	7kN	机床静止
压电激振	可	可		20kHz	25N	30kN	
电磁相对激振	可	可		1 000Hz	500N	2kN	部件旋转
电液绝对激振	可	可		500Hz	2 000N		部件可旋转和移动
力锤激振			可	2 500Hz			部件可移动

8. 不同激振方式的比较[5]

不同激振方式和激振器的技术特点比较见表 6-5。采用电动、电液和压电相对激振时，激振器安装在刀具（主轴）与工件（工作台）之间，机床处于静止状态。电动和电液激振技术成熟，应用广泛。压电激振最大静态力很大，而动态力很小，限制了它的应用范围。电磁激振可以在工件或刀具旋转状态下进行，但最高激振频率和最大动态力都较低。电液绝对激振时，激振器通常固定在工作台上，借助惯性力从外部对机床激振。必要时，工作台可移动，主轴可旋转，其特点是激振频率较低。力锤激振装置最简单，由于使用方便，应用非常广泛。其特点是仅能输出脉冲非周期信号。电动、电磁、电液和压电激振方式都可按需要输出简谐信号或随机信号。

三、动态性能试验分析案例[14]

机床动态性能理论模型及其仿真的可信性取决于边界条件（如阻尼比等）的确定。

这些边界条件不仅与机床的结构和材料性能有关，还与机构的磨损、预紧力的变化和负载有关，只能通过实验确定。因此，理论建模和测试两者相互补充，不可偏废。

1. 模态测试分析

模态测试分析是用实验方法获得机床的振型。韩国昌原大学对一台落地镗铣机床的立柱和主轴滑枕部件进行了动态性能分析和测试，包括模态的有限元分析和测试以及机床动刚度的评估。现将其作为典型案例加以简要介绍。

首先，将该机床部件结构进行了一定程度的简化，忽略一些细节，并将立柱底部四角的节点固定，建立了含有 **17 976** 个节点和 **18 832** 个单元的有限元模型。借助有限元分析软件求得一阶到四阶的固有频率，分别为 **59.51Hz**、**83.16Hz**、**92.64Hz** 和 **107.06Hz**。同时获得对应上述固有频率的模态振型。然后，使用力锤对滑枕端部进行脉冲激励，借助加速度计拾取振动信号，经过数据采集和分析获得频率响应函数和模态振型。其测试方法如图 **6-27** 所示。

有限元理论模型分析与激振实测所获得的模态振型汇总如图 **6-28** 所示。从图 **6-28** 中可见，一阶和二阶模态主要是滑枕 **Y** 和 **Z** 方向的弯曲振型，三阶和四阶模态主要是滑枕 **Z** 和 **Y** 方向的弯

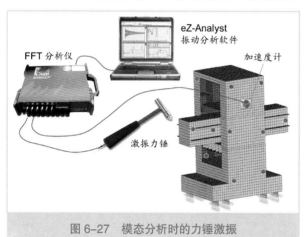

图 6-27　模态分析时的力锤激振

图 6-28　有限元法和实测的模态振型

曲振型。

2. 机床动态刚度的测量

动态刚度是指机床受到动态力激励的情况下抗御振动的能力，是衡量机床动态性能的主要指标。动态刚度通常也可以其倒数动柔度表述。动柔度 G_i 可定义为激振状态下激励力 F_i 与位移 x、y、z 的转移关系，以下式表示：

$$\begin{bmatrix} x \\ y \\ z \end{bmatrix} = \begin{bmatrix} G_{xx} & G_{xy} & G_{xz} \\ G_{yx} & G_{yy} & G_{yz} \\ G_{zx} & G_{zy} & G_{zz} \end{bmatrix} \cdot \begin{bmatrix} F_x \\ F_y \\ F_z \end{bmatrix} \quad (6\text{-}1)$$

在此案例中，测试机床动柔度的方法是采用电液激振器对机床部件施加简谐激励力，借助加速度计拾取在振动状态下的位移。其测量方法如图 6-29 所示。从图 6-29 中可见，电液激振器安装在滑枕端部对其进行激励，

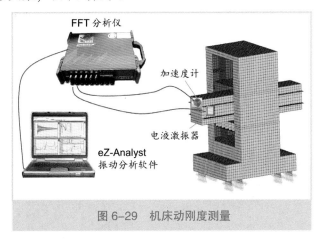

图 6-29　机床动刚度测量

由主轴端的加速度计分别测量 X、Y、Z 方向的振动加速度机器幅值。

借助分析软件即可获得机床动柔度的频率响应函数，如图 6-30 所示。从图 6-30 中可见，理论分析和实测大致吻合。结果表明，在固有频率附近的动柔度与机床静柔度（静刚度）相比，可能相差 10 倍以上。该机床的主轴最高转速为 3 000r/min，所形成的激励力频率不超过 50Hz，处于动柔度最大区域之外，并非主要激振源。

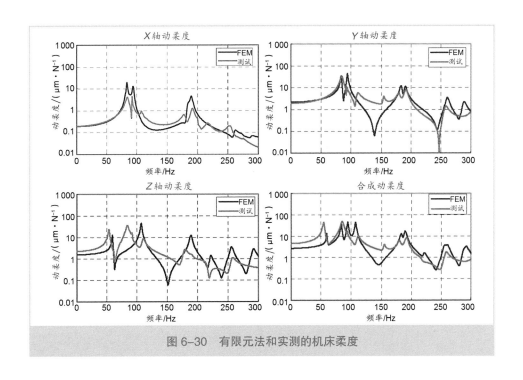

图 6-30　有限元法和实测的机床柔度

第四节　切削颤振及其抑制

一、颤振的机理

1．切屑厚度与切削力

颤振是一种切削过程所造成的不稳定现象。它是由于切削过程的动态特性和机床—刀具—工件系统的模态特性之间的相互作用而产生的。发生颤振的原因很多，诸如摩擦颤振、热—机械颤振、模态耦合颤振和再生颤振，其中以再生颤振，即切屑厚度变化而引起的动态力激励所产生的自激振动最为常见和危害最大。

当机床的切削过程发生颤振时，往往不得不降低切削用量，包括切削速度、背吃刀量和进给量，使机床的动态加工效率（金属切除率）大为降低。颤振必然会造成工件的加工表面出现波纹，导致表面质量（机床的动态精度）的降低。颤振产生的噪声将会影响操作者的工作情绪且对其身体健康有害，颤振还会加剧机床部件磨损和缩短刀具的使用寿命。

机床—刀具—工件系统是一个多自由度的动态系统，无论在车削、铣削、镗削和磨削加工时皆可能出现颤振。

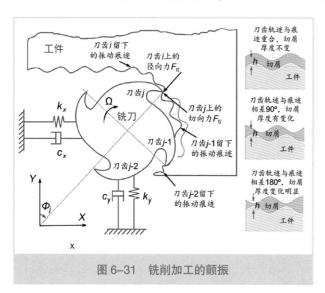

图 6-31　铣削加工的颤振

现以铣削加工为例，进一步阐述颤振过程的机理。铣削加工的颤振形成过程如图 6-31 所示[15]。从图 6-31 中可见，当铣刀切入工件时，经过前一次切削留下的波纹表面，造成切削力波动，产生振动，并且留下新的波纹表面。动态切屑的厚度，即切削力波动的幅度取决于当前刀齿产生的波纹与前一转刀齿所留下波纹的相位差。当两次波纹相位差为 0° 时，动态切屑厚度将保持与理论厚度 h 相同，切削力稳定。而当两次波纹相位差为 π 时，动态切屑厚度的变化将达到最大值。此时，刀齿承受的切削力和所产生的位移变化也将达最大值，极易出现颤振。

2．稳定性叶瓣图

无颤振的稳定切削与颤振的不稳定切削的界限可借助背吃刀量（切削深度）与主轴转速的关系曲线描述，称之为稳定性叶瓣图，如图 6-32 所示[4]。从图 6-32 中可见，叶瓣图曲线底部与双曲线相切，双曲线下部为无条件稳定区域，切削用量较低。双曲线上部是有条件稳定区域。例如，加大背吃刀量到 2mm，出现颤振，如红色"x"号所标注。但利用叶瓣图提高主轴转速，反而可能在有条件稳定区域找到无颤振最大金属切除率的切削用量，如绿色圆点"●"所标注。在避免颤振的同时，提高了机床的动态加工效率。两种不同加工情况的动态切削力比较如图 6-33 所示 [15]。

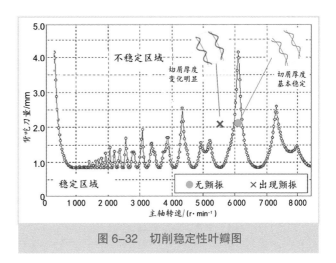

图 6-32　切削稳定性叶瓣图

问题在于，稳定性叶瓣图不仅对应于特定的机床，而且与所用刀具、加工工艺和工件材料有关。也就是说，每一种加工情况，都有它自己的稳定性叶瓣图，需要大量的测试数据才能指导某一类零件的加工。

二、颤振的在线测试

采用力锤激振等机床动态性能实验方法，虽然可以求得稳定性叶瓣图，但涉及较深的机床动力学、切削过程和材料方面的理论知识，在生产实际中的应用受到一定限制。何况 3 轴以上加工或薄壁零件加工，其稳定性叶瓣图是不断变化的，难以预测和事先确定其加工参数。

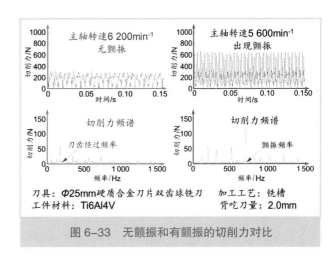

图 6-33　无颤振和有颤振的切削力对比

许多切削过程颤振识别方法并非一定需要稳定性叶瓣图，也可利用各种传感器，如麦克风、加速度计和测力计等，在线获取切削过程中的音频、加速度和切削力的变化信息，经快速傅里叶变换进行频谱分析，发现和判断是否出现颤振，如图 6-34 所示 [4]。

例如，前节介绍的美国制造实验室公司 MetalMax 力锤测振系统，也可配置称为"和谐器（Harmonizer）"的软件，借助麦克风扫描切削过程的声发射频谱，当声音信号的能量超过某一阈值时，即判定切削过程出现颤振。

将颤振离线测试的事先计划加工参数的方法与通过声发射反馈调节主轴转速的方法两者组合在一起，各取其所长，可以更好地预测和防止颤振，解决诸如 5 轴加工或薄壁零件加工等难题。

日本大隈（Okuma）公司利用铣削过程的声发射原理进行颤振识别，开发了一种称为"加工导航"的系统 [16]，铣削加工过程出现颤振时，会发出频率明显高于正常铣削加工的"刺耳尖叫"，借助麦克风采集这种音频信号后进行频谱分析，然后自动或人工调整主轴转速（激励频率）或进给量（激励力）。不仅即刻转变为无颤振的加工

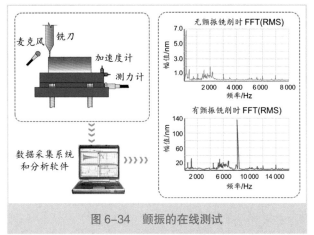

图6-34 颤振的在线测试

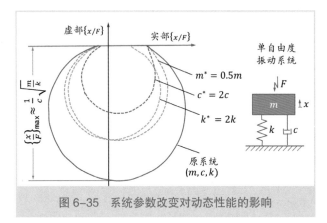

图6-35 系统参数改变对动态性能的影响

180

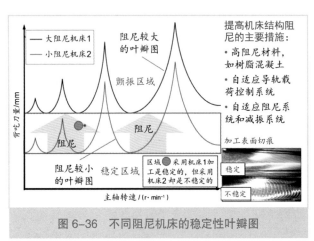

图6-36 不同阻尼机床的稳定性叶瓣图

状态，而且在大多数情况下还可以在叶瓣图有条件稳定区域找到不出现颤振的较高主轴转速、背吃刀量（进给量），提高加工效率。实际使用结果表明，接通加工导航模块（无颤振）与未接通加工导航模块（有颤振）对比，加工效率可提高150%以上，表面质量有明显改善，振纹消失。

三、阻尼及其控制

1. 阻尼对动态性能的影响

阻尼是机械振动系统的三要素之一。改变阻尼对系统有什么影响？以质量m、阻尼c和刚度k组成的单自由度系统为例，如果分别将其质量m减轻一半，阻尼c增大100%，或刚度k提高100%，3种不同参数改变方案的结果，按照幅相图来看，以增加阻尼c对系统的影响最大（红色），其负实部和负虚部均明显减小，动态性能显著改善。因为系统的动态柔度$\{x/F\}_{max}$近似地与阻尼c成反比，而与质量m和刚度k则呈方根关系，如图6-35所示[5]。

从加工稳定性来分析，阻尼增加将使机床稳定性的叶瓣图无条件稳定区域扩大，叶瓣图曲线上移。两台阻尼不同的机床1和机床2的稳定性叶瓣图对比如图6-36所示[16]。从图6-36中可见，具有较大阻尼机床1的叶瓣图（黑色）处于具有较小阻尼机床2的叶瓣图上方。在两个叶瓣图底部之差的区域里，采用机床1加工是完全稳定的，但采用机床2加工则将可能出现颤振。

由此可见,若扩大加工过程的无条件稳定区域,使不出现颤振的背吃刀量能够增大,则必须提高机床结构的阻尼。主要措施有：

1）机床的基础结构件采用高阻尼的材料。如树脂混凝土等矿物铸件或复合材料填充的钢焊接结构等。

2）改善机床部件结合面的阻尼性能。包括采用自适应导轨载荷控制系统，使摩擦力保持恒定，不随载荷大小而变。

3）采用被动或主动阻尼器，抑制或吸收振动。特别是自适应的主动阻尼系统，可大幅度降低振动幅值。

2．阻尼器

阻尼器是抑制或吸收振动的附加装置和系统，分为被动阻尼器和主动阻尼器两大类。阻尼器的类型、特点和在机床中的典型应用见表6-6[5]。

表6-6　阻尼器的类型、特点和应用

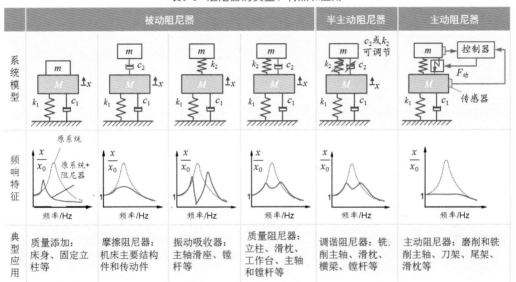

	被动阻尼器			半主动阻尼器	主动阻尼器
系统模型				c_2或k_2可调节	控制器
频响特征	原系统；原系统+阻尼器				
典型应用	质量添加：床身、固定立柱等	摩擦阻尼器：机床主要结构件和传动件	振动吸收器：主轴滑座、镗杆等	质量阻尼器：立柱、滑枕、工作台、主轴和镗杆等	调谐阻尼器：铣削主轴、滑枕、横梁、镗杆等	主动阻尼器：磨削和铣削主轴、刀架、尾架、滑枕等

从表6-6中可见，被动阻尼器是在原单自由度振动系统（M，k_1、c_1）上添加一个小的仅具有质量m、或仅有阻尼c_2、或仅有弹簧刚度k_2、或三者兼有的单自由度振动系统。从而改变原系统的频率响应特性，改善了整个组合系统的动态性能（分别以黑色和红色表示添加阻尼器前后的频率响应特性）。

半主动阻尼器是附加系统的阻尼c_2或刚度k_2，可以人工加以调节，其典型应用案例是各种调谐阻尼器。

主动阻尼器是具有反馈调节的自动控制系统。借助传感器采集原系统和附加系统的振动参数，通过控制器分析和辨识后，对执行器输出可抵消原系统振动的信号，从而最大限度地抑制原系统的振动。

四、阻尼器应用案例

1．解耦阻尼器

解耦阻尼器是一种被动阻尼器。它主要用于解除机床部件固有频率接近或倍数相

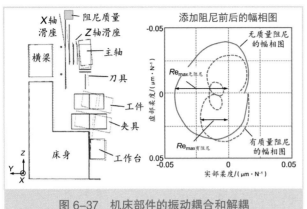

图 6-37　机床部件的振动耦合和解耦

关所造成的耦合现象。

一台立式车床借助附加质量解除机床结构振型耦合及其效果如图 6-37 所示[5]。从图 6-37 中可见，在没有添加附加质量时，由于工件系统和刀具形态之间存在耦合现象，易于出现较大颤振（虚线）。表现在动柔度幅相图中的蓝色曲线负实部较大。在水平移动的 **X** 轴滑座上添加一个阻尼质量块，解除耦合作用后，使工作台主轴倾斜振动幅度减小，同时阻隔 **Z** 轴滑座和 **X** 轴滑座的相互作用。由于两个部件的振型分离，拉开相位差，表现在机床动柔度幅相图中的红色曲线负实部几乎比没有添加质量阻尼的蓝色曲线负实部减小 50% 左右，且呈多自由度振动系统特征，明显提高了机床动态刚度。

2．调谐阻尼器

调谐阻尼器是一种兼有动力吸振和阻尼功能的阻尼器。它利用相位差来抵消主体结构的振动，可抑制机床结构在某些频率点附近的振动，具有减振效果好、结构简单、使用方便和成本低等优点。根据实际需要，可以将调谐阻尼器设计成不同的形式。其共同特点是：通过调谐来吸收主要振型（薄弱环节）的振动，并通过阻尼损耗结构的宽频振动能量来控制机床结构振动。由于它损耗的结构振动量取决于结构某一局部位置的振动位移，因此调谐阻尼器应通常安装在大位移响应点处。

江苏多棱数控机床有限公司将其 5 坐标龙门加工中心的原有附属装置（油箱、电动机等）设计成抑制机床振动的调谐阻尼器。在不增加其他结构的情况下，充分利用机床原有结构来抑制本身的振动，取得了很好的效果。

根据该机床有限元模态分析结果，一阶振型主要是横梁及以上结构的摆动，三阶振型主要是横梁的扭曲变形，两者对刀具中心点偏移的影响最大。因此调谐阻尼器的任务主要是抑制一阶和三阶固有频率的振幅。设计时，阻尼器质量按横梁以上附属装置的有效质量为 **1.4t** 计，一阶固有频率为 **46.3Hz**，三阶固有频率为 **77.0Hz**。据此确定调谐阻尼器的调谐刚度和系统阻尼，从而设计出弹性垫的参数。

安装调谐阻尼器前后，刀具中心点 3 个方向位移响应均方值的比较如图 6-38 所示[7]。从图 6-38 中可见，原机床结构的一阶

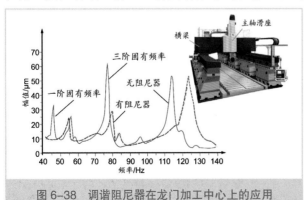

图 6-38　调谐阻尼器在龙门加工中心上的应用

和三阶固有频率处的振动幅值得到了明显抑制，使机床动态性能有很大提高。

北京航空航天大学研发了一种尺寸紧凑的调谐阻尼器，可在需要抑制振动的机床结构上安装一个或多个这种调谐阻尼器。其工作原理和在车削加工中的应用案例如图 6-39 所示[18]。阻尼器的结构是底座上的弹性梁末端有

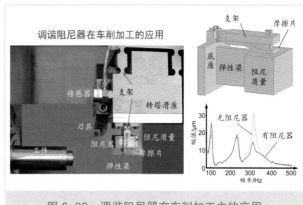

图 6-39　调谐阻尼器在车削加工中的应用

一阻尼质量块，质量块上面有一摩擦片，可人工调节其与质量块的压紧力，即改变阻尼器的刚度和阻尼比。

从图中可见，在一台数控车床的转塔刀架上安装了 3 个这样的调谐阻尼器，借助加速度计测量转塔刀架的振动，同时调节阻尼器刚度和阻尼，以实现对转塔刀架（刀具中心点）振动的有效抑制。采用调谐阻尼器前后，刀架频率响应函数的三阶固有频率振幅下降了 50% 以上[19]。

3．控制导轨载荷的主动阻尼器

日本牧野（Makino）公司 T2 和 T4 型卧式加工中心是专门为加工钛合金飞机结构件而设计的，对于这种难加工材料的铣削，颤振的抑制至关重要。T2 和 T4 机床采用控制导轨载荷的主动阻尼器解决了这一难题[20-21]。

通常，滑动面之间的摩擦力与法向载荷是成正比的，随载荷的增加而增大。当这个载荷是动态切削力时，急剧变化的摩擦力可能导致再生颤振的加剧。控制导轨载荷的阻尼器的作用是滑动面之间添加一浮力，抵消摩擦力急剧变化的负面影响。其工作原理和抑制振动的效果如图 6-40 所示。

当导轨因载荷增加而摩擦力增大时，滑动面之间的油膜厚度将随之减小。借助气测微计检测这一变化信号，经放大后控制伺服阀，调节导轨气压腔中的压力，即增加浮力，从而使摩擦力保持

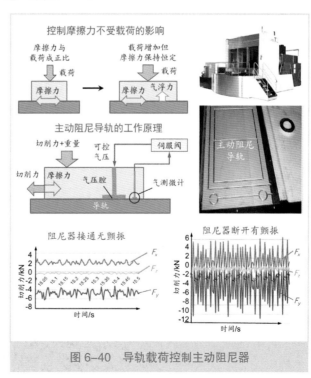

图 6-40　导轨载荷控制主动阻尼器

恒定。从图中可见，主动阻尼器断开时，切削力 F_y 的振幅（红色曲线）超过 10kN，但接通主动阻尼器后，F_y 的振幅降低到 3kN 以内，效果明显。

4．压电陶瓷主动阻尼器

德国亚琛工业大学机床实验室（WZL）研发了一种用于龙门铣床主轴滑枕的主动阻尼器，它是一种动态切削力补偿器[22-23]。其工作原理如图 6-41 所示。从图 6-41 中

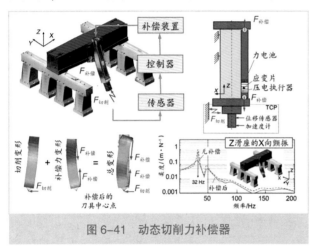

图 6-41　动态切削力补偿器

可见，借助加速度计和测力计，测量主轴端在加工过程中承受的动态切削力和变形位移。为简化起见，仅考虑 Y 向的切削力和位移。信号经控制器放大后，输送到有压电陶瓷执行器的补偿装置，进行位移补偿。补偿装置安装在滑枕的前方，补偿力杆的两端通过球体将压电陶瓷产生的补偿力作用于主轴滑枕上。产生与动态切削力相反的变形，使滑枕的总变形最小，并保持刀具中心点在加工过程中位置不变，使颤振获得了有效抑制。采用动态力补偿装置前后的动柔度频率响应曲线对比显示，在固有频率 32Hz 处的滑枕动刚度提高了近一个数量级。

第五节　本章小结与展望

机床动态性能对机床的加工效率和加工精度起到决定性的作用。自 20 世纪 60 年代以来，国内外学者进行了大量的理论研究，取得丰硕的成果。随着计算机运算能力的快速提高，各种有限元分析软件的功能日益完善和强大机床结构的动、静刚度评估和模态分析等已经不是难题。问题在于边界条件（如动态切削力、阻尼比等）的合理选择和确定。因此，建模和仿真结果的可信性还需要用实验方法加以验证。两者相互补充和拟合，甚至多次反复拟合，才能对机床动态性能有深入的理解，并加以不断改进和提高。

机械结构的动态性能测试方法和仪器设备已经相当成熟。近年来，市场上有些专门用于机床动态性能测试的装置和软件，可以将频率响应函数和相幅图直接转化为加工稳定性叶瓣图，或者在线测量机床加工过程的动态性能。借助激振力锤测试机床动态性能是一种简单而实用的方法，可在车间条件下应用，值得加以推广。

颤振是加工过程中形成的自激振动，对机床的加工效率和精度危害甚大。颤振是机床、刀具、工件和切削过程相互耦合而形成。颤振的形成不仅与机床结构、工

作条件和受力情况有关，而且
与刀具、工件的动柔度和质量
以及夹紧方式有关。

切削力是变化的动态力，
机床出现振动在理论上不能完
全避免。关键是如何将振动迅
速衰减，不形成自激而导致或
加剧颤振。

归纳本章所述，影响机床
振动形成的主要因素见表 6-7，
而抑制机床的主要措施见表
6-8。从表 6-8 中可见，在机床
上采用被动阻尼器和主动阻尼
器是抑制颤振的有效方法。借
助稳定性叶瓣图自动调节切削
用量是实用而经济的抑振措施。

数控机床是机电一体化复
合系统。其动态性能不仅取决
于机械系统，而是机电耦合的
综合系统。不断改善和提高数
控系统的动态响应能力是重要

表6-7　影响颤振形成的主要因素

机床工作条件	机床受力情况	刀具/工件	切削过程
• 地基和安装	• 动态切削力的方向	• 刀具的动柔度	• 材料
• 机床部件位置	• 工件和刀具的相互位置	• 刀具质量大小	• 切削刃几何参数和磨损状态
• 主轴转速	• 正铣或逆铣	• 刀具夹紧方式	• 刀尖圆角半径
• 滑座和工作台的运动		• 刀具和工件的直径	• 切削速度、进给量和背吃刀量
• 非线性和预应力		• 工件的动柔度	• 刀具材料组合
• 夹紧状态		• 工件质量大小	• 切入工件的刀刃数不等
• 环境温度		• 工件装夹方式	• 冷却和润滑

表6-8　抑制颤振的主要措施

机床工作条件	机床受力情况	刀具/工件	切削过程
• 提高静刚度	• 切削力与机床最大动柔度垂直	• 带有阻尼器的刀具	• 选用易切削的工件材料
• 地基刚度和阻尼	• 切削面法向与机床最大动柔度垂直	• 采用质量轻的刀杆和刀具	• 负前角
• 机床部件的优化		• 易变形工件的支撑和夹紧	• 减小后角
• 调制主轴转速降低再生效应		• 减轻工件的质量	• 降低或提高切削速度
• 引入非线性效应		• 工件安装的刚度	• 提高进给量
• 采用主动和被动阻尼器抑制颤振			• 不等分的多刃刀具
• 减振轴承和导轨			

185

的发展方向。例如，对加速度和加加速度的控制，提高位置测量和反馈系统的动态响
应能力，都对抑制机床振动有很大的影响。

参考文献

[1]　Tobias S A.Machine tool vibration[M].London:Blackie and Sons,1965.
[2]　叶佩青,王仁彻,赵彤,等.机床整机动态特性研究进展[J].清华大学学报(自然科学版),2012,52(12):1758-1763.
[3]　张曙,张炳生,卫美红.机床的动态优化设计[J].制造技术与机床,2012(4):9-14.
[4]　Quintana G,Ciurana J.Chatter in machining processes:A review[J].International Journal of Machine Tools and Manufacture,2011(51):363-376.
[5]　Weck M,Brecher C.Dynamisches verhalten von werzuegmaschinen//Werk M, Brecher C.Werkzuegmaschinen:messtechnische untersuchung und beurteilung, dynamische stabilität. [M]. 7th ed.Berlin:Spinger-Verlag,2006.

[6] Maglie P.Parallelization of design and simulation: Virtual Machine tools in real product development[D].ETH Zurich,2012.

[7] 彭文 , 倪向阳 . 五坐标龙门加工中心动特性分析与振动控制 [J]. 制造技术与机床， 2006(2):61-63.

[8] 张建润 , 孙庆鸿 , 卢熹 , 等 . 高架桥式高速五坐标龙门加工中心动态仿真与结构优化 [J], 机械强度 ,2006,28(S):1-4.

[9] Law M,Altintas Y,Phani A S.Rapid evaluation and optimization of machine tools with position-dependent stability[J].International Journal of Machine Tools and Manufacture,2013, 68:81-90.

[10] 陈卓昌 , 黄宗信 . 拓扑优化于机床产业之应用 [EB/OL].[2014-05-16].ftp://ftp.altair. com.cn/priv/support/htc_paper/2013/Paper_Final_PDF/.

[11] Brecher C,Witt S.Simulation of machine process interaction with flexible multibody simulation[C].Proceedings of 9th CIRP Int Workshop on Modeling of Machining Operations,May 11-12,2006,Bled,Slovenia,171-178.

[12] Dial P. Down or Dial Up?[J/OL].[2014-05-30].http://www.mmsonline.com/articles/ dial-down-or-dial-up.

[13] Physik Instrumente.Piezo actuators and components[EB/OL].[2013-11-15].http://www. physikinstrumente.com/en/pdf_extra/2009_PI_Piezo_Actuators_Components_ Nanopositioning_Catalog.pdf.

[14] Kim S G,Jang S H,Hwang H Y.Analysis of dynamic characteristics and evaluation of dynamic stiffness of a 5-axis multi-tasking machine tool by using FEM and exciter test[C/OL].[2013-03-12].International Conference on Smart Manufaturing Application,April 9-11, 2008,Gyeonggi-do,Korea.http://www.xcitesystems.com/ pdf/5AxisMachineTool DynamicStiffness.pdf.

[15] Altintas Y.Weck M.Chatter stability of metal cutting and grinding[J].CIRP Annals,2004,53(2):619-642.

[16] Okuma.Machining Navi[EB/OL].[2013-06-06].http://www.okuma.co.jp/chinese/ index.html.

[17] Abele E,Hölsher R,Körff D,et al.Titanzerspanung produktiver machen[J].Werkstatt und Betrieb,2011,91(2):34-38.

[18] Wang M, Zan T, Yang Y Q,et al.Design and implementation of nonlinear TMD for chatter suppression:An application in turning processes[J].International Journal of Machine Tools and Manufacture,2010,50:474-479.

[19] Yang Y, Muñoa J, Altintas Y.Optimization of multiple tuned mass dampers to suppress machine tool chatter[J].International Journal of Machine Tools and Manufacture,2010, 50(9):834-842.

[20] Makino.5-axis machining center[EB/OL].[2010-06-12].http://www.makino.com/ horizontal-machining-5-axis/t4/.

[21] Wang Z, Larson M.Model development for cutting optimization in high performance titanium machining[EB/OL].[2014-02-12].http://www.makino.com//resources/ whitepapers/model-development-for-cutting-optimization-in-high/.

[22] Brecher C, Baumler S, Brochmann B.Avoiding chatter by means of active damping systems for machine tools[J].Journal of Machine Engineering,2013,3:117-128.

[23] Brecher C, Manoharan D, Klein W.Active compensation for portal machines[J]. Production Engineering,2010,4:255-260.

第七章 机床的热性能设计

张炳生 张 曙

导读： 所有机床都在复杂的热环境里运行，同时机床本身又有着多渠道能源供应，是一个热源体。这些能源输入后，一部分消耗于有用的切削功，还有相当一部分因摩擦或切削变形等转化为二次热源，并经过热传导、热辐射、切屑和切削液流动等方式将热量传递到机床各个部位。因此，机床的热性能问题是一个非常复杂的理论和实践问题，它对机床加工精度的影响是不容忽视的。机床的热性能设计是涉及以下诸方面的综合课题：

1）综合评估和改善机床未来运行的热环境，包括恒温设施、周围热源影响、地基的隔热和热传导、车间内温度梯度的分布及其四季昼夜变化。

2）合理设计机床的热源分布，降低热源中心的发热量，快速平衡热源到传动件的温度梯度。

3）降低二次热源的影响，包括冷却液的有效循环冷却，及时快速排出切屑，减少构件间的摩擦发热与热传递。

4）合理的结构设计，其中尤为重要的是结构的对称设计。优化结构件的质量分布，传动件（如丝杆）的预拉伸设计，采用相对热稳定的材料，机构内部的循环冷却等措施都能产生明显效果。

5）深入研究机床热变形的数学建模，用软件预报热误差，借助数控系统作热补偿以提高加工精度。

6）对高精密机床，应在充分实验的基础上，在重要点位设置温度传感器，实时动态地监测机床温度的变化，经数控系统对机床运行作动态补偿。

187

第一节　概　述

一、热变形对加工精度的影响[1]

机床的热变形是影响加工精度的主要原因之一。机床的零部件通常由钢或铸铁等金属制成，在 20℃ 左右，1m 长的钢尺，温度变化 1℃，长度将变化 11μm。因此，机床在工作时，受到车间环境温度变化、电动机发热和机构运动摩擦发热、切削过程产生的热以及冷却介质的影响，造成机床各部件因发热和温升不均匀而产生热变形，使机床的主轴中心（刀具中心点）与工作台之间产生相对位移，最终导致加工精度发生变化[1]。

例如，在一台普通精度的数控铣床上加工 1 650mm×ϕ70mm 的长螺杆，上午 7:30~9:00 时段铣削的工件与下午 2:00~3:30 时段铣削加工的工件相比，由于车间温度的变化，螺距累积误差的差别可达 85μm。反之，在恒温室条件下，则该误差可减少至 40μm。

再如，一台用于双端面磨削 0.6mm~3.5mm 厚的薄钢片零件的精密双端面磨床，在验收时加工 200mm×25mm×1.08mm 钢片零件能达到所要求的尺寸精度，弯曲度在全长内小于 5μm。但在实际加工过程中，连续磨削 1h 后，工件尺寸变化范围增大到 12μm，冷却液温度由开机时的 17℃ 上升到 45℃。由于冷却液温度升高，不能有效地消除磨削热的影响，导致主轴轴颈伸长，前轴承间隙增大，故而精度下降。为此，在冷却液箱中添加一台 5.5kW 制冷机，使温度保持在 20℃ 左右，效果十分理想。

实践证明，热变形在机床加工过程中是不容忽视的。因为机床是处在温度变化的车间环境中，且机床本身在工作时会消耗能量，这些能量的相当一部分会以各种形式转化为热，引起机床构件的变形。这种物理变化又因机床结构形式的不同，材质的差异而有所不同。影响机床热变形的因素和产生加工误差的缘由，可分为环境影响和机床内部影响两方面，如图 7-1 所示[2]。

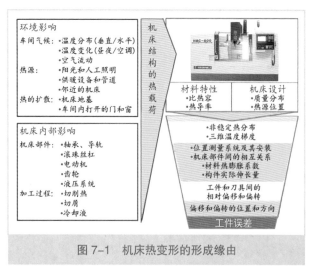

图 7-1　机床热变形的形成缘由

二、改善机床热特性的途径[3]

制造技术的发展对高端数控机床的精度和可靠性提出了越来越高的要求。研究表明：在精密加工中，由机床热变形所引起的加工误差占总误差的 40%~70%。机床中存在热源，从某种程度上来说，热变形是无法完全避免的。机床设计师应掌握热的形成机理和温度分布规律，采取相应的措施，使热变形对加工精度的影响减少到最小,控制它的有害影响,必要时加以补偿。

改善机床的热特性并减少热误差,通常有以下 4 种途径:

1）改善热环境和降低热源的发热强度。如控制车间温度,采取高效率的电动机和控制元器件,减少机械传动元件的数量和摩擦。

2）改进机床的结构设计。特别是结构的对称性,使热变形对刀具中心点位置不产生或少产生影响。

3）控制机床重要部件的温升,采取措施对其进行有效的冷却和散热。对切屑流进行优化,保证热切屑从机床内快速移除。

4）建立温度变量与热变形之间的数学模型,用软件预报误差。借助数控系统进行补偿,以减小或消除由热变形引起的机床刀具中心点的位移。

第二节 机床的温升及温度分布

一、车间环境影响

1. 自然气候的影响

我国幅员辽阔,大部分地区处于亚热带地区,一年四季的温度变化较大,一天内温差变化也不一样。因此在不同地区,人们对车间温度的干预的方式和程度也不同。例如,长三角地区季节温度变化范围约 45℃ 左右,昼夜温度变化约 5℃ ~12℃。车间一般冬天无供热,夏天无空调,但只要车间通风较好,车间的温度梯度变化并不大。而东北地区季节温差可达 60℃,昼夜变化约 8℃ ~15℃。每年 10 月下旬至次年 4 月初为供暖期,车间虽有供暖,但空气流通不足,车间内外温差甚至可达 50℃。因此在纬度 30° 以上地区（如我国华北、东北和欧洲北部等）,车间内的冬季温度梯度比较复杂,如图 7-2 所示[2]。测量车间温度分布时,室外温度为 1.5℃,时间为上午 8:15~8:35,车间内温度变化约 3.5℃。

2. 周围环境的影响

机床周围环境是指机床近距离范围内各种外界布局形成的热环境。包括以下 4 个方面:

1）车间小气候。如车间内温度的分布(垂直方向、水平方向)。当昼夜交替或气候以及通风条件变化时车间温度均会产生缓慢变化。

2）车间里的热源。如太阳光照射、供暖设备和大功率照明灯

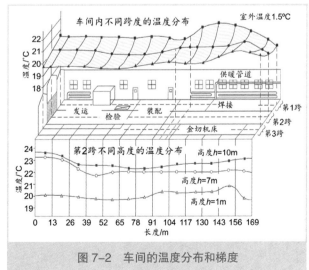

图 7-2 车间的温度分布和梯度

的辐射等。它们离机床较近时，就长时间直接影响机床整体或部分部件的温升。邻近设备在运行时产生的热量也会以辐射或空气流动的方式影响机床的温升。

3）散热。地基有较好的散热作用，但是也可能从地基传来热量，尤其是精密机床的地基切忌靠近地下供热管道，一旦有泄漏时，可能成为一个难以找到原因的热源。门窗敞开而通风良好的车间将是一个很好的"散热器"，有利于车间温度均衡。

4）恒温。车间采取恒温设施对精密机床保持精度和加工精度是行之有效的措施，但采用空调能耗较大，费用较高。

环境温度变化对机床的加工精度有很大的影响。对一台中等规格的数控铣床监测表明，当车间环境温度 72h 内变化 5℃的情况下，机床主轴中心 X、Y、Z 轴向的最大偏移量 δ_x、δ_y、δ_z 分别最大可达 -3μm、-12μm 和 -15μm，如图 7-3 左部所示[2]。

二、来自机床内部的影响

1. 机床部件的发热

电动机的铜损和铁损发热，包括主轴电动机、进给伺服电动机、冷却润滑电动机、液压系统电动机等均产生可观的热量。这些情况对电动机本身尚在允许范围内，但对于主轴、滚珠丝杠的工作精度则有显著的不利影响，应采取措施尽可能予以隔离。

此外，当输入电能驱动电动机运转时，除了有少部分转化为电动机发热外，大部分将转化为机械动能，如主轴旋转、工作台运动等。在运动过程中不可避免的仍有相当部分能量转化为摩擦发热，包括轴承、导轨、滚珠丝杠、传动箱等机构发热。图 7-3 右部所示为该机床的 Y 轴伺服电动机在 500r/min~1 500r/min 转速范围内分 4 档速度反复进行移动 13.5h（图 7-3 中蓝色块，高度为速度，宽度为时间），电动机的温升最高可达 40℃（粉色曲线），导致机床刀具中心点的 Y 方向最大偏移 δ_y 达 -75μm、Z 方向的最大偏移 δ_z 达 130μm[2]。

2. 加工过程的切削热

切削过程中刀具或工件的动能一部分消耗于机构运动的惯性功，但相当一部分则转化切削的变形能和切屑与刀具表面间的摩擦热，导致刀具、主轴和工件发热。此外，切屑携带的大量热也会传导给机床的

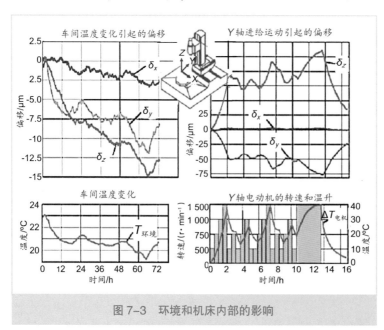

图 7-3　环境和机床内部的影响

工作台和夹具等部件，直接影响刀具和工件间的相对位置。

3．冷却

冷却是针对机床构件温度升高所采取的反措施。如电动机、主轴部件、丝杠螺母、工作台以及立柱等基础结构件的冷却。高端数控机床往往还对电气控制箱也配置制冷机，进行强制冷却，防止其温升过高。

三、机床的结构布局对温升的影响

在机床热变形领域讨论机床结构布局，通常是指结构形式，质量分布，材料性能，热源分布等问题。机床的结构形态影响机床的温度分布，热量的传导方向，热变形方向及匹配等。

1）机床的结构布局。在总体结构方面，机床有立式、卧式、龙门式、悬臂式等。它们对于热的响应和稳定性均有较大的差异。例如，齿轮变速的车床主轴箱的温升可高达 35℃，使主轴端上抬，其热平衡时间约需 2h。斜床身式车铣加工中心，由于机床有一个稳定的底座，明显提高了整机刚度，主轴采用伺服电动机驱动，省去齿轮传动部分，因而主轴箱的温升一般小于 15℃。

2）热源分布的影响。人们通常把电动机发热视为机床的内部热源。如主轴电动机、进给电动机、液压系统等，其实是不完全的。电动机的发热主要发生在承担驱动载荷之时，即电流消耗在电枢阻抗上的能量。另有相当一部分能量消耗于各类轴承、丝杠螺母、导轨等机构的摩擦功引起发热。因此，把电动机发热称为一次热源，将轴承、螺母、导轨、切屑称之为二次热源。表现为刀具中心点相对工作台偏移的机床热变形，则是所有热源综合影响的结果。

一台立柱移动式立式加工中心的立柱，在 7.5m/min～30m/min 范围以 4 种不同速度作 Y 轴进给运动（即机床构件的热载荷输入）时，机床立柱和底座的温升和主轴中心偏移的情况如图 7-4 所示[2]。立柱 Y 轴向进给时，工作台未做运动，所以主轴中心在 X 轴向的热偏移很小。此外，在机床立柱和底座的表面，离 Y 向导轨和丝杠螺母传动越远的点，其温升越小。

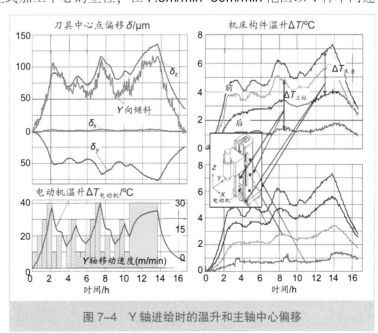

图 7-4　Y 轴进给时的温升和主轴中心偏移

这台加工中心的主轴滑座也在 7.5m/min~30.0m/min 范围以 4 种不同速度作 Z 轴进给运动（机床构件的另一热载荷输入）时，机床构件的热变形情况如图 7-5 所示。两图对比，更进一步说明了热源分布对热变形的影响。Z 轴进给离 X 轴向更远，故热变形影响更小。立柱和主轴滑座上离 Z 轴驱动电动机和丝杠螺母越近的点，温升及变形也越大[2]。

3）质量的影响。质量分布对机床热变形的影响有 3 个方面。首先是质量大小与集中程度，它影响构件的比热容和热传递的速度，以及达到热平衡的时间。其次，通过改变质量的布置形式，如各种筋板的布置，提高结构的热刚度，在同样温升的情况下，可减少热变形或保持相对变形较小。最后，通过改变质量布置的形式，如在结构外部布置散热筋板等，以降低机床构件的温升。

4）材料性能的影响。不同的材料有不同的热性能参数（比热容、导热率和线膨胀系数），在同样热量的影响下，不同材料的构件，温升和变形大小均有不同。

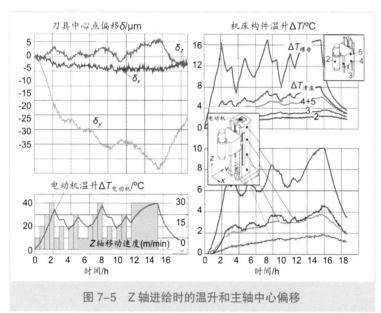

图 7-5 Z 轴进给时的温升和主轴中心偏移

第三节 机床热性能的测试

一、机床热变形的测量

控制机床热变形的关键是通过热特性测试，充分了解机床所处环境温度的变化，机床本身的热源和温度变化，以及关键点的响应（位移变形）。借助测试数据或曲线描述一台机床热特性，以便采取对策，控制热变形，提高机床的加工精度和效率。

今天，测量机床构件位移（位置和姿态）有许多方法，但并非所有方法都适合用于测量热变形。因为机床热误差的测量必须满足以下要求：

1）综合测量与热变形相关的几何误差参数。

2）包括与热变形相关的工作空间内误差。

3）测量数据的可重复性，避免偶然误差的干扰，减少不确定性。

4）测量的时间尽可能短，以便及时反映温度变化对几何误差参数的影响。

具体测量方法的选择取决于热误差的来源和机床的类型。车间环境温度的变化对机床热变形的影响是缓慢的，但所产生的误差是工作空间体积精度的改变（对角线位移）。机床内部热源，如电动机、轴承、导轨等将引起机床结构的局部变形，对空间精度的影响相对较小。但内部热源造成的位移误差往往难以预测，且较环境热影响变化快得多。

1. 环境温度变化和主轴旋转引起的热误差测量

我国现行国家标准《机床检验通则 第3部分：热效应的确定 GB/T 17421.3-2009》推荐环境温度变化误差和由主轴旋转引起的热变形检验方法如图7-6所示[4]。从图7-6中可见，铟钢检验棒夹持在立式铣床或加工中心的主轴上，在 X 和 Y 方向各配置有2个、Z 方向配置有1个非接触式电感或电容位移传感器的支架安装在工作台上，用以测量机床的综合热变形，模拟刀具中心点和工件间的相对位移。美国 API 公司提供的该类主轴热分析仪的分辨率为 0.1μm，测量范围 0~0.7mm，测量的热漂移小于 1%[5]。

通常，机床的热性能测试系统还同时测量若干相关点的温度，了解温度场的分布，及其与主轴中心线偏移的关系。主要包含以下内容：

1）内部热源。包括进给电动机、主轴电动机、滚珠丝杠传动副、导轨、主轴轴承的温升。

2）辅助装置。包括液压系统、制冷机、冷却和润滑系统的温升。

3）机床的结构件。包括床身、底座、滑板、立柱和铣头箱体和主轴的热场。

立式加工中心主轴系统热变形试验的记录曲线如图7-7所示[2]。试验中共设置了5个温度测量点，其中1和2在主轴端部和靠近主轴轴承处，4和5分别在铣头壳体靠近 Z 轴导轨处。测试时间共

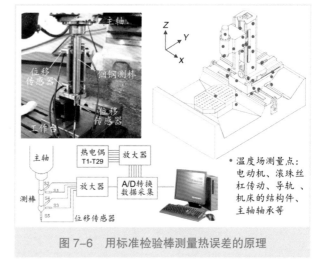

图 7-6　用标准检验棒测量热误差的原理

持续了16h，其中前10h，主轴转速分别在 0 ~ 9 000r/min 范围内以5种速度交替变速，从10h后到13.5h，主轴持续以 9 000r/min 高速旋转，然后自然冷却。从图7-7中的曲线可以得到以下结论：

1）机床主轴的热平衡时间约1h，平衡后温升变化范围1.5℃。

2）温升主要来源于主轴轴承和主轴电动机，在正常变速范围内，轴承的热态性能良好。

3）热变形在 X 向影响很小，约0.5μm。Y 向变形远大于 X 向，鉴于4和5两点的温升小于1℃，说明主轴 Y 向的变形主要来源于铣头箱体结构，与丝杠和导轨几乎没有关联，应改进铣头的铸件结构。

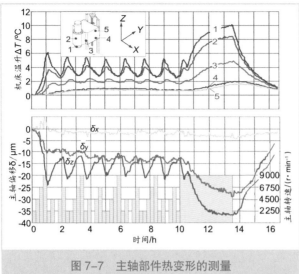

图 7-7　主轴部件热变形的测量

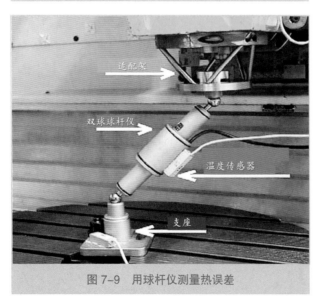

图 7-8　用标准球测量热误差

图 7-9　用球杆仪测量热误差

194

4）Z 向伸缩变形较大，约 10μm，是由主轴的热伸长及轴承间隙增大引起的。

5）当转速持续在 9 000r/min 时，温升急剧上升。2.5h 后急升 7℃左右，且呈继续上升的趋势。Y 向和 Z 向的变形达到了 29μm 和 37μm。这表明该主轴在转速为 9 000r/min 时，已不能维持长时间稳定运行，仅可短时间（不大于 20min）运行，以保证温升不致过高。

检验棒（球）测量法也可用于卧式加工中心和车削中心。此时，固定位移传感器的支架将分别固定在工作台直角板或回转刀架上。采用标准球测量卧式机床热变形的案例如图 7-8 所示[6]。从图中可见，保证测量球安装在主轴上，具有 3 个传感器的支架安装在工作台上，可测量 X、Y、Z 轴方向的主轴中心线相对工作台的热偏移。

另一种测量方法是将球杆仪安装在工作台上，并在主轴壳体的前端安装一个适配架，其中心与球杆仪相连接，以保证主轴可以在旋转状态下进行测量。球杆仪的伸缩反映了主轴中心线相对工作台在不同方向的热偏移，如图 7-9 所示[7]。需要注意的问题是，适配架本身的热变形对测量精度将产生多大影响。适配架的结构对称性和不同材料热膨胀系数的相互抵消，可将适配架的热误差减少到最低程度。

2. 轴线移动的热误差测量

机床轴线移动热误差的测量是在环境温度稳定和主轴静止状态下，测量机床工作台或其他移动部件往复运动时与设定值的误差。通常有两种方法：接触式的触发测头测量和非接触式的激光干涉测量。

接触式触发测头广泛用于机床加工过程的尺寸精度测量，具有使用方便、测量数据可靠等优点，常作为高端数控机床的附件。《机床检验通则 第3部分：热效应的确定 GB/T 17421.3-2009》推荐采用接触式测头测量热变形误差。其原理如图7-10所示[4]。接触式测头安装在机床主轴上，往复移动工作台，测量工作台上标准量块的12个点的位置，即可获得3个坐标方向机床主轴与工作台的相对热偏移，包括位置误差和姿态误差。

为了进一步提高测量热偏移的精度，可采用激光干涉仪，其原理与测量机床定位精度的测量大致相同，如图7-11所示[8]。从图7-11中可见，反射镜安装在机床主轴上，干涉仪安装在机床工作台上，往复移动工作台，并同时采集环境温度和机床构件的温度数值，即可获得在某一移动方向上的刀具中心点相对工作台的热偏移。其缺点是同时只能测量一个方向的热误差。

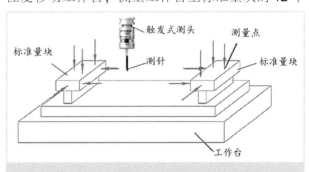

图7-10 用触发式测头测量热误差的原理

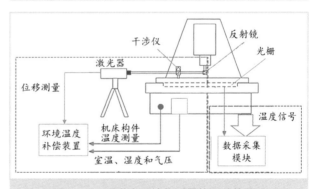

图7-11 用激光干涉仪测量热误差的原理

3. 温度和温度场的测量[9]

通常将热电偶黏附在机床构件表面上来测量其温度，温度的测量点大多是机床内部热源附近或对加工精度有影响的部位，一般需要布置20个左右的测量点，才能描绘机床温度分布状态。借助红外热像仪可以快速测量热源的温度场分布。例如，一台机床的工作台主要有3个热源：滚珠丝杠螺母副、前轴承和后轴承。测量时可在螺母座、前轴承座和后轴承座端部分别黏附1个热电

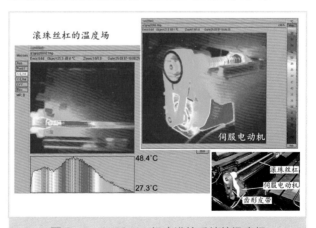

图7-12 VMC600机床进给系统的温度场

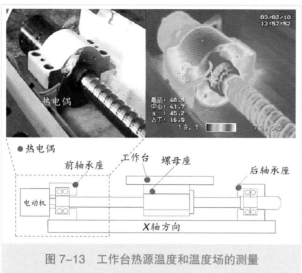

图7-13 工作台热源温度和温度场的测量

偶。另外测量工作台表面和环境温度作为参考基准，同时采用热像仪测量每个热源的温度场，如图7-12所示。

当机床部件在较小行程范围内作频繁快速往复运动时，由于滚珠丝杠滚道、滚珠和螺母滚道表面之间的剧烈摩擦，温度将急剧升高。加以伺服电动机频繁换向也导致其绕组发热量明显上升，机床热性能变差，热误差随之增加。对一台立式铣床立柱 X 轴往复运动进行测试的结果如图7-13所示。从图7-13中可见，滚珠丝杠表面温度可高达50℃左右[6]。

第四节　机床热变形的控制

机床的温升和热变形对加工精度的影响因素多种多样，采取热变形控制措施时，应抓住主要矛盾，重点采取1~2个措施，即可取得事半功倍的效果。在机床设计中应从以下4方面入手：①减少发热；②降低温升；③结构对称，热平衡；④合理冷却。

一、减少热源的发热量

控制热源的热量是减少发热的根本措施。在机床设计中要采取措施有效地降低热源的发热量[8]。

1）合理选取电动机的额定功率。电动机的输出功率等于电压和电流的乘积，一般情况下，电压是恒定的，因此，随着负荷增大，意味着电动机输出功率增大，即相应的电流增大，则电流消耗在电枢阻抗的热量增大。若设计所选择的电动机长时间在接近或超过额定功率的条件下工作，则电动机的温升明显增大。为此，对BK50数控针槽铣床铣头进行了两种电动机额定功率、3种切削载荷对电动机温升影响的对比试验（电动机转速960r/min，环境温度12℃），试验结果见表7-1[1]。

表7-1　载荷、功率与温升的关系

	试验条件			电动机温升/℃		
	电动机额定功率/kW	刀片片数	切削深度/mm	进给速度/(mm·min⁻¹)	30'后	60'后	100'后
1	1.5	12	5	60	15	25	40
2	1.5	12	5	90	20	30	50
3	1.5	6	5	60	10	20	20
4	2.2	12	5	60	12	18	20
5	2.2	6	5	90	12	18	20

从上述试验可得到以下概念: 从机床热性能考虑,无论主轴电动机还是进给电动机,选择额定功率时, 最好选比计算大 25% 左右, 以便在实际运行中, 电动机的输出功率与负荷更好地相匹配, 减少发热量。略微增大电动机额定功率对于能耗的影响不大, 但由于在较低负荷下运行, 可有效地避免电动机温升过高。

2) 结构上采取适当措施, 减小二次热源的发热量, 降低温升。例如: 主轴结构设计时, 应提高前后轴承的同心度, 采用高精度轴承。在可能的条件下, 将滑动导轨改为直线滚动导轨, 或者采用直线电动机。这些技术都可以有效地降低摩擦损耗, 减少发热, 从而降低机床热源的局部温升。

3) 在加工工艺上, 尽可能采用高速切削。在高速切削时, 被切削的金属来不及产生塑性变形, 大部分的切削热来不及传给工件和机床就被高速流动的切屑带走 (95%~98% 切削热将被切屑带走), 切削力也可降低 30%。加工表面的受热时间短, 不会由于温升导致热变形。

二、改进结构减少热变形的影响

在机床上热源是永远存在的, 需要关注的是如何让热传递方向和速度有利于减少热变形。或者结构有很好的对称性, 使热载荷传递途经沿对称方向, 且温度分布均匀, 热变形对刀具中心点的影响互相抵消, 成为"热亲和"的结构。

1. 丝杠的预应力和热变形

在高速、高性能的进给系统中, 往往采用滚珠丝杠两端轴向固定的结构, 形成预拉伸应力。这种预加载荷的结构对高速进给来说, 除了提高动静态稳定性外, 对于降低热变形误差具有明显作用。对立式加工中心工作台进给机构的实验研究表明, 滚珠丝杠固定方式对进给驱动系统热变形有明显的影响。其实测结果如图 7-14 所示[1]。

从图 7-14 中可见, 滚珠丝杠在全长 600mm 内预拉伸 35μm 的轴向固定结构, 在不同的进给速度下温升比较接近, 意味发热较小。因此, 两端固定预拉伸结构的累积误差明显小于单端固定、即另一端为自由伸长的结构。在两端轴向固定预拉伸结构中, 发热引起的温升将改变丝杠内部的应力状态, 由拉应力变为零应力或压应力。因此对位移精度的影响较小。

2. 改变热变形方向

调整机床结构, 改变热变形方向是控制机床热变形的重要措施。例如, 改变 BK50 数控针槽铣床 Z 轴主轴滑座的滚珠丝杠轴固定结构, 对加工精度有明显的影响。两种不同滚珠丝杠固定方式的主轴滑座结构简图如图 7-15 所示[1]。

在零件加工中要求铣槽深度的误差不大于 5μm。采用图中左侧的丝杠下端轴向浮动的结构, 在连续加工 2h 内, 槽深逐渐加深, 其误差从 0 增大到 45μm, 大大超出了允许范围。但改为丝杠上端浮动的结构后, 热变形的方向改变, 丝杠的热伸长使主轴滑座向上偏移, 并不直接影响所加工的槽深, 因而能确保所加工的槽深变化不大于 5μm。

197

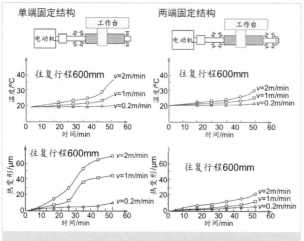

图 7-14　滚珠丝杠固定结构对热变形的影响

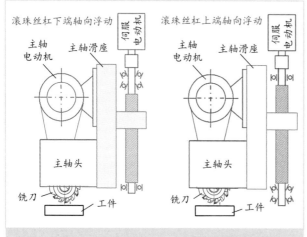

图 7-15　针槽铣床主轴滑座的热变形

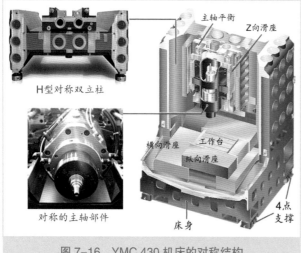

图 7-16　YMC 430 机床的对称结构

198

3．机床结构的对称化

机床结构的对称化可使构件的热变形走向相互不一致，从而减少刀具中心点偏移的影响。例如，日本安田（Yasda）精密工具公司推出的 YMC430 微加工中心是亚微米高速加工机床。该机床的结构设计对热性能进行了充分的考虑[10]，其配置特点如图7-16 所示。

从图 7-16 中可见，在机床结构上采取完全对称的布局，立柱和横梁是一体化结构，呈 H 型，相当于双立柱，具有良好的双向对称性，且立柱内部有循环冷却液，保持恒温。此外，主轴滑座无论在纵向还是横向也都是对称的。3 个移动轴的进给驱动均采用直线电动机，使机床结构上更加容易保证对称性。2 个回转轴也采用直接驱动，尽量减少机械传动的摩擦损耗和发热。

日本大隈(Okuma)公司将"热亲和"作为其四大核心智能技术之一，使机床的热变形可预测、可控制和可补偿，并在其主要产品设计中皆加以遵循和应用。例如 T2/T4 系列钛合金加工机床采用箱中箱结构，其主轴滑座结构和筋板布置上下左右皆对称，如图 7-17 所示。图 7-17 中下半部为初始温度状态，上半部为环境温度和主轴温度升高的状态。机床结构尽管发生热变形，但主轴中心(刀具中心点)可以保持不变，称之为"热亲和"设计原理[11]。

三、合理的冷却措施

1）加工中的冷却液对加工精度的影响是直接的。例如对 GRV450C 双端面磨床冷却液热交换进行了对比试验，其结果见表 7-2[1]。试验表明，借助制冷机对冷却液进行热交换处理，对提高加工精度很有效。

该机床使用传统的冷却液供给方式，加工 30min 后，工件尺寸就超差。采用制冷机对冷却液进行热交换处理后，机床可以正常加工到 70min 以上。在 80min 时工件尺寸超差的主要原因是砂轮需要修整（去除砂轮面上的金属屑），砂轮修整后即回复到原来的加工精度。冷却液制冷对提高加工精度的效果很明显。

图 7-17　主轴滑座的热对称结构

表7-2　冷却液热交换的效果

时间/min	无制冷热交换冷却液			制冷热交换冷却液				
时间/min	5	15	30	5	35	60	70	80
冷却水温/℃	24	25	28	20	23	24	24.3	24
室温/℃	22.9	22.9	22.9	19.5	20.6	21.7	21.7	22.9
室内湿度/%	32	35	38	35	37	38	39	39
测点温度/℃	28.2	29.7	32.2	20.2	24.6	23.3	27.2	24.1
工件误差/μm	5	5	11	4	5	5	5	9
质量评定	合格	合格	不合格	合格	合格	合格	合格	不合格

2）快速热移除。在高速加工时，切屑带有大量的热，及时将高温切屑从专用沟槽快速排出，使热量尽量不传给工件和工作台，将十分有利于减少机床关键部件的温升和热变形。

3）增加自然冷却面积。例如在主轴箱体结构上添加自然风冷却面积，在空气流通较好的车间内，也能起到很好的散热效果。

第五节　机床热性能的建模和仿真

一、热误差及其确定的准则和方法

温度对机床、工件以及测量仪器都会产生影响。热源位置和热场的确定，与标准参考温度 20℃的偏离程度、温度随时间和空间位置的变化，以及机床结构材料的热膨胀系数，都是机床热性能建模和仿真的基础。在热膨胀系数各向同性的情况下，空间长度的变化是线性的。而在热膨胀系数各向异性的情况下，空间长度的变化则是不同的。随时间变化的温度导致长度变化与时间有关，而空间温度的差异则导致变形与位置有关。因此，机床热变形的计算和补偿往往是一个复杂的时间和空间非线性问题。

例如，当工作台滑座沿 X 轴向导轨移动时，由于右端热源（如伺服电动机）发热的影响，除沿 X 轴直线移动外，还会产生一个绕 X 轴的偏转，如图 7-18 所示[6]。这个偏转角度的大小与热源热量、机床结构和尺寸以及材料热膨胀系数有关。因此，滑座所处位置是一个空间问题，在环境温度影响下的误差可近似认为是线性的、稳定的。但作为主要热源的电动机发热量与载荷大小和转速高低有关，通常这两个参数都随时间变化，给建模和仿真带来一定困难。

有限元法为深入分析机床内部热源和环境温度影响下的热性能提供了可能。有限元法既可用于特定内部热源，也可用于外部温度变化对机床部件影响的分析，还可用于分析自然或强制对流下热传导系数的影响。因此，借助有限元法可对不同温度、应变、甚至功率损失所造成的热偏移进行相当精确的建模和仿真。

机床的最终热误差是各部件在工作状态下相互影响的结果，且随热的形成和传递条件而变化。因此，热误差的计算必须基于机床在运行状态下热现象的模型。为此，首先要精确地测量机床特定位置的温度和位置偏移，作为评价该机床热性能的基础。在此基础上建立的模型、或者说能够精确地预测误差的模型，才能用于数字仿真、才能在精密机床的设计中采用有效和可靠的补偿措施。

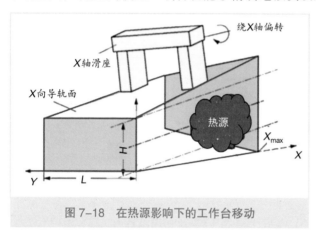

图7-18　在热源影响下的工作台移动

最合理、也是最难和费时费力的是，综合各部件和加工过程相互影响的机床整体模型。借助这种集成化的模型可以提高整个机床的热性能，使热误差最小化。通过精确地预测热误差，才可进行有效的补偿。

建立集成化整机模型的基础是以下3类主要部件的模型：

1）机床结构件。

2）主轴和回转部件。

3）直线移动部件。

将关键部件与整台机床分隔开来，可使建模过程大为简化，能够较快地分析和理解机床中的热现象和热误差的形成。

二、热误差的数字建模方法

近年来，随着有限元算法的进展和计算机速度和能力的提高，机床热误差分析、建模和补偿的研究有了很大的进展。例如，借助有限元法（FEM）和有限差分法（FDM）的各自优势，串联运用，就成为机床热误差仿真的新工具，称为有限差分元法（FDEM），借以缩短运算时间和提高运算效率，如图 7-19 所示[12]。

从图 7-19 中可见，首先借助有限差分模型求解热传导问题，获得机床在离散时间点的三维热场分布。然后利用有限元模型的线性方程组，求解各离散时间点因热场引

起的应力和变形，从而求得不同
时间点网格各节点的位置偏移。
采用线性方程组，能够少量的方
程组数目同时求解多个时间段的
位置偏移。例如，当计算刀具中
心点偏移时，有限元模型可减少
到数个自由度，从而明显缩短计
算时间。这对需要在不同载荷下
进行多次热性能仿真显得特别重
要。

　　此外，有限差分法特别适合
圆柱类零件的热特性建模。这类
部件，如电主轴、滚珠丝杠等对
机床热误差影响很大，需要建立
高精度的几何模型、热生成和热
传导模型。例如，某些专业化分
析软件可用于：

　　1）确定在不同转速、载荷、
润滑以及不同间隙条件下滚动轴
承产生的热量。

　　2）建立考虑上述因素的、
主轴部件内的热流模型。

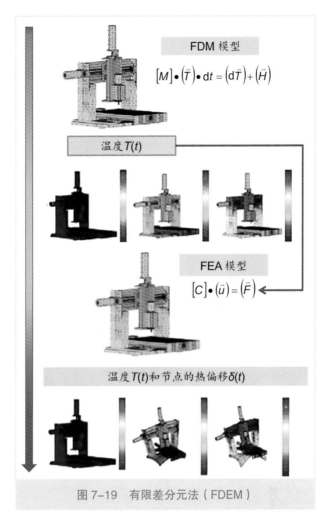

图7-19　有限差分元法（FDEM）

　　3）建立主轴轴承和其他元件在不同冷却液和流速条件下的强制冷却模型。

　　4）确定主轴电动机在不同转速和载荷下产生的热量。

　　5）建立电动机定子和转子热生成和分布以及冷却效果的模型。

　　但是，这类专业软件往往有一定局限，如通常没有自动网格快速划分功能、有限
元的节点数目有限、单元的种类不多等。通用的商品化有限元分析软件一般没有这些
限制，借助前置和后置处理可用于机床热误差的分析，但对机床主轴、滚珠丝杠等部
件热现象的建模精度不高。因此，最佳的解决方案是，基于商品化的有限元分析软件，
以建立机床的几何模型，同时辅以描述机床特定部件的热现象的专业计算程序来进行
机床热特性的建模和仿真。

三、机床结构热误差分析案例

　　为了扼要地描述 FDEM 建模和热误差分析的过程，以一台激光雕刻机的两种不同
结构焊接框架为例进行对比分析。首先采用六面体单元建立 FDM 模型，每个单元的
中心设为温度节点，即可求得该单元的温度。然后用同样的六面体单元建立 FEM 模型，

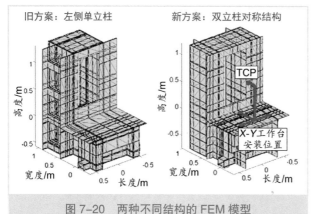

图7-20 两种不同结构的FEM模型

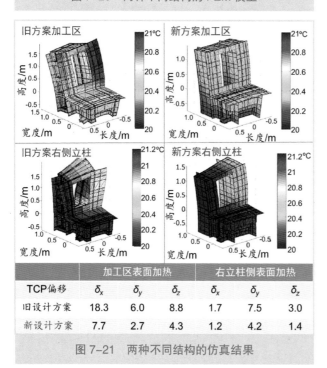

TCP偏移	加工区表面加热			右立柱侧表面加热		
	δ_x	δ_y	δ_z	δ_x	δ_y	δ_z
旧设计方案	18.3	6.0	8.8	1.7	7.5	3.0
新设计方案	7.7	2.7	4.3	1.2	4.2	1.4

图7-21 两种不同结构的仿真结果

将由FDM计算得到的温度数值直接导入到FEM单元中。两种新、旧设计方案的FEM模型如图7-20所示[12]。

从图7-20中可见，旧设计方案的特点是左侧有前后壁和隔板构成的立柱，而右侧仅一块前板作为立柱。新设计方案的特点是左右两侧的立柱皆采用封闭的对称结构。

为了能够清晰地对比新、旧两种机床结构的热特性，分别以下列3种不同方式对两个模型施加热载荷：

1）在机床加工区的垂直表面和水平表面加热。

2）仅对右立柱的侧表面加热。

3）改变室温。

对机床的两种不同结构进行热性能仿真分析，分别在加工区垂直和水平表面及右立柱侧表面施加热载荷，仿真结果如图7-21所示[13]。机床由热载荷导致的热变形放大了1000倍，温度分布由颜色标识，而刀具中心点在机床坐标X、Y、Z轴向的偏移δ_x、δ_y、δ_z则列于图中下方表中。

从图7-21中可见，新的设计方案由于采用了封闭结构，立柱热刚度大为提高。加以散热面积增加，热变形所造成的误差明显小于旧的设计方案。此外，由于结构对称性，刀具中心点的偏移相互抵消一部分，也使误差明显小于旧的设计方案，约减少了50%。

为了说明环境温度对机床热性能的影响，对机床两种不同的结构设计方案，分别在室温变化条件下进行热性能的仿真。设室温在24h内从20℃~25℃分4个阶段变化：①线性升温；②在25℃保温；③线性降温；④回到20℃保温，每个阶段6h。仿真结果如图7-22所示[12]。

从图7-22中可见，新旧两种设计方案刀具中心点在X轴向的偏移量δ_x分别为

50μm 和 85μm，在 Z 轴向的偏移量 δ_z 分别为 35μm 和 50μm，在 Y 轴向的 δ_y 则大体一致。从而可知，新的设计方案具有明显的优势。

对于许多机床，特别是精密机床来说，热误差是误差总量中不可忽视的重要组成部分。因此在方案设计初始阶段，注意机床结构的对称性是非常重要的。机床结构对称不仅可减少热变形对刀具中心点偏移的影响，而且在有限元分析时可以采用如图 7-23 所示的"对半模型"。借助"对半模型"可减少有限元网格数量，缩短仿真时间，降低仿真所需的费用[13]。

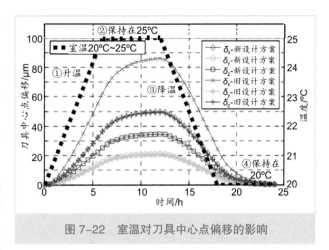

图 7-22　室温对刀具中心点偏移的影响

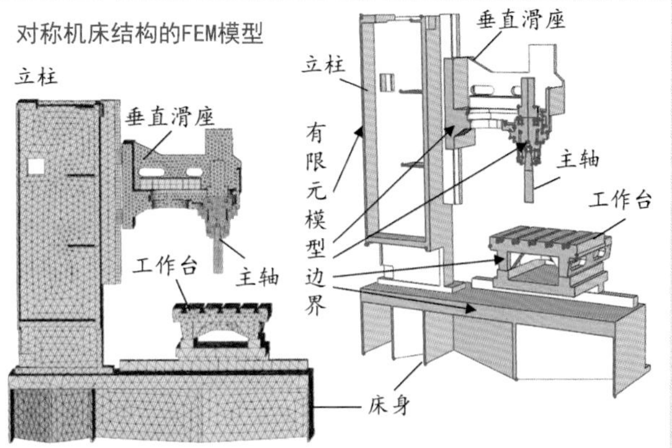

图 7-23　对称结构的有限元"对半模型"

四、主轴单元的热分析

1. 混合模型的建立

主轴单元是机床的关键部件，其热性能对机床的加工精度起到决定性的作用。主轴单元的热分析可采用混合模型。它将主轴滑座和电主轴分成 FDM 模型和 FEM 模型两个部分，然后组成一个 FDEM 混合模型[14-15]，如图 7-24 所示。

从图中可见，机床运行状态的热性能取决于环境温度、切削过程、主轴转速和冷却液。当机床进行加工时，切削过程产生大量的热。电主轴在提供转矩和速度的同时，必然有一部分的功率损耗，转化为热量。这些都会造成机床的热误差，使刀具中心点偏移。

借助 FDM 模型将主轴电动机和轴承的损耗转换为发热量，再将此热载荷按照不同的热流形式（表面接触、对流和辐射）和部件结构及材料热特性等因素，传递到主轴滑座上，形成一个温度场。最终通过主轴滑座的 FEM 求得温度场的分布和热误差，即刀具中心点的偏移 δ_x、δ_y、δ_z。

主轴单元混合模型的求解流程框图如图 7-25 所示[6]。从图 7-25 中可见，机床的设计和运行工况是建立模型的外部原始数据，主轴单元的构造是模型的内部原始数据，位移和热边界条件是保证求解过程正确性的要素。

在各种热载荷（电动机绕组发热、轴承摩擦损耗等）的作用下，借助主轴（通常

203

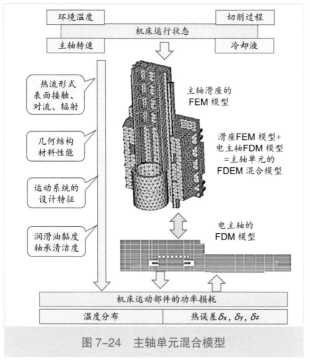

图 7-24　主轴单元混合模型

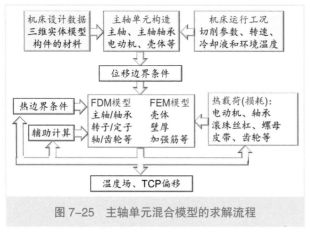

图 7-25　主轴单元混合模型的求解流程

是电主轴）的 FDM 模型和主轴滑座的 FEM 模型，在位移和热边界条件约束下求得温度场分布和刀具中心点的偏移。

必须指出，上述模型包含主轴部件发热过程中各种相互作用的物理过程，它的有效性取决于能够揭示主轴单元中热传导和功率损失复杂现象的有关实验数据。因此仅仅依靠商品软件是不够的，必须借助实验，反复修改和拟合，才能保证仿真模型的可信度和实用性。

2．电主轴的有限差分模型

电主轴在数控机床中的应用日益广泛，借助有限差分法模型可详细地描述电主轴中热的形成和传导过程，其模型如图 7-26 所示 [6]。电主轴的内部热源是电动机和轴承，外部热源是刀具(切削过程)。电动机的发热来自定子的绕组，主要通过定子和转子之间的空气隙与定子的水冷套，将热量散发和吸收，最终达到温升的平衡状态。轴承的发热源自高速旋转的滚珠与轴承内外圈滚道的摩擦发热，借助润滑介质带走、空气隙散发和轴承内外圈与主轴壳体和主轴的接触面扩散，最终也达到温升的平衡状态。内部热源的热量有相当部分传给主轴壳体和主轴本身，使壳体和主轴产生温升，并与外界空气和主轴座进行热交换，直至热平衡为止。

电主轴内部生成的热量和热导率是主轴转速和液体流量的函数。每一种热源和热导率都可以按转速和流量的全矩阵方程分别加以计算，然后将热源产生量与热的扩散和吸收相加，若其结果为零，就说明这个模型是可信的、正确的。

美国普渡大学采用类似 FDM 模型对一个功率为 37kW 和最高转速为 25 000r/min 的电主轴的热生成和传导规律进行建模和分析，并通过实验验证 [16]。该电主轴生成热源的总功率损耗为 2 445W，其中 1 887W 为电动机损耗，几乎全部由定子产生；前轴承的摩擦损耗为 373W；后轴承的摩擦损耗为 160W；绕组对空气的扰动消耗 25W。

电主轴在空运转状态下刀具产生的热量为 0，热扩散和热消除途径带走的热量为：

1）轴承中润滑介质的对流带走 245W。

2）电动机空气隙带走 450W。

3）冷却水带走 1 552W。

4）向主轴周围空气扩散 81W。

5）主轴座安装接触面吸收 106W。

上述 5 项途径共计散去热量 2 434W，与输入热量相较，差别仅 11W。热源的发热量和扩散掉及冷却带走的热量基本上是平衡的，计算方法是可信的。

与电主轴相似，有限差分模型和混合模型也可用于 5 轴数控机床直接驱动回转工作台的建模和热误差分析[4]。图 7-27 是 A-C

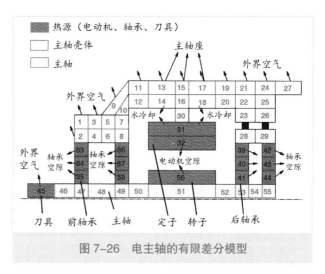

图 7-26 电主轴的有限差分模型

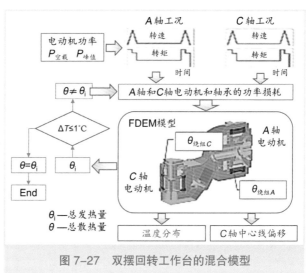

图 7-27 双摆回转工作台的混合模型

轴双摆工作台的混合模型及其热平衡算法的示意图。根据 A 轴和 C 轴的工况和实验数据可以得出力矩电动机和轴承的功率损耗，作为 FDM 模型的输入，分别计算出各个组成部分的发热量和散热能力，以发热和散热达到平衡为约束条件，可以求得温度场分布。再以温度场分布作为热载荷，成为 FEM 模型的输入，最终得出 C 轴中心线的偏移量。

五、直线运动轴的热误差分析

直线运动轴分为滚珠丝杠螺母驱动和直线电动机驱动两大类，其热特性和热误差分析方法是不同的，分别加以阐述。

1. 丝杠—螺母驱动热模型

滚珠丝杠螺母是直线移动最常见的驱动方式，应用广泛。其热源主要在丝杠螺母的工作段，其次是两端的轴承。发热量取决于丝杠的转速、工作循环、载荷扭矩、丝杠螺母的结构和尺寸、润滑和热传导条件等。尽管在产品样本中可以找到载荷和摩擦损耗的有关数据，但丝杠螺母传动热特性的建模（无论是自然冷却还是强制冷却）仍然是相当困难的。因为随着螺母与丝杠快速地相对移动，驱动系统中的热传导、温度和热应力的分布都是变化的、非稳态和非线性的，所以一般情况下大多对模型加以简化。

基于 FEM 的滚珠丝杠螺母驱动的简化模型如图 7-28 所示 [17]。这个模型包含内部滚珠在螺母中摩擦损耗产生的热源和轴承的摩擦损耗产生的热源 θ_B，（图 7-28 中仅显示右端轴承）、各部分的热阻以及外界室温热载荷的影响。但是这个模型没有考虑丝杠螺母驱动系统发热对机床结构的影响，也没有考虑因温度变化而造成的丝杠内应力的变化，因而是比较粗略的。

2. 直线电动机驱动热模型

直线电动机驱动具有移动速度高、动态性能好、没有反向背隙等一系列优点，但发热较大是它的致命伤。直线电动机驱动的热特性和热误差的形成与滚珠丝杠螺母驱动大不一样。通常直线电动机的初级和次级都直接与机床的结构件相连接，所产生的热量会直接影响到机床结构的变形，必须加以防止和控制。

为此，有必要对直线电动机驱动系统的热形成、传导过程和可能产生的热误差进行深入研究以加深理解。为便于分析起见，需要对系统每一组成部分进行建模和分析，主要有以下 3 个部分：

1）电动机初级绕组和永久磁铁的发热、冷却；

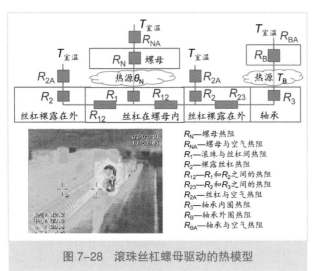

图 7-28　滚珠丝杠螺母驱动的热模型

2）线性导轨与滑块高速相对移动摩擦发热和因此引起的变形；

3）线性测量尺的热变形。

以图 7-29 所示的一台全部采用直线电动机的高速卧式加工中心为例，描述直线电动机对机床热特性的影响 [18]。从图 7-29a 的三维模型可见，机床的总体配置采用箱中箱结构和重心驱动原则，且 3 个移动轴皆配有直线测量尺。X 轴和 Y 轴分别配置有上下和左右两台直线电动机，Z 轴仅配置一台直线电动机。

图 7-29b 为机床的 FEM 模型。边界条件不考虑结构材料的非线性因素，并假定机床处于非切削状态、机床底面各节点的偏移皆为 0。输入模型的内部热流来自 3 个轴的线性导轨和滑块的摩擦以及直线电动机（内部热源）。可控的冷却液温度（18℃）可视为负的热源。外部热源为室温，其他因素可忽略不计。

直线电动机中的初级绕组会产生大量的热，虽然大部分会被冷却液带走，但也有一部分传给机床结构，必须加以考虑。但直线电动机初级绕组的建模对机床热特性模型来说过于复杂。因此，在机床热分析时往往采用简单、快捷的方法，即将初级绕组视为垂直作用的力，所产生的摩擦损耗作为热源输入机床热模型。此外，线性测量尺的热膨胀也是造成机床热误差不可忽视的原因，对机床热误差有直接影响。故而必须分别对机床结构和测量尺借助 FEM 模型进行热特性的分析。

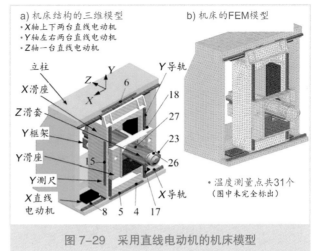

图 7-29　采用直线电动机的机床模型

测量尺的结构比较简单，可划分为平行四边形的单元。测量尺的外壳材料是铝，尺的材料是玻璃。测量尺固定在机床床身、立柱或滑座上，主要需分析机床结构件的发热如何传给测量尺，导致其长度变形，造成测量误差。

借助 FEM 模型可对机床的温度场分布和热变形进行分析，如图 7-30 所示[18]。Y 轴的直线电动机在 10m/min~60m/min 范围内以 4 种速度交替运行，如图 7-30a 所示。

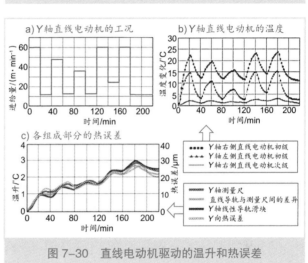

图 7-30　直线电动机驱动的温升和热误差

其初级绕组和次级绕组都相应随之产生温升，在 0 ～ 25℃范围内波动，如图 7-30b 所示，左右两侧直线电动机的温升有所差别，次级绕组的温升则不太明显。直线电动机的移动基体、测量尺、导轨滑块的温升大体相同，不超过 3℃。Y 轴的热误差变化规律与温升也非常相似，最大达到 30 μm，如图 7-30c 所示。实验和仿真分析还表明，热误差与直线电动机和测量尺的长短、冷却系统性能的优劣以及室温变化有关。

六、整机热特性分析

由于机床内部热源和外部热源的相互作用，机床热误差的分析是非常复杂的。反映到工件上的误差绝非各部件（主轴、进给装置等）热误差的简单相加，因此需要从系统的观点对整机的热误差进行分析。

一台 5 轴数控机床的集成化热模型的建模过程如图 7-31 所示[19]。这个整机热特性模型涉及以下几个问题：

1）整个模型从轴承热形成开始，到刀具中心点偏移，涉及机床复杂的结构和复杂

图 7-31　机床整机的热模型

的过程，规模和数据量很大。

2）需要功能强大的 CAD 软件和高速计算机来支持部件和整机的三维实体建模。

3）对机床的结构和所有数控轴都要借助 FDM、FEM 或混合模型计算和分析热源与热误差的相互作用。

4）需要开发机床热源形成及其强度计算的专用软件，并与商品软件无缝集成。

5）进一步在 FEM 环境下考虑切削过程的动力学和热力学与结构的相互作用，达到能够从机床加工工况到最终计算出机床和工件的热变形的目标。

第六节　机床热误差的补偿

机床的发热现象是不可避免的，热误差的补偿是进一步提高精密机床加工精度的重要措施之一。热误差的补偿方法主要有：

1）基于 FDEM（FEM+FDM）模型的热误差补偿。

2）基于神经网络的热误差补偿。

3）基于传递函数的热误差补偿。

4）基于控制系统内部数据的热误差补偿。

一、基于 FDEM 模型的热误差补偿[20]

随着微机计算能力的日益强大和开放式数控系统的进展，机床 FDEM 热模型的计算结果可以直接用于热误差在线补偿。补偿过程可分为 4 个步骤，如图 7-32 所示。这种热补偿方法的优点如下：

1）如果有的边界条件不知道，可在机床工作时自动采集。

2）补偿模型是基于 FDM 和 FEM 仿真模型，无须完全重新建立模型。

3）为了在整个工作空间计算刀具中心点偏移，需要多个 FEM 模型（主轴在不同位置）。

4）将不同热位置和机床部件的热误差输入机床数控系统，作为在线补偿值。

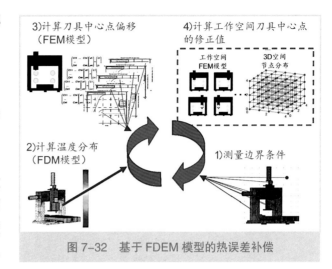

图 7-32　基于 FDEM 模型的热误差补偿

二、基于神经网络的热误差补偿 [21]

利用神经网络的学习能力，使它在对不确定性系统的控制过程中自动学习系统的特性，从而自动适应系统随时间的特性变异，以求达到对系统的最优控制。这是机床热误差补偿的重要方法之一。

可用于机床热误差建模的人工神经网络有许多种，如关节运动神经网络、模糊神经网络、动态神经网络等。鉴于热误差的非线性和非稳态特征，集成返神经网络（IRNN）是比较有效的新方法。返神经网络（RNN）是一种动态神经网络，由于其对稳态系统建模和模型生成的便捷性，广泛用于实时控制、系统识别和状态监控领域。机床结构的热膨胀属于热弹性变形，温度降低能够恢复原状，通常具有一阶非稳态特性，将这种特性加入 RNN，就成为 IRNN。

RNN 表现出明显的动态特征，含有前瞻神经网络所没有的时间因子。RNN 的主要特点是具有内部反馈，故称为返神经网络，如图 7-33 所示。神经网络模型的隐藏单元将某些信息反馈给文本单元，使其记住隐藏单元的某些过去状态，因而起到动态存储器的作用。因此，RNN 的输出取决于过去状态的进展和当前的输入，是一个非线性、处于稳态空间、呈时间序列的差异系统。若加入热变形弹性恢复的时间序列特征，就构成集成返神经网络模型。

借助 IRNN 对一台车床的热误差进行补偿的实验装置如图 7-34 所示。标准球安装在车床主轴上，而刀架上安装有高精度电容传感器，用以测量主轴的伸长。主轴壳体上设有两个温度传感器，一个用于测量主轴前轴承的温度，另一个测量主轴箱体的温度，安装时传感器应尽可能与热源靠近。

以两组不同实验数据，即不

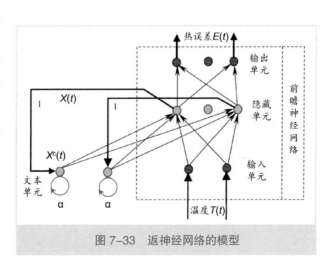

图 7-33　返神经网络的模型

209

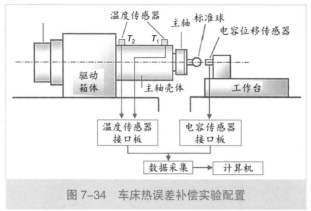

图 7-34　车床热误差补偿实验配置

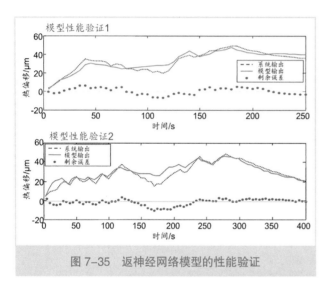

图 7-35　返神经网络模型的性能验证

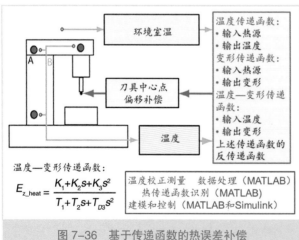

图 7-36　基于传递函数的热误差补偿

同的主轴转速范围和循环周期，对 IRNN 进行性能验证。其结果如图 7-35 所示。

实验结果显示，在不同工况下，系统实测热误差与模型输出的热误差皆比较接近，相互抵消补偿后的热误差可控制在 15μm 内，使机床热误差减少了 80%。这完全可以说明，集成返神经网络模型的精度较高，且具有足够的鲁棒性，可适用于机床热误差的补偿。

三、热传递函数及误差补偿[22]

热传递函数不仅描述热传导原理，且参数校正简单，即使输入参数未经检验，模型也能可靠工作。热传递函数非常适合热弹性有限元分析边界条件的确定或热误差补偿，其反温度传递函数可用于热源实时识别。基于传递函数的热误差补偿原理，如图 7-36 所示。

从图 7-36 中可见，分布在机床各热源附近的温度测量点 A，采集到机床各部分的温度值 B，输入传递函数系统，室温作为参考基准。附加的输入参数是主轴转速、机床结构的实时热传导系数等。

借助 MATLAB 和 Simulink 两个软件对采集到的数据处理后可进行温度校正，同时由 MATLAB 的系统工具箱识别相应的热传递函数。要确定机床结构和不同部件的热变形，往往需要建立若干热传递函数模型。

对一台卧式加工中心进行热误差测量和补偿的实验装置如图 7-37 所示。热变形检测标准棒安装在机床主轴上，有 5 个非接触位移传感器实时测量刀具中心点（主轴中心线）的偏移。在机床 19 个相应部位粘贴温度传感器，如图中所示主轴前端和后端的 T_1 和 T_2 等。进行实验时，主轴分别按照设定的 3 种转速 3 200r/min、4 800r/min 和 6 000r/min，交替反复运转。

由于这台机床结构在 Y-X 平面内是对称的，因此在 X 方向刀具中心点的热偏移较小，无须加以补偿，仅需考虑 Y 方向和 Z 方向刀具中心点的偏移。鉴于刀具中心点的热特性在加热和冷却过程中是不一样的，因此识别每一方向的热偏移需要 2 个传递函数，加上室温传递函数，一共 5 个"温度—变形"传递函数。

对机床主轴运转反应最快的温升点是主轴壳体的前端（主轴前轴承），因此，本案例在识别过程只输入下列 3 个温度参数：①主轴前端 T_1；②机床底座 T_{10}；③室温 T_{15}。

图 7-37 温度传感器和非接触位移测量

结果表明，传递函数模型的变形规律与实际测量值非常接近，吻合度达 95% 以上。

传统的机床热误差补偿模型是按照材料线性热膨胀规律建模的，目前已经集成在高端数控机床的控制系统中，但实际补偿效果有限。与基于热传递函数模型的热误差补偿相比，仍然有较大的差别。

两种不同模型仿真结果的刀具偏移点比较如图 7-38 所示。从图 7-38 中可见，热传递函数的刀具中心点偏移计算值（蓝色）无论在 Y 或 Z 方向皆与测量值（黑色）基本一致。绿色曲线是按线性膨胀模型的仿真结果，在 Y 方向与实际测量值有较大的差异。

两种不同模型仿真对热误差补偿效果的比较如图 7-39 所示，蓝色是基于热传递函数的补偿结果，绿色是基于线性膨胀模型的补偿结果。基于热传递函数的补偿方法将热误差减少了 85% 以上，其效果明显优于线性膨胀模型。

四、内部数据热误差补偿[23]

基于控制系统内部数据的热误差补偿是一种间接补偿的新方法，最大的优点是无须在机床上添加众多的温度传感器，只需要有环境温度传感器即可。而且描述温升和变形时滞特性的数学模型相对简单。系统的输入不是温

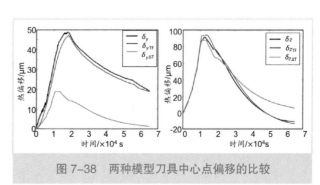

图 7-38 两种模型刀具中心点偏移的比较

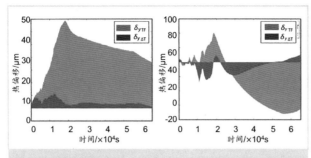

图 7-39　两种模型热误差补偿效果的比较

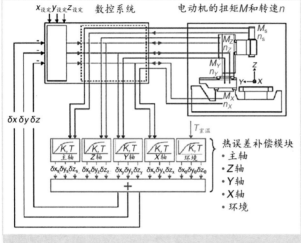

图 7-40　基于系统内部数据的热误差补偿

212

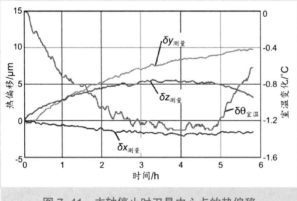

图 7-41　主轴停止时刀具中心点的热偏移

度，而是与温升和变形有关的电动机转速和扭矩，如图 7-40 所示。

电动机的转速 n 可直接从编码器读出，扭矩 M 与电流成正比，也很容易测量，将两者视为机床的间接热载荷。电动机转速和电流相对机床热变形而言，皆可视为开关量，即热载荷是瞬时施加于系统或从系统移除。但电动机转速和电流变化影响温升和热变形的传递函数具有一阶和二阶时滞特性，是随时间变化而逐渐趋向稳定的。

借助机床热变形（刀具中心点偏移）时滞模型的运算，可计算出刀具中心点的偏移。然后，将各进给移动轴造成的刀具中心点偏移与主轴和环境温度所造成的偏移相加，得到 δ_x、δ_y、δ_z，反馈到数控系统，再与各轴的位移设定值叠加，补偿刀具中心点的偏移。

室温（环境温度）对机床的加工精度有很大的影响。例如，一台立式加工中心在主轴停止、进给在某一位置锁定的情况下，室温变化 1℃左右（右侧坐标），刀具中心点的偏移 δ_x、δ_y、δ_z 如图 7-41 所示。其中 Y 方向的偏移 δ_y 最大，可达 10μm。

采用基于控制系统内部数据进行热误差补偿的成功案例，如图 7-42 和图 7-43 所示。图 7-42 是主轴分别在 25%、59%、75% 和 100% 最大转速时按设定的速度谱图（灰色块图）交替运转和停止（冷却阶段），作为机床外部热载荷输入。刀具中心点在 Z 方向测得的热偏移（蓝色曲线）与速度谱图走向非常吻合。大约 9h 后在 -Z 方向达到最大值 63μm。按照控制系统内部数据模型计算的 Z 向偏移（绿色曲线）进行补偿后，没有获得补偿的剩余误差值小于 9μm，即 85% 的热误差得到了补偿，热误差的分散

幅度也从 -28μm 降低到 4.9μm，减少了 82%。

图 7-43 所示是 Y 轴进给运动以 25%、59%、75% 和 100% 最大移动速度按设定速度谱图（灰色块图），往复运动和冷却，作为机床外部热载荷输入。所获得的结果与主轴运转类似，且测量值与计算值相当接近。与主轴运转相较，热误差偏移更大，在热负荷加载结束（约 9.5h）时达到最大值 80μm。但按系统内部数据模型计算的 Y 向偏移（绿色曲线）进行补偿后，没有获得补偿的剩余热误差小于 9μm（红色曲线），即 87% 的热误差得到了补偿，误差的分散幅度也从 59μm 降低到 -2.9μm，减少了 95%。

必须指出，尽管按数控系统内部数据进行热误差补偿方法简

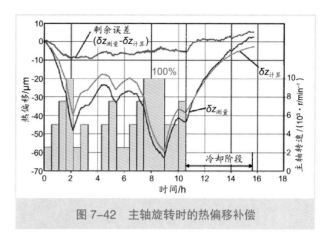

图 7-42　主轴旋转时的热偏移补偿

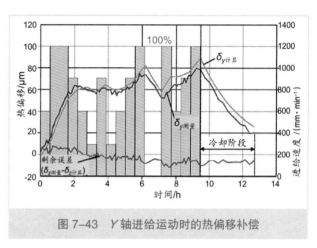

图 7-43　Y 轴进给运动时的热偏移补偿

单易行，且结果相当令人满意，但这种热补偿模型并没有考虑电动机启动停止或加减速时的瞬时电流造成的发热，更没有把电动机在实际加工过程产生的热量计算进去，与机床实际工作情况仍然有一定距离。

第七节　本章小结与展望

高端数控机床往往兼顾高速、高效和精密，则令机床的热变形问题更显突出，减少和控制机床热变形是现代精密加工领域的一个重要课题，引起了机床使用者、制造商和学术界的广泛重视。

影响机床热变形的因素是非常复杂的，国内外学者为此做了大量的研究，在理论上取得了相当的进展，机床热特性已成为机床性能研究中大家关心的基本理论之一。

近年来，机床制造商在提高机床热性能领域采取了许多措施，温度管理已成为高端数控机床的重要组成部分。例如，瑞士米克朗（Mikron）公司的 NGR-50 回转工作台加工系统不仅对电动机和机床主体结构进行循环水冷却，还将整台机床密封起来，

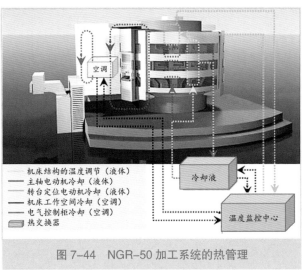

机床结构的温度调节（液体）
主轴电动机冷却（液体）
转台定位电动机冷却（液体）
机床工作空间冷却（空调）
电气控制柜冷却（空调）
热交换器

图7-44　NGR-50加工系统的热管理

安装空调。其热管理系统如图7-44所示。

本章从机床设计和应用的角度分析了机床热性能的影响因素，测量与分析方法并提出了改进设计措施。介绍了若干采用热变形补偿和冷却措施的机床案例，并对机床热特性的建模、仿真和热误差补偿方法等做了比较详细的介绍。

作者认为，机床热性能的研究和优化设计应从以下方面着手：

1）在高端数控机床设计的方案阶段，就应重视所设计机床未来应用的环境条件和机床的热特性。

2）控制和配置热源是关键。控制热源主要是指控制能耗与动力源的匹配，采用新型结构，减少二次摩擦热源，提高能源的利用率。

3）改变传统思维，把冷却、散热、润滑、排屑等装置从机床的"辅助"部件地位，提升到"重要"部件地位，不可轻视。

4）重视结构的对称性和热变形方向的设计，让热变形对精度的影响减少到最小，尤其要重视对结构件热变形数学模型的研究和应用，以便为热变形控制设计提供定性定量的指示。

5）继续深入研究和理解机床中产生的热现象，探讨各种部件中热的生成和传导规律，热的消除途径以及热对机床结构的影响规律，建立相对简化和适用的模型，借助仿真工具进行热特性的预测。

6）对机床热特性研究的最终目标是对热变形加以补偿，减少热的负面作用，并使其处于可控状态。

参考文献

[1]　张曙．张炳生，卫美红．机床热变形：机理、测量和控制 [J]．制造技术与机床，2012(5)：8-11.

[2]　Weck M,Brecher C.Thermisches verhalten von werkzeugmaschinen//Weck M, Brecher C.Werkzeugmaschinen: messtechnische untersuchung und beurteilung, dynamische stabilitaet 7[th]ed[M].Berlin:Spinger-Verlag,2006.

[3] Ito Y.Thermal deformation in machine tool[M].NewYork:MaGraw-Hill,2010.

[4] 中国国家标准化管理委员会.机床检验通则:第 3 部分 热效应的确定:GB 17421.3-2009[S].北京:中国标准出版社,2009.

[5] API.Machine tool calibration[EB/OI].[2013-04-08].http://www.apisensor.com/images/API_pdfs/product_brochures/usa/api_web_machine_tool_cal_web_broch ure-en1010.pdf.

[6] Mayr J,Jedrejewshi J,Uhlmann E,et al.Thermal issues in machine tools[J].CIRP Annals,2012,61(2):771-791.

[7] Delbressine F L M,Florussen G H J,Schijvenars L A,et al.Modelling thermomechanical behaviour of multi-axis machine tools[J].Precision Engineering,2006,30:47-53.

[8] Wu C W,Tang C H,Chang C F,et al.Thermal error compensation method for machine center[J].International Journal of Advanced Manufaturing Technology,2012,59:681-689.

[9] Frank A,Ruech F.Thermo errors in CNC machine tools: Focus ballscrew expansion[EB/OL][2013-03-23].http://www.ift.tugraz.at/topics/mtta_vortrag.pdf.

[10] Yasda.Micro center YMC 430[EB/OL].[2013-04-10].http://www.yasda.co.jp/la_English/catalogue/PDF/YMC430_e.pdf.

[11] Okuma.Thermo-friendly concept[EB/OL].[2014-02-24].http://www.okuma.co.jp/english/onlyone/thermo/index.html.

[12] Mayr J,Weikert S,Wegener K.Comparing the thermo-mechanical behavior of machine tools frame design using a FDEM simulation approach[C/OL].[2013-02-21].Proceedings of ASPE Annual Meeting,2007,17-20,www.iwf.mavt.ethz.ch.

[13] Mian N S,Fletcher S,Longstaff A P,et al.Efficient thermal error predication in a machine tool using finite element analysis[J/OL]. Measurement Science and Technology,2011,(22):85-107[2013-09-23].http://iopscience.iop.org/0957-0233/22/8/085107.

[14] Jedrzejewski J,Kowal Z, Kwaśny W.Kwany,et al.Hybrid model of high speed machining center headstock[J].CIRP Annals,2004,53(1):285-288.

[15] Jedrzejewsk J,Kowal Z, W. Kwany.High-speed precise machine tools spindle units improving[J].Journal of Materials Proceedings Technology,2005(162/163):615-621.

[16] Lin C W,Tu J F,Kamman J.An integrated thermo-mechanical-dynamic model to characterize motorized machine tool spindles during very high speed rotation[J].International Journal of Machine Tools and Manufacture,2003,43:1035-1050.

[17] Mayr J,Ess M,Weikert S,et al.Thermal behaviour improvement of linear axis[C/ OL].[2014-09-07].Proceedings of 11th euspen International Conference,V1:291-294,May 2011,Como.http://www.inspire.ethz.ch/ConfiguratorJM/publications/Thermal_be_131851729085343/P3_08_Mayr.pdf.

[18] Kim J J,Jeong Y H,Cho D W.Thermal behavior of a machine tool equipped with linear motors[J].International Journal of Machine Tools and Manufacture,2004,44:749-758.

[19] Tureki P,Jeorzejewshi J,Modrzycki W.Method of Machine tool error compensation[J/OL].Journal of Machine Engineering,2010,10(4):5-25[2013-04-10].http://www.not.pl/wy dawnictwo/2010JOM/4/1_TUREK.pdf.

[20] Mayr J,Ess M,Weikert S,et al.Compensation of thermal effects on machine tocls using a FDEM simulation approach[C/OL].[2013-01-23]. Proceedings of 9th Lamdamap conf 2009.http://www.iwf.mavt.ethz.ch/ConfiguratorJM/publications/Co mpensati_129500865499587/O1.5_Mayr.pdf.

[21] Yang H,Ni J.Dynamic neural network modeling for nonlinear, nonstationary machine tool thermally induced error[J].International Journal of Machine Tools and Manufacture,2005,45:455-465.

[22] Horejs O,Mares M,Kohut P,et al.Compensation of machine tool thermal error based on tranfer functions [J].MM Science Journal, 2010(3):162-165.

[23] Brecher C,Hirsch P.Compesensation of thermo-elastic machine tool deformation based on control internal data[J].CIRP Annals,2004,53(1):299-304.

[24] Mikron.Machining system NRG-50[EB/OL].[2014-05-04].http://www.mikron.com/fileadmin/customer/2_Pdfs/3_Mikron_Machining/Machining-Systems/Products/NRG-50/Mikron_NRG-50_e.pdf.

第八章 机床的数字控制

樊留群　黄云鹰

导读： 自从瓦特发明飞轮调速系统，人类开始能够对能量利用、机械设备的运动进行控制，从而开启了工业革命的机械化时代。人们利用自然界"看得见"的物理资源如凸轮、气动及液压作为指令的存储器和执行器，完成事先设计好的有固定控制逻辑的任务。随着麦克斯韦（Maxwell）电磁理论的提出，不仅出现了发电机、电动机这些能量的转换装置，使人类对能量的使用便捷化、分散化，而且出现了阻容调谐电路、继电器等方便用于控制调节的器件及装置，控制任务逐渐从机械装备中独立出来，由专门的控制系统完成发号施令的工作，工业进入了自动化时代。20世纪中叶计算机引领人类迈入了数字化时代，给人类打开了一扇通往另一个世界的大门。随着半个多世纪的建设，不仅机床控制的"大脑"完全进入了数字世界，机床的"身体"也逐渐现身在数字世界，构建起数字世界的孪生体。

本章通过介绍数控系统发展的历史，展示了现代数控系统的特点，使读者全面了解数控系统的现状，了解针对不同的机床需求如何选用数控系统进行匹配开发；进一步对数控系统中核心技术如刀具补偿、速度前瞻、插补位控等任务要解决的问题以及先进的算法进行介绍。网络技术不仅在办公IT环境中串联起信息节点，数控系统也越来越多地通过网络组成自己的神经系统，连接传感器和执行器，特别是智能制造对数控系统提出新的需求。首先要互联互通，使数控机床成为一个信息节点，成为工厂进行数字化转型的关键一环。最后的伺服执行环节是机床完成本职工作的保证，也是引领数控技术发展的重要因素。所以本章不仅对数控机床的用户和生产者，而且对数控系统的开发生产者都有很大的帮助。

什么是开放式数控系统？开放式数控系统的体系架构如何？本章重点对这些问题给予解释，通过对开放式数控系统软硬件详细的介绍，说明了开源、开放平台以及控制即服务理念对数控系统发展的影响。STEP-NC概念及样机在20世纪末就已出现，作为数控编程语言G代码的升级，人们给予了其很大的希望，希望能在今天的新一代信息及智能化技术赋能下，真正走向实际的工业应用。

国内数控系统在新一代信息技术的支撑下得到了很大发展，全国出现了许多具有市场竞争能力的数控厂家，有以华中数控、沈阳机床具有国资背景支持的企业，也有大连光洋、北京精雕等民营企业，他们为市场提供了各具特色的产品，使中国制造到中国创造的步伐越发坚实。

第一节　概　述

一、数字控制的现状与趋势

1．历史的回顾

数字控制（Numerical Control—NC）技术是近代发展起来的一种自动控制技术。国家标准 GB 8129-87 将其定义为"用数字化信号对机床运动及其加工过程进行控制的一种方法"。数控机床是用数字信息进行控制的机床，借助输入控制器中的数字信息来控制机床部件的运动，自动地将零件加工出来。现代数控系统普遍采用微机技术实现，称为计算机数控（Computer Numerical Control—CNC）。伴随着数控机床 60 多年的发展，机床数字控制器也从初期由机床研制单位自行设计制造转变为专业的制造商批量生产，形成了专门的产品—数控系统及其产业。数控技术从诞生到今天，大致经历了 6 个发展阶段，目前随着赛博物理系统（CPS）的理念走向了智能化的第六个阶段 [1-3]，见表 8-1。

表8-1　机床数控技术发展的不同阶段

特　点	第1阶段 研究开发期 (1952—1970)	第2阶段 推广应用期 (1970—1980)	第3阶段 系统化 (1980—1990)	第4阶段 集成化 (1990—2000)	第5阶段 网络化 (2000—2015)
典型应用	数控车床、数控铣床、数控钻床	加工中心、电加工机床和成形机床	柔性制造单元 柔性制造系统	复合加工机床 5轴联动机床	智能、可重组制造系统
系统组成	电子管、晶体管 小规模集成电路	专用CPU芯片	多CPU处理器	模块化多处理器	开放体系结构 工业微机
工艺方法	简单加工工艺	多种工艺方法	完整的加工过程	复合多任务加工	高速、高效加工 微纳米加工
数控功能	NC数字逻辑控制 2轴~3轴控制	全数字控制 刀具自动交换	多轴联动控制 人机界面友好	多过程多任务、复合化、集成化	开放式数控系统 网络化和智能化
驱动特点	步进电动机 伺服液压马达	直流伺服电动机	交流伺服电动机	数字智能化 直线电动机驱动	高速、高精度、全数字、网络化

2．现状与趋势

机床的加工精度、加工效率和自动化水平是机床控制技术不断发展的驱动力，人们对数控机床性能和功能的需求呈现出不同的特点。根据数控系统提供的功能和性能指标，一般可将数控系统分为低端、中端和高端 3 个级别，但随着电子信息技术的发展，中低端的区别越来越不明显了。

1）低端（普及型）数控。一般采用 32 位中央处理器（CPU）芯片，以模拟量或脉冲信号控制伺服驱动系统，以实现运动控制，可完成基本的直线和圆弧插补功能，实现 2 轴或 3 轴控制。主轴则采用变频控制，通常用于普及型数控车床和数控铣床。典型产品有广州数控的 GSK928 系统、华中数控 HNC-808 系列、西门子的 808D 系统等。

217

2）中端数控。通常称为全功能数控系统，可实现主要的插补功能，具有丰富的图形化界面和数据交换功能，典型产品有广州数控980系列，华中数控HNC-818系列，西门子828D系统，发那科0i系统等。

3）高端数控。具有5轴以上的控制能力，多通道、全数字总线，丰富的插补及运动控制功能，智能化的编程和远程维护诊断。典型产品有西门子840Dsl、发那科30i、华中数控HNC-848、沈阳机床i5等。作为高端数控系统标志的主要性能指标见表8-2。

表8-2　高档数控系统的主要指标

内容	特点
硬件平台	采用32位或64位多微处理器结构
插补精度	纳米（10^{-9}m）甚至皮米（10^{-12}m）
通道数量	多达10个通道，10个方程组
控制轴数	同时可控制30~40个进给轴和主轴
插补功能	直线、圆弧、多项式、样条曲线
插补周期	0.125 ms以下
前瞻功能	前瞻1 000个程序段以上
5轴加工	回转刀具中心点和三维刀具补偿等
补偿功能	直线度误差、悬垂度误差、热变形误差等
智能调试	智能匹配、伺服在线辨识和整定
编程支持	高级语言、图形化向导、集成化CAM系统
调试维护	智能化维护，远程服务支持
数字总线	现场总线，实时以太网
工艺支持	精优曲面加工，铣削加工动态优化等

数控系统作为智能制造系统的主要节点"数控机床"的控制器，日益呈现出云端化平台化的趋势[4-6]。根据数控系统的软硬件架构及提供的二次开发能力，可将数控系统分为传统数控、半成品、软数控以及数控平台，如表8-3所示。第一类，如西门子、发那科等大多数数控系统提供商的产品，用户只需与机床进行匹配调试就可应用于机床的控制。第二类，如德国的PA（Power Automation）公司、倍福（Beckhoff）公司则提供模块化的数控系统软硬件，由用户自行配置后形成自己品牌的数控产品。美国DeltaTau公司提供PMAC运动控制卡和相关软件，由用户开发组成自己的数控系统等。第三类，如德国的ISG和CODESYS等软件产品，配合标

表8-3　不同结构层次的数控系统产品

层次	结构	特点	生产厂商
1	全系统	全部数控软硬件系统，用户只需完成简单的配置和调试。系统配置固定，柔性低，价格相对较高	西门子、发那科、海德汉、三菱、华中数控、广州数控和飞阳数控
2	半成品	用户可选余地大，需有一定的开发设计能力，完成系统结构设计后可形成自己的品牌	• 德国的PA、倍福 • 美国的DeltaTau • 固高
3	核心软件	提供数控核心软件、源代码，用户可选择硬件平台进行开发，对开发能力要求高	• 德国的ISG • 美国的EMC • 美国的OpenCNC

准化的硬件，由用户自行配置或二次开发形成自己品牌的数控产品。美国国家标准与技术研究院（NIST）及其他开源组织可提供开源的LinuxCNC数控软件，用户可免费得到其源代码，并可在GNU共享协议下进行开发[7]。第四类，如沈阳机床的i5OS平台，i5OS集成了工业控制和运动控制核心技术，为用户提供了应用程序（APP）开发框架，用户可像开发、下载、安装和应用手机APP那样进行数控系统的开发和使用，真正使数控系统走进互联网时代[8]。

综上所述，从数控系统发展的轨迹来看，在硬件体系结构上，由原有的专用封闭式向通用开放式转变，采用高度集成化的精减指令计算机（RISC）、CPU芯片和大规模可编程集成电路可擦除可编辑逻辑器件EPLD（Erasable Programmable Logic

Device)、复杂可编程逻辑器件 CPLD (Complex Programmable Logic Device) 、现场可编程逻辑门阵列 FPGA (Field Programmable Gate Array) 及专用集成电路(ASIC) 芯片，具有强大的计算处理功能且结构更加紧凑，使数控系统插补控制周期普遍小于 1ms。同时借助现场总线连接更多的数字化传感器、执行器和其他数字化设备，使数控系统从数字化走向网络化。在运动控制方面，加工精度从毫米级向微米、亚微米、纳米级发展，进给速度向 100m/min 级目标前进，主轴转速也达到了 100 000r/min 级。从硬件为主的数控系统向"软件定义"的软数控（Soft CNC）与平台化发展。在功能方面，数控机床不仅是车间中的一台加工设备，更成为制造网络系统中一个信息服务的节点，实现机床的状态分析和使用管理，甚至机床的商务金融方面的信息管理。工艺的复合，不仅有车铣磨等不同传统切削工艺的复合，还出现了在一台机床上可同时进行 3D 打印和切削加工等不同工艺的复合[9]。特别是在智能化方面，利用各种人工智能技术、监测技术等，实现加工过程中的误差补偿、自动修正、自主适应与机床健康状态评估等功能[10]。

二、对机床数字控制的要求

从工厂信息化的角度来看，数控机床处于设备层，是工厂的基础制造装备。生产计划通过工厂企业资源规划软件（ERP）进行规划，由技术部门进行工艺设计，编制加工工艺和数控程序。车间的制造执行层（MES）进行生产调度管理，通过分布式数控 DNC (Distributed Numerical Control) 接口将加工任务及加工程序传递给机床数控系统，由数控机床完成相应的加工任务，并将加工状态反馈给 MES 系统。工厂则通过互联网实现与供应商、用户以及外部服务资源的信息互通。因此，数控系统不仅是机床的控制器，也是工厂和车间信息化的基础。

数控系统是机床的大脑和神经系统，同时承担输入输出和驱动控制功能。在生产实际应用中，从加工质量、生产率和易用性等方面都对数控系统提出不同要求，如图 8-1 所示。具有网络集成能力，实现机床和车间其他设备的集成，构成生产制造单元或柔性制造系统，实现生产指令和机床运行状态的信息交换，是现代制

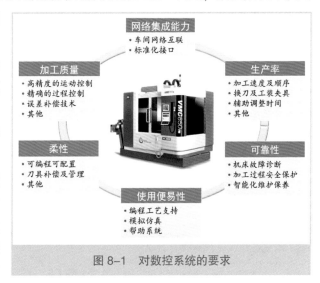

图 8-1 对数控系统的要求

造对数控系统的新要求。通过高精度运动控制提高加工质量，通过高效加工减小辅助时间来提高生产效率。此外，在机床的可靠性和使用便易性以及绿色、节能减排等方面，数控系统都起着重要的作用。

219

三、数控系统的组成

机床数控系统由人机界面（Human-Machine Interface—HMI）、数控核心（NC core）、可编程逻辑控制（Programmable Logic Control—PLC）以及轴和驱动控制（Axis and Drive Control）4 部分组成，如图 8-2 所示。人机界面是人与机器进行交互的操作平台，是用户与机床互相传递信息的媒介，用以实现信息的输入与输出。人机界面通常由显示屏、编辑键盘、操作面板和通信接口组成。对于大中型机床设备一般还配有手持单元。人机界面的显示形式为文字和图形，大多采用液晶显示器（LCD）或发光二极管（LED）屏幕。编辑输入包括键盘、鼠标或触摸屏。编辑输入包括键盘、鼠标或触摸屏，对于大中型机床设备一般还配有手持单元。除了人机交互，随着数字化车间及网络化智能化的发展，设备与设备 M2M（Machine to Machine）交互需求日益提高，机床与上层控制器及其他数控设备的网络连接接口也成为数控系统重要的组成部分[12]。

数控核心是完成将零件加工程序转化为机床的运动控制及过程控制的软硬件系统，随着加工曲面的日益复杂以及多轴联动和复合加工的应用，空间坐标的转换和曲线插补的算法成为数控系统的核心技术。多轴多通道、样条曲线插补和拟合、速度前瞻优化、刀具三维补偿以及各种误差补偿技术等已成为不同品牌高端数控系统的竞争焦点。数控系统中软件所起的作用越来越大，随着硬件平台向开放式平台发展，硬件所占的成本越来越低，几乎 80% 以上的高档数控成本都是软件成本。

机床的 M、S、T 等辅助功能主要是通过 PLC 实现，不同型号和类型的机床逻辑控制各有不同，因此 PLC 程序的开发是机床制造商和最终用户的一项重要工作。驱动控制是电与机转换的过程，它将位置指令转换成速度指令，通过伺服电动机驱动机床运动，是机电耦合的系统。驱动控制在很大程度上体现数控系统的动态性能，直接影响机床的加工精度。

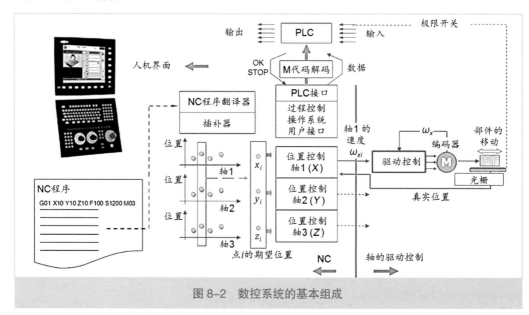

图 8-2　数控系统的基本组成

四、机床控制系统的设计和选型

1．控制系统设计的范畴

机床控制系统设计与实现主要从以下 3 个方面进行：

1）供电电源及传输。确定电源的类型和功率，从工厂电网将电源引进机床电气控制柜，根据要求进行隔离、抗干扰、供电安全等方面的设计。

2）控制功能的设计与实现。选择数控系统以及相关的驱动控制器和伺服电动机，进行操作界面的设计与开发、控制柜的配置与设计以及针对机床加工过程的 PLC 程序开发。

3）安全功能的设计与实现。对系统进行安全风险评估，按照相应的安全等级和国家标准，完成针对操作人员和设备的安全措施设计。

2．数控系统的选型

数控系统的选型根据机床功能的要求，可在价格、品牌、功能及服务等方面综合分析考虑，特别要注重开放性对机床制造商和最终用户带来的益处。技术方面主要考虑因素如下：

1）类型。根据机床的类型，有车床、铣床及加工中心、磨床等不同类型机床用数控系统。配置机械主轴还是电主轴，进给驱动采用滚珠丝杠还是直线驱动等问题，都是选择数控系统要考虑的问题，另外选择开放体系结构基于总线具有以太网接口也是重点要关注的要点。

2）功能。随着信息技术的发展，数控系统的功能越来越丰富，中低档数控系统在一般功能上与高档数控相差无几，但在可联动轴数、可扩展性、插补种类、高级工艺以及使用维护诊断等方面还有明显区别。

3）性能。性能指标说明机床在加工质量、效率和稳定性等方面的好坏，如控制精度、插补精度、伺服系统的功率扭矩及最大转速等参数。

例如，日本发那科公司经过多年的经营努力，其产品在我国中高端数控机床中得到了较广泛应用，主要产品有[13]：

1）Power Motion i 系列。这个系列的产品应用于一般的工业机械运动控制和过程控制，最多可有 4 个通道，最多可控制 32 个轴，最多可 4 轴联动。主要应用于冲压、包装以及上下料设备。

2）0i 系列。面向中低端高性价比的数控机床，可用于车、铣、磨床等，可有两个通道，每个通道最多可控制 9 ～ 12 个轴，最多可 4 轴联动。

3）30i 系列。这个系列的产品用于多通道复合可达 15 个通道，最多可控制 96 个轴，最多可 24 个轴联动，具有人工智能和纳米控制的高端数控系统，包括 FS30i/31i/32i/35i Model B。

又如，德国西门子公司的数控系统产品主要有[14]：

1）808D。面向普及型数控机床，结构高度集成，最多可控制 4 轴，可 3 轴联动。

2）828D。集 HMI、CNC 和 PLC 功能于一体，结构紧凑，性能优越，通过总线

221

进行伺服驱动，具有 80 位浮点数纳米计算精度，最多可控制 6 ～ 8 轴。

3）840D。采用模块化的结构以及 DRIVE-CLiQ 驱动总线和动态伺服驱动技术，可实现纳米控制，最多可达 30 个通道，93 个控制轴。通过采用 Sinumerik Integrate 及 Profinet 网络，可完美集成到西门子全集成自动化（TIA）环境，具有很好的开放性。

在国家重大专项的支持下，国产数控系统获得了快速的发展，其性能、质量和可靠性都有了很大提高，得到了国内机床制造商的认可，特别是中低端数控机床大多已配置国产数控系统。在技术路线上，国产数控系统普遍采用嵌入式平台或工业 PC 机 +Linux 及总线的体系结构，高端产品具有 5 轴联动和样条插补功能。出现了如华中数控、光洋数控和 i5 数控系统等众多厂家，产品覆盖从低端到高端的应用需求。国外其他主要的数控厂家和品牌还有日本的三菱电机（MITSUBISHI），德国的海德汉（HEIDENHAIN）和博世力士乐（REXROTH），法国的（NUM）以及西班牙的发格（FAGOR）。我国台湾地区的新代（SYNTEC）、台达（DELTA）和宝元（LNC）数控也都有一定的市场。

3．可编程逻辑控制器

不同型号和类型的机床所需的逻辑控制各有不同，所以 PLC 程序的开发是机床制造商和最终用户的一项重要工作。机床制造商在数控系统提供的 PLC 开发环境中，根据机床的类型和特点进行客户化的开发工作，对机床的 M、S、T 等辅助功能进行开发，实现操作面板的客户化功能以及对冷却润滑、工件装夹和换刀等过程的控制功能。这些工作一般由机床制造商完成，然后提供给最终用户相应的电气图和 PLC 程序。

在数控机床出现之前，机床的控制主要采用继电器控制系统，对开关量信号进行逻辑控制，实现电动机的启动、限位及安全连锁保护功能，完成对机床的加工过程的控制。随着可编程控制技术的不断发展，不但能够进行时间逻辑控制，而且还能够进行复杂的调节控制和速度位置控制，所以有些没有复杂运动控制要求的点位控制机床就可采用 PLC 直接控制。随着 PLCopen 组织的发展壮大，基于 IEC 61131-3 标准，出现了 PLCopen 运动控制（Motion Control）标准及 PLCopen OPC UA 信息模型，将 PLCopen 的应用进一步扩展到了设备的运动控制[15]。

西门子 840D 中采用 S7-300 系列 PLC 实现逻辑控制功能，它具有相对独立的硬件结构。发那科将 PLC 称为可编程机器控制器（PMC），它也是独立的硬件结构。新兴的数控系统生产商大多采用 PLCopen 标准实现逻辑控制功能，其硬件与 NC 共用 PC 平台，通过总线将输入输出信号和接口电路相连，依赖软件实现 PLC 的逻辑控制功能，这种结构的 PLC 也称软 PLC（SoftPLC）。

通常由数控系统生产商提供 PLC 开发环境和 PLC 程序基本框架，机床制造商则根据机床的特点进行修改和扩展，最终完成 PLC 的开发和调试工作。采用 SoftPLC 的开放式数控系统的好处是，其软件框架是标准化的，同样的软件可适应不同的 I/O 硬件，具有丰富的编程环境，不需要其他编程器或调试器就能在机床数控系统上进行编程和调试，方便和简化了 PLC 的开发和调试工作。

第二节　数控系统的架构

一、从封闭走向开放

传统的数控系统是封闭式的，各家厂商之间没有统一的标准，数控系统指令体系、软/硬件标准的互不兼容，造成了数控系统使用、升级、维护和二次开发的不便，阻碍了数控技术的发展，给进一步推广应用带来了困难。早在 20 世纪 80 年代，发达国家和地区就纷纷启动开放式控制系统的研究，针对开放式数控系统的体系结构规范、通信与配置规范、运行平台等核心问题进行深入研究，如美国的"OMAC"、欧盟的"OSACA"、日本的"OSEC"，以及我国的开放式数控体系结构标准"ONC"等计划，提出了开放式控制系统的设想，旨在建立一个与制造商无关的、标准化的、开放的控制系统平台。随着开放式数控系统的不断发展，业内出现了不少商业化和非商业化的开源开放式数控系统，其典型代表包括 OpenCNC、LinuxCNC、Machinekit 等。

开放式数控系统以标准化的软硬件体系结构以及便于扩展、联网和开发的客户化应用软件来推动这种潮流。近年来数控系统的开放理念得到了越来越广泛的认同，新兴的数控系统生产商几乎全部采用基于 PC 的开放技术路线，即使市场领先的数控系统生产商也在不断地向这个方向转变。随着 CPS 概念的提出及发展，人们对软件信息在系统中的地位和作用的认识更加清晰，软件决定控制系统的价格、功能与性能的趋势越来越明显。随着工业互联网平台技术的发展，采用工业 APP 理念构建数控系统架构成为发展的方向，控制器即服务（Control as a Service—CaaS）的理念也逐渐被人们接受，使数控系统成为智能化制造的工具、信息化数据的来源、网络化协同的载体、客户化服务的延伸。

国际电气和电子工程学会（IEEE）对开放式系统做出了如下定义："具有下列特性的系统可称为开放系统：符合系统规范的应用，可运行在多个生产商的不同平台上，可与其他的系统应用互操作，并且具有一致风格的用户交互界面"。

针对开放式数控系统的应用需求，一般认为，开放式数控系统应具有以下基本特征，这也是衡量数控系统开放程度的准则：

1）可移植性。控制系统中立于计算平台，代码最大限度地兼容多种计算平台。

2）可裁剪性。不同的用户需求可以通过增加或减少系统功能模块形成新的控制系统。对于特定的功能模块，可以通过标准化接口对其功能进行二次开发。

3）互操作性。包括系统内部标准部件之间的互操作性，系统与外部应用之间互操作性以及不同系统之间的互操作性。

4）可扩展性。根据特定的生产需要和集成加工经验的要求，通过提供标准化的应用程序接口和编程规范，由用户、数控系统生产商扩展系统部件的功能，使系统具有增强的性能表现。

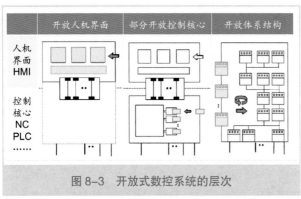

图8-3　开放式数控系统的层次

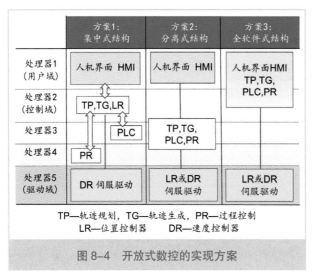

TP—轨迹规划，TG—轨迹生成，PR—过程控制
LR—位置控制器　　DR—速度控制器

图8-4　开放式数控的实现方案

二、开放式数控系统的结构

数控系统是一种典型的实时多任务的系统,从硬件专用电路、单微处理器板卡结构到多处理器模块化结构，发展到今天以PC平台通过总线连接各个部件的开放式系统。数控系统的开放程度具体表现在人机界面、数控核心或整个系统结构的开放性上，有下列3种不同形式[1]，如图8-3所示。

1）开放人机界面。"开放"仅限于控制系统的非实时部分，仅可对面向用户的程序作修改，进行二次开发。

2）控制系统核心（数控和可编程控制等）有限度开放。数控核心的拓扑结构固定不变，但可嵌入包括实时功能的用户专用模块。

3）开放的体系结构。数控核心的拓扑结构可变，全部模块都是开放的，可以更换，规模可变、可移植和协同工作，可在标准规范下按需配置成不同的数控系统，甚至以工业APP或云数控的形式组成数控系统。

目前数控系统的开放性大多以PC体系架构为基础，有3种方案：①集中式结构。采用多CPU结构，通过计算机总线将这些CPU系统连接在一起，结构紧凑。人机界面在PC平台上构建，以体现其开放性。硬件系统仍取决于数控系统生产商，典型产品如西门子的828D、发那科的30i。②分离式结构。人机界面和实时控制功能分别由独立的系统承担。人机界面在PC硬件平台和Windows或Linux操作系统下开发，其数控核心硬件系统和伺服控制系统设计成模块化结构。如西门子840D sl、海德汉iTNC 530。③全软件式结构。以PC平台为基础，仅增加总线通信卡和伺服系统及I/O模块，软件在通用的Windows或Linux系统上加入实时操作系统内核后进行开发。典型产品如德国PA公司的PA8000、沈阳机床的i5数控系统、华中数控等。

目前主流数控系统通过现场总线将数控核心与I/O端子、伺服系统及其他传感执行部件连接在一起（图8-4）组成数控系统。现场总线像神经系统一样在机床的大脑、感知部件和执行部件之间传递数据和信息,使机床有条不紊地工作。随着物联网(IoT)

技术的发展，越来越多的传感器或传感器信息接入到数控系统中，使数控系统能够感知加工过程中机床本身的状态和周边环境的状态，从而能采取适合的方法完成加工任务。

三、数控系统的软件架构

现代数控系统都建立在专用或通用的实时操作系统之上，实现实时多任务要求的方法有：①采用专用的实时操作系统，如 VxWorks；②采用 Windows 加上实时扩展 RTX；③采用 Linux 加上如 preempt_rt、xenomai、RTAI 等实时扩展。对最终用户来说，采用后两种方式实现的数控系统，由于是基于通用操作系统，因而可用资源丰富，价格优势明显，具有更好的开放性。

根据实时性的要求一般将实时任务分为：①实时突发性任务。任务的发生具有随机性和突发性，是一种异步中断事件。主要包括故障中断(急停、机械限位、硬件故障等)、机床 PLC 中断、硬件（按键）操作中断等。②实时周期性任务。任务是精确地按一定时间间隔发生的。主要包括插补运算、位置控制等任务。为保证加工精度和加工过程的连续性，这类任务处理的实时性是关键。在任务的执行过程中，除系统故障外，不允许被其他任何任务中断。③弱实时性任务。这类任务的实时性要求相对较弱，只需要保证在某一段时间内得以运行即可。在系统设计时，它们或被安排在背景程序中，或根据重要性将其设置成不同的优先级（级别较低），再由系统调度程序对它们进行合理地调度。这类任务主要包括：阴极射线管 CRT（Cathode Ray Tube）显示、零件程序的编辑、加工状态的动态显示、加工轨迹的模拟仿真等。

开放式数控的软件框架结构如图 8-5 所示，共分成五个层次，分别是内核层、设备抽象层、基础核心层、服务抽象层和应用层。内核层构建一个足够可靠的实时操作系统；设备抽象层将原本严重耦合的设备驱动程序依赖通过设备抽象进行了依赖倒置，剥离了设备抽象层之上对于内核层设备驱动程序的直接依赖；基础核心层是数控系统基础核心功能的实现部分，主要包含实时任务管理框架、PLC 运行时框架和 CNC 运行时框架；服务抽象层是将整个数控系统的底层部分通过抽象服务的形式向应用层提供各类接口；用户可以自由选择其所需的应用，甚至开发面向其需求的应用。

由于 Linux 的开放性以及实时扩展的确定性保障，"Linux+实时扩展"成为开放式数控系统的主流，一般采用双内核技术，

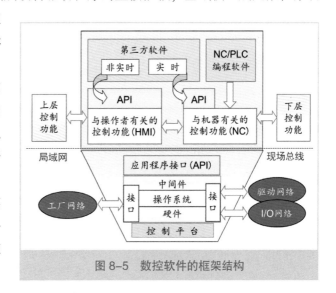

图 8-5　数控软件的框架结构

225

即在 Linux 内核上移植一个同时运行的实时微内核以专门响应和处理实时任务，而一般的非实时任务则交给标准的 Linux 内核来处理。基于 Windows 的实时拓展 RTX 通过在硬件抽象层（HAL）增加实时扩展来实现优先抢占式实时任务的管理和调度，从而确保数控系统实时任务的执行。随着运动控制的应用越来越广，工业机器人也越来越多采用轨迹控制方式取代原来的点位控制，许多机器人也采用数控系统的方式进行控制，出现了许多以开源 ROS 为代表的机器人控制平台；PLCopen 组织也提出了运动控制模块标准，旨在过程控制中加入运动控制。运动控制的基本要求相同，实时同步使它们呈现出融合集成的发展趋势。

四、STEP-NC

人们逐渐意识到数控系统一直沿用的 ISO 6983 标准的 G、M 代码已不能适应现代化生产和技术发展的需要。这种面向运动和开关逻辑控制的数控程序限制了数控系统的开放性和智能化发展，同时也使得 CNC 与 CAx 技术之间形成了隔阂。欧共体 1997 年开始了遵从 STEP 标准、面向对象的数控加工标准化研究，提出了 STEP-NC（ISO-14649）的概念。虽然 STEP-NC 直到今天还没有形成商业化的市场应用，但围绕这个主题的全球范围研究一直没有中断。例如，美国国家标准化技术研究院（NIST），多年来一直支持 STEP Tools 公司对其进行维护和发展 [16]。作者认为，以加工特征为基础的 STEP-NC 技术，使人们看到了数控系统将从被动的轨迹和逻辑命令的执行者向能自主规划加工任务的智能装置发展，付诸生产实际应用已为期不远。

STEP-NC 将产品模型数据交换标准 STEP 扩展到数控加工技术领域，定义了 CAD/CAM 与 CNC 之间的接口。它使数控系统可直接使用符合 STEP 标准的 CAD 三维产品数据模型（包括几何数据、设计和制造特征），加上工艺信息和刀具信息，直接生成数控加工程序来控制机床。STEP-NC 文件数据的部分内部结构如图 8-6 所示。从图 8-6 中可见，工件上需要加工的区域由一系列加工特征定义，如平面、孔、槽等。零件加工工艺规程规定了加工过程的工序。每一个工序对应若干加工操作工步，如钻孔、面铣削、轮廓铣削等。借助 STEP-NC 编程软件生成刀具轨迹，包括参数化轨迹、铣刀位置和铣刀接触点轨迹。每个操作工步不仅包含了工艺、刀具和加工策略信息，还提取了产品几何、工艺方法和刀具轨迹的有关属性信息 [17]。

基于 STEP-NC 的数控系统如图 8-7 所示。从图 8-7 中可见，CAM 系统按照加工特征和 STEP-NC 标准生成数控加工程序。数控系统接收 STEP-NC 程序，根据本身的工艺能力，生成高层控制数据和加工轨迹。最后通过总线接口输至开放的智能驱动模块，驱动进给和主轴。机床运动部件的工况反馈给数控和 CAM 系统，信息流和数据流都是双向的。STEP 标准延伸到自动化加工的底层设备，使数控系统在结构、功能和制造系统中的地位等各方面发生了根本的变化。这种变化必然会影响到相关的 CAx 技术，大致有以下几个方面：

1）数控编程界面。以 ISO-14649 取代 ISO-6983，使得编程界面大为改观，现场编程极其方便，而且易于再利用。当被加工工件某些特征有改变时，只需改变有关特征的几何描述，无须改变其他要素。

2）数控系统的开放性。目前，由于 ISO-6983 的覆盖面太窄，数控系统生产商不得不开发自己的扩展指令。因此，CAM 和 CNC 必须使用同一套代码，否则必须选用特定的后置处理程序。对于 STEP-NC 控制器而言，其数据格式完全一样。它告诉 CNC"要加工什么"而不是具体轨迹和动作，由数控机床决定"如何加工"，其程序具有良好的互操作性和可移植性。

3）数控系统的智能化。作为目前 CAM 与 CNC 之间的接口，G、M 代码的形成过程造成大量有用信息的流失，这也是目前的数控系统智能程度低下的一个主要原因。与此相反，STEP-NC 数控包含了加工产品所需的所有信息，为数控系统在全面了解产品的基础上进行自主加工提供了基本条件。

4）加工质量和效率。STEP-NC 的提出改变了目前

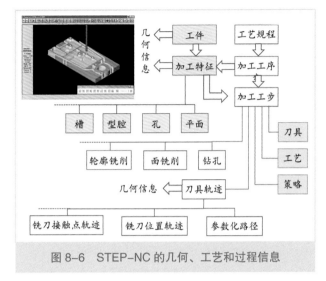

图 8-6 STEP-NC 的几何、工艺和过程信息

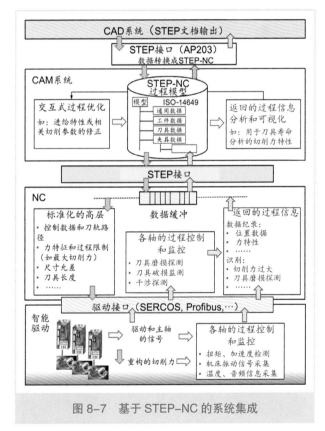

图 8-7 基于 STEP-NC 的系统集成

数控系统作为加工任务被动执行者的地位。STEP Tools 公司的研究表明，STEP 与 STEP-NC 的应用可使 CAD 阶段的生产数据准备减少 75%，加工工艺规划和编程时间减少 35%，加工时间（特别是 5 轴高速数控铣床）减少 50%[18-19]。

第三节 数控核心中的关键技术

一、译码及刀具补偿

1. 译码处理

数控系统的译码工作就是对用户编制的零件加工程序进行检查并翻译转换成内部所能识别数据结构，它从零件加工程序的文本文件中提取出插补种类及相关参数、速度信息、刀具信息以及辅助信息，以内部中间格式存储供后面的任务调用处理。数控的译码处理有两种方式：①解释型译码。系统逐行地对代码进行解释，采取边译码边执行的方式完成。这种方式是目前数控系统的主要译码方式；②编译型译码。即应用编译程序对零件加工程序一次性进行编译后，系统将其交给后续任务进行处理。这种方法效率高，但它需要较大的内存。虽然译码非常复杂，而就其过程而言，与计算机进行编程语言的编译工作几乎相同，一般可划分为五个阶段：词法分析、语法分析、语义分析、优化、目标代码生成。

2. 刀具补偿

为了零件加工程序编制的方便，先不考虑刀具的影响，直接以零件表面轮廓进行加工编程，然后数控核心根据实际所采用的刀具形状和尺寸进行补偿，使实际的切触点和编程加工点重合，从而加工出合格的工件。刀具补偿功能已成为 ISO 中定义的标准功能，在编制工件粗、精加工程序的过程中，合理运用刀具补偿功能，可以极大减少计算工作量及编程工作，提高加工效率。

不同类型的机床和刀具，需要考虑的补偿参数也不同（图8-8）。一般三轴以下的数控机床刀轴方向在加工中不能改变，因而其长度补偿和半径补偿是相对于平面进行的。刀具补偿参数通过对刀仪测量，输入到数控中刀具补偿表中。刀具补偿时在某些轨迹上有可能产生过切，一般数控系统都有进行过切检查的功能，能进行三个连续段之内的检查，其他的过切检查需要通过加工模拟仿真进行。

数控中通常是根据刀具编号 T 进行补偿，刀具补偿参数事先通过对刀装置进行检测，参数值存入数控系统中的刀具补偿表中。机床用到那把刀具时，数控系统就根据这把刀具编号从刀具补偿表中取出补偿参数计算进行补偿。特别同一把刀具上安装有不同刀片的多功能刀具，有不同的补偿参数，这时就需要加入补偿号，用来区别不同的刀刃。随着技术的发展，刀具识别也从传统的根据刀库中刀座号识别向无线射频（RFID）及条码技术发展，大大降低了刀

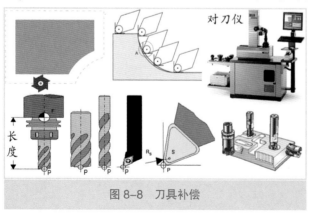

图8-8 刀具补偿

具管理的出错率，促进了刀具全生命周期的统一管理。同时刀具磨损、破损在线检测及刀具寿命管理也成为数控系统的重要的工作。

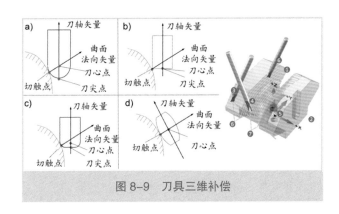

图 8-9　刀具三维补偿

多轴加工机床由于在加工中刀轴矢量方向不断发生变化。不同刀具的加工方式，其刀轴矢量、刀尖点与接触点的位置关系也不一样。无论是长度补偿还是半径补偿都是在三维空间进行，算法非常复杂，如图 8-9 所示。因此一般多轴加工机床都将刀具补偿放在 CAM 中进行，所编制的程序是针对特定机床和刀具的，一旦更换机床和刀具，就需要重新编制加工程序。因此，具有空间三维刀具补偿功能成为高端数控系统的竞争热点。

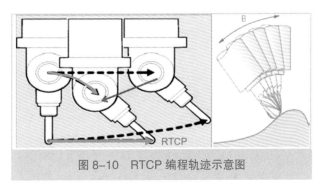

图 8-10　RTCP 编程轨迹示意图

目前国外几个主要 CNC 生产商在其高档五轴联动数控系统中已经带有刀具半径补偿功能，如 SIEMENS 840D 系统、FANUC30i 系统，但它们的关键技术是对外保密的。旋转刀具中心（RTCP）编程方法，在编程时直接根据刀具中心点（TCP）进行编程，由数控系统根据机床的类型、刀具的长度以及旋转轴运动的角度进行补偿，保持刀具刀尖点位置不随刀具长度和刀轴矢量的改变而变化，如图 8-10 中的橙色刀尖点走出直线加工轨迹，给五轴编程带来极大方便。

二、插补方法

数控编程时将零件上要加工的平面、凸台、型腔及曲面等规划成相应的刀具加工轨迹，这些轨迹通常由直线、圆弧、曲线组成。插补就是根据给定曲线的起点和终点、进给速度、轨迹线形和插补周期计算轨迹上中间点的方法。具体来讲，就是计算出每个插补周期这些中间点在各个坐标轴上的理论坐标，这个值作为伺服系统进行位置控制的理论值。当前插补方法主要用数据采样插补，将插补周期等分化，依次根据当前点计算出下一点：

$$x_{n+1} = x_n + \Delta_x, \ y_{n+1} = y_n + \Delta_y, \ z_{n+1} = z_n + \Delta_z \tag{8-1}$$

插补工作一般是由软件完成，插补工作是实时性要求很高的任务，插补周期在 10ms 以下。通常设定的插补周期与位置控制的周期相同，也可为其的整数倍。插补也可分为粗插补和精插补两个阶段进行：粗插补完成复杂大计算量插补工作，如曲线

229

的插补计算；精插补根据粗插补的结果采用简单高效的算法实现。有些数控系统采用数字信号处理器（DSP）芯片实现精插补，可将精插补的周期缩短到 0.1ms 以下。

高速高精度曲面的数控加工，为了保证加工质量必须缩短插补和位控周期，在同样的进给速度下，插补周期越短，所走出的弦线长度越短，形成的弓高误差越小。相反，如果要求的加工误差相同，插补周期越短，则可采用的进给速度就越大。随着插补周期的缩短，要求插补精度也越高，例如，进给速度 F=600mm/min，插补周期 T=0.1ms，一个插补周期的理论增量 Δ =$F \times T$=600÷60 000×0.1=1 μm。如系统插补精度等级为 1 μm，当速度小于 600mm/min 时，在某些周期中由于小数的四舍五入关系，插补得到的理论值可能为零，对应的控制指令将使伺服系统停止运动；而下一周期理论值可能为 2 μm，要求的速度将接近 1 200mm/min，造成进给速度波动很大。因此，必须提高插补精度以适应高速高精度的数控加工。

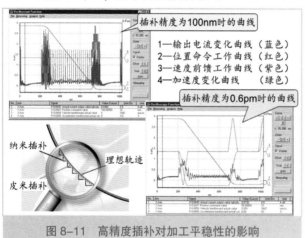

图 8-11 高精度插补对加工平稳性的影响

由于高速高精度数控加工对精度和表面质量的高要求，传统数控系统以微米为最小控制单位进行插补和运动控制已经不能满足要求。西门子 828D 系统采用 80 位浮点计算精度进行插补运算，发那科 30i 和三菱 M700V 等系统都实现了纳米（1nm=10^{-9}m）级插补，Andronic 3060 系统的插补运算甚至精化到皮米（1pm=10^{-12}m）。在给出同一位置指令的情况下，纳米级和皮米级插补精度对输出电流和加速度的影响如图 8-11 所示[20]。从图 8-11 中可见，插补不仅仅是一个轨迹计算精度的问题，它还涉及前瞻平滑处理、插补位控周期和伺服系统动态响应及精度技术。

随着汽车、航空航天工业的发展，零件轮廓曲面越来越复杂，仅仅用直线和圆弧拟合曲线已不能满足高速高精度曲面加工的要求，因此拥有样条曲线插补功能已成为先进数控系统的标志。曲线主要有两种方法表示：隐式方程法和参数方程法。参数方程法因其易于编程和计算成为 CAD/CAM 系统首选曲线表示方法。一个三维曲线就可以用如下的参数方程表示：

$$x = x(u_i), y = y(u_i), z = z(u_i)\text{；其中参数 } u \text{ 满足 } 0 < u < 1 \qquad (8\text{-}2)$$

插补时计算出下一点的 u_{i+1} 并将其代入 (8-2) 式即可计算出下一点坐标值。曲线的参数方程可以非常方便地控制多轴机床的运动，数控系统的各种曲线直接插补算法都基于曲线的参数方程。通常把这三个方程合写成 $p(u) = [x(u), y(u), z(u)]$，或者笛卡儿分量表示形式：

$$P(u) = x(u_i)\, i + y(u)\, j + z(u) k\text{，其中 } i, j, k \text{ 分别为三个正交单位矢量} \qquad (8\text{-}3)$$

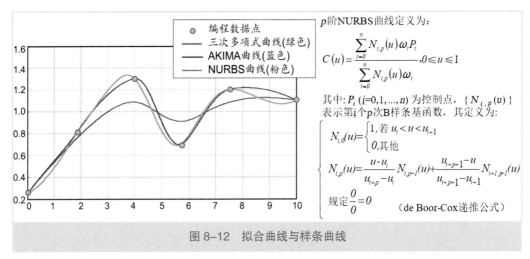

图 8-12　拟合曲线与样条曲线

简记 $P_i = P(u_i)$。目前高端数控系统大多具有多项式、三次样条或非均匀有理 B 样条（NURBS）曲线的插补功能。早期工程技术人员利用薄木条通过关键点来拟合所需的曲线形状，样条曲线由此得名。到 20 世纪 80 年代后期，NURBS 方法成为应用最为广泛的曲线曲面描述方法。美国的产品数据交换标准 PDES（product data exchange）和 ISO 组织关于工业产品数据交换的 STEP 标准相继将 NURBS 样条作为定义工业产品几何形状的唯一数学方法。大型 CAD/CAM 软件，如 NX、CATIA 等都已配置了 NURBS 样条功能。西门子、发那科等高端数控系统也实现了样条曲线插补功能。

图 8-12 对比了相同控制点不同样条曲线的平滑度，AKIMA 和三次多项式曲线采用插值方式，使拟合曲线通过所有给定控制点，其中三次多项式曲线的波动稍大些。NURBS 样条曲线不受给定控制点多边形的限制，只在首末点和控制点重合，其整体走向更加

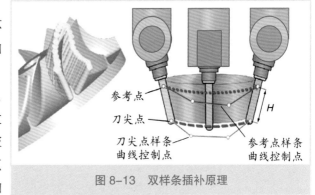

图 8-13　双样条插补原理

平滑。目前高端数控系统主要采用三次 NURBS 样条，很少使用高于三次的样条曲线。例如，西门子通过 ASPLINE、BSPLINE 和 CSPLINE 样条实现上述 3 种曲线的插补功能，特别是在多轴加工中还推出所谓的平面插补[21]（大圆弧插补）和双样条插补。双样条插补除了刀尖点样条曲线外，还有一条描述刀具上参考点的样条，这样使刀轴矢量也同刀尖点一样平滑插补，如图 8-13 所示。

三、速度前瞻

1. 加减速处理

任何工件无论其结构形状如何，最终加工均是由一段段轨迹段（圆弧、直线等）

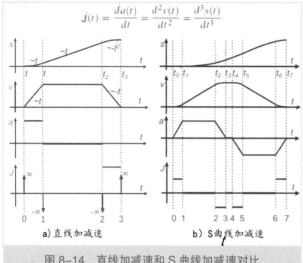

$$j(t) = \frac{da(t)}{dt} = \frac{d^2v(t)}{dt^2} = \frac{d^3s(t)}{dt^3}$$

a）直线加减速　　　b）S曲线加减速

图8-14　直线加减速和S曲线加减速对比

组成的。转接点（轨迹交点）处轨迹发生变化，为了保障刀具沿轨迹运动，除了起点和终点，转接点处的速度及加速度也需要频繁变化。常见的加减速控制形式有插补前加减速和插补后加减速两种，通常简称为前加减速和后加减速。前加减速控制，在插补时就考虑选定的加减速规律对运动过程和最终执行运动的各运动轴的制约关系，因而其精度高，合成轨迹偏差小。但是处理过程受加减速数学模型的影响，会产生较大的计算量，对处理器的运算能力需求较大。后加减速控制，按照给定的速度进行插补，而将加减速控制留给位置控制环节处理。

常用的加减速方法主要有直线加减速算法、指数加减速算法、S曲线加减速算法和三角函数加减速算法等。直线加减速和S曲线加减速的对比如图8-14所示。从图8-14中可见，直线加减速时，加加速J在加速开始和结束时为无穷大。而S曲线加减速加加速J的变化有限，因而运行平稳。完整的S形加减速曲线包括7段：①加加速段t_1；②匀加速段t_2；③减加速段t_3；④匀速段t_4；⑤加减速段t_5；⑥匀减速段t_6；⑦减减速段t_7。前3段统称加速段，后3段为减速段。设起始速度为vs，最大速度为v_{max}，最大加速度为a_{max}，最大减速度为d_{max}，最大加加速度为J_{max}，J_1、J_3、J_5、J_7为相应段的加加速度，它们的绝对值相等。一般情况下，电动机正反转的负载能力是一致的。因此，$a_{max} = d_{max}$，加速度从0加速到最大值a_{max}，与从最大值减速到0所需时间相等，即$t_1 = t_3 = t_5 = t_7$。这样，就可计算出每段的相应速度和位移量。

还有多项式加减速控制算法，将加速阶段和减速阶段的速度特性曲线分别表示为三次多项式或五次多项式参数方程：

$$F(u) = Vx(u)i + Vy(u)j + Vz(u)k; \tag{8-4}$$

使速度多项式和轨迹多项式参数关联，在插补时根据参数u计算出速度，然后再根据速度进行轨迹插补。

2．速度前瞻

速度前瞻处理功能预先获得待加工零件轮廓上的速度突变点，使得数控机床进入这些突变点之前，能及时修调进给速度，避免加工表面质量变差，有效抑制机床在突变点产生振动。如同驾车行驶遇到弯道一样，没有速度前瞻，必然突然减速，慢速前行。如果灯光可以"打弯"，预先知道路况，就可以较快的速度行驶，如图8-15所示。速度前瞻控制的核心问题是速度突变点的判别和轨迹前瞻控制的速度修正。高端数控系统能够前瞻几千个程序段以上，提前进行速度规划，通过对加加速的限制，采用S曲线平滑的加速度策略，对加工轨迹进行规划，从而从理论上得到一个平稳的位置控制指令。

复杂曲面高速加工采用以微小直线段取代曲线的编程方式，造成了轨迹曲率波动大。为了保证加工精度，加工过程通常采用保守的速度，造成加工效率低表面光洁度不理想。目前主要有两种处理平滑和转接过渡的方法：①在基于原有运动轨迹，依据精度约束，构建过渡曲线，并进行转接速度规划；②将直线轨迹段在给定误差范围内进行曲线化，降低轨迹的曲率及其变化，这种方法主要应用于微小线段。

第 1 种方法是在当前轨迹段的终点和下一轨迹段的起点处，在加工精度和数控设备性能允许的范围内，建立前后轨迹的过渡段，规划该过渡段上以某一个较高的转接速度过渡过去，把该过渡段速度作为当前轨迹段的终止

没有速度前瞻，"灯光"照射前方是障碍物，必然减速行驶　如果灯光可以"打弯"就可以较快速度行驶

图 8-15　汽车行驶中的速度前瞻

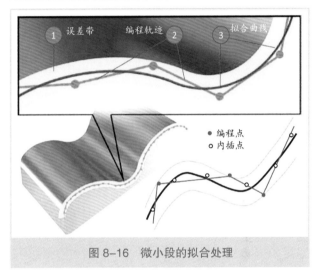

图 8-16　微小段的拟合处理

速度和下一轨迹段的起始速度，然后以该转接速度来进行加减速控制。由于不必将每个相邻轨迹段转接点的进给速度降低到零，所以各轨迹段减速段的长度因之而减小，甚至可不进行减速。这样在连续轨迹段的数控加工中可以有效地提高加工的效率，减小因频繁加减速对机床本身造成的冲击。转接点速度限制有以下 3 个方面：①拐角处加速度对速度变化的限制；②各坐标轴的最大进给速度对速度的限制；③程序设定的最高进给速度对速度的限制。最后，取其中最小值为转接点的速度。上述建立的过渡曲线一般有圆弧曲线，多项式曲线（如三次多项式曲线、Bezier 曲线等）。

第 2 种方法是采用曲线拟合微小直线段，如图 8-16 所示。图 8-16 中标注①的黄色区域为拟合误差范围，标注②为原来编程的微小段，标注③为拟合后的曲线。可采用一次连续、二次连续、三次以上连续的曲线或样条进行拟合。进一步可通过内插点调节拟合曲线，达到加加速度连续，进一步降低对机床的冲击，获得平滑的加工效果[19]。

例如，西门子采用"点压缩器"（COMPON），使程序段过渡首先在速度方面稳定，然后使用曲线压缩器（COMPCURV）保证加速度连续，这样就可使程序段过渡时所

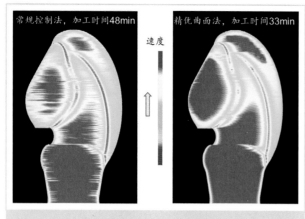

图 8-17　精优曲面加工与常规加工对比

有轴的速度和加速度平滑。借助 CAD 压缩函数（COMPCAD）可以对表面质量和速度进行优化[22]。此外，发那科纳米平滑技术也同样采用曲线拟合技术，通过插入内插点来使曲线平滑。

3．曲面加工

西门子公司提供的精优曲面控制技术（Advanced Surface）是铣削动力学软件包（Sinumerik Milling Dynamics）的重要组成部分。精优曲面控制技术采用优化的"预读"功能，确保良好的加工表面质量，并可进一步提高加工速度。借助创新的优化压缩器功能，可实现最佳的轮廓精度和处理速度。优异的加加速度控制技术有助于降低机床的机械磨损，平滑的加减速运动可以延长机床的使用寿命。精优曲面算法计算出最佳表面过渡，从而保证最佳的切削速度。即便是执行由小线段组成逐行逼近的轮廓铣削或自由曲面加工程序，也可以获得最完美的表面质量以及最佳的轮廓精度，如图 8-17 所示，采用精优曲面加工工艺获得较高曲面质量的同时，零件加工时间可由常规方法的 **48min** 减少到 **33min**[14]。

四、坐标变换及误差补偿

插补是在机床坐标系下进行，所得到的数据是机床笛卡儿坐标系下的坐标值，需要根据机床结构配置将其进行逆变换，转换成机床的实际进给轴物理坐标。车床和 3 轴铣床的物理坐标和机床笛卡儿坐标是一致的，无须进行坐标变换，但对多轴和复合加工机床而言，大多数情况下两者并不一致，这种情况下就需要进行坐标变换，将编程坐标系转换成机床的物理坐标系，即进行逆变换。同理，如图 8-18 所示的机器人坐标，由关节坐标转换为笛卡尔工作坐标为正向变换。

5 轴加工机床的配置形式主要有双摆头 H-H 型、双摆台 T-T 型和摆头转台 H-T 型，如图 8-19 所示。从图 8-19 中可见，两旋转轴间皆为正交配置，按照旋转轴间的关系，将自身运动影响另一旋转轴的轴定义为第 4 轴，也称定轴，另一轴为动轴（第 5 轴）。也有非正交结构形式的五轴机床，由于逆变换可能存在无解多解的情况，特别是还存在奇异点，也就是当刀轴矢

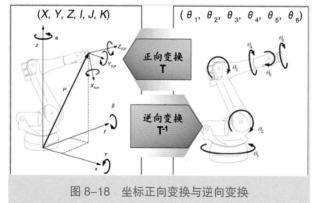

图 8-18　坐标正向变换与逆向变换

234

量位于它的附近时，刀轴微小的变化就会引起相应的物理轴剧烈的运动，因此对于有旋转轴坐标轴机床的逆变换，这些情况就要特殊处理，才能保证加工的平稳进行。

CA 轴双摆头型 5 轴机床的结构示意和其传动链如图 8-20 所示。从图 8-20 中可见，C 轴转动带动 A 轴运动，而 A 轴的转动不影响 C 轴，所以称 C 轴为定轴（第 4 轴），A 轴为动轴（第 5 轴）。图中 O_M 为机床零点，O_W 为工件零点，O_R 为第 4 轴旋转中心，O_R 到 O_M 为平移变换 T_R，旋转变换为 T_C；O_J 为第 5 轴旋转中心，O_J 到 O_R 为平移变换 T_J，旋转变换为 TA；O_S 为刀柄旋转中心，O_S 到 O_J 为平移变换 T_S；O_T 为刀具中心。假设第四轴旋转角度为 C，第五轴旋转角度为 A。通过坐标变换将工件坐标系下的刀具坐标变

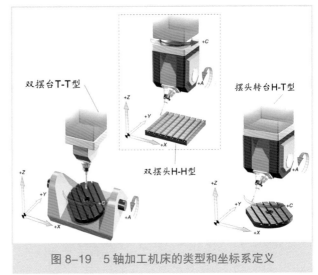

图 8-19 5 轴加工机床的类型和坐标系定义

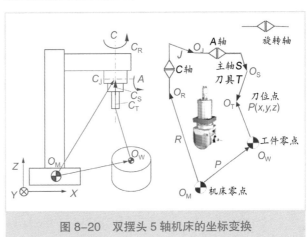

图 8-20 双摆头 5 轴机床的坐标变换

换到机床坐标系下的坐标，刀具变换公式如下：

$$\begin{cases} P_{MCS} = T_R T_C T_J T_A T_S P_{WCS} \\ T_{ijk} = T_C T_A T_t \end{cases} \tag{8-5}$$

这个方程组可能存在多解或无解的情况，可根据相关约束条件如最短距离进行判断，得到所要的机床物理坐标系下的 (X, Y, Z, A, C) 坐标。其他形式的非正交五轴机床、多关节机器人以及并联机床等的坐标逆变换都是同样的原理。为了避免奇异性带来的加工波动，德国一家企业开发了主轴可在三个方向上摆动的摆头，通过冗余轴解决奇异性的问题。

为了提高机床加工精度、减小机床误差，数控系统在将理论位置发给伺服驱动控制前，还有一项重要的工作要做，就是误差补偿。数控系统通过对加工过程的误差源分析、测量、建模，实时地计算出位置误差、热误差等，将该误差反馈到控制系统中，改变实际坐标指令来实现误差修正，从而使工件获得理想的加工精度。

大多数数控系统通过位置检测闭环控制可以简便地实现所有移动轴的丝杠螺距误

235

差补偿。高端数控系统还可对机床的垂直度、悬垂度、热变形和空间误差等进行补偿。例如，西门子推出了空间误差补偿系统，这种空间误差补偿方法在加工大型飞机结构件时具有明显的效果，对角线从补偿前的 220 μm 提高到补偿后的 50 μm[23]。

第四节　进给系统的控制

一、进给系统的性能要求

进给系统的驱动常常称为伺服驱动，伺服 (Servo) 这一术语，最早源于拉丁语 "servus"，是奴隶 (Slave) 或奴仆 (Servant) 的意思。所以伺服控制的含义就是使机械设备像奴隶一样忠诚按照输入指令进行动作。伺服作为专业术语最早出现在 1873 年法国工程师让·约瑟夫·利昂·法科特（Jean Joseph Lean Farcot）编著的 *Le Servo-Motor on Moteur Asservi* 里面。在该书中 Farcot 描述了在轮船引擎上由蒸汽驱动的伺服马达工作原理。直到 1934 年，伺服控制的概念才被正式提出。伺服系统也称随动系统，属于自动控制系统的一种，它用来控制被控对象的位移或转角，使其自动地、连续地、精确地复现输入指令的变化规律。驱动系统是机床进给系统的动力源，有如下的要求：

1）调速范围广。能同时满足低速切削和高速空运行的要求，一般的系统达到 1∶10 000，高性能的可以达到 1∶100 000。

2）定位精度高。定位达到 1 个反馈脉冲的精度，高精度纳米控制所采用的编码器分辨率甚至达到每转 1 600 万个脉冲。

3）动态性能好。系统最高频率响应在 500Hz 以上，高动态响应的系统甚至需要达到 1kHz 以上，电流环的频率响应达到 20kHz 以上。

4）特性曲线要硬。负载变化对速度的影响要小。

5）稳定性和一致性好。在 1r/min 的低速时也能平稳运行。

6）过载安全保护功能强。

伺服驱动是将电能转化为机械运动的过程，永磁同步伺服电机中的等效电阻、等效电感等参数以及各比例—积分—微分控制环 PID 的参数设置都会对进给系统的动态响应特性产生影响，机电耦合及参数匹配是影响机床整体性能的重要因素。案例对比证明，同一台机床，通过优化伺服驱动控制参数，就能使机床的动态性能和加工质量得到很大的提高，因此快速优化伺服驱动系统控制参数，成为机床制造商对伺服驱动技术的迫切需求[24]。

随着对环境保护的重视，伺服驱动系统及电机对环境的噪音及电磁兼容性 (EMC) 都有较高的要求。特别是可持续发展的需求，除了通过优化电动机结构和材料、减少损耗、提高能量转换效率外，对电动机制动能量的有效利用也成为节能的重要途径。传统的伺服驱动大多采用制动电阻能耗制动，将伺服驱动器在运动过程中剩余能量泄放消耗掉。新型伺服驱动系统则可将制动能量存储或反馈到电网，加以再利用。

二、伺服驱动系统

随着微电机技术、控制技术和电力电子技术的迅猛发展，以及微型计算机性能的提高，变频调速及高性能交流伺服控制技术已进入实用化阶段。交流伺服系统在控制性能上已达到甚至超过了直流伺服系统，并已在机器人、机械手以及各种精密数控机床等方面得到越来越广泛的应用。交流伺服电机相对直流伺服电机具有维护简单（无电刷磨损问题），体积小，结构简单，可靠性高，超载能力强，输出转矩高，交流电动机容量可以制造得更大，达到更高的电压和转速。

用于进给驱动的伺服电动机的种类及其特点见表 **8-4**，其中永磁同步伺服电机（PMSM）由于体积小、重量轻、功率因数和效率高、动态响应快、可靠性高、调速范围宽以及同步性高等优点，在数控机床的进给系统中使用广泛。传统电机一般为旋转电机，通过变速传动机构将旋转运动转成工作台的直线运动。而在高速、高精度机床进给驱动要求系统具有高动态响应特性，中间传动机构就成为影响系统动态性能的重要因素，因而越来越多地采用直线电动机直接驱动。图 **8-21** 展示了数控机床中常用的两种伺服驱动器类型：①单轴型。每一个轴独立控制。②多轴型。多轴型共用控制端元及电源模块，使整体结构紧凑降低成本。

永磁同步伺服电机的控制主要有基于恒压频比控制法、矢量控制法或直接转矩控制法，目前主要采用的是空间电压矢量脉宽调制（SVPMW），PMSM 的速度控制及滚珠丝杠半闭环位置控

表8-4 进给驱动伺服电机的种类及特点

	步进电机	直流电机	交流同步电机	交流异步电机
应用领域	低端和轻载的机床	有特殊要求的设备	进给驱动、精度较高	主轴、进给
种 类	永磁、混合	有电刷	无电刷、永磁、开关磁阻	感应式
运动形式	旋转	旋转	旋转、直线	旋转、直线
优 点	开环、控制简单	调速及动态性能好	动态性能好、过载能力强，免维护	动态性能好、过载能力强、大功率、免维护
缺 点	精度及动态性能低、负载能力差	电刷磨损	成本高	控制系统复杂、效率低

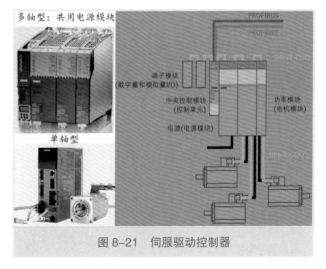

图 8-21 伺服驱动控制器

制原理图如图 **8-22** 所示。通过建立*ABC* 三相电流形成空间磁场变换到静止坐标系 α - β 的（所谓的 Clark 变换）变换、从静止坐标系 α - β 转换到同步旋转坐标系*d-q* 的（Park 变换）变换及其反变换模型，从而建立起根据速度控制要求的空间旋转磁场到通过 *ABC* 三相交流变换实现该磁场的算法。算法根据所要求的速度及反馈速度，采用比例积分（PI）控制策略计算出所需的动态旋转磁场*d-q* 的电流，通过 Park 反变换成实现静止坐标系 α - β 的电流，再通过 Clark 反变换得到定子中*ABC* 三相的电流，从而

237

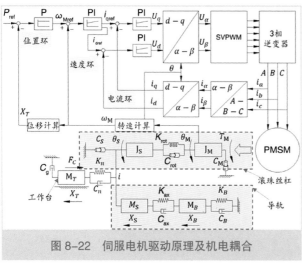

图 8-22　伺服电机驱动原理及机电耦合

实现对转速的精确控制。

伺服电机的控制系统采用位置环、速度环和电流环实现对进给系统的伺服控制，插补输出的理论位置坐标值与反馈得到的实际值进行比较，经过位置控制算法计算得到理论转速，再与实际速度反馈进行比较，经过速度环计算得到所需的三相电流，最后通过电流环实现对电机的控制。一般三个控制环有不同的控制周期，电流环为内环控制周期最小，通常为 8kHz 以上。

伺服控制器需要高性能的芯片实现高速 SVPMW 算法以及相关的信号采集、任务管理及过程控制功能，需要大量浮点运算、高速信号处理及丰富的外围接口，普通 CPU 芯片很难适应这种要求。目前主要采用多核的嵌入式控制器如德国英飞凌公司的 CPU 芯片，特别是采用数字信号处理器（DSP）及现场可编程门阵列（FPGA）芯片，通过专门的硬件实现对信号及高速逻辑开关的处理，被许多厂家采用作为伺服系统的控制芯片。

三、NC 与伺服的接口

进给系统有开环和闭环两种控制方式，采用步进电机驱动的进给系统一般是开环控制，通过脉冲数及频率控制进给系统的位置和速度，用于轻载或精度不高的设备。闭环控制为进给伺服驱动主要方式。根据位置反馈装置是否直接检测部件的实际位置，可将闭环控制分为半闭环和全闭环两大类。

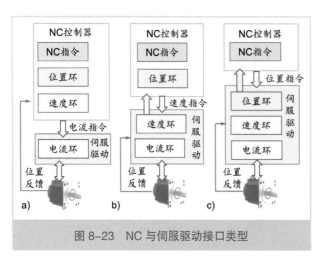

图 8-23　NC 与伺服驱动接口类型

伺服驱动器一般有位置、速度和扭矩三种控制模式，可通过伺服控制器的配置进行设定。扭矩控制模式通过对电机电流强度的控制从而实现对电机输出扭矩的控制，主要应用于对力矩或张力进行控制的场合。机床进给系统的控制主要采用位置或速度模式，根据 NC 与伺服之间的关系，有以下几种方式（图 8-23）：

1）位置环和速度环在 NC 控

制器中（图 8-23a）。NC 控制器完成对位置和速度的控制调节，只将电流指令发送给伺服驱动器，伺服驱动器将指令转换成驱动电动机的电流，完成运动控制。这样伺服驱动器只完成电流环和相关的保护功能，其他的电动机控制算法都由 NC 控制器承担。电流环的控制周期通常小于 0.125ms，这就要求 NC 控制器不但拥有强大的运算能力，而且具有高速可靠的通信功能，可采用高速数字总线加以实现。由于轴控制算法都在 NC 控制器中运算，可较为方便地实现多轴交叉耦合误差补偿，节省了硬件资源。

2）位置环在 NC 控制器中闭合（图 8-23b）。NC 控制器根据插补得到的理论位置和实际位置，按照位置控制算法进行计算得到给伺服驱动器的速度指令。伺服驱动器采集实际速度和电流，完成速度环和电流环的控制。这种方法以前采用模拟量或脉冲接口方式实现，现在主要采用数字总线实现。

3）位置环、速度环和电流环皆在伺服驱动器中（图 8-23c）。NC 控制器仅将位置的理论值直接发送给伺服驱动器，由伺服驱动器完成位置、速度和电流环的控制任务。位置指令通过脉冲或数字总线的形式发送给伺服驱动器。由于高速高精度的数控加工需要的脉冲频率很高，高频下传输的可靠性也受到影响，所以接口主要以数字总线的形式实现。这种接口对 NC 控制器相当于开环控制，只需要发送位置的理论值，减轻了 NC 控制器的负担。但由于各轴分开独立进行位置控制，不利于综合的误差补偿和多轴同步控制。

四、跟随误差与加工精度

进给系统的位置环通常采用比例控制方法，保证系统对位置响应无超调。速度环和电流环可采用比例积分控制，以提高响应速度和精度。一般速度环带宽约为 100Hz，而位置环带宽为速度环带宽的 30% 左右。位置环根据进给系统的理论位置和实际位置的偏差乘以放大系数得到速度控制指令，对速度环进行控制。其中 ΔD 为跟随误差，K 为位置环放大系数，V 为理论速度。由此可知加工速度越大跟随误差也就越大，为了减少跟随误差就需要提高放大系数，但这会带来不稳定性，所以优化这些控制参数成为提高进给系统性能的重要方法。

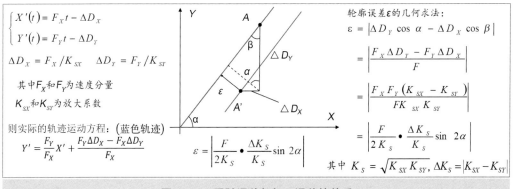

图 8-24　跟随误差与加工误差的关系

跟随误差是否必然造成加工误差，我们以 G01 加工平面直线为例进行分析。加工时 X、Y 轴存在跟随误差 ΔD_x 和 ΔD_y，在某时刻指令位置在 A 点，实际位置在 A' 点，如图 8-24 所示，可见当两轴的跟随误差相同时加工误差为零；两轴跟随误差不同但稳定时，加工轨迹为与理论直线相距为 ε 的直线；如跟随误差不稳定，则加工轨迹为波动的曲线，圆弧或其他曲线加工误差也同样能够进行分析。

比例位置控制方法必然产生跟随误差，跟随误差是造成加工误差的重要原因之一。为了从控制算法原理上减少或消除跟随误差，可采用前馈控制方法，其原理如图 8-25 所示。从图 8-25 中可见，在传统的控制环节中增加前馈环节，如果前馈控制 $G_c(s)$ 选择合适，可使跟随误差 $E(s)$ 为零。但前馈控制要求有精确的控制模型，模型参数一旦有所变化反而造成不良结果，所以通常仅在加工精度要求高、负载变化小以及加工速度高的情况下采用。

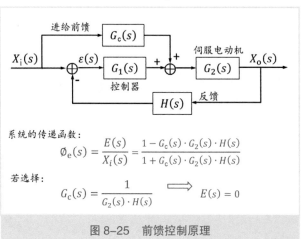

系统的传递函数：

$$\emptyset_e(s) = \frac{E(s)}{X_i(s)} = \frac{1 - G_c(s) \cdot G_2(s) \cdot H(s)}{1 + G_c(s) \cdot G_2(s) \cdot H(s)}$$

若选择：

$$G_c(s) = \frac{1}{G_2(s) \cdot H(s)} \implies E(s) = 0$$

图 8-25　前馈控制原理

传统的伺服控制建立在静态的控制模型上，而由于机床工作台位置、速度、加速度以及加工时切削力的变化，伺服电动机的负载是变化的。这就要求伺服控制系统能够在线辨识这些变化，更改控制模型和参数来达到优化的控制效果。例如，通过在伺服控制算法中加入抑振措施（如主动性阻尼、滤波器、加加速控制等），可有效地减小机床部件运动时振动。在线参数辨识和自整定技术是高端伺服驱动系统的新功能，伺服驱动器充分利用其计算和通信资源，实现伺服驱动的在线调整，结合电机的实际载荷，调整伺服控制模型达到系统最优。伺服驱动的调试软件可提供信号发生器、数字化示波器和运动分析器帮助操作人员获得优化的参数，甚至自动调节获得优化参数。

在实际应用中，数控系统生产商提供一组默认的伺服驱动参数，以保证设备能够正常运行，但比较保守。由于不同类型和结构的机床机械参数不同，为了获得良好的性能，必须对参数进行优化。优化效果通过频率响应、圆测法和轨迹跟踪来进行评价。参数优化可采用手动和自动方式，目前较多的是采用手动方式进行优化。手动方式利用系统提供的工具软件，采用由内到外，即从电流环、速度环到位置环的顺序进行优化。电动机和伺服驱动器的匹配由数控系统生产商调整好，所以电流环一般不需要进行调整。速度环采用 PI 方式控制，优化就是调整比例和积分系数。调试可按照频率响应特性进行，尽量增加比例系数和减少积分系数。频率特性满足后，再通过阶跃响应进行验证分析，可通过加入滤波器消除一些振荡尖峰。最后，再对位置环比例系数进行优化，以获得较高的增益，从而减少跟随误差。

第五节　数字总线技术

一、机床的信息通信

通过数控机床的"透明",不仅实现加工状态实时可见,而且同时产生服务于管理、财务、生产、销售的实时数据,实现一系列生产和管理环节的资源整合与信息互联。表 8-5 给出了机床通信接口的发展,数控机床在开始时采用纸带阅读穿孔机进行数控指令的传输,加工程序以穿孔的形式存储在纸带上,NC 通过纸带阅读机将加工程序读入系统,数据通过 I/O 接口进行交互。随着数字通信技术的发展 20 世纪 70 年代串行接口 RS-232C 标准开始在数控设备中普遍采用,它以双工的方式将信息在导线上一位位的传输,极大地提高了通信的可靠性降低了通信的成本,因而直到现在仍有许多设备支持这个接口标准。串行接口传输速度低、通信距离近以及仅支持点对点的通信方式逐渐被网络通信所取代。

表8-5　机床的通信接口

发展阶段	第一阶段	第二阶段	第三阶段	第四阶段
通讯方式	I/O方式开关量	串行接口 RS-232C	网络通信以太网	互联网多媒介
代表协议	—	ITU-T V.24	ISO 802.3	OPC UA MTConnect
传输内容	数控程序、I/O	数控程序、I/O、参数、指令	数控程序、I/O、参数、指令	程序、I/O、参数、指令、数据
开放性	差	差	较好	较好
应用领域	设备之间	DNC	工厂内局域网	全球互联网

开始基于局域网的网络接口还是基于传统 DNC 的设计思想,这个时期的数控系统网络传输相关功能主要针对数据的备份/恢复,NC 程序下载和上传以及参数设定等,以满足点对点或者局域网的集中控制设备互联的应用目标,但在万物互联的时代上述功能及其协议显得有些捉襟见肘。由美国机械制造技术协会(AMT)发起的 MTConnect 以及由欧盟为主导的以 OPC UA 为基础的 UMATI (Universal Machine Tool Interface) 机床互联协议得到广泛认可及应用,我国也在 2019 年正式发布了以华中科技大学为主导的中国版机床互联协议 NC-Link[25]。

二、工业控制网络与现场总线

实时系统是这样一些系统,即系统工作的正确性不仅依赖于计算结果的逻辑正确性,而且还依赖于得出结果的时间,它具有以下重要特征:①确定性,确定性又称为可预测性;②及时性,具有严格的时限;③并发性,同时处理多个任务。由机床组成的制造系统就是这样的系统,信息的时延如果超出了规定的时间,轻则造成废品,重则造成人员及设备的伤害。工业控制网络的组成成员比较复杂,除了各类计算机、打印机、显示终端之外,大量的网络节点是各种可编程控制器、开关、马达、变送器、阀门、按钮等控制器、传感器和执行器,其特点是设备的数据量小、实时性和可靠性要求高。根据对实时性的要求可分为:①一般工业控制,实时响应要求 100ms 左右;②实时过程控制,要求在 5 ~ 10ms;③运动控制,要求在 5ms 以下,目前实际上在

241

1ms 以下。工业控制网络所传输的信息主要分成三类：

1）突发性实时信息。如安全、报警信息、控制器之间的互锁信息等。

2）周期性实时信息。周期性的控制、采样信息的传递，在系统中以一定的周期时间重复出现，具有可预测性，如数控机床的位置控制信息。

3）非实时信息。如用户编程数据、组态数据、部分系统状态监视数据和历史数据等。非实时数据对时间要求不很苛刻，允许有相对较长的延迟，但部分数据的长度较长且不定。

20 世纪 80 年代以后，随着微处理器芯片应用的不断渗透，智能化的传感器、执行器等工业现场控制器件不断涌现，采用全数字化、串行、双向式的通信系统将这些设备连接起来从而诞生了现场总线。按照国际电工委员会（IEC）的定义，现场总线是指安装在生产过程区域的现场装置之间，以及现场装置与控制室内的自动控制装置之间的数字式、串行、多点和双向通信的数据总线。现场总线作为工厂数字通信网络的基础，沟通了生产过程现场及控制设备之间及其与更高控制管理层次之间的联系。它不仅是一个设备现场网络，而且还是一种开放式、新型全分布控制系统。随着 IT技术不断向工业领域渗透，许多厂家提出以太网作为新的现场总线技术标准，最新版 IEC61158 Ed.4 标准将总线协议的标准增加到 20 种[26]。

用于机床控制的现场总线必须要满足运动控制的需要，运动控制可分为：①点位控制；②多轴轨迹联动控制；③同步运动控制。对于数控机床、包装设备和印刷机械等需要多轴联动控制和同步运动控制的复杂设备，各个运动轴之间需要保持严格的运动关系，特别是实现电子齿轮、电子凸轮等的多轴控制，要保证各个轴之间的轨迹运动和同步关系，必须要保证伺服运动的实时同步关系，这是通常采用时间循环周期型的通信方式，控制器以固定的时间间隔，发出指令并接收反馈。控制和通信在一个全局时钟的指导下，所有任务不仅在功能上得到可靠的执行，而且必须保证在确定的时间完成，同时各个站点不会由于通信发生竞争影响报文的传输。

除了常规现场总线的性能参数对于运动控制总线的通常有以下指标进行说明：①可接入的节点总数；②最小循环周期，可以小到 31.5 μs；③时钟同步精度，可达20ns；④抖动（Jitter），所谓抖动，是指同样的过程每次的完成时间或响应时间之间的偏差，小于 1 μs。总线的实时性指标取决于网络上各个节点的时钟精度以及它们之间的同步，系统根据一定规则选出一个参考时钟，网络上其他节点通常采用 IEEE1588 标准与它进行同步，从而使网络上所有节点都与这个参考时钟同步[27]（图8-26）。如以无轴印刷机为例，设印刷速度为 25m/s，也就是每 40 μs 印刷 1mm。如果轴间通信有大于 40 μs 的时间抖动，印刷制品上就会有 lmm 以上的偏差，印刷质量肯定不能满足要求。对于多轴系统，由于指令和反馈不能同步，特别是控制器和驱动器之间的时间偏差和抖动，将严重影响加工的精度。

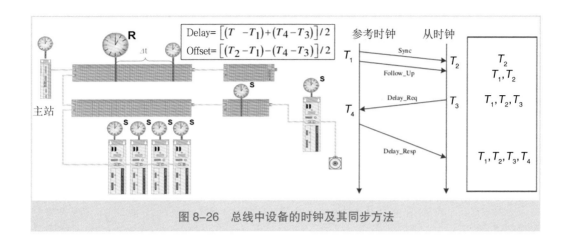

图 8-26　总线中设备的时钟及其同步方法

三、实时以太网与机床伺服驱动总线

为了满足高实时性能应用的需要，各大公司和标准组织纷纷提出各种提升工业以太网实时性的技术解决方案。这些方案建立在 IEEE 802.3 标准的基础上，通过对其和相关标准的实时扩展提高实时性，力争做到与标准以太网的无缝连接，这就是实时以太（RTE）。实时以太网通过将"载波侦听多路访问 / 冲突检测"CSMA/CD（Carrier Sense Multiple Access with Collision Detection）机制改变，采用时分、优先级、抢占式调度策略以及集总帧等机制避免竞争提高效率，解决端到端的通信延迟，给以太网带来确定性保证实时性要求。根据实时以太网实时扩展的不同技术方案，可以将实时以太网分为如下几种类型：

①基于传输控制协议 / 网际协议（TCP/IP）的实现（图 8-27a）。采用通用以太网控制器和 TCP/IP 协议，所有的实时数据和非实时数据均通过 TCP/IP 协议传输，完全兼容通用以太网。②基于以太网的实现（图 8-27b）。采用通用以太网控制器和专有过程数据传输协议，如 Powerlink 等。③修改以太网的实现（图 8-27c）。采用专用以太网

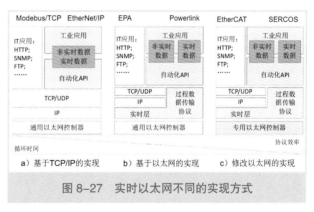

图 8-27　实时以太网不同的实现方式

控制器和专有过程数据传输协议，如 EtherCAT、SERCOS- Ⅲ、PROFInet/IRT，它在底层使用专有以太网控制器（至少在从站侧），为运动控制所采用的总线类型。

以上总线采取开放性的策略发展，成立有技术协会组织负责技术的发展及推广应用，有些协议甚至完全公开。总线是现代数控的神经系统，国际上领先的一些数控系统生产商采取封闭的技术路线，研制自己的运动控制总线。如发那科的 FSSB 总线、海德汉的 HSCI 和 FIDIA 的 FFB 总线以及西门子的 Drive-CLiQ 总线，这些总线协议不开放，数控系统的部件只能依赖供应商，没有其他选择。

243

第六节　数控系统典型案例分析

主流的数控系统如西门子、发那科等系统的组成及结构已有许多文献进行了介绍，本章仅对以下 4 种各具特色的数控系统作为典型案例进行分析。

1. 华中数控 HNC-8 系列

华中科技大学国家数控系统工程技术研究中心与华中数控紧密合作，围绕基础理论和共性技术，开展"探索一代""预研一代"和"应用一代"的研究，华中数控重点承担产品的开发、生产和销售任务。针对新一代制造技术发展的需求，华中数控在华中 8 型数控系统的基础上，构建了智能数控系统 iNC。该系统提供了机床全生命周期"数字双胞胎"的数据管理接口和大数据智能（可视化、大数据分析和深度学习）的算法库，为打造智能机床共创、共享、共用的研发模式和商业模式的生态圈提供开放式的技术平台，为机床厂家、行业用户及科研机构创新研制智能机床产品和开展智能化技术研究提供技术支撑。

如图 8-28 所示，华中 HNC-848D 数控系统是 8 系列的高级型产品[28]，支持自主开发的基于实时以太网 NCUC 总线协议及 EtherCAT 总线协议，支持总线式全数字伺服驱动单元和绝对式伺服电机、支持总线式远程 I/O 单元，集成手持单元接口。系统采用双工业 PC 机 IPC (Industrial Personal Computer) 单元的上下位机结构，具有高速高精加工控制、五轴联动控制、多轴多通道控制、双轴同步控制及误差补偿等高档数控

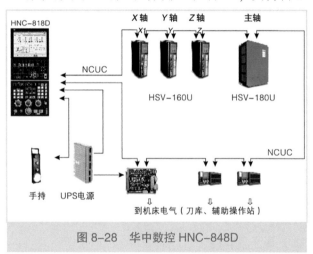

图 8-28　华中数控 HNC-848D

系统功能，友好人性化 HMI，独特的智能 APP 平台，面向数字化车间网络通信能力，将人、机床、设备紧密结合在一起，最大程度地提高生产效率，缩短制造准备时间。系统提供五轴加工、车铣复合加工完整解决方案，适用于航空航天、能源装备、汽车制造、船舶制造、3C（计算机、通信、消费电子）领域。

2. 沈阳机床的 i5 数控系统

i5 数控系统是沈阳机床集团在 PC 平台上开发的开放式数控系统，是我国第一个由机床制造商自主开发的数控系统，采用"基于 PC 的全软件式结构 + 开放式 Linux 实时操作系统 + EtherCAT 开放式实时数字总线"的组合架构。沈阳机床在 i5 数控的基础上，将运动控制核心技术进行模块化封装，形成标准的应用程序接口（API），以平台的形式向装备制造业提供运动控制核心技术 i5OS。开发者可以聚焦行业特点，

快速复用 i5OS 运动控制核心技术及相关基础功能，进行面向不同行业，不同领域的专机定制及高价值行业应用开发。

i5 数控系统的人机界面模块和数控核心模块通过线型拓扑结构的 EtherCAT 总线连接操作面板、I/O 接口和伺服驱动系统，如图 8-29 所示。EtherCAT 总线将伺服驱动和 I/O 与 NC 连接在一起，并采用 SoftPLC 实现机床的过程逻辑控制。每个伺服控制器都有 2 个总线接口，通过标准的 RJ45 以太网和其他设备组成线形结构。系统支持图形化特征编程、RTCP、样条曲线插补、智能误差补偿等丰富的功能，通过 i5 数控平台上专门针对互联网环境设计的 iPort 协议，使数控系统不仅是一个加工设备更是工厂中一个信息化智能节点。机床借助支持 iPort 协议的 iBox 网关，能够快速接入 iSESOL 等工业互联网平台，实现机床数据上云，并推动机床行业的数字化转型。

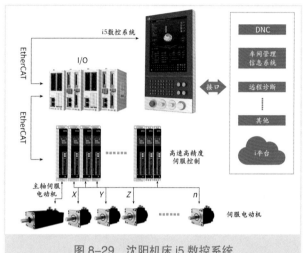

图 8-29　沈阳机床 i5 数控系统

3. 科德数控

科德数控是大连光洋科技集团有限公司下的数控部门，成立于 2008 年，拥有高端数控系统、各类五轴数控机床、工业机器人、数控功能部件、精密伺服驱动及电机、传感器等产品。其五轴立

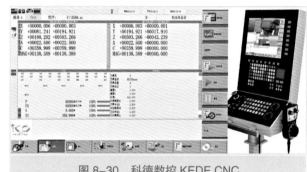

图 8-30　科德数控 KEDE CNC

式加工中心已出口到德国，创国产高档五轴数控机床先河。企业建设了 250 000m² 恒温恒湿地藏式厂房，建于 15m 的地下，并浇灌有 1m 厚的钢筋混凝土地基，从而保证了车间温度全年始终保持在 22℃ ±1℃，湿度全年在 50%±10%，保证了机床制造过程的极高精度以及极好的稳定性。

科德数控主要的数控系统产品为 GNC62[29]，如图 8-30 所示，具有如下的技术特点：

1）基于 GLINK 现场总线。该总线采用 100Mb/s 的高速光纤介质，将数控系统的控制指令送达每个伺服驱动装置，并保证严格同步运行。

2）强大的多通道控制能力。支持通道间协同及共享坐标；支持斜轴控制；支持极坐标插补；支持多个电子齿轮并发；优秀的五轴加工能力，支持斜面加工；RTCP，支持 3 维刀具半径补偿。

3）高速高精度控制。采用 80 位浮点运算，支持双向螺距误差补偿、空间误差补偿、温度补偿；配合大连光洋 GDS 系列伺服驱动支持 16 384 倍细分处理以及独特的激光干涉全闭环控制，实现高精度的加工控制。

4）友好的人机交互界面，面向用户开放；面向用户开放的轮廓定义编程 GMDL 编程向导，简化用户应用编程计算，支持在线监控和信息集成。

4. 精雕数控

北京精雕科技集团在其发展的二十余年间，建立了面向雕铣加工的产品体系。核心产品包括：高速加工中心、雕刻中心、数控系统、高速精密电主轴、高精度直驱转台和 CAD/CAM 软件等。其中，高速加工中心可稳定地实现"0.1μ 进给，1μ 切削，纳米级表面效果"的精细加工，特别是面向雕铣的 CAD/CAM 软件及机床具有特色。

精雕集团的 JD50 数控系统是符合业界主流标准的开放型数控系统[30]，如图 8-31 所示，基于 PC-Based 体系架构，采用嵌入式工控机及 Windows XP Embedded 操作系统平台，具备丰富的功能，尤其是在高速高精度加工、多轴联动加工、在机测量和智能修正等功能方面表现出色，处于国内领先水平。该系统主要的优点有：

1）高速高精度加工功能。具备先进的前瞻功能，可以实现线段间速度平滑过渡，大幅提高加工速度，同时还可以预测减速点，保证尖角处加工精度。具备灵活的运动参数匹配功能，可根据产品特点和精度要求，对运动参数进行匹配，在保证加工精度的情况下尽可能提高加工效率。具备丰富的补偿功能，通过螺距补偿、比例补偿、反向间隙补偿、刀具补偿等功能，显著提高产品的加工精度。

图 8-31　精雕 JD50 数控系统

2）多轴联动加工功能。具备丰富的多轴加工功能，刀具中心点控制、倾斜面加工、多轴刀具半径补偿、轴心位置补偿、工件位置补偿、主轴位置补偿等功能，可全面覆盖各种多轴加工需求，实现复杂零件的高质量加工。

3）在机测量和智能修正功能。结合编程软件生成测量方案，在机对工件进行测量，对加工产生的复合误差进行智能修正，可在机对产品进行检测，实现制检合一，保证加工的稳定性和生产的连续性。

4）安全便捷的操作功能。独特的手轮试切功能、严格的权限管理功能、丰富的防呆功能，可大大降低机床误操作导致的故障率；内置的辅助编程功能、参数化自动编程功能，可降低编程人员要求，提高编程效率。

5）智能监测功能。具备丰富的扩展接口，可集成各种类型的检测设备，实时监测机床状态；提供完备的网络通信接口，可实现机床的远程监控。

参考文献

[1] Pritschow G,Altintas Y,Jovane F,et al.Open controller architecture—Past,present and future[J].CIRP Annals,2001,50(2):463-470.

[2] 陈吉红,胡鹏程,周会成,等.走向智能机床[J].Engineering,2019,5(4):186-210.

[3] 张曙,樊留群,朱志浩,等.机床数控系统的新趋势:"机床新产品创新与设计"专题(六)[J].制造技术与机床,2012(2):9-12.

[4] Verl A,Lechler A,Schlechtendahl J,Glocalized cyber physical production systems[J].Production Engineering Research Development,2012,6(6):643-649

[5] Sang Z Q, Xu X. The framework of a cloud-based CNC system[J]. Procedia CIRP,2017(63):82-88.

[6] Georgi M, Martinov,Aleksandr B. Ljubimov,Lilija I.Martinova [J]. Robotics and Computer-Integrated Manufacturing,2020,63(6):1-11.

[7] LinuxCNC.Interator manual v2.5[EB/OL].[2013-04-10].http://www.linuxcnc.org/docs/LinuxCNC_Integrator_Manual.pdf.

[8] 沈机(上海)智能系统研发设计有限公司.i5OS[EB/OL].[2020-02-20].http://www.i5cnc.cn/pages/docs.html.

[9] DMG MORI. Additive Manufacturing[EB/OL].[2020-03-30].https://cn.dmgmori.com/products/machines/additive-manufacturing.

[10] Mekid S,Pruschek P,Hernandez J.Beyond intelligent manufacturing:A new generation of flexible intelligent NC machines[J].Mechanism and Machine Theory,2009,44(2):466-476.

[11] Scheifele D.Reconfigurable open control system[C/OL].[2015-05-10].Proceedings of the CIRP 1st International Conference on agile and reconfigurable manufacture,May 2001,Ann Arbor.http://www.isg-stuttgart.de/en/news/list/detail/news/reconfigurable-open-control-systems.html.

[12] 张曙.开放式数控系统的现状与趋势[J].世界制造技术与装备市场,2007(1):84-87.

[13] Fanuc.Fanuc series 30i-model B[EB/OL].[2012-12-20].http://www.fanuc.co.jp/en/product/catalog/pdf/Series 30i-B(C)_04_s.pdf.

[14] Siemens Automation.Sinumerik 840D sl[EB/OL].[2013-01-20].http://www.automation.siemens.com/mcms/infocenter/dokumentencenter/mc/Documentsu20Brochures/E20001-A1460-P610-V1.pdf.

[15] PLCopen.运动控制[EB/OL].[2020-03-30].http://plcopen.org.cn/page/data/tech_data.php?data=motor_control.

[16] StepTools.STEP-NC AP238 standard overview[EB/OL].[2013-01-20].http://www.steptools.com/library/stepnc/2010_nist/presentations/stepnc_e2_20100618.pdf.

[17] 樊留群,马玉敏,陆剑峰,等.基于SETP-NC数控加工的研究[J].制造业自动化,2006,28(1):40-42.

[18] Rauch M,Laguionie R,Hascoet J Y,et al.An advanced STEP-NC controller for intelligent machining pocesses[J].Robotics and Computer-Integrated Manufacturing, 2012,28(3):375-384.

[19] Ridwan F,Xu X,Liu G Y. A framework for machining optimisation beased on STEP-NC[J].Journal of Intelligent Manufacturing,2012,23:423-441.

[20] Andron.Andronic 3060 technical handbook:CNC system[EB/OL].[2013-04-08] http://andron.de.p-ad.de/upload/ANDRON/PDF_Downloads/THB3060E/03_cnc_system_v2.7.pdf.

[21] 樊留群,齐党进,沈斌,等.五轴联动刀轴矢量平面插补算法[J].机械工程学报,2011,47(19):158-162.

[22] 赵建华,朱蓓,刘放,等.五轴微段平滑插补算法[J].机械工程学报,2016,52(12):1-8.

[23] 西门子 . 基于西门子 VCS 的大型五轴机床空间误差补偿 [EB/OL].[2020-1-8].http://www.ad.siemens.com.cn/CNC4YOU/Home/Article/999.

[24] Altintas Y,Verl A,Brecher C,et al.Machine tool feed drives[J].CIRP Annals,2011,60(2):779-796.

[25] 江强 .NC-Link 协议设备模型定义描述与规范检验研究 [D]. 武汉：华中科技大学，2019.

[26] 樊留群 , 实时以太网及运动控制总线技术 [M]. 上海：同济大学出版社 , 2009.

[27] EtherCAT.Technical introduction and overview[EB/OL].[2014-01-20].http://www.automation.com/pdf_articles/EtherCAT_Introduction.pdf.

[28] 西门子 . 基于西门子 VCS 的大型五轴机床空间误差补偿 [EB/OL].[2020-1-8].http://www.ad.siemens.com.cn/CNC4YOU/Home/Article/999.

[29] 科德数控 . GNC62 数控系统 [EB/OL].[2020-1-8].http://www.dlkede.com/plus/view.php?aid=11.

[30] 精 雕 数 控 . 数 控 系 统 [EB/OL].[2020-1-8].https://www.jingdiao.com/cn/scientificresearch/cncsystem.html.

第九章　机床的数字孪生

樊留群　丁　凯　陈　灿

导读：赛博物理系统（CPS）成为工业 4.0 以及智能制造的技术核心，人们对其的理解逐步加深，但其深刻的内涵值得人们久久品味。20 世纪初科学的从宏观到微观都诞生了出乎人们想象的认识，科学还是那个科学吗？实践还是检验真理的唯一标准吗？数字虚拟给人们感官创造出的真实体验，让人们难以区分真实和虚幻。以数字孪生（DT）为代表的 CPS 技术会给世界带来什么样的变化？机器智能会超过人类智能吗？数字孪生所代表的"效能"会和物质湮灭转化等价吗？

计算机诞生开启了人类数字化进程，从采用数字化抽象标识在虚拟空间代表物理实体，到采用三维 CAD 通过可视化技术在几何上逼真物理实体，通过在三维模型上附加其理化特性，从而可对物理实体的性能进行模拟仿真，进一步对整台设备，甚至对整个工厂以及生产流程进行仿真验证，从而以虚拟实、虚实互动和以虚控实。

数字化是实现智能化的基础技术，只有数字化的才能被纳入以计算机创造出的数字空间中，所以尽可能数字化一切可能数字化的东西，在此基础上建立物理实体的模型，并将人类处理信息的方法和知识软件化。发源于波音公司的基于模型的定义 （MBD）技术，直至成为基于模型的企业（MBE）的技术体系为制造企业实现数字化指出了进阶路径。

机床作为工业智能化的关键装备一直是数字化、网络化和智能化应用的主要战场，本章介绍了虚拟现实（VR）、增强现实（AR）、混合现实（MR）技术在工业中的应用，对产品全生命周期从设计、规划、制造到运行维护和学习培训各阶段中应用数字化技术进行了分析。介绍了西门子新一代内含数字孪生技术的数控系统，还给出了数字孪生技术在机床行业的应用案例。

第一节 概 述

一、制造的数字化技术发展

从 20 世纪 80 年代至今在信息技术的推动下，制造业发生了巨大的变化，制造技术在现实世界和虚拟世界里并行发展，如图 9-1 所示，制造技术经历了柔性制造系统（FMS）、计算机集成制造（CIM）、数字化工厂（DF）到如今的智能制造阶段[1]。特别是 CIM 技术是人类第一次尝试采用信息技术将整个生产的制造活动中信息管控起来，从而实现高效高柔性的制造；在信息技术领域，规划设计从二维到三维，仿真优化从虚拟样机到虚拟制造，随着信息通信和云平台技术的发展，物理系统将与信息系统将进一步深度融合，推动制造技术不断向智能化发展。

人类在社会生产活动的交互需求中通过刻画图符记录描述客观事物，逐渐到发明了文字表达抽象的思想和概念。随着计算机的诞生，这些图符、文字、音视频、物体模型及性能属性都以数字化的形式记录保存在计算机中，这开启了人类社会的数字化阶段。人类发明计算机已有 70 多年了，以计算机为代表的数字技术大大增强和扩展了人类在信息的采集、存储、计算分析和利用等能力。信号数字化、文字数字化、音像数字化以及演变过程数字化和软件化，人类进入数字化的信息时代。

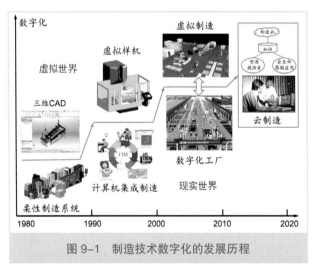

图 9-1 制造技术数字化的发展历程

图 9-2 数字化控制策略的演变

过去人类在机械化阶段只能利用非实时数据和以往的知识经验进行生产制造，对制造过程的分析只能等待工作完成后进行采集分析，形成的知识只能在下次工作中予以指导；生产制造闭环只在设备和系统的内部进行，无法实现全局的优化。数字化使人类在制造中可以借助传感器及计算机对加工状态进行实时采集和高速处理，这样就可针对当前实时数据采用以往的知识（控制算法）进行生产控制，这大大提高了控制精度和生产效率。智能制造的核心技术就希望能根据当前状态预测对象的发展变化，如同采集到对象将要发生变化的数据，采取适当的控制算法从而取得最佳的生产控制效果。这也就是说利用的是来自未来的数据和当前的控制策略，主动地引导被控对象的变化（图 9-2）。而未来可能连控制算法也在将来的空间中进行优化，从而主动引导事物的发展变化，使将来的事件在今天发生，让未来提前到来。

二、数字孪生的来源

如何更好展示物理实体的状态，获取来自未来（物理世界还未发生）的数据，数字孪生（DT）被认为是关键技术，得到了高度关注。全球著名的 IT 研究与顾问咨询公司 Gartner 连续两年（2016 年和 2017 年）将数字孪生列为当年十大战略科技发展趋势之一，2017 年 12 月 8 日中国科协智能制造学会联合体在世界智能制造大会上将数字孪生列为了世界智能制造十大科技进展之一，并预测到 2021 年有 50% 的大型企业都会使用数字孪生技术。达索公司在产品设计方面，针对复杂产品创新设计，建立了基于数字孪生的 3D 体验平台，利用用户交互反馈的信息不断改进信息世界中的产品设计模型，并反馈到物理实体产品改进中。在生产制造方面，西门子基于数字孪生理念构建了整个制造流程的模型，支持企业进行涵盖其整个价值链的整合及数字化转型。PTC 公司将数字孪生作为"智能互联产品"的关键性环节，在一个更大的工业互联网场景中描述了数字孪生的作用，企业的物理产品都通过云服务，建立一个或多个数字孪生体，用于制造、研发、销售、服务、财务等各个业务环节[2]。

"孪生（Twin）"的概念在生产制造行业的应用早在美国国家航空航天局（NASA）的阿波罗项目中采用[3]，在该项目中制造两个完全相同的空间飞行器，一个留在地球上的飞行器称为孪生体，用来反映或作镜像正在执行任务的空间飞行器的状态。在飞行准备期间，孪生体应用于仿真验证及飞行训练，在任务执行期间，该孪生体尽可能精确地反映和预测正在执行任务的空间飞行器的状态，从而辅助太空中的航天员做出正确的操作。这种方法突破了以前只在设计制造阶段采用的原型样机，将原型样机应用扩展到产品的实际运行阶段。这时的孪生还是指一模一样的实体，通过设置逼真的环境使孪生体模拟真实运行状态。

2003 年密歇根大学教授迈克尔·格里夫斯（Dr. Michael Grieves）在产品全生命周期管理（PLM）的课程中提出了"与物理产品等价的虚拟数字化表达"的概念[4]。如图 9-3 所示，其包括了物理空间的实体产品、数字空间的虚拟产品及两者之间的数据和信息过程接口，把虚拟产品从设计阶段带入到制造和运行的全生命周期，这被认为是数字孪生概念的雏形。但是由

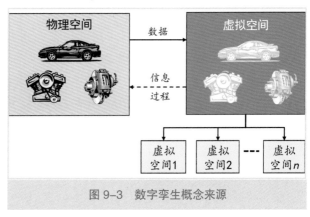

图 9-3　数字孪生概念来源

251

于当时的理论和技术条件的限制，数字孪生技术并未得到人们的重视。迈克尔·格里夫斯教授对此概念也做过多次修改，直到 2011 年采用了"数字孪生"这一概念来表述。特别是 2011 年美国空军制定未来 30 年的长期愿景时，美国空军实验室与 NASA，合作提出了构建未来飞行器的数字孪生体 [5]，并定义飞行器数字孪生为一种面向飞行器或系统的高度集成的多物理性、多尺度性、多概率的仿真模型，能够刻画和反映物理系统的全生命周期过程，能够利用虚拟模型、传感器数据和历史数据等反映与该模型对应的实体功能、实时状态及演变趋势等，由此数字孪生被广泛接受并一直沿用至今。

数字化技术的发展主要在两方面开展：①物理空间的数字化。如信号通过 A/D 转换成数字量，产品模型的数字化，车间的数字化等。②意识空间的数字化。将人类大脑对客观世界的认知通过数字化手段在计算机中表达出来，如知识、控制决策逻辑等。两方面的数字化聚合发展到今天的虚实互动的数字孪生技术。如表 9-1 可将数字化的发展分为四个阶段：

表9-1　数字化发展的不同阶段

	第一阶段	第二阶段	第三阶段	第四阶段
技术特征	数据信息 概念抽象	静态模型 外在形象	动态模型 以虚拟实	虚实互动 以虚控实
关键技术	特征编码	几何建模	动态仿真	感知预测

第一阶段（1946—1960）：概念抽象

1946 年第一台电子管计算机的诞生，计算机帮助人们实现高速计算，为了能在计算机上进行自动计算，就必须将计算对象数字化，计算过程程序化，将计算结果数字化存储保存及显示。人们通过数字和字母的组成标识在计算机中表示不同的实体，发展到通过数据结构技术表示实体身份及其特征属性，计算机真正促使了生产制造全面的数字化进程。这时由于还没有图形化的输入输出工具，信息主要以数据的形式体现，只有抽象的数字身份及特征来代表产品。

第二阶段（1960—1980）：静态模型

随着 20 世纪 60 年代 CAD 技术的出现，图纸上产品的设计图形开始以图形化形式在计算机中处理，通过图形交互设备进行产品的几何设计，特别是 2D 到 3D 技术的发展，通过 3D 实体的建模，使设计人员的构思直观的展示出来，产品不仅有了数字身份，还有了与其物理实体"形"似的静态几何模型数据。

第三阶段（1980—2011）：动态模型

利用数字模型对产品的相关功能和性能进行仿真评价，出现了所谓数字样机（DMU）概念，国家标准 GB/T 26100-2010 对数字样机的定义是，对机械产品整机或具有独立功能的子系统的数字化描述，这种描述不仅反映了产品对象的几何属性，还至少在某一领域反映了产品对象的功能和性能。数字样机的概念将三维模型从静态表达展示产品几何信息上升到也能反映产品的功能和性能的动态领域，使三维模型不仅和实体产品"形"似而且还行为相仿，出现了现代数字孪生技术的雏形。

第四阶段（2011—至今）：虚实互动

随着物理对象的信息模型技术不断发展，模型不仅用于规划设计的仿真优化，还进入了运行及维护阶段的虚实互动，从而进入了数字孪生新阶段，开始了物理空间和意识空间数字化的融合时代。

数字孪生概念将阿波罗项目中的孪生概念拓展到了虚拟空间，采用数字化手段创建了一个与产品物理实体在外在表现和内在性质相似的虚拟产品，建立了虚拟空间和物理空间的关联，使两者之间可以进行信息的交互，形象直观地体现了以虚代实、虚实互动及以虚控实的理念。这种理念对从小到一个产品、大到一个车间，直到一个工厂一个复杂系统都可以建立一个对应的数字孪生体，从而构建起一个"活的"虚拟空间。

三、数字孪生的概念及内涵

"数字孪生"是对英文"Digital Twin"的一种翻译，同时还有翻译为"数字镜像""数字映射""数字双胞胎"以及"数字孪生体"等，从内涵上都是同义词。"数字孪生"为普遍接受的翻译，顾名思义，数字孪生是指针对物理空间中的"实体"，通过数字化的手段在虚拟空间中创建高保真的动态多维、多尺度、多物理量模型，借助模型和数据模拟物理实体在现实环境中的存在，实现对物理实体的观察和认识，通过虚实交互反馈、数据融合分析、迭代优化等手段，为生产制造活动提供新的时空维度。这是被普遍接受的对数字孪生的认识，从广义上来看，一个物理实体的数字化过程的数学概念模型、几何模型、运动学模型以及理化性能模型等可看成物理实体一个切面的数字孪生体，本章所谈及的数字孪生只是这个数字化过程的高级形态。与"实体"对应，采用数字孪生技术创建的虚拟模型称为"虚体"或数字孪生体（本章中虚体等同数字孪生体），本章主要探讨生产制造中的数字孪生技术。

为了深入剖析数字孪生的内涵，先对我们所处的世界进行描述。在计算机还没有出现前，世界由大自然物理空间（客观世界）及人类大脑中的意识空间（主观世界）组成，如（图9-4a），物理空间以其原子组成的物理实体和其自我发展演变的自然规律展示着自己的存在。人的大脑由物理空间中的碳基化合物细胞组成，为了方便说明，本章将意识空间分为三个部分：①映像及感知，人们经过观察学习建立起对物理空间中实体对象的映像感知，使自身能区别小草、大象、机床等不同实体；②在大脑的计算分析和想象力的加工下，人们形成了对物理空间及其发展演变规律的认知，形成了所谓的显性和隐性知识并将其存储在脑细胞中；③所谓的自我意识，这是人有别于其他生物的根本，但这不属于本章的讨论范围。

计算机的出现，开启了采用二进制数字来描述和认识物理空间的新途径，在计算机硅基电路上用比特创造出了第三个空间：虚拟空间（图9-4b），从开始时在这个虚拟空间中只能采用简单的数字、文字及图形表达人类的知识及物理实体的抽象概念，辅助人们进行计算分析，到逐渐替代人类完成一些自动分析和控制等认知工作，承担一些模拟和替代大脑的工作。虚拟空间通过知识库、数据库存储人类的显性知识，通过软件算法运用这些知识与物理空间交互，完成相关任务，承担这部分工作内容的称为数字大脑。数字大脑也可看成是人类认知及智能在虚拟空间的数字孪生，

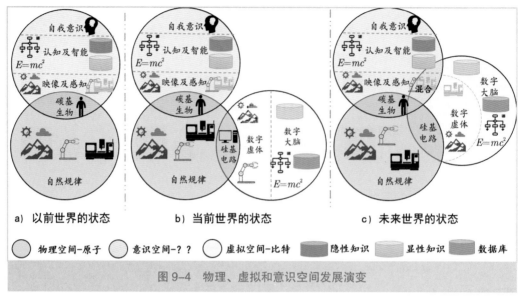

a) 以前世界的状态　　b) 当前世界的状态　　c) 未来世界的状态

物理空间-原子　　意识空间-？？　　虚拟空间-比特　　隐性知识　　显性知识　　数据库

图9-4　物理、虚拟和意识空间发展演变

它将人类"无形"的智能通过数字化，转变成由比特组成"有形"的数字大脑，使智能不再抽象，具有可复制、可重组、可扩展等特点。

随着 CAD 及仿真技术的发展，"模型"不仅要在离线时逼真全面的代表实体，而且在线时要能够实时反映实体的状态，特别是能提前预测出实体的状态。数字孪生技术承担起建立这样"虚体"任务，虚体不仅能精确表示实体的形象，而且要能自动关联其背后的客观规律，使虚体在虚拟空间中具有实体在物理空间中同样的特性，展示出同样的存在。利用数字孪生技术不仅能在虚拟空间中构建人造实体如厂房、机器人等，从而建立起虚拟车间、虚拟工厂，同样也能构建山河湖海等自然资源及虚拟乡村和城市。数字大脑早已在生产过程中和物理实体结合，如各种各样的数控设备，对其进行逻辑及运动控制。随着数字孪生概念的出现，数字大脑不但用于控制物理实体还能与数字虚体结合，在虚拟空间中进行工作，完成各种虚拟仿真及交互融合工作。

数字孪生通过构建虚体在虚拟空间中代表实体存在，这样我们就可以在虚拟空间里不受时空限制地研究实体的发展变化，使我们在规划设计、执行任务以及设备控制的各项工作中，通过预设或传感器感知实时状态的变化，在虚拟空间作用于虚体，从而引起虚体的变化，根据这个变化迭代选出优化控制策略。如果这个过程在物理空间中实体变化前发生，物理空间就有时间选择最优的控制方案作用到物理实体，从而实现对物理空间变化的引导和干预。所以虚体走在实体的前头，提前于实体发生变化，甚至取代实体进行工作，如虚拟驾驶培训、虚拟碰撞检测、虚拟加工仿真等。当前计算机对物理实体描述的精确性、计算及识别物体的快速性等许多领域已远远超过人类。随着人机互联技术的发展，必将打通人类的意识空间与计算机虚拟空间连接通道（图9-4c），使人类大脑直接利用虚拟空间的计算速度、孪生体的精确性以及无穷的知识储备，使人类跨入第二次革命性的进化，实现智能的飞跃。

虚拟空间和意识空间都是在物质空间的基础上创建的，虚拟空间不是物理空间和意识空间的简单再现。针对制造的不同需求，可以建立仅反映任务所需实体某一特征的"映像"，虚体是可扩展、可集成的。一个物理实体可以有多个处于不同时空的"虚体"对应；而一个虚体最多只有一个实体对应，虚体可以早于实体创建，晚于实体消亡。有计算机参与控制的产品，可以看成融合了虚体的实体，甚至整个控制软件都可以看成处于物理时空的一个虚体，同时对实体及其数字孪生体进行控制。借助哲学中本体的概念，本体的总效能 N 是守恒的，$N=P(t) + C(t)$，是由实体效能和虚体效能组成。实体效能是隐含在物理实体中的效能。今天随着科学进程，虚体效能 $C(t)=K(1 - \exp[-(d(t)])$ 逐渐显性地体现出来，主要的表现是功能越来越多，性能越来越强，而实体效能却越来越低(图9-5)，由此说明：①数字孪生将会起到越来越大的作用，而物理实体作用将会弱化。②具体物体所具有的本体能效是固定有限的，就像能量守恒定律一样，人类只有通过科学技术将实体效能转化为虚体效能。目前数字化是主要手段之一，随着数字孪生技术的发展，将会成为这种转化的关键技术。

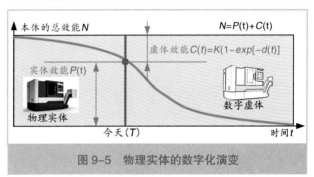

图9-5　物理实体的数字化演变

四、数字孪生技术的应用

数字孪生技术贯穿制造的全流程，如果以产品的视角看就是覆盖产品的全生命周期[6]，其主要工业价值在：①低成本高效的方案优化与验证；②产品设计创新；③智能化的控制与决策；④新型价值链及生态系统支持。数字孪生除了技术上拓展了物理实体的空间，在实际应用中还意味着企业要开始实现一种全新的商业逻辑：工业价值的数字交付，无论交付物是一件智能设备或产品，还是一座数字工厂，必须同时交付一套数字孪生和支撑软件，这意味着每个物理产品都不再孤独，伴随着它的全生命周期。如下说明制造各个阶段数字孪生的应用（图9-6）：

1. 产品设计阶段

传统的设计理论主要有：①系统化设计理论。德国学者 G.Pahll-W.Beitz 于 20 世纪 70 年代提出了产品设计可以看作是信息演变的过程，是有步骤地分析与综合，不断地从定性到定量的过程，其中每一个阶段都是对上一个阶段结果的具体化和改进，直至获得最后要求的结果。②公理化设计 (Axiomatic Design—AD)。美国麻省理工学院 Nam P. Suh 教授等学者自 1990 年对设计的理论进行了系统的研究，提出了设计公理体系。AD 的出发点是将传统上以经验为主的设计建立为以科学公理、法则为基

255

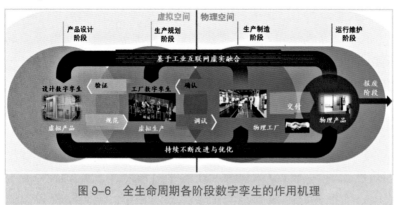

图9-6 全生命周期各阶段数字孪生的作用机理

础的公理体系。③TRIZ理论（俄语翻译为发明问题解决理论）。④随着数字化网络化发展起来的并行设计以及协同设计理论。但这些理论不能满足智能制造背景下复杂产品的设计制造一体化开发要求。

一方面，设计思想在虚拟空间里孕育，基于数字孪生的产品设计在构建产品三维几何模型的基础上，在物理机理、功能性能和发展演变上与实物产品相互对应，设计人员能够利用这个设计数字孪生体，借助工业互联网平台对设计方案进行可视化感知、仿真验证及优化，甚至产品在物理空间制造和运维的反馈。另一方面，它强调真实感和场景感，用于用户对产品的全方位逼真体验与评价。当前智能化产品越来越多，机电光等一体化远远超出了传统的机械范畴，软件及机电控制成为影响产品功能性能的主要因素，所以在设计阶段就需要对此进行验证及优化，采用多学科仿真手段。所以基于数字孪生的产品设计就是利用数字虚体不断挖掘产生新颖、独特、具有性价比的产品设计，并形成制造实体的"模板"。

2. 生产规划阶段

对于如何将所设计的产品制造出来，也就是建造什么样的工厂进行生产制造，在20世纪末、21世纪初人们就提出虚拟制造、数字化工厂技术，从产品、制造资源和工艺过程三个方面考虑，通过构建他们的模型和运行机理，形成了数字化工厂的优化仿真系统，极大地提高了规划质量和效率。但数字化工厂技术没有充分运用规划设计阶段的所形成的模型和结果，数字模型处于"静止"状态，没有与生产过程中的实时状态相关联，各个制造环节只在局部进行优化，没有数字化系统化的解决方案。

数字孪生技术在规划设计、仿真验证和优化生产工艺及系统方面发挥越来越重要的作用。不管是新建生产线还是在已有的生产线上进行产品的生产，采用数字孪生技术使制造环节在虚拟时空中提前进入虚拟制造阶段，在虚拟工厂中像物理工厂一样一步步将虚拟产品制造出来，对每个制造环节都可进行可制造性验证和优化，对新的生产线或生产线的改造进行虚拟调试，对其布局及控制程序进行优化验证，进一步对生产计划进行工厂运行仿真优化，验证工厂是否能按期制造出合格的产品，确保产品一次投产就能成功。

3. 生产制造阶段

制造阶段是在物理空间中将产品从毛坯、半成品进行加工制造及组装成为产品的过程。当前制造所面临主要问题是个性化定制与生产成本和效率等方面的矛盾。基于数字孪生的规划设计虽然已在虚拟空间中设计、制造出虚拟产品，解决了如何制造的问题，但实际物理制造空间中的相关条件及环境与设定的虚拟空间中的制造环境存在差异，生产过程中存在许多变化因素，如何利用数字孪生技术与物理实体及制造过程交互，适时调整加工策略，高效高质量地完成产品的加工制造，成为这个阶段主要解决的问题。在制造阶段采用物联网技术获取制造过程中的各种信息，通过工业互联网将信息传递到应用平台，驱动产品的数字孪生、生产线或者整个工厂的数字孪生运行，实时判断生产的现状，预测生产制造的发展变化，发现与理想制造状态的偏差，及时优化调整。一方面，基于数字孪生的制造过程最主要的特点就是虚实交互融合、以虚拟实、以虚控实，就是利用数字孪生技术采集到"未来"的数据，从而控制制造过程沿着理想的路径运行；另一方面在制造过程中的各种真实的参数与孪生体相关联，每一个产品的数字孪生体都带有他自己的物理孪生体"出生"时的特殊参数。

4. 运行维护阶段

产品制造出来他的物理生命就开始了，以前对于制造商他的工作任务就结束了，用户购买产品一般只附带产品的使用、安装及维护的纸质说明书，现在一般附带其电子文档甚至产品的三维模型。基于数字孪生的产品运维阶段主要在以下几个方面开展工作：①使用培训。借助数字孪生的高逼真性，特别是近些年发展起来的 VR、AR、MR 技术，硬件在环的仿真技术，使用户如同在真实环境中实操，特别是一些极限、危险的环境。②优化运行。运行过程中产品的设备状态信息、生产过程及管理信息通过工业互联网传递并驱动其数字孪生运行，对将要发生的变化进行预测，从而实现智能控制，如同上节在制造阶段的原理方法。③诊断维护。产品的数字孪生体记录着产品的身份及履历信息，对产品的状态进行实时采集包括产品的物理空间位置、外部环境、使用状况及功能状态等，根据这些状态信息、历史记录对产品实现功能和性能以及寿命的健康状况进行预测与分析，从而实现提前预警。当产品出现故障和质量问题时，实现产品物理位置的快速定位、异地专家身临其境的故障诊断辅助等工作，使运维工作高效智能。

5. 报废阶段

随着技术的发展产品的寿命越来越短，如何实现可持续的绿色发展成为亟待解决的问题。数字孪生存储着产品的历史履历及当前状态，利用这些信息有助于实现产品的更新改造及报废处理，挖掘出产品的每一个零部件最大使用价值。纵使物理寿命终结，虚体仍可存在永不消失，为历史回溯、大数据处理及培训提供素材。

257

第二节　从 CAD 到机床的数字化制造

一、CAD 技术的发展

随着 20 世纪计算机技术的发展，在制造业中不断产生新的技术概念，从 2D CAD、3D CAD 到 DMU、MBD；从 CNC、FMS 到计算机集成制造系统 CIMS（Computer Intergrated Manufacturing System）等，今天看来这些都是围绕着制造的数字化网络化展开，本节沿着制造的数字化这条主线，首先从产品的数字化建模发展历程开始：

第一阶段 2D 工程图（甩图板工程）。CAD 是数字化的主要领域，以投影几何为主线的机械制图，把工程图的表达规范化标准化，使 2D 工程图成为工业界定义产品的语言。人们设计思想一开始在脑海中是 3D 立体的，为了标准化的表达而转换成 2D 绘制在图纸上，后续的技术人员又要将 2D 工程图在脑海中转换成 3D 立体图，这中间不可避免带来信息的丢失和理解的错误。随着 CAD 技术的出现，2D 图形信息开始以数字化的形式在计算机中存储和处理。

第二阶段 2D 工程图 +3D 模型。由于贝塞尔曲线、实体建模理论，特别是 NURBS 样条曲线曲面成为国际上统一的几何建模的标准，使计算机能够借助其强大的计算能力快速绘制出各种各样的曲线曲面，从而使 CAD 从 2D 进入了 3D 时代。3D 几何建模技术由线框建模、曲面建模发展到实体建模，进一步出现了基于特征的建模及参数化建模的方法。3D 实体建模不仅反映了产品的几何信息，还能表达产品的质量、转动惯量等物理信息，从而在实体模型的基础上能够进行计算机辅助工程分析等工作，促使了 3D 实体建模技术在 CAD 中的普遍应用。但由于工艺信息的缺失，在编制加工工艺及程序时仍需要将 3D 模型转换成 2D 工程图进行加工指导，出现了所谓的 3D 设计 2D 出图的局面。

第三阶段基于模型的定义（MBD）。有了 3D 实体模型，随之出现了面向不同学科的计算机辅助工程（CAE）软件，如有限元分析、动力学分析软件等，面向制造过程的数字化装配、辅助制造（CAM）和辅助工艺规划（CAPP）等软件，这些软件都是建立在 CAD 模型之上，但 CAD 模型中缺少后续工作所需信息，需要手工进行模型转换或添加相关信息。美国机械工程师协会（ASME）在 20 世纪 90 年代在波音公司的推动下，开展 3D 标注技术（PMI）及其标准化的研究与制定工作，包括制造过程中所需的关键指导信息，例如基准面，尺寸、公差、表面粗糙度、焊接符号、材料明细表、表格、注释、坐标系等等在 3D 模型中的标注（图 9-7）。

2003 年发布了美国国家标准"ASME Y14.41-2003 Digital product definition data practices"，国际标准化组织 ISO 借鉴此标准制定了"ISO 16792"，我国也在 ISO 16792 的基础，制定了《技术产品文件　数字化产品定义数据通则：GB/T 24734》系列标准。标准明确了产品定义数据集所应包含的内容、规范了对设计模型的要求、定义了尺寸公差表示规则，规定了基准应用方面的要求，将产品设计信息、制造要求共

同定义到该数字化模型中，实现
更高层次的设计制造一体化，由
此设计、工艺、制造和检测等的
优化及仿真验证工作全面进入三
维世界。

二、基于模型的定义

波音公司提出了基于模型
的定义（MBD）的概念，也称
之为数字化产品定义，将产品

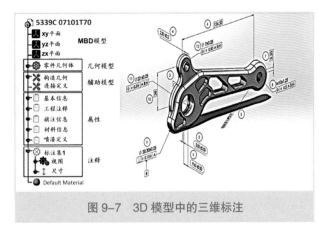

图 9-7　3D 模型中的三维标注

的设计信息、制造要求等信息集成在产品三维模型中的定义方法 [7]。MBD 是一套数字化技术和管理体系，为实现更高层次上的设计制造一体化数字化奠定基础。在软件实现方面，国际知名 CAD 软件供应商达索、西门子、PTC 等公司分别在自己的 CAD 产品中实现了三维标注等部分 MBD 相关功能模块，促进了 MBD 技术在工业界的应用。

MBD 技术不是简单地在三维模型上进行三维标注，它将数字化模型作为产品定义唯一的数据源，其模型是一个包含产品设计信息、工艺描述信息、加工制造信息、检验信息以及管理信息等全部信息的载体，还包含如何从这个载体中获取信息进行传输规范体系。它通过一系列规范的方法能够更好地表达设计思想，同时打破了设计制造链上的壁垒，其设计、制造及检测等特征能够方便地被计算机和工程人员解读，从而实现智能制造的基础范式——数字化制造。

零件模型和装配模型在 MBD 中要表达的几何信息不同，同时针对设计、制造及检测等方面的技术要求也不同，这就需要 MBD 按照一定的数据规范和格式将原来离散的信息进行"数字化归集"处理，建立一个结构合理、信息完整的高质量的数据集。数据集由基准、坐标系、几何模型集、标注集和属性组成，如图 9-8 所示，数据集并没有统一的数据规范和格式要求，不同的产品和企业可根据实际需求和企业特点制定相应的数据集内容。

产品物料清单（BOM）是传统制造企业用来在生产流程中传递信息，连接生产过程上下游的纽带。BOM 描述产品物料的组成、产品结构和工艺流程，在生产制造不同阶段中有不同的 BOM。设计物料清单 EBOM 由产品的设计人员根据设计方案等来确定产品的零部件模型和组成

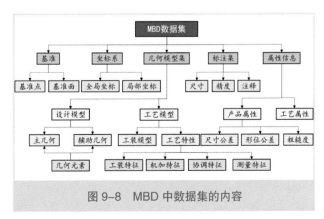

图 9-8　MBD 中数据集的内容

关系而生成，设计部门通过 EBOM 将产品的设计信息传递到工艺部门；工艺部门进行工艺规划将其转变为工艺物料清单 PBOM，主要处理的是需要用户自己加工生产的零部件；制造部门在 PBOM 的基础之上，设计出加工制造物料清单 MBOM 及装配物料清单 ABOM。相比 PBOM，MBOM 增加了工时定额、材料定额、工装夹具等具体的工艺信息，ABOM 增加了产品的装配序列和装配路径，同时添加了所需的工装夹具等信息，最后具体的生产部门根据相应的 BOM 完成产品的生产和装配。

采用 MBD 技术后，制造企业的流程发生很大的变化，不再需要二维工程图纸，制造信息全部由三维数字化模型得到，减少了 BOM 转化中的工作量，简化了管理流程。基于 MBD 模型建立三维工艺模型进行仿真优化，根据 PMI 三维标注信息生成零件加工、部件装配动画等多媒体工艺数据；检验部门依据基于 MBD 的三维产品设计模型、三维工艺模型，建立三维检验模型和检验计划。MBD 将原来 BOM 之间靠技术人员进行信息查询、分析和转换的工作，通过数字化自动连接起来，保障了数据的完整性和一致性。MBD 统一的数字化模型贯穿生产制造的整个流程，在它之上方便进行知识挖掘与积累，同时也是企业知识固化和优化的最佳载体，成为企业从数字化向智能化发展的必由之路。

MBD 还处于不断发展完善当中，其理念也从设计领域向产品全生命周期直至整个企业发展，将产品全生命周期中所需要的数据、信息和知识进行整理，结合信息系统，建立便于系统集成和应用的产品模型和过程模型，在基于模型的系统工程（MBSE）指导下，进行多学科、跨部门、跨企业的产品协同设计、制造和管理，通过基于模型的工程（MBe）、基于模型的制造（MBm）和基于模型的维护（MBs）的实施部署，发展形成了基于模型的企业（MBE）这种先进的制造模式（图 9-9）。美国国家标准研究院（NIST）还发布了从 Level 0 到 Level 6 七个等级的 MBE 成熟度指标，它成为企业数字化转型发展的指南。其中达到 Level 3 的企业，要求应用 MBD，主要交付物为 2D 注释模型和轻量化可视化数据；Level 4 应用 MBD 和数据管理，主要交付物为通过 PLM 管理 3D 注释模型和轻量化可视化数据；Level 5 在三维环境下进行模型定义、自动生成技术数据，在基于模型的系统工程指导下在整个企业开展基于模型的设计、制造、检验以及维护工作；Level 6 整个企业及其供应链都在 Web 环境下，采用 MBD 进行工作[8]。

图 9-9 基于模型的企业（MBE）功能框图

三、数字样机

数字样机（DMU）的定义前面已经进行介绍，数字样机也称虚拟样机，它们基本内涵相同，都是通过产品的三维可视化建模，替代物理样机进行仿真优化。数字样机更加强调模型的系统性和统一性，为设计制造提供方案、参数及控制的数据支持。由于数字样机的概念具体形象，数字样机被工业界广泛接受，逐步发展成 MBD 体系中的进行产品展示、仿真验证及优化关键技术。DMU 加深了人们对制造过程的本质理解，将制造活动从基于经验的传统模式提高到基于科学知识的新模式，而且在全生命周期中的各个阶段都能借助模型从不同角度进行仿真验证，从而避免失误、确保成功。

模型是研究问题本质特性的一种描述，建模是为了理解事物而进行的一种抽象、无歧义的描述。一般可根据仿真验证的目的将数字样机分为几何样机、功能样机和性能样机。以前在设计开发流程中需要物理样机对设计方案进行优化验证，而随着 DMU 的出现，可以减少甚至取消物理样机的使用，如图 9-10 所示。通过DMU 进行方案优化和验证，将缺陷和错误消除在设计规划阶段，使设计开发过程灵活、并行、

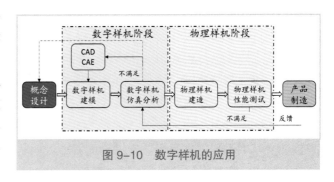

图 9-10　数字样机的应用

高效。一般对一个机械系统的研究可分为静力学、运动学和动力学三方面，而现代机床设备是由光、机、电、液等多学科硬件及软件组成，仅仅进行机械方面性能和功能验证是不够的，其 DMU 建模是对机电、控制等组成部分的本质特性及相互关系的描述，能够表达出复杂产品的结构和行为，以实现替代物理样机进行仿真及优化等任务[9]。

数字样机具有以下特点：①具有与物理样机相同或相似的性质，可以代替物理样机进行产品的物理特性、性能和功能、可加工性、可装配性、可操作性等测试和评价，支持产品进行数值仿真模拟；②具有虚拟现实的沉浸感，为用户提供一种身临其境的环境体验，从而模拟真实工作环境，通过观测虚拟样机获取产品应用层面的数据；③具有全生命周期统一的数据模型及仿真数据管理系统，用户在设计、制造和应用的不同阶段都能使用这一模型并集成仿真结果的分析、数据的管理和应用。

数字样机技术是一项复杂的系统工程，是支撑数字样机的指标定义、模型构建、仿真运行、数据分析、可信度评价、结果可视化、指标优化以及仿真数据管理等技术的统称。数字样机建模技术主要有：①基于统一建模语言（UML）的多学科多领域建模技术。UML 完成异构系统及其构件的一致性描述，基于 UML 的方法实现了领域模型间的无缝集成和数据交换，成为虚拟样机的主要建模技术之一。常见的基于 UML方法有 Modelica、EXPRESS 和键合图 (Bond Graph) 等。②基于高层体系结构（High Level Architecture—HLA）的多领域建模仿真。HLA 将一个单一领域的仿真过程可看作一个邦员，邦员之间通过软总线组成联邦，协同起来进行多领域的仿真。③基于

接口的方法。利用学科领域的仿真软件完成产品在该领域仿真模型的构建，应用标准接口进行虚拟集成。Daimler AG 公司提出了通用模型接口标准（Functional Mockup Interface—FMI），不同的建模及仿真软件通过符合 FMI 接口标准的格式导入其他软件建立的模型，实现多领域仿真分析工作；④通过对不同领域建模与仿真软件（如 ADAMS、Simulink 等）的二次开发，建立点对点的模型数据交换接口或基于外部文件的数据交换接口，通过异构软件联合的方式进行多领域系统的仿真[10]。

在实践中数字样机就是建立在计算机中的仿真模型，一方面，采用合适的建模技术将物理产品从现实世界映射到虚拟世界，不可避免地要进行一些简化、抽象以及重构工作；另一方面，为了使所建立的数字样机能够满足应用需求，必须确保仿真验证结果有足够的可信度。1996 年美国国防部发布相应的规范（DoD instructive 5000.61），要求在国防部范围内建立校核、验证与确认机制（Verification，Validation & Accreditation—VV&A），从而确保仿真的效果[11]。这三个概念的解释：①校核确定模型执行和其相关数据是否准确地表述开发者概念定义和规范的过程，主要从逻辑上强调所建模型是否符合开发者的意愿，就是关于"正确地建立了模型"的问题；②验证从模型预期功用的角度，决定提供的模型和其关联的数据对实际系统精确表述程度的过程，就是关于"建立了正确的模型"的问题；③确认指所建模型或仿真系统及其相关数据可用于特定用途的官方证明。VV&A 三部分是相互关联的，并且伴随着建模及仿真的整个过程，通过不断进行修正，直到模型确认通过。

国外先进发达国家数字样机技术在制造企业得到了广泛的应用，产生了巨大的经济效益，如波音公司"波音 777 飞机"的研发尤为典型，其设计开发过程中全部采用数字样机技术，是世界上首架以无纸方式研制的飞机，不仅减少了设计更改次数，减少了 94% 的研制费用，使研制周期从 8 年降低到 5 年，而且确保了最终产品一次装机成功。空客 A350 同样建立了全球协同的数字样机，使全球大约 4 000 名工程师在统一的数字化平台中进行设计协同，建立了大约 30 000 个数字化三维模型。空客认为完整的 DMU 应由产品的三维模型、产品结构和产品属性组成，如图 9-11 所示，其中产品结构描述模型的层次依赖与组织关系，属性则描述模型状态信息，并称其为"Configured DMU"（CDMU），进一步提出了"Functional DMU"（FDMU）及面向制造的"Industrial DMU"（IDMU）概念，它是一个包含真实物理制造过程中数据的"as-built IDMU"，是产品完整的数字化定义[12]。

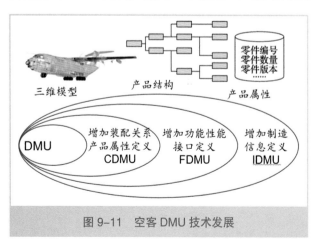

图 9-11　空客 DMU 技术发展

四、机床的仿真优化

数控机床是典型的机电一体化复杂系统，一般可分为机械、电气和控制三部分，且使用功能繁多、环境条件复杂。多年来由于技术的限制，数控机床在设计阶段采用的是串行设计方法，并且机械、电气和控制等组成部分都是分开在单学科内进行设计。由于在设计之初没有考虑系统耦合的问题，子系统的各项性能指标要进行单独分配，为了达到系统预设的综合性能指标，各个子系统相关的各项性能指标通常会被设定的比实际所需的性能值高，而且两个性能高的子系统组合并不一定得到高的综合性能指标。在设计阶段也无法对控制程序的调试、控制参数的优化、加功性能及使用特性等方面进行验证。多学科设计优化 MDO 就是在这种情况下产生的，它考虑各学科领域间的相互作用，从系统级和子系统级两个层次优化产品。

如图 9-12 所示，机床各部分先采用本领域（子系统）的模型进行仿真优化，在满足本学科性能指标后，和其他子系统集合建立基于多学科领域的数字样机模型，对系统级整体性能、功能及可操作性进行评估；如果系统性能不达标，则根据仿真结果对设计方案进行修改优化，直至满足全部指标，初步生成设计的 EBOM。之后，根据工厂生产条件建立数字化工厂，根据产品数字样机进行工艺分析和设计，对机加工艺、数控加工、装配次序及路径等进行可制造性的验证及优化，如果有问题直接反馈到相关部门进行会商修改。这样的过程一直到机床在数字空间中被虚拟制造出来，这确保了按此方案

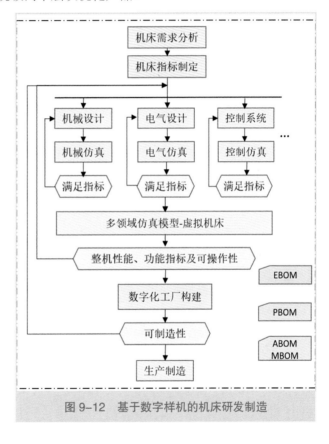

图 9-12　基于数字样机的机床研发制造

制造出的机床产品能够满足设计要求，然后就可将以此生成的 ABOM、MBOM 交于工厂进行实际制造了。

机床数字样机即所谓的虚拟机床，它将机床的三维模型用于整机性能预测和加工过程仿真，在虚拟空间里验证机床的特性，对其进行设计评价、反复优化、测试分析等，甚至虚拟地加工零件，避免了要等机床制造出来以后才能进行评估优化的缺点，不仅可以降低机床的设计成本，避免资源的无端浪费，而且能够提高产品性能，从而大幅度缩短新机床的上市周期，提高机床的使用效率和效益。虚拟机床在全生命周期包括

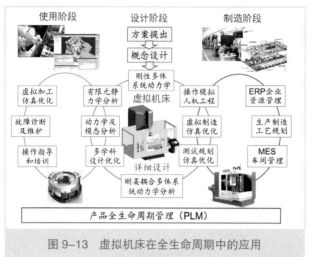

图9-13 虚拟机床在全生命周期中的应用

图9-14 机床的建模内容

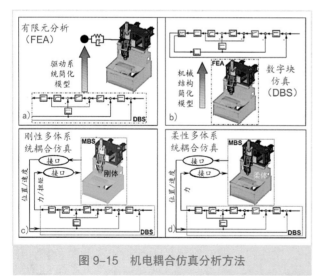

图9-15 机电耦合仿真分析方法

设计、制造和使用阶段的应用如图9-13所示。此外，虚拟机床还能够代替物理样机进行多种危险性或破坏性试验，如运动部件的极限运动、碰撞检测等。一般虚拟机床的建模分为几何建模、控制器建模、运动关系、行为建模和人机界面，如图9-14。

根据仿真目的可采用不同的方法将相关单学科进行集成，如将刚体或有限元模型加以当量转换后在数值模块仿真平台上对整机动态性能进行仿真。优化分析可以机械为主或者以电气为主，将机床视为刚性多体系统或将机床视为柔性多体系统，然后将机电两部分耦合进行仿真，图9-15展示了四种不同的机电耦合仿真的组合方式。

第1种形式是通过对伺服驱动系统控制模型简化，将伺服驱动系统表述为状态空间模型的形式，将控制模型映射成由质量、刚度和阻尼等组成的机械组件，在有限元模型中增加控制节点，节点的自由度即为伺服系统的状态变量，利用ANSYS软件的MATRIX27单元将它集成到FEA模型中，如图9-15a所示。第2种形式是将机床机械结构的有限元简化模型转换成为控制模型，融合在伺服驱动系统控制的数值模块模型中进行仿真，如图9-15b所示。第3种形式是将机床结构视为刚体，将各轴的位置和速度作为驱动控制系统的输入，而将控制回路的电流转换成力或扭矩，反馈到刚体仿真系统。机电的交互可通过ADAMS/Control和Simulink进行。在ADAMS中定义输入和输出，输出是从 ADAMS 进入 Simulink 的变量，输入是指从 Simulink 返回到 ADAMS 的变量，最终通过力、位移、速度等变量进行交互，如图 9-15c 所示。第 4 种形式是将机床结构视为柔性体，以有限元模型为基础，如图 9-15d 所示。其原理与第 3 种形式基本相同，但数据量大幅度增加，所需运算量大幅增加。

模型建立好后，就可通过施加作用给伺服驱动电动机，驱动虚拟机床模型运动。仿真系统在运动过程中因本身的惯性、摩擦，或外在的切削力、摩擦产生的力和扭矩作用到多体模型上。通过分析机床在位移、速度、加速度和加加速方面的变化，可评价是否满足设计要求。通过对刀具中心点施加模拟切削力，可实现对机床整机动力学进行仿真，模拟实际加工状态，模拟机床的振动、运动误差，进而实现对机床加工质量的模拟。此外，还可以通过调节控制器参数来消除机床固有频率对机床动态特性的影响。

五、虚拟调试与数字化工厂

基于数字样机的多学科仿真各个学科都是以数字模型参与仿真，仿真全部在计算机虚拟环境中进行，当针对制造系统或设备的控制程序或参数进行仿真时，也可称为软件在环仿真（SiL）。由于各学科模型都是在简化、抽象的基础上对物理实体的本质特性的描述，或多或少和实际物理实体的表现存在不同，所以将实际物理部件应用在仿真中，进行半实物仿真，即所谓的硬件在环仿真（HiL），进一步提高了仿真的准确性和可信度。在实际仿真应用中有两种硬件在环仿真形式："实机虚电"或"实电虚机"。由于机械部分通常制造周期长、体积大、仿真能耗高，电控部分本身就是以计算机为基础，主要通过参数来优化性能，所以一般硬件在环仿真采用实际控制器加虚拟的机械进行仿真，如图 9-16 所示。

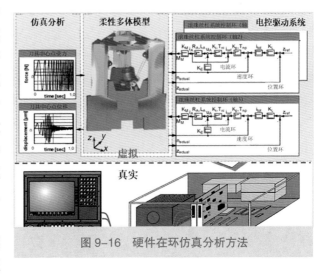

图 9-16　硬件在环仿真分析方法

由于控制器的实时性要求，即要求虚拟机床在每个采样周期都能将模型的位置信息等信息反馈给数控系统，使数控系统如同控制实际机床一样，所以对虚拟机床的计算效率和实时性要求很高。硬件在环仿真技术主要应用于机床产品生命周期的设计环节中整机调试仿真、参数优化、加工过程优化和验证以及培训和维修环节。特别是多种设备组成的生产线或生产单元，虚拟调试显示出更大的作用。另外人机交互在真实的控制器上进行，使用户能获得与真实一样的操控体验。

以前的调试工作只能等待机电设备安装完毕后进行，调试耗时长且风险很大，一旦发现机电方面的问题，消除错误的代价极大。虚拟调试技术通过建模技术创建物理产品及其环境的数字映像，用于测试和验证产品设计的合理性，将调试环节前移到设计阶段。例如，在计算机上建立整个生产环境模型，包括机床、机器人、自动化设备及其 PLC 控制器等单元，对 PLC 控制逻辑、机器人控制程序等中进行测试和验证。虚拟调试包括纯软件在环仿真调试和硬件在环仿真调试，经过虚拟调试后相关机电参数和控制程序、PLC 程序就可直接下载到实际的硬件中，与建造好的实际物理系统进行联调。

西门子 PLM 产品中"机电一体化概念设计"模块（Mechatronics Concept Designer——MCD）是一款具有物理学仿真引擎的三维设计及仿真软件，与 SIMIT Simulation Framework 配合实现设计及集成过程中的虚拟调试。MCD 可对包含多物理场以及通常存在于机电一体化产品中的自动化相关行为的概念进行 3D 建模和仿真。MCD 支持功能设计方法，可集成上游和下游工程领域，包括需求管理、机械设计、电气设计以及软件/自动化工程。MCD 可加快机械、电气和软件设计学科产品的开发速度，使这些学科能够同时工作，专注于包括机械部件、传感器、驱动器和运动的概念设计。MCD 可实现创新性的设计技术，帮助机械设计人员满足日益提高的要求，不断提高机械的生产效率、缩短设计周期降低成本。通过 SIMIT 软件建立仿真模型和控制系统（SiL 或 HiL）的连接，从而实现设备及生产线的虚拟调试，反复以上过程直到获得满意的结果。

虚拟机床在早期主要用于加工过程的仿真，进行刀具路径模拟、碰撞干涉和过切检查。大多数 CAD/CAM 软件中都包含有加工过程仿真模块，也有专门用于数控加工仿真的软件，如 VERICUT 等。随着数控机床的高速化和精密化，伺服驱动性能对机床整机动态性能的影响越来越大。虚拟机床的应用开始深入到机床整机性能分析领域，特别是将伺服驱动的机电耦合也加入机床动态性能的分析中，使虚拟机床成为机床现代设计过程中不可缺少的组成部分。当前，虚拟机床的主要应用领域有以下 5 个方面：①对机床的各种功能以及人机工程等方面进行验证；②对机床的性能进行仿真分析和优化；③对由机床等组成的生产线及工厂进行仿真优化；④验证零件加工程序和加工质量，仿真加工过程，提高机床的加工效率和精度；⑤为机床的使用培训、维修和商务等方面提供服务。

德马吉森精机（DMG MORI）公司与西门子公司合作，共同开发了"DMG 工艺链（Process Chain）"软件，包括西门子 NX CAD/CAM 和 DMG 虚拟机床两个部分。用户可在一个平台上完成产品设计、数控编程和 1:1 的加工过程仿真后，再在真实机床上进行加工（图 9-17）。换句话说，借助该软件可在 PC 上虚拟地运行德马吉森精机的机床。由于它与真实机床所用的 NC 和 PLC 核心相同，能进行与使用真实机床完全一样地加工过程仿真，检测碰撞和干涉，发现编程错误，并可借以优化切削参数，保证加工效率最大化[13]。

针对机加工艺的仿真包括几何仿真和物理仿真，前者主要是对刀位轨迹和运动过程干涉检测仿真，不考虑切削力等其他因素，目的是为了验证 NC 程序的正确性和生产线加工节拍的确定性；后者是对切削加工特性和精度进行动态仿真，根据动力学原理预测刀具磨损、振动和变形，目的是为了对切削参数进行优化。这方面的研究内容主要集中在 3 个方面：①三维虚拟加工环境构建；②加工过程仿真；③工艺参数和刀具运动轨迹的优化。

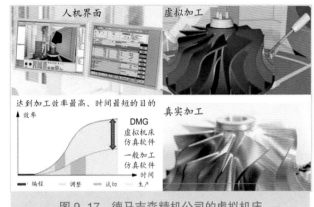

图 9-17　德马吉森精机公司的虚拟机床

此外，数控加工仿真软件的开发商，如美国的 CGTech 公司提供的 VERICUT 仿真系统，软件由 NC 程序验证模块、机床运动仿真模块、优化路径模块、多轴模块、高级机床特征模块、实体比较模块和 CAD/CAM 接口等模块组成。它既能仿真刀位文件，又能仿真 CAD/CAM 后置处理的 NC 程序，其整个仿真过程包含程序验证、加工过程分析等，可用于数控车床、铣床、加工中心、线切割机床等多种机床的数控加工过程，进行 NC 程序优化，缩短加工时间、延长刀具寿命、改进表面质量，检查过切、欠切，防止机床碰撞等。VERICUT 具有 CAD/CAM 接口，能实现与 NX、CATIA 及 MasterCAM 等软件的嵌套运行。

通过对工件材料的切除仿真，模拟从毛坯直至加工成零件的全部过程，然后对加工表面的图形加以渲染处理，可相当逼真地反映其加工后的真实状态，如图 9-18 所示。图 9-18 中上部是加工仿真后的结果，下部为真实加工的结果，两者基本吻合，标识 1（红色圆圈及其局部放大）处的加工表面斑痕凹凸不平，可能是数控编程错误或数控参数没有优化所造成的[14-15]。

机床、生产线甚至整个工厂都可以通过 3D 模型构建，形成了所谓的数字化工厂（DF）。数字化工厂是指以产品全生命周期的相关数据为基础，在数字空间中对整个生产过程进行仿真、评估和优化，并进一步扩展到整个产品生命周期的新型生产组织方式。德国工程师协会的定义是：数字化工厂是由数字化模型、方法和工具构成的综合网络，包含仿真和 3D 虚拟现实可视化，通过连续的没有中断的数据管理集成在一起。数字化工厂集成了产品、过程和工厂模型数据库，通过先进的可视化、仿真和文档管理，以提高产品的质量和生产过程所涉及的

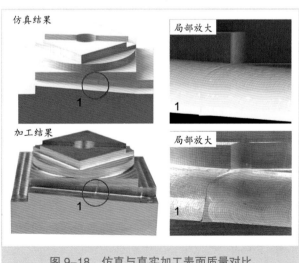

图 9-18　仿真与真实加工表面质量对比

质量和动态性能[16]。

数字化工厂是现代数字制造技术与计算机仿真技术相结合的产物，其实质上是通过数字化实现高效的工厂运营。在实际应用中，数字化工厂概念主要在工厂布局、工艺规划和运行仿真三个方面展开，如图 9-19 所示。通过采用产品、过程和资源模型来构建仿真平台，产品模型由 3D 模型、属性、关系、约束等构成；过程模型描述制造出产品所需的

图 9-19　数字化工厂的内容

一系列生产活动（工艺过程）以及活动之间的约束、关系等信息的集合；资源模型包括生产设备、工装夹具和工艺文档等物质和信息资源。数字化工厂通过制造特征将这三种模型联系起来建立规划仿真的基础，西门子的 Tecnomatix、达索公司的 Delmia 提供的数字化工厂解决方案，在航空航天、汽车和造船行业得到了很好的应用。

第三节　人机界面与多维交互技术

一、人机交互与模型轻量化

人机界面是机器与人交互的接口，它的发展大致经历了三个阶段：命令行界面、图形界面和自然用户界面（NUI），NUI 的出现为人机界面操作效率与用户体验带来了质的进化，人们不再需要学习复杂的命令及交互方式，便可以用自然的方式与机器进行互动。目前的用户界面正在由图形界面向 NUI 发展，包括：触控用户界面、实物用户界面、3D 用户界面、多通道用户界面和混合用户界面。

1）触控用户界面。在图形用户界面（GUI）的基础上支持触觉感知的交互技术，用户通过屏幕直接用手和虚拟对象交互。智能手机、平板电脑等移动设备和大多数工业控制计算机都支持这种技术。

2）实物用户界面（Tangible User Interface─TUI）支持用户直接使用现实世界中的物体通过计算机与虚拟对象进行交互。区别与传统的 GUI 范式，TUI 强调虚实融合，在真实环境中加入辅助的虚拟信息，或在虚拟环境中使用真实物体辅助交互，典型的例子如 9-20 所示的 TUI，用户利用放大镜、标尺、小方块等真实物体与界面进行自然的交互，而不必再使用窗口、菜单、图标等传统 GUI。

3）3D 用户界面。使用户在一个虚拟或者显示的三维空间中与计算机进行交互，如在虚拟环境中进行抓取物体、观察环境、场景漫游等都需要 3D 用户界面的支持。

这种交互技术在 VR 和 MR 环境中被大量应用。如图 9-21 所示，用户可以用手直接与现实和虚拟的 3D 物体交互，不借助任何标志物就能实时地在 3D 空间中建立物体的虚拟模型，实现了真实物体与虚拟物体的高度融合。

图 9-20　实物用户界面

4）多通道用户界面。以上以图形为交互媒介的用户界面使人们使用计算机变得更加简便，但计算机的操作模式并没有改变，仍然需要将操作者限制在计算机旁边，用户不能按自己的习惯与计算机进行交互，必须去适应计算机。多通道用户界面支持用户通过多种通道与虚拟世界进行交互，包括多种不同的输入工具（如文字、手势和语音等）和不同的感知通道（如视觉、听觉和触觉等）。通过维持不同通道间的一致性，融合多通道信息能够使人机交互更自然、更逼真，

图 9-21　3D 虚拟界面

多种交互通道相互补足，消除交互环境中的二义性，提高了交互效率。

5）自适应用户界面。自适应界面是一种可以根据用户的操作行为特征，自动地改变自身的界面呈现方式及其内容，以适应用户操作要求的用户界面，它基于个性化学习算法对用户的交互行为进行预测。目前自适应界面技术依然存在着一些不足之处，大多自适应界面技术是根据用户的历史交互信息对用户的交互意图进行预测，学习用户认知行为的能力较低，自适应的效果不够理想有待进一步发展。

目前高端显示器的分辨率达 2 048×1 600 以上，每一个点由 4 个字节表示颜色，这样一帧图像需要 13MB 以上，需要专用的图形处理芯片的支持，才能实现满意的图形显示质量。机床三维 CAD 模型的数据量通常非常大，一个简单零件的文件也需要 100KB 以上的容量，整个虚拟机床的 3D 模型数据量往往要达到 10GB 以上，给仿真及其他应用带来了计算量的极大挑战。

3D CAD 模型的表达方式一般可以分为两类：①实体模型。实体模型可以分为边界表示法（Boundary Representation—B-Rep）、构造实体几何法（Construction Solid Geometry—CSG）和扫描法三大类表示方法，大多数 3D CAD 系统（NX、

269

CATIA、Pro/E、Inventor 等）建立的 3D 模型都为实体模型，以自己独特的文件格式进行存储。实体模型存在结构复杂数据量大，不包含表面的三角面片信息，显示时需大量计算将曲面离散为多边形网格。②网格模型。采用大量的多边形面片来逼近物体的几何形状的非精确模型表达方法，有多种文件格式，如 STL、VRML 等，其中最常见的是 3D Systems 公司推出 STL 文件格式，绝大多数的 3D CAD 系统都可以输出 STL 格式的模型文件，STL 文件有 ASCII 和二进制两种存储格式。网格模型缺乏结构属性信息，而且存在大量冗余数据，不利于工程分析和显示处理。

借助虚拟机床进行加工过程仿真等任务时有一定的实时性要求，为了能够获得连续的屏显画面，刷新频率必须高于 20 帧 / 秒。传统的 3D CAD 模型需要较大的存储空间和图形显示计算工作量，为了能在当前的计算能力下应用这些技术，必须压缩其文件所占用的空间，使其具有更强的人机交互功能，即必须对模型进行数据压缩处理。除了数控加工需要零件的详细曲面信息，其他应用如机械性能仿真、装配模拟、布局仿真等，不需要每个部件详细的 3D 模型，可以对模型进行简化。

随着互联网发展，通过互联网进行 3D 模型的传输交互是协同设计及虚拟制造发展的必然趋势。应用由桌面端逐渐转移到 Web 端，模型的数据组织、传输加载和展现效果须做出相应调整，来解决基于 Web 端模型数据传输时间较长、客户端计算能力不足、显示资源有限等问题。如果能实现在不影响应用效果前提下，对模型几何和语义进行轻量化、模型"压缩"传输以及客户端对模型进行动态加载，根据观察者视点与产品几何模型之间的距离来使用不同的显示精度、不同层次显示技术，以此达到快速交互模型的目的，那么将大大提高模型在 Web 端的展现效果和用户体验。

模型的轻量化是语义提取、几何对象过滤和三角面片简化等各种优化处理的综合方法，对原始模型数据进行过滤、压缩、编码和显示加速，实现在不影响应用效果下，去除冗余重复信息，保留必要的模型属性及几何图形信息，达到模型轻量化应用需求，并能够在各种终端之间高效的传输和加载。充分利用设备有限的计算能力、渲染能力和存储空间以进行 3D 模型的快速显示与交互的目的，方便用户能够随时随地对产品信息进行获取。模型的轻量化可在以下 4 个方面进行：①细微结构的抑制和替换。除去或替换不影响应用的结构，简化图形的结构。②表面特征的处理。可以将模型表面上不必要的孔、腔、凹陷等特征进行修补，减少模型的表面数量并降低模型表面复杂度。③装配间隙的缝合。将内部不可见的部分缝合，方便后期的抽壳处理。④模型抽壳。提取模型外壳，略去其内部结构，达到简化模型目的。

大型的 CAD 软件都有模型数据压缩功能，有的压缩比高达 1%。例如西门子 NX CAD 软件中包含将模型转化为 JT 格式的功能，JT 格式的文件去掉了模型的一系列特征数据，采用面片和层次化技术进行轻量化，并设置了不同压缩级别，适应不同的轻量化需求，并提供了浏览工具 JT2Go。CATIA 采用 CGR 格式进行工程应用方面的轻量化，并且还提供了一种基于可扩展标记语言（XML）标准的 3D XML 轻量化格式，方便网络化及其他软件厂商的应用。Adobe 公司的 U3D 格式，U3D 格式最大的优势便是使用者不需要下载特殊的浏览软件，用户可基于该软件直接查看轻量化模型。

二、VR 技术

人们与以计算机为代表的人造"产品"的交互方式主要是图形显示器、鼠标、键盘、遥控器或者手柄等带有操控性按钮的面板及工具来进行的，这些交互方式虽然成本低灵敏度高，但是其交互方式并不符合人们自然的交互认知。因此，探索更为自然友好的交互方式成为不断努力的方向。VR 是一种为改善用户与环境交互方式的计算机仿真技术，它通过高性能计算机建立模拟逼真环境与用户在视觉、听觉、触觉甚至味觉、嗅觉等感知系统交互，使用户能够沉浸到所创建的场景中去，从而引发丰富的想象力，形成所谓的"幻觉"。所以沉浸性、交互性和想象性为虚拟现实技术的三个主要特性，让用户在虚拟场景中就如同身处现实当中一样，可以与虚拟场景进行没有约束的、实时反馈的交互行为，从而显著扩展用户与环境的交互内容以及自然程度，其构成要素及相互间的关系如图 9-22 所示。

1. 3D 立体显示技术

VR 关键技术是创建 3D 立体虚拟环境，而通常的 3D 显示是根据投影关系在 2D 屏幕上的图形，没有现实世界中真实物体的立体感。人类的立体视觉是源于两眼的视差，由于人两眼有 4～6cm 的距离，实际上看物体时两只眼睛中的图像是有差别的，两幅不同的图像输送到大脑后，才在大脑中形成有景深的立体图像。目前双眼立体显示技术主要分为两类[17]，如图 9-23 所示：一种是通过辅助装置，制造出双目视差，使观看者左右眼看见不同的图形，从而形成立体的感觉；另一类是裸眼 3D。

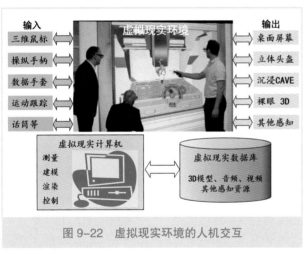

图 9-22 虚拟现实环境的人机交互

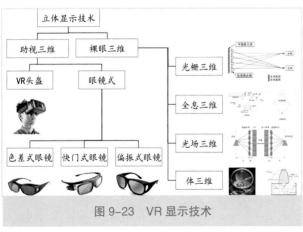

图 9-23 VR 显示技术

1）助视三维显示。色差式眼镜主要有红蓝和红绿两种颜色，显示屏上显示的内容与眼镜片颜色一致，两个视差图进入人眼从而形成立体视觉。这种立体显示的方式缺点在于原有图像中许多色彩信息丢失并且人眼看到的两幅图像也存在亮度上的差异。快门式眼镜的基本原理是，当显示屏上显示左眼的图像时，左眼镜片处于打开状态，右眼镜片处于关闭状态。同理，当显示屏显示右眼的图像时状态正好相反，这种立体显示技术对同步性要求非常高。偏振式眼镜在3D显示中应用较为广泛，它利用偏振角度不同的眼镜分离进入左右眼的光线达到立体显示的效果。VR头盔基本原理是头盔里左右眼对应的屏幕分别显示左右眼的图像，从而达到立体显示的效果。总体来说，助视立体显示技术需要外部设备的加持，显示效果不够理想，观看时会造成视觉疲劳，这些因素影响了VR技术的推广。

2) 裸眼3D显示。按照显示技术原理可分为光栅、全息、光场以及体3D显示技术：①光栅显示主要利用了狭缝光栅或柱镜光栅的光学特性，将光栅置于显示屏幕的前方，光线通过光栅的折射分别将不同的图像送入左右眼来达到立体显示的目的，其本质仍是基于双目视差的立体显示；②全息技术则是利用了光的干涉与衍射技术来实现立体景物的构建，在记录阶段利用的光的干涉原理记录物体光波的信息，在重现阶段根据光的衍射原理使用光波照射记录介质，重现3D场景；③光场显示技术也称为集成成像技术，它主要基于光路的可逆原理，首先利用透镜元阵列对物体对象进行拍摄，将所需显示的场景利用电荷耦合元件（CCD）等光电器件采集从而生成立体元图像阵列，然后利用另一组透镜阵列将显示屏幕上的立体元图像阵列在三维空间当中重构出来，利用这种方法重构出的立体图像真实存在于空间当中；④体3D显示技术利用了人眼的暂留原理，通过高速旋转投影屏幕的方法来达到立体显示的目的，此方法所显示的立体场景范围较小且该显示方法技术复杂。

根据具体应用形式可将VR分为3类：桌面VR、沉浸式VR、分布式VR[18]：

1) 桌面VR。基于普通PC平台，将计算机的屏幕作为用户观察虚拟环境的窗口，用户在PC显示器前，利用位置跟踪器、数据手套或者三维空间鼠标等设备操作虚拟场景中的各种对象，如图9-24a所示。桌面VR具备了虚拟现实的基本技术要求，并且其成本相对低很多，所以目前应用较为广泛。但由于屏幕的可视角仅在20°～30°之间，用户即使戴上立体眼镜，仍然会受到周围现实环境的干扰。

2) 沉浸式VR。采用的封闭的场景和音响系统将用户的视听觉和外界隔离，使用户完全置身于计算机生成的环境中。用户通过利用空间位置跟踪器、数据手套和三维鼠标等感知设备，将其反馈到生成的视景中，从而产生一种身临其境、完全投入和沉浸于其中的感觉。常见的沉浸式虚拟现实系统包括：①头盔式虚拟现实系统。采用头盔显示器实现单用户的立体视觉、听觉的输出，使人完全沉浸在其中。②洞穴式虚拟现实系统（CAVE）。基于多通道视

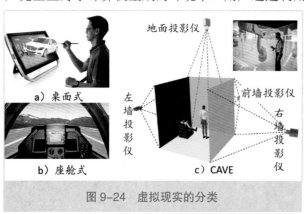

图9-24 虚拟现实的分类

景同步技术和立体显示技术，可提供一个四面（或六面）立方体投影显示空间。所有参与者均完全沉浸在一个被立体投影画面包围的虚拟仿真环境中，借助相应虚拟感知交互设备（如数据手套、力反馈装置、位置跟踪器等），从而获得一种身临其境的逼真感受。③座舱式虚拟现实系统。用户进入座舱后，不用佩戴任何显示设备，就可以通过座舱的感受虚拟世界，通常针对某些复杂设备（如汽车、飞机）的操控模拟。④投影式虚拟现实系统。通过一个或多个大屏幕投影来实现大画面的立体视觉和听觉效果，可同时允许佩戴立体眼镜的多个用户观看。

3）分布式VR。基于网络的可供异地多用户同时参与的分布式虚拟环境，在这个环境中，位于不同物理环境位置的多个用户或多个虚拟环境通过网络相连接，使多个用户同时参加同一个虚拟现实环境，通过网络与其他用户进行交互、共享信息，以达到协同工作的目的。

2. 多维交互技术

传统的人机交互系统一般是基于鼠标、键盘、遥控器和手柄等交互设备，然而借助这些交互设备的交互方式并不符合人体的自然交互体验，使得体验者因为交互性方面的不足而出现用户体验变差。随着多媒体技术的发展，人与计算机的交流方式大幅增加，比如基于手势、语音、体感以及各种可穿戴设备的自然人机交互的方式，例如利用生物电信号的人机交互技术应运而生，甚至出现将芯片植入脑内形成所谓的"脑机"接口，用意念直接进行控制。图9-25展示了几种感知输入技术：

1）三维鼠标。为了对三维虚拟对象进行操控，最简单的设备是鼠标。与传统鼠标不同，它的主按键是一个"空间球"，在球的内部是一个6自由度传感器，可以操控虚拟对象的位置和姿态，通常用于单用户的桌面VR系统（图9-25a）。

2）VR手柄。为了更方便地进行虚拟现实的交互，特别是在3D头盔类的虚拟现实，VR手柄成为必备的设备。它在三维鼠标功能的基础上更加方便地实现拖放、倾斜、拍摄、选择、抓取和瞄准等多个操作，以更直观地为用户提供与虚拟环境交互的方式，从而将沉浸感体验提升到更深的层次（图9-25b）。

3）势态识别。目前主要是手势识别，手是人类身体最灵活的关节部位，同时具有丰富的手势并利用其进行交流和交互。手势识别技术使用户可以直接用手操作虚拟环境中的物体，是目前广泛使用的交互技术之一，按照输入方式可以分为基于传感器和基于计算机视觉两类：①数据手套。数据手套上有许多三维传感器，可以测量出每个手指关节的

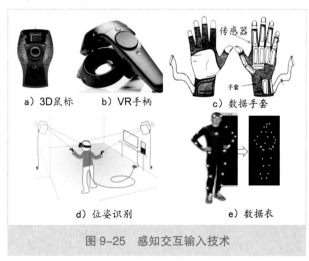

a）3D鼠标　　b）VR手柄　　c）数据手套
d）位姿识别　　e）数据衣
图9-25　感知交互输入技术

弯曲角度和力的大小，运用这些信息就可以对计算机生成的虚拟环境和对象进行控制。进一步可创建一个虚拟的触摸空间，通过数据手套让用户以为双手正在推、拉，或者进行其他应用想要的动作，虚拟的触觉反馈，使用户"真实触摸"到应用中的物体（图9-25c）。②基于计算机视觉的手势识别。手势识别采用计算机视觉算法来捕捉用户的手部运动，然后将捕捉到的信息转化后传回计算机，使其做出相应的反馈操作。用户可以使用简单的手势来控制或与设备交互，而无须接触他们。手势识别研究领域包括来自面部和手势识别的情感识别，姿势、步态和人类行为的识别也是手势识别技术的主题。手势识别可以被视为计算机理解人体语言的方式，从而在机器和人之间搭建更丰富的桥梁。

4）三维位置及运动跟踪器。跟踪器能够实时地测量用户身体或其局部的位置和方向（位姿有六个自由度），并将其作为用户的输入信息传递给虚拟现实系统的主控计算机，从而根据用户当前的视点信息刷新虚拟场景的显示。目前的跟踪器主要包括机械跟踪器、电磁跟踪器、光学跟踪器、超声波跟踪器、惯性跟踪器、全球定位系统（GPS）跟踪器及混合跟踪器等（图9-25d）。

运动跟踪器中有3轴陀螺仪、3轴加速度计、3轴电子罗盘等辅助运动传感器，通过内嵌的低功耗处理器输出校准过的角速度、加速度、方位和姿态等。其通过基于四元数的传感器数据算法进行运动姿态测量，实时输出用四元数、欧拉角等表示的零漂移三维姿态数据。运动跟踪器借助红外线和超声波发生器与接收器的组合，实时检测出用户的头、手的位置与指向，甚至人的眼睛、身体的运动，可使虚拟对象的位置和角度随用户视线和人体动作而变化。

数据衣是为了让VR系统识别全身运动而设计的输入装置，装备着许多触觉传感器。使用者穿上数据衣后，衣服里面的传感器能够根据使用者身体的动作进行探测，并跟踪人体的动作。数据衣对人体大约50多个不同的关节进行测量，包括膝盖、手臂、躯干和脚。通过光电转换，身体的运动信息被计算机识别，反过来衣服也会反作用在身上产生压力和摩擦力，使人的感觉更加逼真（图9-25e）。

5）声音交互技术。声音交互技术一方面为用户提供声音内容，使用户更有效、更全面地获取信息；另一方面将用户声音作为系统输入，控制系统的运行。目前已经形成语音输入、语音识别和处理等一系列交互技术，这些技术在近几年得到了广泛的应用。

6）眼动跟踪技术。眼睛能反映大量信息，通过眼睛注视进行的交互是一种高效的交互方式。眼动跟踪技术可分为基于图像和非基于图像的2种。前者使用摄像机获取用户眼睛或头部的视频图像，再利用图像处理的方法分析出用户头部和眼睛的注视方向；后置直接在用户的皮肤或眼球附着接触式设备，获取眼睛注视方向。

7）生理计算技术。生理计算技术可在人类生理活动和计算机系统之间建立信息接口，如脑机接口（Brain Computer Interface—BCI）和肌机接口（Muscle Computer Interface—MuCI）等，通过采集人体的脑电、心电、肌肉电和呼吸率等生理信息进行分析，识别用户交互意图和生理状态，大大提高虚实融合程度。

三、AR 与 MR 技术

在分析研究中如果能够在实际的物理对象上将虚拟对象叠加上去进行研究，使研究者能够感受到原来真实世界无法或很难同时体验到的信息，可以极大丰富研究范围和手段。AR 技术在 VR 基础上发展起来，它借助计算机图形技术和可视化技术生成现实环境中不存在的虚拟对象并将虚拟对象准确"放置"在真实环境中，同时借助显示设备将虚拟对象与真实环境融为一体，呈现给用户一个感官效果逼真的新环境。AR 其特征是把计算机生成的世界带入到用户的"世界"中，而不是像 VR 那样把用户沉浸到计算机的"世界"中。AR 技术已在娱乐、制造、医疗、军事及教育培训等行业得到应用。

MR 不但使真实物体和虚拟物体在同一视觉空间中显示，而且它在真实、虚拟和用户之间建立相互反馈的通道，用以呈现虚拟的真实。在新的可视化环境里物理和虚拟对象共存，并实时互动。VR、AR 和 MR 三者之间的关系如图 9-26 所示，将真实—虚拟看作一个一维坐标，这个坐标空间的整个横轴即为真实到虚拟的连续闭集空间，最左端的为纯真实环境，最右端的为纯虚拟环境，MR 是包含真实环境和虚拟环境的连续空间，强调它们之间的反馈交互。MR 往往被看作 AR 的进一步发展，在 AR 的基础上增强了交互性，因此在许多场合下 AR 的概念也覆盖了 MR 概念[19]。

AR 由一组紧密联结、实时工作的硬件与相关软件协同实现，硬件由处理器、显示装置、摄像机（跟踪设备）、传感器和输入装置组成。图 9-27 展示了通过 AR 进行维护的场景，光学透视眼镜（头盔），可让肉眼在透过镜片看到前面的实物图像（伺服驱动器）和场景的同时（红色线条），将由摄像机、位置传感器和麦克风等获得的图像和场景等信息输入计算机（蓝色线条），经过处理后在显示器输出虚实叠加的图像和场景，如在伺服驱动器图像上叠加"伺服驱动总线故障,检查连接器"字样(绿色线条)。此外,可借助麦克风(话筒)将音频的输入输出添加到场景中（黑色线条）。

AR 由以下几种方式组成：①基于计算机显示器。摄像机摄取的真实世界图像输入到计算机中，与计算机图形系统产生的虚拟景象合成，并输出到计算机屏幕显示器。这种方式简单但缺乏沉浸感，通过普通移动设备及手机就可实现。②头盔式视频透视式。它应用广泛，用以增强用户的视觉沉浸感。摄像机摄取的真

图 9-26　混合现实

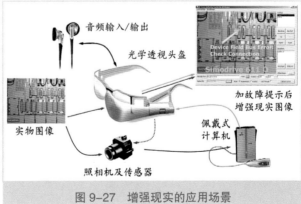

图 9-27　增强现实的应用场景

275

实世界图像输入到头盔计算机中，与所产生的虚拟景象合成，生成头盔左右显示器图像进行显示。③光学透视式 AR 眼镜。真实环境直接通过镜片，镜片上叠加虚拟景象图像，从而形成 AR 图像。微软的 HoloLens 智能全息眼镜就是采用这样原理，它应用近眼 3D 衍射显示技术，结合两片光导透明全息透镜实现混合现实。虚拟物体采用数字光处理（Digital Light Projector—DLP）投影技术，从设备上的微型投影仪经过全息透镜后射入人眼，同时现实环境中的光源信息也能被人眼所接收。

AR 的三大关键技术为三维注册（跟踪注册）、虚实融合和实时交互技术。

1）三维注册包括使用者的空间定位跟踪和虚拟物体在真实空间中的定位两方面的内容。三维注册技术首先通过摄像头和传感器对真实场景进行数据采集，检测目标物体特征点以及轮廓，实时更新用户在现实环境中的空间位置变化数据，自动生成二维或三维坐标信息；然后实时跟踪所使用设备的位置和视线方向，并利用这些信息去计算虚拟物体在叠加到真实场景中后实际所在的位置，也就是说对呈现虚拟的物体进行现实场景中的映射操作，并辅助成像模块将图像在显示设备中进行显示。常用的跟踪注册方法有基于跟踪器的注册、基于机器视觉跟踪注册、基于无线网络的混合跟踪注册技术四种。

2）虚实融合在三维建模技术的基础上生成虚拟物体及相关信息，充分体现出虚拟物体的真实感。虚拟融合根据虚拟场景和真实场景的相对位置，实现坐标系的对齐并进行虚拟场景与现实场景的融合计算，最后将其合成影像呈现给用户。光学透视头盔显示器可以在这一基础上利用安装在用户眼前的半透半反光学合成器，充分和真实环境综合在一起，真实的场景可以在半透镜的基础上，为用户提供支持，并且满足用户的相关操作需要。另外还需要考虑虚拟环境与真实环境之间的遮挡关系以及一致性。

3）实时交互可根据现实中点位选取来进行交互，或者根据空间中的一个或多个事物的特定姿势、状态变化进行交互，以及使用特制工具进行交互。交互具有实时性要求，要求系统能够及时响应交互事件，实时跟踪物理环境的变化。因为如果虚拟物体的绘制速度跟不上用户的运动速度，将直接导致人体视觉系统与运动系统的不匹配，给用户造成一种虚拟物体在三维空间漂浮甚至眩晕的感觉。

新加坡国立大学应用增强现实技术，将虚拟工件和操作面板投射到真实机床的场景中进行虚拟加工[20]，如图 9-28 所示。加工程序虚拟投射到机床加工场景中。图 9-28 中机床正在进行加工 G01X100.0 这段直线的插补

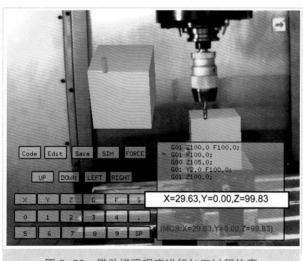

图 9-28　借助增强现实进行加工过程仿真

276

程序，从图 9-28 中可见，借助增强现实让用户能感受虚拟工件在真实机床上进行加工的情况，并能对数控程序和加工过程进行全面检验。图 9-29 所示是借助增强现实技术对一个现有生产单元进行扩充规划的案例。在这个单元中，无论是添加人工操作位置，还是添加机器人、选择机器人的规格型号或是设计设备布局，皆可在增强现实的环境中加以反复论证，将设备的虚体放置

图 9-29　借助增强现实进行生产单元规划

在真实的生产线中进行评估，最终得到优化的规划实施方案。

今天的数字孪生技术正是构建虚拟世界的手段，虚拟世界与物理世界的实时交互、高效协同反过来影响真实物理世界，从而实现对物理世界进行解构与重构，拓展人类发展的空间，获得优化的可持续的发展之路。VR 和 AR 技术被认为是下一代通用技术平台和下一代互联网的入口，随着 5G 技术的发展，第一阶段场景的最大应用就是 VR、AR 产业，与数字孪生技术结合形成新一代信息基础设施的核心能力，带动产业链上下游发展，为产业数字化转型提供底层支撑。

第四节　数字孪生关键技术及应用案例

一、数字孪生的体系架构与关键技术

数字孪生是数字化技术发展的一个新的阶段，随着赛博物理系统（CPS）的概念被广泛认可，CPS 成为构建工业 4.0 及其智能制造的基础，而 CPS 是人类对科学技术发展对世界观影响的思维模型和理论，数字孪生正是 CPS 理念的具体实现技术之一，它提供了明确虚实融合的思路、方法和实施途径。目前 ISO、IEC 和 IEEE 三大组织全部介入数字孪生的标准化工作，我国也发布了《数字孪生体技术白皮书 2019》并积极对数字孪生标准体系进行研究。2019 年 ISO 正式启动了制造业中数字孪生的框架标准制订，并以 ISO 23247 标准来覆盖数字孪生的标准体系。

美国提出了以数字主线提供访问、综合并分析系统寿命周期各阶段数据的能力，能够基于高逼真度的系统模型，充分利用各类技术数据、信息和工程知识的无缝交互与集成分析，推动现代设计、制造和产品支持过程。我国学者提出了数字孪生的五维结构模型，包括物理实体、数字虚体、服务系统、孪生数据以及连接。物理实体在运行中需要足够的传感器以感知自身及环境的变化；数字虚体以物理实体建模产生的虚

拟模型为基础构建，在信息空间进行全要素重建，形成逼真的孪生体，通过构建连接实现虚实数据交互，借助孪生数据的融合与分析，最终为使用者提供各种服务应用。

2018年工业互联网联盟（IIC）与德国工业4.0平台的合作开始关注数字孪生体（DT）、工业4.0组件的资产管理壳（AAS，第十章中进行介绍）以及工业互联网之间的关系，工业互联网平台作为工业界的"PC机＋操作系统"，为其他的应用提供基础服务。工业4.0组件是工业4.0技术体系中基础构件，其AAS提供与资产一一对应的身份标识、数据信息与功能模型统一管理工具。随着AAS标准化的进展与DT技术的融合越发明显[21]，如图9-30展示了在AAS中对应物理实体的资产概念，以虚拟资产代表DT概念的理念。AAS承担孪生管控的任务，协调虚实融合工作并与外界服务系统交互完成所承担的任务，为DT技术在工业4.0环境中应用给出了明确的实施方法：在设计规划阶段管理壳的数据取自虚拟资产并于仿真系统进行交互，实现模拟仿真；在运行阶段物理资产（实体）通过管理壳将数据与应用服务系统及虚拟资产进行交互，物理资产（实体）完成应用服务系统所要求的任务。

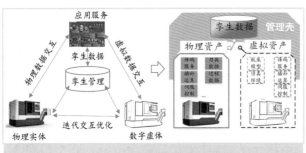

图9-30　资产管理壳与数字孪生

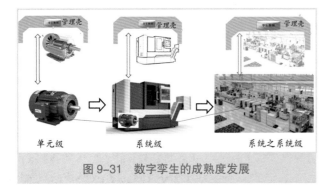

图9-31　数字孪生的成熟度发展

根据CPS的组成架构，对应的数字孪生也可分级为单元级的DT、系统级DT以及系统之系统级DT（图9-31）。单元级是具有不可分割性的最小单元，实现最基本的"感知—分析—决策—执行"数据闭环，它可以是一个部件或一个产品，它的DT可仅含有身份识别信息及联网功能，随着物理实体的加工、组装与集成，不断叠加、扩展和升级，向系统级和系统之系统级同步演化。系统级通过互联、互通多个单元级聚合组成完成特定功能的系统级DT。根据不同的应用视角，一台机床或一条生产线都可看成是一个系统级DT。甚至通过ERP、MES进行管控的工厂，也可看成是系统级DT。系统之系统级是多个系统级DT的有机组合，是实现跨系统、跨平台的多源异构数据的集成、交互和共享的闭环，在全局范围实现信息的全面感知、深度分析、科学决策和精准执行和学习提高，形成开放、协同及共赢的新的产业生态。

随着数字孪生技术的发展，制造的数字化之路走向了成熟度演化的高级阶段智能化阶段。①可见。通过感知传感器将物理实体的状态及其变化转化成数字化信号，通过数字孪生体有形地展示出来，使系统能够"看见"这些状态及其变化，这是数字孪生体最基本的功能要求。②透明。这些数字信号在整个系统不同部门有统一标准化的定义以及随着需要随时随地可以取到，也就是对所有用户都是透明的。③理解。信号对应的信息所反映的缘由能够理解，也就是要有精确的系统模型，具有仿真模拟的能力，这

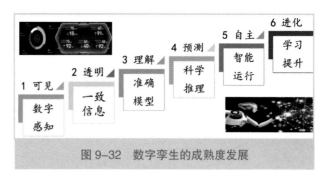

图 9-32 数字孪生的成熟度发展

样才能理解造成状态发生变化的机理。④预测。具有知识和推理体系，能够根据模型及其感知的信息进行科学的推理，预测出可能的发展变化趋势。⑤自主。根据预测的发展变化自主运用知识生成应对措施，并能精准控制系统完成方案的执行，实现全局闭环的智能化。⑥进化。系统具有进化机能，能够自我对应对措施进行评估，进行学习提升，对模型及其算法进行改善，从而实现自身的进化。如果从广义数字孪生概念从发，可用图 9-32 展示数字孪生体的成熟度等级模型[22]。

数字孪生体成熟度模型给出了企业实施数字孪生技术的技术路线，从这个模型可以看出，物理实体的数字化感知是构建数字孪生的基础，所谓数字化一切可数字化的物理对象；物理实体的模型化是核心，这是对物理世界的组成及其演变规律的建模，是数字孪生体存在的内因；可视化与交互技术是目前应用的重点，VR、AR 及 5G 技术的出现，展现出了数字孪生技术在工业界应用的亮点，也是虚拟空间中的虚体走向物理空间与人交互的实现方法。

支撑数字孪生的关键技术：①感知和执行技术。随着传感器和执行器的微型化，尺寸可达到毫米级甚至更小，并且具有多物理量感知功能，可嵌入到零部件或材料中，全面深度地感知物理实体的状态变化。②人机交互技术。通过可穿戴甚至植入人体内感知器和执行器实现人机自然的交互，特别是 VR、AR、MR 的应用，使设计、调试及使用等阶段的验证优化的易用性和效率得到提高。③建模及仿真技术。模型从生命周期、空间维度（物体尺度及层次结构）以及性能特征三个维度来考虑建模，并不期望一个模型就能完全代表物理实体，模型根据实际需求建立。目前支持 Web 高效轻量化的物理建模工具创新应用，如：基于人工智能的创成式设计工具以及三维快速扫描设备，提升数字孪生模型构建效率；通过基于深度学习、强化学习及知识图谱等人工智能技术，建立深度分析模型，提高模型的准确性。④系统应用技术。通过数字主线或借助 AAS 将数字孪生技术应用于实际中，采用多学科、多尺度模型的融合，在工业互联网平台的支持下，实现数字孪生技术的全生命周期应用。

数字主线实现不同阶段人、物理实体和数字虚体之间的数据交换，是传统 PLM 在数字孪生阶段的扩展，如西门子 Xcelerator 综合集成了机械、软件、电子等多领域软件及模型数据。PTC 公司利用工业互联网 ThingWorx 平台跨 cero（CAD）、windchill（PLM）、Vuforia（AR）以及其他多个软件系统，实现实时数据同步，构建全流程的数字线程。

279

二、数字孪生应用软件及工业案例

随着数字孪生技术的发展，传统的以 CAD、CAE 以及新型信息通信技术（ICT）企业都发力进行数字孪生领域的软件开发，尤其传统三大厂商的软件产品影响很大，从数字主线到建模、仿真以及预测分析覆盖了整个应用环节，如表 9-2 所示。如西门子 Xcelerator 综合了机械、软件、电子等多领域软件及模型数据，集成为一个软件、服务和应用程序开发平台，可通过 Mendix 低代码开始平台进行个性化调整及定制。其中 NX 设计建模软件从传统的 CAD 软件 UG 发展而来，是业界功能最为强大的软件之一；Simcenter 将系统仿真、CAE 和测试集于一身，可在早期和整个产品生命周期内预测所有关键属性的性能，将基于物理场的仿真与通过数据分析得出的洞察相结合，实现优化设计并且更快、更可靠地交付产品；Tecnomatix 是一套全面的数字化制造解决方案组合，对产品工程、制造工程、生产与服务运营进行仿真模拟，对方案进行数字化验证及优化，从而保障可制造性并最大限度地提高总体生产效率；Teamcenter 完成数字主线的主要功能，将模型、数据和流程连接管理起来，将数据在合适的时间送到目的地；MindSphere 是构建在云平台上的工业物联网，它可将产品、设备、工厂连接到数字化环境，提供功能强大的工业应用和数字化服务，通过围绕产品、生产和性能的数字孪生技术推动闭环式创新，其开放式合作伙伴生态系统能够不断扩展完善。

表9-2 数字孪生主要厂商及产品

	数字主线	设计建模	工程模拟	仿真分析	工业互联网
西门子 SIEMENS	Xcelerator，Teamcenter	NX，SolidEdge	Tecnomatix	Simcenter	MindSphere
达索 DASSAULT SYSTEMES	3D EXPERIENCE，ENOVIA	Catia，Solidworks	Delmia	Simula	3D EXPERIENCE
参数技术 ptc	Windchill	Creo，Vuforia	Creo Simulate	PTC Mathcad	Thingworx

PTC 公司通过 2013 年底对 ThingWorx 的收购开始了数字化转型，有产品数字化、劳动力数字化和运营流程数字化三个部分，主要是强调 ThingWorx 平台与 PTC 传统优势设计研发系统 Creo 结合，特别引入 AR（Vuforia）技术构成的数字孪生的概念。在 ThingWorx 平台上，面向产品研发、制造与供应链、销售与市场、客户运营、产品服务等，实现对各种数据的整合，同时分析、整理数据，将数据提供给面向具体业务的 CAD、PLM，从而实现业务流程的数字驱动。达索公司 2012 年推出 3D Experience 平台，过去 8 年里，持续不断以其核心 Catia 为基础推动 3D 体验平台和战略的落地，强调数字化连接和基于模型的技术路线，在航空领域与波音公司长期密切合作，是数字孪生技术的主要实践者。

数字孪生拥有广阔的未来发展空间。全球知名市场研究咨询公司 MarketsandMarkets 预测，到 2023 年数字孪生市场规模将达到 157 亿美元，并以 38% 复合年增长率增长。数字孪生技术在机床行业也得到广泛深入的研究及应用，下面介绍几个含有数字孪生概念的应用案例。

1）德国西门子围绕"机床数字化制造"，借助"数字化孪生"来实现从产品研发、设计、生产、直到服务的全过程，从而提高生产力、可用性和过程可靠性，优化加工精度、设计、加工过程乃至维护和服务。它们于 2019 年国际机床

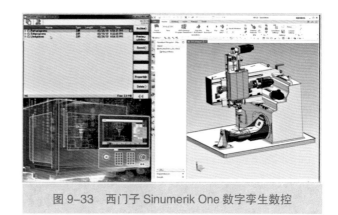

图 9-33　西门子 Sinumerik One 数字孪生数控

展上推出了全新理念的数控系统 Sinumerik One[23]（图 9-33），第一次将数字孪生纳入数控系统中，从而在一个高性能硬件平台下实现虚拟与现实的融合，依靠在虚拟与现实空间的无缝交互，为机床控制器在功能、性能、数字化和智能化方面树立了新的标准。无论是机床制造商还是机床使用者，都将直接从数字孪生数控系统上获益。

在 Sinumerik One 的支持下，机床制造商可以虚拟地设计整个开发流程，极大缩短了新设备的开发及上市时间。机床的数字孪生模型为制造商和操作人员开辟了新的可能性，甚至在没有实际机床时他们就可以对机床的概念和功能进行讨论。Sinumerik One 使制造商和用户并行地开展工作，虚拟调试可以显著缩短实际调试的时间。逼真的模拟仿真，使机床用户可以在电脑上模拟工件的编程以及对机床进行设置和操作，对加工过程进行透明监控，实现基于数字孪生的预测控制、故障诊断及健康状态评估等功能。

Sinumerik One 集成了 Simatic s7-1500F PLC，它们之间通过 OPC UA 进行高效的数据交互。Sinumerik One 可与 TIA 博途软件平台完美契合，为机床制造商提供一个高效的工程框架。Sinumerik One 还将信息安全集成至数控系统，支持统一的西门子工业安全标准，实现纵深防御的工业安全理念。Create Myvirtualmachine 和 Run Myvirtualmachine 两款应用软件也集成在数控系统中，可使用户方便在数控中创建机床的数字孪生，实现数控对真实机床与虚拟机床（数字孪生）的同步操控，促进制造业向数字化智能化转型。

2）孪生控制（Twin Control）是欧盟地平线"Horizon 2020"框架计划中项目[24]，它通过集成各种改进后的仿真模型，把影响加工过程的不同要点，包括在生命周期中越来越重要的机床能效和维护模型整合在一起，应用整体概念和方法使模型具有更接近现实的性能和更准确的评价能力。如图 9-34 所示，在物理世界里，机床制造商设计、生产机床，然后提交给用户使用。孪生控制项目在虚拟世界根据机床的特征和加工工艺构建机床状态、进给驱动、CNC、机床结构、加工过程和能源消耗模型，预测机床加工及其部件的状态，并将参考数据上传到云端的机床数据库与物理世界对机床监

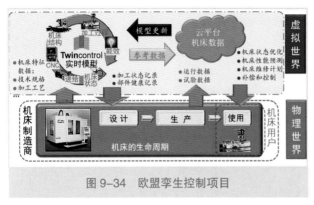

图9-34　欧盟孪生控制项目

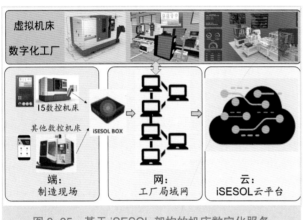

图9-35　基于 iSESOL 架构的机床数字化服务

测和试验的数据相比较，进行模型更新；同时将真实机床状态、机床性能预测、维修计划、补偿和控制数据传给机床用户和机床制造商。该项目由德、法、英、西班牙的 11 家科研院所、高等院校和企业参与于 2018 年完成。

3）沈阳机床采用 i5OS 基于 PC 的开放数控系统，并且开设 i5OS 网站，面向 APP 的应用者和开发者。网站分为应用商城和开发者中心两部分。i5OS 应用商店中的软件都经过严格的可用性检测，能够在 i5OS 上安全、有效地运行，用户可放心下载使用。开发者中心主要用于管理 APP 应用的上传、发布等相关操作。用户可采用所提供的 iSESOL BOX 网关实现高速数据采集，如电机电流、加速度等高频数据等，实现制造过程透明化。数据无缝地传递到 iSESOL 云端，经过云端处理，并与网络层及终端设备层进行交互，在不同部门中实现设备、生产计划、设计、制造、供应链、人力、财务、销售、库存等一系列生产和管理环节的信息互联，快速方便实现工业互联网所倡导的端、网、云的三层架构。利用机床数字孪生体、生产线数字孪生体实现生产过程透明、生产工艺可验证以及辅助故障分析等功能[25]（图9-35）。

4）日本大隈（Okuma）公司在数控系统中建立虚拟机床和加工过程的模型，包括选择刀具、夹具和确定毛坯形状。在真实加工时，不管是手动操作还是自动方式加工，虚拟机床的运动部件在数控实时指令下与真实机床同步运动，随时检测有可能会发生的碰撞和干涉。当发现有碰撞可能时，即使进给速度高达 12m/min，也可在 2mm 距离内迅速停止，从检测到碰撞可能到停止运动仅需 0.01s，如图 9-36 所示[26]。

5）虚拟操作培训是依据真实操作环境和加工对象，利用计算机模拟生成虚拟机床和虚拟工件，通过人机交互的方式进行人员培训，使学员就像操作真实机床一样。教员可以设置不同的操作环境和多种加工对象，循序渐进地进行培训。特别是可能造成安全事故的误操作，也可在虚拟机床上模拟，使学员从正反两个方面进行学习并积累经验，从而提高培训效果。特别是利用虚拟现实环境进行教学培训，培训内容更加丰富，甚至能超过在真实设备上培训的效果。在 CAVE 环境中借助硬件在环技术在真实数控系统进行操作培训的场景如图 9-37 所示。

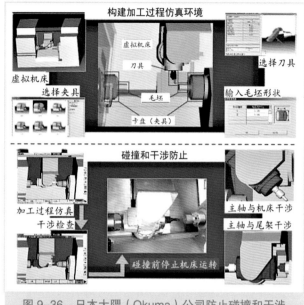

图 9-36　日本大隈（Okuma）公司防止碰撞和干涉

图 9-37　在 CAVE 环境中进行机床培训

参考文献

[1] 姚锡凡,景轩,张剑铭,等.走向新工业革命的智能制造 [J].计算机集成制造系统,2020,26(9):2299-2320.

[2] Pardo N.Digital and physical come together at PTC live global[EB/OL].[2015-06-08].http://blogs.ptc.com/201/06/08/digital-and-physical-come-together-at-ptc-live-global/.

[3] Tuegel E J,Ingraffea A R,Eason T G,et al.Reengineering aircraft structural life prediction using a digital twin[J].International Journal of Aerospace Engineering,2011.

[4] PRISO.Digital twin:Manufacturing excellence through virtual factory replication[EB/OL].[2014-05-06].http://www.apriso.com.

[5] 北京世冠金洋科技发展有限公司.航天飞行器数字孪生技术及仿真平台 [J].军民两用技术与产品,2018(9):26.

[6] 樊留群，丁凯，刘广杰 . 智能制造中的数字孪生技术 [J]. 制造技术与机床，2019(7):61-66.

[7] 朱建军 . 基于 MBD 的产品设计制造技术研究 [J]. 中国电子科学研究院学报，2013,8(6):568-572.

[8] Hedberg T, Carlisle M.Proceedings of the 11th model-based enterprise summit(MBE 2020)[EB/OL].[2020-04].https://nvlpubs.nist.gov/nistpubs/ams/NIST.AMS.100-29.pdf.

[9] 戴晟，赵罡，于勇，等 . 数字化产品定义发展趋势：从样机到孪生 [J]. 计算机辅助设计与图形学学报 ,2018,30(8):1554-1562.

[10] Functional Mock-up Interface for Model Exchange (Version 1.0) [EB/OL]. [2019-03-22]. MODELISAR (07006), (2010). http://www.functional-mockup-interface.org/.

[11] DoD Directive 5000.61. DoD Modeling and Simulation(M&S) Verification,Validation,and Accreditation[EB/OL]. [2018-06-22]. http://www.dmso.mil/projects/vva,1996

[12] Mas F,Menéndez J L,Oliva M, et al.Collaborative engineering: An airbus case study[J]. Procedia Engineering,2013,63:336-345.

[13] DMG MORI.Process chain[EB/OL].[2014-02-22].http://cn.dmgmori.com/blob/128656/50e18328a7ec0733361764c07c42aeaf/ps0uk11-process-chain-pdf-data.pdf.

[14] 曾志迎，贾育秦，闵学习 . 基于 VERICUT 的五轴数控加工仿真研究 [J]. 机械制造与自动化 ,2011,40(6):108-109.

[15] 陈思涛 .VERICUT 仿真技术在数控加工工厂中的应用 [J]. CAD/CAM 与制造业信息化 ,2010(5):76-79.

[16] Verein Deutscher Ingenieure[EB/OL].[2019-02-22]. https://www.vdi.de/news/detail/arbeitskreis-produktion-und-logistik-stellt-sich-vor.

[17] 胡素珍，姜立军，李哲林，等 . 自由立体显示技术的研究综述 [J]. 计算机系统应用，2014,23(12)：1-8.

[18] 徐硕、孟坤、李淑琴，等 .VR、AR 应用场景及关键技术综述 [J]. 智能计算机与应用，2017,7(6)：28-31.

[19] Ke S Q, Xiang F, Zhang Z, et al. A enhanced interaction framework based on VR, AR and MR in digital twin[J]. Procedia CIRP, 2019,83:753-758.

[20] Zhang J,Ong S K,Nee A Y C.A multi-regional computation scheme in an AR-assisted in situ CNC simulation environment[J].Computer-Aided Design,2010,42(12):1167-1177.

[21] Industrie 4.0.Plattform Industrie 4.0[EB/OL].[2017-03-02].http://www.plattform-i40.de/I40/Navigation/DE/Home/home.html.

[22] 中国电子信息产业发展研究院 . 数字孪生体技术白皮书 [RB/OL].[2019-12-19].https://www.innovation4.cn/library/r46064.

[23] Siemens.Virtual machine[EB/OL].[2014-02-22].https://new.siemens.com/cn/zh/products/automation/systems/sinumerik-one.html.

[24] Twin-Control.Project overview[EB/OL].[2020-02-10].https://www.twincontrol.eu.

[25] 沈机（上海）智能系统研发设计有限公司 .i5OS[EB/OL].[2020-02-20].http://www.i5cnc.com/pages/docs.html.

[26] Okuma. 大隈的智能化技术 [EB/OL].[2020-04-08].https://www.okuma.co.jp/chinese/roid/innovation/standroid/.

第十章　机床的智能化

朱志浩　樊留群　刘广杰

导读： 智能制造成为中国制造业转型的主攻方向，而作为制造母机机床的智能化更成为被关注的焦点。中国工程院周济院士领衔的团队提出了智能制造的技术路线，以数字化为基础，实现网络化，进而进行智能化。智能制造概念早在 20 世纪 80 年代就已提出，但由于支撑技术和条件的限制，没有发展起来。随着先进制造技术（本体技术）的发展，制造中需要解决的不确定问题越来越多。人们对制造的视角从人机系统转向由人、信息及物理系统组成的人—信息—物理系统（Human-Gyber-Physical Systems—HCPS），新一代信息及人工智能技术成为解决制造中不确定性的赋能技术。从实际应用来看，目前实现机床智能化的重点在机床的自适应控制、加工过程监控、健康状态预测以及刀具寿命管理等环节。

什么是智能制造？智能机床与数控机床有什么不同？这些问题给许多人带来困惑，本章通过对这些问题剖析，分析了智能制造的内涵，指出了智能设备应该具有的特征。感知、识别、决策、执行以及学习提高是智能体应对不确定性的处理机制，是否具有智能主要看设备是否具有处理不确定性的能力。

各国都给予智能制造研究极大的支持，本章主要对德国、美国提出的面向智能制造的参考模型进行了介绍，使读者对于国际上发展智能制造的战略规划有所了解。本章还介绍了我国提出的《智能制造能力成熟度模型》[1]，提供了一个理解分析企业智能制造现状以及发展方向的指引。

对于如何实现机床的智能化，本章介绍了新一代信息及人工智能技术中针对机床的主要赋能技术。人工智能技术之所以又迎来了黄金发展，就是从信息中挖掘知识和应用知识的方法和思路发生了变革，以"数据＋算法＋算力"的方法极大促进了人工智能的应用。特别希望读者对德国工业 4.0 组件技术的重视，这可能会是智能设备进行交互的标准架构，是构造智能生态的"细胞"。

本章还为读者展现了当前智能化机床的发展，通过国内外智能化机床的案例介绍，使读者能够了解智能机床发展的现状以及我国机床行业的努力成果。

第一节　概述

一、智能制造的概念及发展

制造技术的变革促进着人类社会的发展，人类社会从手工制造生活物品开始，经历了四次工业革命：从蒸汽技术革命进入"机械化"，电气技术革命进入"自动化"，信息技术革命进入"信息化"。今天，赛博物理系统（CPS）技术使我们开始了"智能化"的进程，即所谓的工业4.0时代。从生产制造系统中的人、物理系统及信息系统的关系发展中HCPS可以看到智能在其中的演变：①人们利用手工工具进行制造（图10-1a）。智能功能都由人完成。②机床机械化制造阶段（图10-1b）。机器替代人的体力，控制工作还是全部由人承担。③自动化阶段（图10-1c）。数控系统在赛博（C）空间中完成控制算法，自动对机床（P）加工过程进行控制，人（H）只对加工过程进行监控，制造进入了HCPS阶段。④智能化阶段（图10-1d）。引入了新一代信息技术，机床具有了实时适应环境变化的能力，实现生产的"无人化"，从而将人类逐步从制造的第一线解放出来，能够专心从事创新的工作。

当前人类自己制造出的机器几乎全面超过了人类所能达到的速度、精度和稳定性，在工厂替代工人不辞劳苦地工作，同时计算机正在逐步具有部分人类的智慧，在办公室替代白领承担技术和管理工作。让自己创造出来的机器具有像人类一样的智慧成为智能装备发展的目标，早在1988年日本通产省（MITI）提出智能制造系统（IMS）的设想，并在1989年形成IMS国际合作项目正式文件（www.ims.org），旨在共同研发新一代制造系统，迎接新世纪全球变化的挑战。多年来IMS项目受到日本、美国、欧盟和墨西哥政府的支持，有几百家企业、大学和研究机构参与，持续推动着智能制造的发展。项目涵盖了智能机床、智能工厂及全球化的资源配置等方面的内容。

进入21世纪后制造业面临新的挑战，高档数控机床技术朝着高速、高精度、高可靠、功能复合、极端制造、绿色制造、网络化和智能化的方向发展。制造从依靠经验、依据确定性因素及经典控制方法向依靠数据和模型及智能控制的方向发展。工业技术领

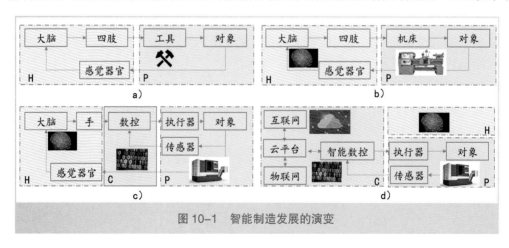

图10-1　智能制造发展的演变

域创新发展的主线体现为：数控机床与新一代人工智能结合形成的智能机床，以智能机床为核心的智能制造单元，结合机器人与控制等软硬件形成的智能生产线，结合边缘计算和云计算的智能制造车间、智能制造工厂、智能制造生态系统。

面对智能制造的概念学术界存在许多不同的定义，由于人们对智能的理解也处于不断的加深，过去被认为是智能的行为，在今天可能被认为是程序化自动化的范畴，因而智能制造的内涵伴随着信息技术与制造技术的发展和融合而不断演进。工业和信息化部对智能制造的定义是：智能制造是基于新一代信息通信技术与先进制造技术深度融合，贯穿于设计、生产、管理、服务等制造活动的各个环节，具有自感知、自学习、自决策、自执行、自适应等功能的新型生产方式。不管智能制造如何定义，制造根本目标是不变的：以最佳性价比的方式进行制造，也就是尽可能优化，以提高质量、增加效率、降低成本，向人们提供满意的产品。德国工业 4.0 主要目标就是为解决小批量客户化制造的效率和成本问题，美国 NIST 也认为智能制造要解决差异性更大的定制化服务、更小的生产批量、不可预知的供应链变更的问题[2]。

制造技术本身问题是智能制造的基本问题，智能制造的重点在于制造技术智能化。以计算机技术为基础的人工智能目前是唯一除了自然界创建的生物智能外的智能，所以智能制造可以看成是"人工智能＋制造"。人工智能的概念是 1956 年 6 月在美国达特茅斯，由约翰·麦卡锡（John McCarthy）等人组织召开的"用机器模拟人类智能"的专题研讨会上提出，之后不久他在麻省理工学院创建了世界上第一个人工智能实验室，标志着人工智能的研究进入实质性阶段。直到 21 世纪初人工智能的研究先后两次步入发展高峰，但因为技术瓶颈、应用成本等局限性而落入低谷。

人工智能是研究、开发用于模拟、延伸和扩展人的智能的理论、技术及应用系统的科学技术，在其 50 多年的发展历史进程中主要有三大学派和方向[3]，分别是：①符号学派，也称逻辑主义。其主要思想是用物理符号系统来代表智能行为，产生了机器翻译、专家系统、决策分析系统等成果，但在知识提取、表达方式、情感等问题方面缺陷。②联接学派，又称为仿生学派或生理学派。其主要原理为神经网络及神经网络间的连接机制与学习算法。它由大量、离散的处理单元通过触发方式互相联接，构成一个大规模、并行、分布、非线性的自适应系统，模拟人的视觉理解、直觉与常识等问题。③行为学派，又称控制论学派。它认为智能行为的基础是"感知—行动"的反应机制，重点是模拟人在控制过程中的智能行为和作用，开发了智能控制和智能机器人系统。

当前，在新一代信息技术的引领下，数据快速积累，运算能力大幅提升，算法模型持续演进，行业应用快速兴起，人工智能进入了以深度学习、知识图谱为代表，基于大数据的新算法、新计算能力的"数据＋算力＋算法"的人工智能 2.0 时代，人工智能第三次站在了科技发展的浪潮之巅。人工智能已在某些所谓的"弱人工智能"领域（特定条件和场景）超过了人，目前人工智能主要在两个层次上进行：感知层与认知层。感知层即计算机的视觉、听觉、触觉等感知能力，机器在语音识别、图像识别等感知领域已取得重要突破，已越来越接近甚至超越了人类；第二个层次是认知层，是机器能够理解世界和具有思考的能力，认知层是通过大量的知识积累实现。虽然"强人工智能"（类似人类的智能）还未出现，但许多人甚至像史蒂芬·霍金（Stephen Hawking）、埃隆·马斯克（Elon Musk）这样的专家都在担忧人工智能的发展会危害人类自身。机器如果没有意识就永远是服务人类的工具，人类所具有的自我意识恐怕永远也不会赋给机器，也没有必要赋给机器。

飞速发展的智能技术正在深刻改变着人类社会，显著提升了生产效率，给人们生活带来前所未有的便捷，但同时也引发了道德伦理、安全威胁等日益严峻的问题。另外智能制造还产生了海量数据，须从法律上解决和保障数据权属的问题，并构建起适于智能制造发展需求的法律框架。艾萨克·阿西莫夫（Isaac Asimov）早在 1950 年就为机器人制定了三大法则：①机器人不得伤害人类个体，或者目睹人类个体将遭受危险而袖手旁观；②机器人必须服从人给予它的命令，当该命令与第一定律冲突时例外；③机器人在不违反第一、第二定律的情况下要尽可能保护自己的生存。现在这样的问题日益突出，成为人类共同面临的严肃问题。欧盟委员会本着"以人为中心"的理念，组织编制了《可信赖 AI 的伦理准则》，增强公众对人工智能的信任，引导智能技术趋利避害的发展。

二、智能制造的内涵

从本质上来讲智能制造是人工智能与制造技术的融合，制造是主体，人工智能技术是给制造赋能的技术，目的是为制造升级服务。在制造智能化过程中，以智能技术为主导，依托制造技术这个本体，两者辩证统一、融合发展。虽然智能制造的定义有许多不同的表述，但究其根本就是通过采用智能化的技术进行最佳性价比制造。智能制造主要的特征表现在：智能资产组成智能工厂，智能工厂进行智能产品制造，依托智能产品进行智能服务。智能制造是以知识和推理为核心，以数字化制造为基础，它与前一代的以数据和信息为核心的数字化制造有着明显的特征：①处理的对象是知识；②基于新一代人工智能；③性能自我优化，不断提高；④安全容错。从技术、企业和社会发展不同角度审视，对智能制造的内涵及作用的理解有如下几个层面：

1. 技术层面

中国、德国以及美国等都将 CPS 作为实现智能制造的载体，也就是以 CPS 技术建立制造系统。制造系统中的机床、机器人、输送设备甚至工装夹具都根据 CPS 的原理建造，整个制造系统成为 CPPS 系统，改变了传统制造系统金字塔型的结构，成为动态可变的网络结构。反映到其信息处理流程上就是适时感知、分析识别、智慧决策、精准执行和学习提升这五个环节的闭环中不断优化提高，以快速准确的数据自动流动来消除复杂系统的不确定性，在给定的时间、目标场景下，动态配置资源、采取优化策略的一种制造范式（图 10-2）。

适时感知就是要能对制造系统发生的变化通过传感器采集（数据），经过物联网将变化的信息适时地传递给使用者，使制造系统及时知道发生了什么（信息）；分析识别就是根据采集到的数据运用智能化的综合分析方法，识别出是什么原因造成的变化（知识），如检测到主轴扭矩增大，是由于加工参数变动，还是由于刀具磨损产生的；智慧决策根据分析识别出来的原因，预测出可能造成的后果，依据系统的知识体系和任务目标进

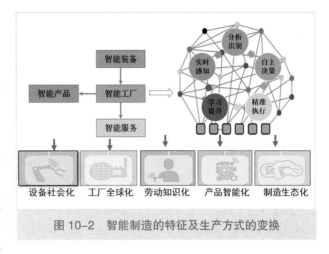

图 10-2　智能制造的特征及生产方式的变换

行决策（智慧）；根据决策内容形成执行的方案（知识），执行方案转换成具体指令（信息），控制执行机构精确地完成（数据）；最后根据任务和执行的结果进行自我学习，也可学习吸收其他系统知识，进行跨系统的学习提高。数据经过这些环节形成一次从数据—信息—知识—智慧—知识—信息—数据的闭环，在系统中有许多这样的闭环。它们共同组成智能系统。

以前的制造范式中这些环节有些是脱节的，是由人来承担的，数据信息传递不到下一个环节，或者是不能及时传递，因而造成数据不能闭环，或者不能及时闭环，所以无法对制造活动进行有效的控制。虽然这个流程描述的主要针对制造环节，但其原理对于设计、物流及使用维护等大制造的其他环节都是适用的。

2. 企业层面

从企业运作角度看，传统制造业以产品中心，其目标是向市场提供高性价比的产品获得竞争力及生存价值。企业卖出产品实现价值后，产品就基本上和企业无关，企业无法再获取价值。智能制造将改变这种机制，今后的产品将是网络化、智能化的，企业在产品出售后仍能获取产品相关信息，使企业可以不只以卖产品生存发展，可以依托智能产品实现附加的服务，获取更大的增值。虽然智能制造投资一般比较大，但由于智能化带来的柔性化，能够适应不同产品的制造，因而综合效益更高。由于智能化，制造装备也可多种形式使用（购买、租赁及共享），可在全球优化配置资源，形成利益分享的生态系统，从而获得更大的收益。智能化不是无人化，而是建立 HCPS 协同的制造系统，所以工厂所需的人员必将大大减少，但对劳动者的素质要求越来越高，需要的是有创造力的白领技术人员。

3. 社会层面

制造的目标是使人类社会生活得更美好,智能制造只是实现这个目标的一个手段。智能制造生产出智能产品，人们由于使用智能产品而改变行为习惯，从而改变人与自己创造出的产品、人与人以及人与在大自然的关系，促使人类进入新的智能社会。日本针对社会的发展受制于劳动力减少和人口结构的变化，提出了社会 5.0 智慧社会概

念，以人类社会发展的视角来研究技术发展对社会的影响及对策，明确提出将日本打造为世界最适宜创新的国家。

一方面，制造过程的智能化将降低能耗减少污染实现可持续的制造，智能产品的使用改变人们的生活方式，在提高人们生活水准的同时，必将减少不必要的物质和能源消耗，同时制造出的产品中信息所占的比重越来越大，制造过程从物质的转化与搬运逐渐转换为信息的转换与传输，使制造变为对信息的"制造"，使人类对美好生活的向往更多在数字虚拟空间实现；另一方面，必须正确应对网络化智能化带来的道德伦理和安全威胁，使智能化沿着造福人类社会的方向发展。

三、智能制造的参考模型及标准化

标准是指导智能制造顶层设计，是引领智能制造发展方向和落地应用的重要手段，必须前瞻部署、着力先行。标准规范先行成为德国走在世界前列的重要法宝，德国工业 4.0 描述未来制造的几大关键特征，归纳为一个核心、两大主题、三项集成和八项关键任务[4]。它们是：①一个核心，即赛博物理系统（CPS）。②两大主题，即智能工厂和智能生产。③三项集成，即横向集成、垂直集成和端到端集成。其中横向集成可以看作是企业间的信息及业务的集成；垂直集成是企业内的集成；端到端集成就是在以上集成的基础上，实现所有业务终端点的集成，达到人与人、人与物以及物与物的万物互联。④八大关键任务之首就是标准化和参考架构制定工作，德国工业 4.0 组织制定了参考架构 RAMI 4.0。依据这个参考架构，工业过程测量控制与自动化标准化技术委员会（IECITC65）在 2016 年 12

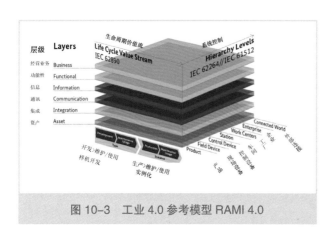

图 10-3　工业 4.0 参考模型 RAMI 4.0

月发布的公共可用规范《智能制造——工业 4.0 参考架构模型》（IEC/PAS 63088）。

如图 10-3 所示 RAMI 4.0 参考模型从生命周期、价值维度、层次结构和信息层级 3 个维度来说明工业 4.0 的关键要素及框架结构；生命周期、价值维度阐明了数字化带来的制造流程的变革，产品首先在数字领域经过设计、制造及使用等虚拟的"一生"，形成模板（Type），然后才进行实例化（Instance），在物理空间中生产使用，可看成是时间维度；层次结构维度在原 IEC62264《企业控制系统集成》标准的基础上进行扩展，在层次的两端分别增加了产品层及"互联世界"层，强调了企业与外界的互联，将制造企业边界扩展，可以看作是工业 4.0 的物理空间的维度；最后一个维度是信息空间的维度，说明工业 4.0 的信息模型的层次架构、最底层 Asset（字典中解释：有价值或有用的人或物）资产，通过信息技术进行集成，最上层描述资产所能实现的相关业务。

对资产的建模是通过 I4.0 组件来实现，I4.0 组件技术是实现工业 4.0 的核心技术。

智能制造生态系统（SME）由美国国家标准与技术研究院（NIST）提出（图 10-4），它也通过产品、生产和业务 3 个维度表达：产品维度表示技术创新体系，生产维度表示基础设施体系，业务维度表示经营管理体系，以及图示中间制造金字塔表示的制造企业的运行管理体系。虽然这个体系仍然采用金字塔型的表示方法，但这个体系架构不是传统企业的层级结构，它是以 CPS 构建的网状构架的体系，3 个维度都在这个金字塔中发挥作用。模型还引入了新的制造运营管理（MOM）系统取代了传统的 MES 系统。MOM 是在新制定的 ISA-SP95 标准中提出的，它

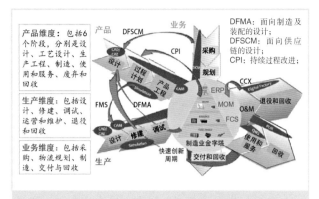

图 10-4　美国智能制造生态系统

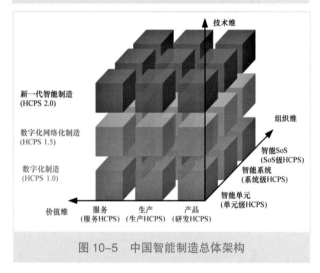

图 10-5　中国智能制造总体架构

覆盖的范围是企业制造运行区域内的全部活动，是制造管理理念升级的产物，而 MES 则是包含在 MOM 中的使用工具。

中国工程院周济院士在原来由中国国家智能制造标准化总体组发布了智能制造系统架构的基础上，提出了智能制造总体架构，如图 10-5 所示。此架构从价值维、组织维和技术维 3 个维度进行描述。描述更加精炼，并与相关 CPS 及智能化技术体系相关联。其中，价值维度描述了一系列相互连接的价值创造活动，由产品设计、生产和服务等构成，通过数字化、网络化与智能化扩展和增添新的实现方法；组织维度由智能单元、智能系统、系统之系统构建，对应 CPS 的层级结构，表明了制造系统是以 CPS 技术构建的；技术维度表达了构建智能制造的步骤，从数字化开始，通过网络化实现设备互联互通，达到资源协同与优化，然后与新一代人工智能技术融合，走向智能制造之路。

智能制造是一个极其复杂的概念，因为它涉及许多交叉的学科，跨越不同的工程领域。智能制造参考模型和系统架构是智能制造的核心和基础，也是制定智能制造标准化工作的基础。RAMI 4.0、SME 和中国提出的总体架构都是为了构建新一代的智能制造体系提出的参考架构。RAMI 4.0 明确提出了 I4.0 组件的详细模型和实现方法；

而 SME 中 CPS 的概念比较泛化，缺乏实现的指导；中国的架构将新的概念表述到框架中，和新概念结合密切，对人们清晰理解智能制造有很大帮助。

RAMI 4.0 中给出了制造系统所需的物理空间、信息空间中各种要素及其框架，还包括对应适用的以及还需制定的标准规范。目前 ISO、IEC 等现有的国际标准在数字工厂、安全与保障、能效、系统集成、现场总线等领域的一系列标准规范很多都被工业 4.0 采用 [5]。在智能制造标准化领域，为了使标准组织之间保持一致的认识，需要精确定义智能制造的术语、模型和架构。国际上两个最大的标准化组织 ISO 和 IEC，于 2017 年成立"智能制造参考模型"联合工作组（Joint Working Group—JWG）。工作组从范围（Scope）、生命周期（Life Cycle）、层级结构（Hierarchy）、智能功能（Intelligent Functions）、视图与用例（Views & Use Cases）、附加议题（Additional Topics）和术语定义（Terms & Definitions）这 7 个方面，分别成立了对应的任务组，开展智能制造相关标准研究和制定工作。

四、智能装备及智能制造能力评价

智能装备是智能工厂的组成之一，主要包含智能生产设备、智能检测设备和智能物流设备。对应于本章对智能制造中智能化技术内涵的描述适时感知、分析识别、智慧决策、精准执行和学习提升，进一步抽象描述就是从数据—信息—知识到智慧的不断循环转换与进化的过程。实现上述功能的技术就是对应的智能化关键技术，如物联网将设备状态、变化转化为数据，工业互联网将数据全网可见，模型识别与仿真从中提炼出信息，云平台与大数据提供算力，人工智能运用及产生知识，从而使机械设备具有智慧。

智能化之路艰辛漫长，西门子"未来工厂"安贝格工厂也只能说是接近工业 4.0 理念的雏形工厂 [6]。为了给出企业组织实施智能制造要达到的阶梯目标和演进路径，2016 年 9 月，中国电子技术标准化研究所发布了《智能制造能力成熟度模型白皮书（1.0）》，提出了实现智能制造的核心要素、特征和要求，提供了一个理解当前智能制造状态、建立智能制造战略目标和实施规划的框架。模型由成熟度等级、能力要素和成熟度要求构成，成熟度等级规定了企业智能制造能力在不同阶段应达到的水平，能力要素给出了智能制造能力成熟度提升的关键方面，成熟度要求规定了能力要素在不同成熟度等级下应满足的具体条件。

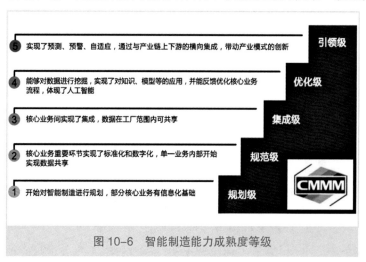

图 10-6　智能制造能力成熟度等级

能力要素包括制

造、人员、技术和资源，反映了人员将资源、技术应用于制造环节，提升智能制造能力的过程。如图 10-6 所示，模型将成熟度分为 5 个等级（规划级、规范级、集成级、优化级、引领级），与模型相配套，同时还发布了《智能制造能力等级评价方法》，还给出了评价方法、评价过程清晰明确的评分规则来说明如何实际运用该模型。模型结合我国智能制造的特点和企业的实践经验总结出的一套方法论，提出了实现智能制造的核心要素、特征和要求，给出了组织实施智能制造要达到的阶梯目标和演进路径。2018 年中国电子技术标准化研究所的平台上已有近 2 000 家左右的企业数据，其中一半处于一级水平，没有四级以上达标的企业。

第二节　机床智能化关键技术

一、智能机床的发展

机床已有几百年的历史，为人类的发展做出了巨大贡献，伴随着智能制造概念的提出，机床一直就是智能制造的核心装备，与机器人一样成为中国制造 2025 重点发展的领域。在 2006 年的美国芝加哥国际机床展上，日本的马扎克（Mazak）公司和大隈（Okuma）公司分别推出了以"智能机床"命名的数控机床产品，标志了数控机床智能化时代的到来。Mazak 公司对智能数控机床的也给出了自己的定义：机床能对自己进行监控，可自行分析众多与机床、加工状态、环境有关的信息及其他因素，然后自行采取应对措施来保证最优化的加工。

长期以来数控加工智能化的研究主要应用实时人工智能技术，如模糊控制、人工神经网络、自适应控制等，这些智能化的模块只在某个方面提高了数控系统的智能，而且对使用的条件又有许多限制，所以在实际应用中很难发挥出效益。由于数控系统采用 G 代码进行加工，无法掌握加工工件以及加工任务的整体信息，只是一个被动的执行者，无法开展系统化的智能化。在新一代信息与人工智能技术的视角下，数控机床的智能化应该从系统整体入手，不仅要从体系架构、互联互通等方面研究，而且还要对数控加工程序（语言）进行完善提高，使其适应智能化的加工需求[7-8]。

美国 NIST 制造工程实验室开展了智能机床、加工过程预测和智能化开发结构控制 3 项计划的研究，并与项目参与者共同推出了智能加工平台计划（SMPI）的技术路线图。该计划给出了智能数控机床的特征：①知晓自身的加工能力与条件，并且能与操作人员交流、共享这些信息；②能够自动监测和优化自身的运行状态；③可以评定产品输出的质量；④具备自学习与提高的能力；⑤符合通用标准，机器之间能无障碍地进行交流。

无人化是智能化的目标之一，汽车领域的无人驾驶已如火如荼地开展起来，并制定了 L0 ～ L5 六个等级，从驾驶辅助到最高级 L5 达到全工况无人驾驶。机床的智能化也会沿着同样的思路进行，如图 10-7 所示，机床的智能化主要需求在以下几个方面[9]。

293

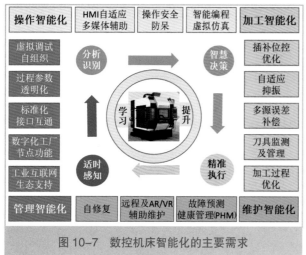

图 10-7　数控机床智能化的主要需求

1）操作智能化。现阶段从傻瓜型的精简便捷的操作开始，人机界面简洁高效，如 DMG MORI 集团的 CELOS 界面。人机界面的自适应，能够自动适应操作者的水平和习惯，增加智能防呆功能及安全保护功能，如手动操作的防碰撞、快速辅助定位检测等智能化辅助工具。基于模型的 CAD/CAM/CAPP 一体化技术，在 MBD 的基础上简化编程，使数控指令在 G 代码的基础上向 STEP-NC 及更高级语言转变，加工过程透明及虚拟仿真验证。

2）加工智能化。通过采用智能化技术不但能提高加工质量和稳定性，而且还能够提高能效降低制造成本。通过多传感器融合对现场加工状态的感知与识别，围绕误差补偿、自适应加工、颤振抑制、刀具状态监测、碰撞检测等方面展开。数控机床多轴联动加工精度受多方面因素耦合影响，误差来源主要包括机床零部件的几何误差、运动误差、变形误差及热误差等，多源误差补偿技术融合多种人工智能技术，实现对误差的综合补偿，提高加工精度。加工工艺参数、负载变动、刀具磨损状况等多种因素对机床加工的平稳性、加工质量、机床安全性及寿命等都有重要的影响，在传统信号分析识别的基础上通过神经网络机器学习等方法，已在工艺参数优化(主要是进给速度、主轴转速) 方面取得许多成果。刀具状态监测一直是加工中重要的课题，但一般只能进行刀具状态的离线检测，通过获取切削过程中与刀具磨损、破损或断裂具有较强内在联系的系统响应数据来分析刀具的状态，是智能化重要的应用领域。

3）维护智能化。故障预测和健康管理（PHM）成为智能化在这领域的主题，它以工业互联网的视角，应用大数据进行工作的典型工业领域，目标是：①预先诊断部件或系统完成其功能的状态，实现基于状态的维修（CBM），确定部件剩余使用寿命；②健康管理，即具有根据诊断 / 预测信息、可用资源和使用需求对维修活动做出适当决策的能力。PHM 应具备故障检测、故障隔离、故障预测、性能检测、健康管理、部件寿命追踪等能力，提前预知将要发生故障的时间和位置，减少系统的维修费用和提高维修准确性，提高系统的运行可靠性。

4）管理智能化。智能机床不仅是一个加工设备，同时也是智能制造系统中的一个信息节点。基于云平台的机床制造资源自主决策技术、大数据驱动的机床制造知识发现与知识库构建技术，基于数字孪生的机床虚拟调试及优化仿真技术、智能工厂中机床信息交互与管理技术、使机床成为支撑智能制造生态系统中的关键设备。

二、智能化基础支撑技术

智能制造涉及一系列基础支撑技术，除了传统的先进制造技术，新一代人工智能技术为制造赋能，成为智能制造的推进器。智能化所依托的基础支撑技术如图 10-8 所示，其中大数据、深度学习和知识图谱成为新一代人工智能发展的核心推动力。以知

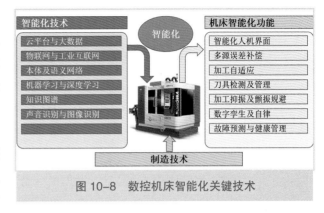

图 10-8　数控机床智能化关键技术

识图谱为代表的知识工程，侧重于解决影响因素较多，但机理相对简单的问题；以深度学习为代表的机器学习，侧重于解决影响因素较少，但计算高度复杂的问题。

1. 云平台与工业大数据

随着信息技术的发展，智能制造所需要的计算资源、网络资源及存储资源越来越多，同时又要求可灵活配置，不仅要求在需要时随时就可方便实用，而且要求使用时又有足够的计算能力和存储空间，也就是需要有弹性。虚拟化技术将资源虚拟化，用户可在不同的计算机或服务器上虚拟出自己的计算机系统，好像使用自己独立的计算机一样，解决资源的弹性问题。虚拟化资源的配置需要人工手工进行，需要很强的技术水平，随着数据量和用户的增加，人工管理已无法适应。2019 年中国 10% 的数据存储在公有云平台上，互联网数据中心（IDC）预测，到 2025 年比例将会提高到 32% 以上。

数据有三种类型：①结构化的数据，即有固定格式和有限长度的数据，如机床参数、位置、速度、加速度等。以前高频的数据无法采集，即使能够采集也因数据量太大无法保存；②非结构化的数据。不定长、无固定格式的数据，现在非结构化的数据越来越多，例如网页、语音，视频，机床诊断测试数据等；③半结构化的数据。有基本固定结构模式的数据，如 XML、JSON 格式，许多配置、模型文件等文件越来越多地采用这种格式。工业大数据来自数字化后工业界产生的这三种类型巨大的数据量，如何存储、交换和应用这些数据成为必须要解决的问题。

大数据是指无法在一定时间范围内用常规软件工具进行捕捉、管理和处理的数据集合，是需要新处理模式才能具有更强的决策力、洞察发现力和流程优化能力的海量、高增长率和多样化的信息资产。美国 IBM 公司给出了大数据的 5V 特点：大量（Volume）、高速（Velocity）、多样（Variety）、价值（Value）、真实性（Veracity）。处理这样的数据就需要有高弹性的平台支撑，如机床健康状态评估需要众多样本机床的大量数据的积累，销售市场分析又需要世界上不同地区的数据聚集分析，分析的数据量和周期都有所不同。云平台技术正是满足这样处理需求的技术，大数据需要云计算，而云计算也需要大数据才能发展繁荣,特别是新一代人工智能对大数据及计算能力的依赖，形成了依托云计算平台，进行大数据处理，实现智能化的服务三者共同发展。

物理上众多服务器组成一个资源池，由自动化的调度管理算法完成客户的资源配

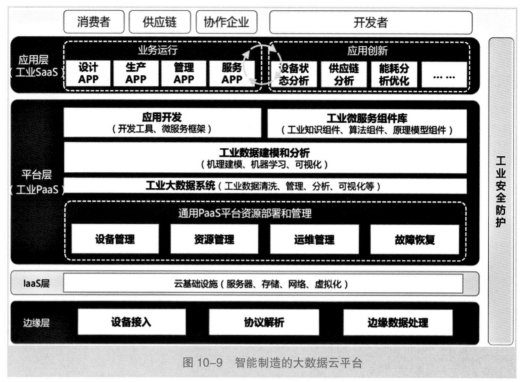

图 10-9　智能制造的大数据云平台

置要求，这就是所谓的池化或者称云平台。计算、网络、存储常被称为基础设施，管理资源的云平台也就是所谓的 IaaS（图 10-9）。仅仅有资源的弹性管理还不够，我们希望连同在资源上运行的通用应用系统也能自动化弹性管理，如数据库、通用的管理系统等，所以在 IaaS 层之上加入了应用弹性管理层（PaaS）。在 PaaS 层不仅大数据的管理和使用可实现，而且知识挖掘、智能预测甚至以前企业的信息化管理系统都可以在云平台实现。借助微服务组件和工业应用开发工具，使用户能够快速构建定制化的工业 APP，用户不用安装配置就可在客户端使用该软件，实现软件即服务（SaaS）的理念。制造领域应用这三层的架构构建所谓的云制造，提供面向制造业特点的云平台，如航天云网、海尔的 COSMOplat 以及智能云科的 iSELSO 等云服务平台。

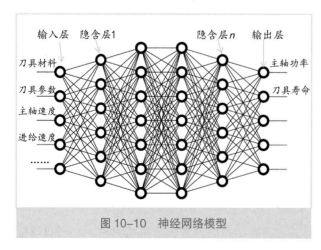

图 10-10　神经网络模型

2. 神经网络与深度学习

深度学习（Deep Learning—DL）来源于传统机器学习中模仿人脑联结主义的神经网络模型（Artificial Neural Network—ANN），如图 10-10 所示，它模拟大脑神经元的拓扑结构和工作机理，采用概率矩阵和加权神经元动态地识别和归纳模式，是一种模仿动物神经网络行为特征，进行分布式并行信息处理的算法数学模型。它通过有监督或无监督的训练学习，建立起相应的神经网络和对应参数（权值等）模型，以后就采用这个训练好的神经网络模型工作。如将刀具材料、进给速度、主轴转速等作为输入，通过多层神经网络的连接，输出为预测的主轴功率或刀具寿命等信息。通过大量样本进行训练，训练完成后就可采用这个神经网络进行主轴功率或刀具寿命的预测。深度学习在图像处理、语音识别、信息检索、目标识别等诸多领域取得了杰出成果，特别是围棋界的智能机器人 AlphaGo 和 AlphaGo Zero 就是采用深度学习相关算法。

深度学习能提升对工业机理模糊、计算高度复杂问题的解决能力，可以量化传统机器学习无法量化的特征，适用于工业品复杂缺陷的质量检测、设备微小故障的检测和预测性维护、设备自执行、不规则物体分拣、制造工艺优化、流水线指标软测量等场景。在制造业中深度学习典型应用是视觉识别，以辅助执行机构抓取或者质量检测。美国机器视觉公司康耐视（COGNEX）开发了基于深度学习进行工业图像分析软件，利用较小的样本图像集合就能够在数分钟内完成深度学习模型训练，能以毫秒为单位识别缺陷，解决传统方法无法解决的复杂缺陷检测、定位等问题，检测效率提升 30% 以上。德国慕尼黑 Robominds 公司开发了 Robobrain-Vision 系统，基于深度学习与 3D 视觉相机帮助机器人自动识别各种材料、形状甚至重叠的物体，并确定最佳抓取点，无须编程。西门子利用机器学习使用天气和部件振动数据来不断微调风机，使转子叶片等设备能根据天气调整到最佳位置，以提高效率，增加发电量。

深度学习网络所需的矩阵运算量极大，通用 CPU 博而不专，无法满足算力需求，所以需要通过人工智能芯片解决。在深度学习训练框架方面，Tensorflow 等框架已能满足工业训练应用需求。例如美国通用电气公司（CE）的贝克休斯（Baker Hughes）公司基于 Tensorflow，进行振动预测、设备预测性维护、供应链优化和生产效率优化的训练。现阶段工业领域还依赖在云侧运行训练好的神经网络，基本采用 TensorRT，面向工业领域开发的专用端侧推断框架才能解决端侧的算力和实时性需求。

3. 知识图谱

知识图谱（Knowledge Graph）是以图的形式表现客观世界中的实体（概念）及其之间关系的知识库，它把复杂的知识领域通过数据挖掘、信息处理、知识计量和图形绘制而显示出来，揭示知识领域的动态发展规律。2012 年谷歌首次提出了知识图谱的相关概念，旨在提升搜索引擎返回的答案质量和用户查询信息的效率。知识图谱技术将信息中的知识或者数据加以关联，提供了一种更好地组织、管理和理解海量信息的能力，实现人类知识的描述及推理计算，并最终实现像人类一样对事物进行理解与解释。

谈到知识图谱就需要对本体（Ontology）这个哲学概念进行理解，本体是共享概念模型的明确的形式化规范说明，也就是对世界上客观事物的系统描述，该定义体现了本体的四层含义：概念模型、明确、形式化、共享。本体是实体存在形式的描述，往往表述为一组概念定义和概念之间的层级关系，本体框架形成树状结构，通常被用来为知识图谱定义模板框架。所以知识图谱不是一种新的知识表示方法，它是在本体语义网络的基础上发展

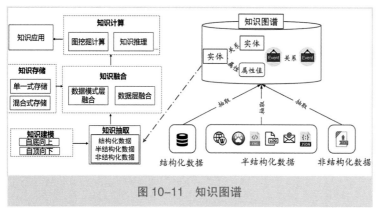

图 10-11　知识图谱

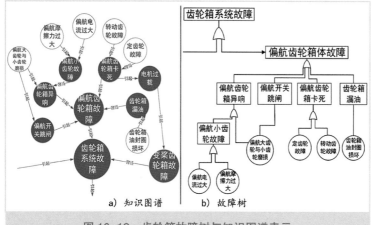

图 10-12　齿轮箱故障树与知识图谱表示

的对大规模知识的表示。其中的节点代表实体，边代表实体之间的各种语义关系。

知识图谱主要技术包括知识获取、知识表示、知识存储、知识建模、知识融合、知识理解、知识运维等方面（图10-11），通过面向结构化、半结构化和非结构化数据构建知识图谱为不同领域的应用提供支持。知识获取即是从不同来源、不同结构的数据中进行实体抽取、关系抽取、属性抽取和事件抽取，形成结构化的知识并存入到知识图谱中。知识表示是将知识转换成计算机可识别和处理的内容，是一种描述知识的数据结构的规范。知识融合是指对提取后的知识，将抽取出的实体链接到知识库中相应的实体并进行实体消歧和指代消解。知识建模是指建立知识图谱的数据模型，即采用什么样的方式来表达知识，构建一个本体模型对知识进行描述。

知识图谱在智慧金融、智慧医疗、智慧电网以及智慧交通中已得到很好的应用，在处理工业中机理明确、精确度高、关联性强的问题上也表现出良好的效果，适用于工业企业库存管理、生产成本优化、用户需求管理、供应链优化等场景，在故障诊断，质量检测、智能决策等方面也得到应用。图 10-12 显示了知识图谱应用于齿轮箱故障诊断预测领域，项目构建了相应的本体库与逻辑规则后，设计并实现了面向故障分析的可视化知识图谱（图 10-12a 中左侧），图中的每个节点都代表相应的故障事件，节点之间为其关系，如油封圈损坏节点与齿轮箱漏油节点之间的关系就是"引起"。图 10-12b 为其故障树，可以看出知识图谱表达更加丰富，便于多因素关联分析与推理，做出故障诊断决策。

三、设备智能化关键技术

工业智能化之路才刚刚开始，随着人工智能技术体系逐步完善，推动工业智能快速发展。设备的智能化在新一代信息和人工智能技术的支持下，围绕着适时感知、分析识别、智慧决策、精准执行和学习提升这五个环节展开[10]（图 10-13）。

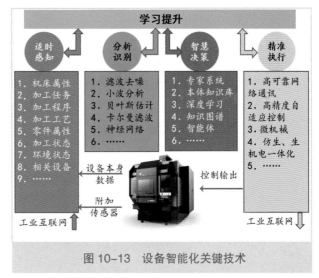

图 10-13　设备智能化关键技术

1. 感知技术

具有对自身状态与环境的感知能力是装备具有智能的起点，感知是认知、决策和控制的基础与前提，包括信息的获取、传输和处理。机器智能感知的任务是有效获取系统内部和外部的各种必要信息。制造系统的变化是由运动学、动力学、电磁学、温度、声音等多学科物理信号（场）来描述。不同的物理场存在相互耦合作用，如机械运动造成摩擦，引起位移、应力和温度等的变化，所以需要多学科融合才能更准确判断机器所处的状态。机器通过感知获得信息的来源有：①设备本身的传感器及相关特征参数，包括机床内部电控实时数据，如加工中实时数据（理论位置、跟随误差、进给速度等）、伺服电气设备数据（主轴功率与电流、进给伺服电流等），以及加工工艺数据（如切宽、切深、材料等）；②在设备外增加的传感器，如温度、振动、声发射及视觉等传感器，在设备外增加的传感器进一步获取设备本身及环境的信息；③网络，即从物联网、工业互联网中收集相关信息。

传感技术发展主要在：①传感新材料。微机械（MEMS）等感知新材料的研发，甚至新型生物传感器的诞生，扩展了机器装备的感知能力，带给设备扩展其智能的潜力。②智能传感器。它是具有信息处理功能的传感器，带有微处理机，具有采集、处理、交换信息的能力，是传感器集成化与微处理机相结合的产物。③小型、无线、低功耗及高可靠传感器。传感器直接附着在机器上甚至在机器材料内部，由于无法维修及更换，要求长期可靠工作。④网络化。感知信息不仅来源于机器本身的传感器，还可通过网络获得网络上其他传感器信息。

身份信息是智能设备有别于其他设备的标识，身份识别是其基础功能，射频识别（RFID）是身份识别的主要方法之一。时空信息是智能化的基础信息，世界标准时间和空间位置可通过高精度 GPS[或北斗卫星导航系统（BDS）] 获得，也可通过网络时间同步技术获取时间信息，时间位置也可是系统局部范围内的相对值。所以具有身份信息、能够感知时空是智能装备的基础特征。

2. 分析识别

只有认识所处状态及环境约束，才能根据目标任务做出正确的决策。状态识别首先需要对采集的信号进行分析处理，常用的信号分析方法包括滤波去噪、相关分析、傅里叶变换（FFT）、短时傅里叶变换分析（STFT）、小波分析（Wavelet）等。信号分析后进行特征识别，目的是从信号中提取与目标最相关的特性参数，以确定目标的状态。

特征参数一般是过程信号或信号变换的统计特征值，常用的信号可以分为时域信号、频域信号和时频域信号，特征值采用包括均值、方差、有效值、能量、功率等。特征模型由这些特征参数按一定的关系组成，根据这些特征参数的值，对目标的状态进行判断。

信号之间存在着千丝万缕的联系。以前对单个传感器采集的信息独立分析处理，将传感器之间的相关信息排除掉了，所得的特征值用于特征识别，往往效果不理想。多传感器信息融合能表征信号间相互的关系，增加了信息的维度和置信度，在时域和频域的覆盖范围更广，信号采集系统的鲁棒性和容错性更高，获取的特征信息更加准确。常用的融合算法包括贝叶斯估计、平均加权、极大似然估计、D-S证据理论、卡尔曼滤波等在内的经典算法，聚类分析、粗糙集理论、神经网络、支持向量机、隐马尔科夫链，以及机器学习、深度学习等在人工智能基础上发展起来的现代算法。

3. 智慧决策

拥有知识并具有产生知识和利用知识的能力是设备具有智能的关键特征，是进行智慧决策的前提。首先是对自身、工作任务及其环境的认知，传统的建模方法从"因果关系"出发，虽然可以深刻地揭示物理世界的客观规律，但却难以胜任制造系统这种高度不确定性与复杂性问题，所以这道门槛一直难以逾越。新一代人工智能从建立"关联关系"产生知识，并融合传统模型来构建制造系统模型，不仅使制造知识的产生、利用发生革命性变化，而且大大提高处理制造系统不确定性、复杂性问题的能力，通过模型结构的自学习、模型参数的自学习、模型的评估与优化等技术手段，极大改善制造系统的建模与决策效果。

人类的作用也越来越聚焦在这个领域，形成人机混合增强智能。设备的"知识库"是由人和设备赛博系统自身的学习认知系统共同建立，它不仅包含人为设备建立的各种知识，更重要的是包含赛博系统自身学习得到的知识，尤其是那些人类难以精确描述与处理的知识，这使人的智慧与机器智能的各自优势得以充分发挥并相互启发地增长，极大释放人类智慧的创新潜能。知识库在使用过程中通过不断学习而不断积累，从而对设备的感知、识别、决策和执行过程不断完善和优化，实现加工过程的优质、高效和绿色运行。

智慧决策的任务是评估系统状态并确定最优行动方案，工厂车间级的决策任务一般需由信息系统和人共同完成，因此需要解决设备智慧决策和人机协同决策等两大方面问题。加工层的决策越来越多由设备自身完成，主要是由于设备层决策实时性强、精度高，人力所不能及，这正好是人工智能胜任的领域。智慧决策的关键技术涉及系统状态的精确评估、决策模型的优化求解、决策风险的预测分析等。

4. 精准执行

根据决策结果对系统进行精准的控制以实现目标要求，只有发达的大脑没有灵活准确的执行机构也无法实现系统的目标。设备精准执行的关键问题是具有高速安全的网络、适应系统自身及其环境不确定性的自适应控制技术以及完成不同要求的执行机构，特别是MEMS机构、仿生机构、生机电一体化机构等新型驱动执行结构发展，为设备智能化打开了新的空间。

四、机床智能化的具体实践

机床经历数字化、网络化，正在向智能化发展，数控系统承担起机床智能化的主要任务，根据目前国际上机床智能化的实践，主要在以下几个方面[11]：

1.人机界面智能化技术

人机界面是人与机器进行交互的操作方式，是相互传递信息的媒介，方便人类对机器的观察和操作。人机界面易读、易懂、易观察性，操作步骤的简洁性、有序性对系统的使用效率产生很大的影响。智能化人机界面的设计首先要对机床的操控任务重新分类，明确哪些可交给机床自动完成，哪些主要由机器完成但还需要人来监控介入，哪些工作还得需要人工操作完成。

通过对使用者个性化使用习惯的挖掘，人机界面能够识别并预测使用者的意图，为每个用户在不同时间、不同操作下推荐最适合当前场景与操作意图的内容。人脸识别技术使机床区分并记住每个不同用户，实现需求的超细分化。而图像识别技术使人工智能能够识别用户周围的环境，从而能更加完全地把握使用者的状况，甚至操作者的姿态动作、面部表情。目前已能通过声音实现对家电等设备的操控，并将文本变成不同声音读出，使语音识别走上了工程化应用。这些技术的发展是机床人机界面呈现如下发展趋势：①三维虚拟化呈现，柔性屏、VR、AR结合人工智能，甚至脑机接口。②更加安全的身份识别。机床不同类型的操作，需要不同的权限身份。过去主要采用密码识别，随着视觉识别、生物特征识别技术的应用，带来更加方便、安全的识别技术。③多样化的交互方式。传统上主要采用键盘或触摸屏输入方式，现在就可采用声音、姿态等方式。无线可穿戴交互设备，解放出操作者的双手。④智能辅助功能。根据不同用户及上下文环境，向使用者提供精准的信息。

如图10-14所示的CELOS界面，改变了传统数控界面形式，方便实现机床监测、分析、优化加工工艺以及融入上层系统，它打破了传统数控系统人机界面的模式，采用多点触控显示屏幕和类似智能手机的图形化操作界面，包括12个APP应用，将车间与公司管理整合在一起，为持续数字化和无纸化生产奠定基础。

图10-14　CELOS的APP图形菜单

CELOS能够连接ERP及CAD/CAM应用系统，支持未来的CELOS应用程序扩展。还可将软件安装在电脑上使用所有的CELOS功能，可以规划、控制生产和制造工艺，可以创建、分配任务至机床，实时显示机床的状态，并随时掌控生产过程。CELOS还具有防碰撞、自适应、五轴标定及自动补偿等智能化功能。

2.数控加工智能化技术

数控加工是机床的本职工作，围绕提高加工效率及加工质量也是智能化的主要目标。国外机床厂商研制的"智能主轴"中嵌入了智能传感器，能够同时检测温度、振动、位移等信号，实现对工作状态的监控、预警以及补偿，不但具有温度、振动、夹具寿命监控和防护等功能，而且能够对加工参数进行实时优化[12]。又如，国外某厂商将集成有力传感器、扭矩传感器、温度传感器、处理器、无线收发器等装置的芯片嵌入到刀具夹具内，能够实现刀具颤动频率的预估，并能够自动计算出合适的主轴转速与进给速率等加工参数。特别是物联网技术的应用，扩展了机床的感知形式和范围，实现多源信息的融合。

日本大隈（Okuma）公司数控机床的智能化围绕机床安全稳定运行、加工质量保障和生产效率提高五个方面[13]（图10-15）：①"热亲和"功能。机床周围的温度变化及加工过程中产生的热量，都会对加工精度产生很大的影响。大隈公司通过设计热亲和的机床结构，从机械上降低发热及发热变形对机床精度的影响，另一方面通过对温度的检测在数控中实施对热变形的补偿。②防碰撞系统。该功能实现机床自动与手动操作时都具有防碰撞功能，通过建立三维模型，通过仿真及机床实际状态的反馈，防止碰撞的发生。操作者可以专心地进行加工，大大缩短了工装、试件的调试时间。③加工导航。系统依靠传感器对加工状态进行检测识别，给出最佳的主轴转速，从而抑制振动获得最佳的加工状态，图10-15中展示了实际加工零件表面效果。④五轴机床参数自动测量补偿。五轴机床由于存在旋转轴，各轴的标定误差（几何误差）对加工误差影响很大，长期以来只能通过手工作业花费大量时间对4种几何误差进行补偿，这个功能仅需10分钟即可实现高达11种几何误差测量及自动补偿。⑤最佳伺服参数优化控制。该功能通过自动对工件重量、转动惯量的测量，通过优化伺服控制，动态适应加工负载的变化，提高加工精度及加工表面质量，图10-15中显示打开功能后位置振动及幅值明显减小。

3. 机床健康状态管理及刀具寿命预测

机床健康状态评估及机床故障与刀具寿命预测是机床智能化的主要战场，许多研究单位与企业做出的产品和实践说明了良好的应用前景。其中李杰教授主导的天泽智云公司在设备健康状态评估与故障预测方面运用大数据及人工智能技术做出了很多的案例，为不同阶段的用户提供不同组合的解决方案。他们研发的工业智能技术体系和

302

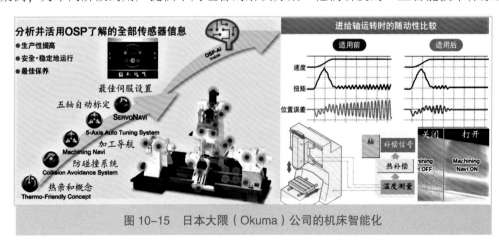

图10-15　日本大隈（Okuma）公司的机床智能化

平台产品，打通物联层到数据层、智能分析层，到应用层的链路，能够快速与已有的私有云、公有云、混合云无缝对接，助力工业企业把数据转换为应对未来的竞争力。轻量级应用可以帮助制造企业快速实现机床联网，通过二维码的方式，更好地把机台、人员管理起来；中级应用能够实现设备物联，对设备进行在线监测；

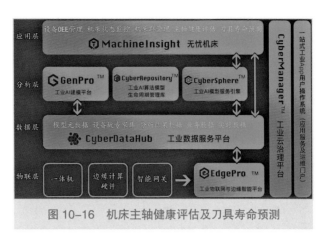

图 10-16　机床主轴健康评估及刀具寿命预测

高阶应用就是预测性维护和智能化，实现精细化管理。

　　天泽智云公司为富士康集团开发的"无忧机床系统"（图 10-16），基于机床机理知识，运用物联网及边缘智能技术，对加工过程中的多源数据进行融合同步，实时监控每台机床的运行状态，并结合工业智能算法进行刀具剩余寿命预测与机床健康管理。开展无忧刀具主轴项目，通过在线监测系统实时评估刀具寿命及主轴健康状态。通过该项目，帮助富士康从"无人工厂"转型为"无忧工厂"，整体节约了 16% 的成本，加工良品率从 99.4% 提升到 99.7%，降低了 60% 的意外停机。

　　4. 互联互通的信息交互

　　机床已成为智能制造中的信息节点，随着智能化的推进，互联互通成为智能机床必须具有的能力，信息的交互也不再局限于传统的零件加工程序，机床参数等数据，为加工状态识别所需的高频数据，如电机扭矩、振动等信号，以及将机床纳入智能制造生态链所需要的使用状态、环境条件甚至管理商务等信息。虽然以太网已成为机床数控进行交互的主要接口，在硬件上实现了互联，但由于不同厂家技术方案不同，在应用层面上的还无法实现互通互操作。目前广泛应用于机床设备之间的标准化通信协议主要有德国机床制造协会（VDW）提出的 Umati、美国制造协会（AMT）提出的 MTConnect 以及中国数控机床互联通信协议标准联盟制定的 NC-Link。

　　MTConnect 为 2006 年提出的一个免税、开源、标准化及可互操作的数据通信协议，它将语义信息进行了标准化的定义，并且提供了构建信息模型的相关规则，能够统一设备的信息模型。MTConnect 标准基于 XML，采用超文本传输协议（HTTP）作为传输协议，得到了美日大部分机床厂家的支持。图 10-17 为构建 MTConnect 应用的组成架构，分为四个层次：

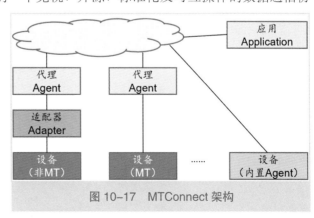

图 10-17　MTConnect 架构

①设备（Device）。它表示车间进行生产制造的设备或传感器，通常分为三种类型。其中，非 MT 设备通过添加具有数据采集能力的适配器（Adapter）获取设备信息，完成数据格式转换后通过 Socket 接口传输给代理（Agent）；具有 MTConnect 接口的设备，直接通过 Agent 进行通讯；具有 MTConnect 接口并且内置 Agent 的设备、应用可直接采集相关数据。②适配器（Adapter）。Adapter 进行车间设备数据采集并能与代理进行数据传输的程序或设备，目前有许多设备厂商生产的设备都支持适配器的功能，无须额外实现适配器。③代理（Agent）。Agent 能够连接多个设备或适配器，并能进行数据传输和响应数据查询请求的程序。Agent 是 MTConnect 的核心组成部分，能同时进行多个设备数据信息的收集，并能响应客户端的不同数据请求，生成对应的 XML 文档。④应用（Application）。应用开发者无须关心底层的设备数据协议，通过对 Agent 发送想要的数据的请求，就可以得到包含对应节点数据信息的 XML 文档，通过解析 XML 文档便可以获得车间设备的数据信息。

为了建立车间设备统一的信息模型，MTConnect 将设备信息分为四类：设备定义信息、设备数据流信息、设备错误信息、设备资产信息。MTConnect 通过结构化的方法，利用 XML 定义设备的数据类型，来实现对车间设备的描述。MTConnect 设备主要描述车间设备的结构组成和用户额外需求的数据定义。对于机床的结构组成（包括主轴、伺服轴、系统、控制器等），通常将用户所需要的数据按照 MTConnect 设备描述语言的格式进行 XML 文档的编写。用户额外需求的数据通常指外接传感器采集的数据（总功率、振动信号、力等），需要按照设备描述语言中的单位格式进行自定义。目前 MTConnect 主要的缺点是数据单向性，只能从设备采集数据。

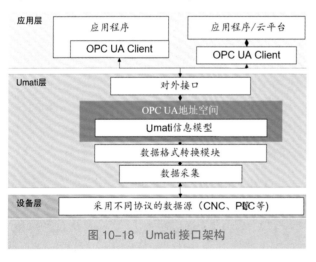

图 10-18 Umati 接口架构

Umati 为 2019 年提出的基于 OPC UA 的接口标准，采用客户端/服务器（Client/Server）构建，可便捷安全地把机床和设备无缝连接到用户端的 IT 生态系统中去。如图 10-18 所示。Server 的数据层（地址空间）采用面向对象的思想进行设计，组织结构较为灵活，能够对工业数据、事件、报警和信息模型进行管理，提供的服务主要有实时数据访问、订阅和发布、事件和报警等；Server 的服务层负责处理逻辑和制定的交互任务。OPC UA 具有安全通道能够对数据的传输进行加密和解密，而且支持二进制和 HTTP 传输，通过 OPC UA 协议为 Client 提供数据和服务。Umati 和 MTConnect 正在协调开发统一的"字典"，但是在实现方面仍存在一些差异，Umati 正努力将机床行业的特殊知识转换为语义和信息模型。

NC-Link 协议是由华中科技大学牵头，联合多家国内知名数控、机床厂家研发的机床互联互通协议。NC-Link 协议具有高效、易用的特点，并且综合了 OPC UA 协议和 MTConnect 协议的优点。NC-Link 主要的特点有：①采用弱类型的 JSON 格式进行模型描述，采用订阅发布的数据传输方式，在保证可读性的同时，降低带宽压力；②模型简约清晰，数据类型丰富，具备较强的表达能力；③兼容性好，可以描述多种工控设备；④接口定义简单易用。NC-Link 标准具有广泛兼容性，支持数控机床、机器人、AGV 小车、PLC 等数控装备。目前所开发的 NC-Link 数据采集适配器可以支持华中数控、i5、广州数控、科德数控、西门子和发那科等数控系统。NC-Link 协议具有毫秒级数据采集，满足智能设备、智能产线、智能车间的 CPS 和数字孪生虚实融合的需求。苏州胜利精密公司国家智能制造示范工厂、东莞劲胜公司、宝鸡机床集团等众多公司的应用说明，NC-Link 机床互联互通协议对提高我国数控机床的竞争力，促进我国制造业转型升级，保护国家安全等具有重要意义。

第三节　智能制造系统与机床

一、体系架构的软件化

CPS 的赛博系统由软件和硬件组成，硬件越来越走向标准化、平台化及云化。软件最早期是硬件系统的附属产品，后来主导系统的功能，硬件却变为软件的"基础设施"。近年兴起的软件定义的网络(SDN)打破常规网络构架，将网络的控制面与数据面分离，并通过开放的软件定义 API。实现网络功能的灵活重构，极大地改善了网络的扩展能力和灵活性，成为软件定义概念的起点。随着 CPS 理念的逐步深化，人们认识到了软件是系统的核心和灵魂，通过软件可以实现智能制造几乎所有过程的控制，在硬件平台不变的情况下，软件还可对产品进行重新赋能赋智，甚至出现一切都是由软件定义的概念，特别是"软件定义制造"被多位专家学者推崇，但我们还是要明确制造是基础，软件是人类将工业知识及其应用的赛博化。

软件定义是把原来整个高度耦合的一体化硬件，通过标准化、虚拟化，解耦成不同的部件，然后为这些基础硬件建立一个虚拟化的软件层（硬件资源虚拟化），通过对虚拟化的软件层提供应用编程接口，暴露硬件的可操控部分，实现原来硬件才能提供的功能，然后再通过管控软件，自动地进行硬件系统的部署、优化和管理，提供开放、灵活、智能的管控服务，这意味着整个系统的行为可以通过软件进行定义，成为软件定义的系统。软件定义降低了硬件管理的复杂度，将软件与硬件解耦。硬件层只需要高效地做好执行功能，控制逻辑由软件完成，实现需求可定义、硬件可重组、软件可重配、功能可重构。

实际上操作系统就开始了对计算系统进行"软件定义"，相对于最早的硬件计算机，操作系统可视为一种"软件定义"的"虚拟计算机"，它屏蔽了底层硬件细节，由软件对硬件资源进行管控，用户不再直接对硬件进行编程，而是通过 API 改变硬件行为，实现更好的灵活性、通用性和高效性。信息技术发展到网络化、服务化阶段，互联网推动了软件从单机向网络环境的延伸。移动互联网的产生和发展，更加深了对资源灵活、动态、高效的使用要求。软件定义网络（SDN）、软件定义汽车、软件定义制造等概念不断涌现，我们正在步入一个"万物皆可互联、一切皆可编程"的新时代，"人机物"融合环境的网络资源、存储资源、数据资源、计算资源、传感资源等海量异构资源连接起来实现万物互联，在这个基础上通过编程提供云计算、工业互联网、物联网等众多应用模式，支撑大数据、人工智能应用、共享经济、智能制造等新应用、新模式和新业态。

开放源码软件是指其源码可以被公众使用的软件，并且此软件的使用、修改和分发也不受许可证的限制（可能包含一些限制，如要求保护它的开放源码状态），从而利用开源软件进行开发成为了一种趋势，如谷歌的 Android 系统被大多数手机厂商开发使用。开源软件大量出现，主要特点是集成开发环境更加智能，获取现成的类库更加方便，应用软件开发变得更加容易。许多商业化的数控系统软件也是在开源的基础上开发的，如在 RTLinux 系统上，甚至直接在 OpenCNC 或 LinuxCNC 上定制开发，绝大多数支持 EtherCAT 总线的数控系统也是在开源的 SOEM 或 IgH 主站模块基础上开发完成。人工智能领域谷歌推出了 Tensorflow 开源引擎，使得企业可以快速开展相关应用。智能机器人领域的开源操作系统 ROS，使得 IT 专家也能够快速开发机器人应用。

数控系统软件也是工业软件，工业软件具有鲜明的行业特质，不同行业、不同模式、不同产品类型的制造企业对工业软件的需求差异很大，有很强的客户化需求，因此，工业软件需要有良好的可配置性，并具备二次开发能力[14]。近年来，随着制造业的转型升级，客户对数控系统也提出了越来越高的要求，如在数控系统中要体现互联网、物联网、移动通信、云平台大数据、三维模型、VR、AR 技术带来的新机遇，这也要求数控系统从以前的封闭走向开放，向硬件资源虚拟化、系统软件平台化、应用软件服务化方向发展。

现在的开放、开源数控系统软件体系结构主要有：①基于 API 的结构。这是一种底层接口级别的架构，由于其抽象层次低且缺乏统一、明确的接口标准，用户在使用过程中需要了解底层软硬件单元的实现细节，一旦系统硬件构成发生变化，原有的 API 将无法复用。②基于面向对象的结构。这种结构的抽象层次更高，但其封装性较差，非标准化的接口与通讯机制限制了用户的二次开发。③基于组件技术的结构。这种结构具有标准的接口与通讯机制，但由于接口类型繁多，组件间相互依赖，耦合性强，不便于系统的维护和更新，系统开发的难度较大[15]。

随着面向服务的架构 SOA(Service-Oriented Architecture) 理论和技术的发展，其应用已由最初的电子商务及企业信息管理，扩展到工业自动化及数控等相关领域。制造系统不但在 IT/OT 网络实现融合，而且以 SOA 实现统一的软件架构，将管理功能、信息处理功能及自动化控制功能都看成是一种服务，使整个系统达到快速构建、动态重构和资源优化，从而为智能制造奠定基础。目前相关的新技术如应用容器引擎（Docker）等容器技术的出现，比传统的虚拟机技术更加轻量化，能解决虚拟机效率低和资源利用率低等问题。OPC UA（Pub-Sub 机制）结合时间敏感性网络 TSN（Time Sensitive Network）、5G 技 术使网络信息传输的确定性和实时性得到进一步的提高，为数控系统实现"控制器即服务"（Control as a Service—CaaS）"打下技术基础。

　　如图 10-19 所示的面向服务框架的数控机床，机床现场完成基本的过程控制，保留位置控制、部分插补工作、安全保护以及身份管理工作等工作，将其他数控功能进行解耦，构建译码、运动规划、坐标变换等服务[16-19]。这些服务组合完成基本的数控功

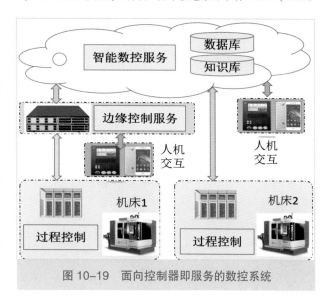

图 10-19　面向控制器即服务的数控系统

能，这些数控核心的功能可在边缘层实现（机床 1），也可在云平台上实现（机床 2）。边缘层一般在企业内部网络实现，具有实时性和确定性的保障。云平台的实现方案灵活性大，一般在确定性要求不高或进行远程控制时采用。

二、工业 4.0 与设备的智能化

　　德国 RAMI 4.0 架构中，组件是工业 4.0 框架组成的基础，I4.0 组件体现了 CPS 的理念，其规范也是实现工业 4.0 的基础标准。资产在 RAMI 4.0 信息维度的最底层，它的建模就是通过工业 4.0 组件来实现的。组件由资产管理壳（AAS）和资产组成，AAS 基本结构包括标头（Header）和主体（Body）两部分，标头提供资产及其 AAS 的标识部分，用于资产及管理壳的身份信息；主体管理各个子模型，每个子模型具有按严格的层次结构（IEC 61360）组织的属性（数据和功能）。所有子模型的属性形成一个清晰的目录或 AAS 的清单，从而形成 I4.0 组件的清单。管理壳、资产、子模型和属性必须在全局范围内有唯一标识，授权的"全局标识符"是 ISO29002-5（例如用 eCl@ss 和 IEC 公共数据字典）和 URIs [唯一资源标识符，例如资源描述框架 RDF（Resource Description Framework）本体]。管理壳可以记录和描述资产运行的实时信息（例如伺服放大器的实时位置和电流大小）。管理壳通过面向服务的 API 向外部其他组件提供服务，包括：①全生命周期属性维护；②管理壳内部的信息和功能；③识别和处理资产及其管理壳；④有效的属性和参考信息功能搜索机制。

　　工业 4.0 使用组件在数字空间中代表资产，I4.0 组件是资产的虚拟化，是面向服

307

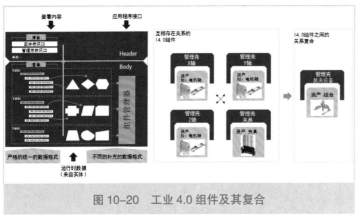

图 10-20　工业 4.0 组件及其复合

务框架中的服务软件。组件可以是一个零件，一个部件，乃至整个系统，多个"小"资产可组合成"大"资产。如图 10-20 所示，三个进给系统（资产）与一个夹爪（资产）组成一个三坐标装夹设备(资产)。该设备的系统管理壳为复合管理壳，由多个管理壳构成，系统管理壳包含一个拓扑子模型，包含对下级管理壳的引用，外部只能通过最高层的系统管理壳对组件逐层访问，这样只需要较小的工作量，便可以访问从属于系统管理壳的所有组件。为了兼容没有工业 4.0 概念的资产，可在原资产上加上管理壳，对内进行包装实现资源管理，形成对外展示信息及提供访问的接口，从而将其改造成具有工业 4.0 概念的资产。

资产是组件的实体部分，在全生命周期内采集所有相关数据，既可以是电机、刀具等物理单元，也可以是加工程序、工艺文档等非物理单元；管理壳是组件的虚拟部分，是具有信息安全的数字容器，存放对应资产采集的数据以及资产在数字空间中的表达。由此，使用工业 4.0 组件就可对工厂层次结构进行数字化（虚拟）表示，建立起企业各种基于 CPS 的资源，实现资源全生命周期的互联互通和互操作，构成智能工厂实现"互联世界"。根据 CPS 的视角智能数控机床是由 CPS 组件组成的 CPS 系统，在工业 4.0 的框架下 I4.0 组件等同于 CPS 组件，智能数控机床就是由 I4.0 组件组成的，包括进给轴组件、主轴组件与其他附件组件组成机床机械本体组件；人机界面组件、插补运算组件、伺服控制组件等组成智能数控系统组件。二者共同组成智能数控机床组件，这个组件再和其他组件组成智能生产线、智能工厂组件。

德国工业 4.0 平台的本体工作组 UAG 正在创建"工业 4.0 的语言"，实现工业 4.0 组件之间的互联互通。每个工业 4.0 组件的管理壳由工业 4.0 交互管理程序、基本本体、工业 4.0 组件管理程序和若干子模型构成。各个 I4.0 组件的交互管理程序之间执行通用的交互模式，进行组件所含子模型等的自我描述、合同管理、对话、设备控制、组件控制等等。2017 年汉诺威工业博览会上首次展示了管理壳的参考实现 openAAS，openAAS 由德国电气行业协会（ZVEI）和亚琛工业大学联合开发。它是一个开源的开放型智能体项目，基于开源的 OPC UA server open 62541，利用 GitHub 平台（http://acplt.github.io/openAAS/）开发管理壳和运行环境。2019 年汉诺威博览会展示了一个"智能物品分拣"案例，如图 10-21 所示，由在云端的 SAP 公司的管理系统、Hilscher 公司的边缘网关、FESTO 公司的传送带及分拣装置，以及其他公司的传感器等单元组成，这些单元都是 I4.0 组件，组件连接通过边缘网关和现场总线实现，共同构建起智能分拣系统[20]。组件之间通过子模型（图 10-21 中标注"TM"）定义的过程数据进行交互，SAP 公司的管理系统管理壳能独立与客户交互，根据分拣系统的实时状态和累积订单处理客户的新订单并报价，再根据客户的不同反馈，决定新的报价并进行生产。

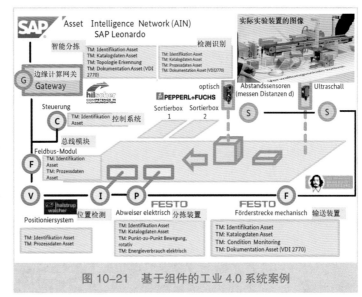

图 10-21　基于组件的工业 4.0 系统案例

三、工业互联网与设备的智能化

工业互联网是新一代信息通信技术与现代工业技术深度融合的产物，是制造业数字化、网络化、智能化的重要载体，也是全球新一轮产业竞争的制高点。工业互联网的概念是美国通用电气公司 (GE) 于 2012 年提出的，随后联合 IBM、思科、英特尔、微软等巨头组建了工业互联网联盟（IIC），将这一概念大力推广开来，并在 2015 年发布的第一版工业互联网参考架构。我国也于 2016 年成立了工业互联网产业联盟（AII），以推动我国工业互联网技术的发展。

工业互联网通过系统构建网络、平台、安全三大功能体系，打造人、机、物全面互联的新型网络基础设施，形成智能化发展的新兴业态和应用模式。①网络是工业互联网的基础，将连接对象延伸到工业全系统、全产业链、全价值链，以及设计、研发、生产、管理、服务等各环节的泛在深度互联，包括网络连接、标识解析、边缘计算等关键技术。工业互联网平台是工业全要素链接的枢纽，是工业资源配置的核心，是支撑制造资源泛在连接、弹性供给、高效配置的载体，其中平台技术是核心，承载在平台之上的工业 APP 技术是关键。安全体系是工业互联网的保障，通过构建涵盖工业全系统的安全防护体系，增强设备安全、控制安全、网络安全、数据安全和应用方面的安全保障能力。

工业互联网厂商如亚马逊、阿里、华为等都提供了较为成熟的 IaaS 资源租用服务，工业巨头也纷纷通过工业互联网提供服务，如 GE 提供超过 50 种微服务工具集，以订阅形式向用户收费；PTC 公司应用商店中基于 ThingWorx 平台的工业 SaaS 数量超过 40 个，ANSYS 提供仿真软件的云端订阅服务。Manage MyMachines 为西门子工业云 MindSphere 的一个 MindAPP 应用。它可以获取所联网机床的数据、状态以及历史记录等，还可以帮助用户发现意外停机并及时采取处理措施。西门子、达索以及 PTC 公司已经具备涵盖设计仿真、工艺设计、生产管控、资产运维、经营管理等全流程的数字化解决方案提供能力，在其工业互联网平台建设过程中，正探索将这些能力向云平台迁移[21]。

工业互联网发展也呈现出边缘功能由数据接入向智能分析演进，传统的定制化的设备接入逐步演变成平台服务，边缘数据分析功能向智能识别甚至智能控制等延伸；边缘功能的变化的背后是通用 IT 软硬件架构的下沉和网速的提高，给边缘数据分析和应用带来更好的支撑环境。平台架构向资源灵活组织、功能封装复用、开发敏捷高效加速演进，以 Kubernetes、Service Mesh 为代表的容器、微服务技术大幅提高平台功能解耦和集成的效率。

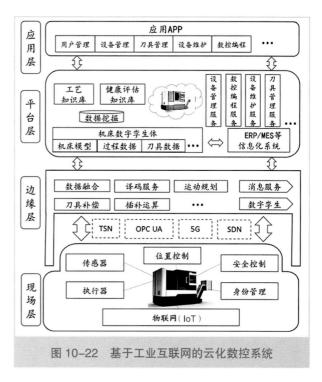

图 10-22　基于工业互联网的云化数控系统

工业互联网的发展也为智能数控技术的发展提供了新的发展空间，基于云平台的架构研发新一代的数控系统成为一个热点。图 10-22 为云化数控体系框架，框架分为现场层（机床侧）、边缘层、平台层（云端）和应用层四部分。本地保留高实时性的位置控制、安全保护以及基本的管理工作。数控系统的核心功能在边缘层实现，充分借鉴工业 4.0 的技术标准，在边缘层中有代表机床侧的数字孪生映像，其中包含机床的身份履历信息。数控的核心功能通过解构封装形成独立的模块，云端对数控系统产生的数据进行存储和管理，通过数据挖掘和大数据处理，融合数字孪生技术。通过微服务技术提供生产、管理等各类业务应用 APP，从而实现面向服务的制造。

根据云平台分层服务的基本思路，针对云数控的软件应用架构，在云端实现可以分成 PaaS 层应用以及 SaaS 应用两大部分。IaaS 层可以依托目前成熟的云服务商提供的硬件虚拟化环境。由于数控系统的绝大多数管理功能转移到云端实现，边缘层承担低延时要求的数控核心控制功能，通过解构封装成为独立的功能模块。功能模块布置在高性能的边缘层实现，这样便于开放、共享和扩展功能，同时也可利用边缘层对企业物联网的支持，获得环境感知与协同的能力。插补计算直接与机床侧的位置控制进行数据交换，将插补分为两部分，并在机床侧设置动态缓冲管理，以确保位置控制数据的供给。

机床侧只需包含传感器和执行器，能够独立保护机床的安全和完成基本的位置控制，如同人类的小脑对身体的控制。通过对 IEEE 1588 协议的深化，可使位于工业互联网不同层次的节点间时钟同步精度不低于现场总线，并且针对有严格实时性要求的节点任务的同步性进行规划，从而在保证时钟同步的同时，使实时任务也能够确保同步性能，这样才能保证运动控制轨迹的精度。采用 TSN 及 5G 新一代的网络通信技术实现模块层次间的从实时性到大数据量的数据传输研究，在满足实时性要求的同时实现 IT/OT 的一网通达，使数控机床不仅仅是一台设备控制器，同时也是一个信息服务的节点，提供透明的控制与管理服务。

四、自动化标记语言与智能化

智能制造车间由智能机床、机器人、输送系统等设备组成，系统的集成调试需要多学科不同的工程工具软件支持。当前这样的工作越来越多转移到了数字空间进行。以I4.0 框架组成机床的工业 4.0 组件 M-I4.0，代表机床在数字空间中生存，根据 RAMI 4.0 参考框架，组件之间进行交流采用自动化标记语言（AML）（图 10-23）。AML 主要应用在设计与调试阶段，而在投入生产运行后采用 OPC UA 的信息模型规范进行交流[22]。

AML 是自动化标记语言协会开发的基于 XML 的数据格式，具有独立于供应商、开放和可扩展性等特点，支持生产系统不同领域和异构工程工具之间的数据交换，其最终目标是在不同设备供应商、运营商以及不同工业领域之间 (如工厂规划、机械工程、电气工程、人机界面开发和机器人编程等) 促进工程工具软件之间的交互，实现异构工具软件之间的数据连接和集成。AML 遵循面向对象模式，将生产系统的物理和逻辑组件建模为数据对象，对象可以由子对象组成，并且其本身可以是更大对象的一部分。典型的 AML 对象包含拓扑、几何、运动、逻辑 (顺序、行为和控制) 信息以及其他属性信息。此外，AML 以 IEC 62424 (CAEX) 为基础，具有模块化和层次化结构，集成了其他已存在的基于 XML 的数据格式并且可扩展。其中，COLLADA 格式描述对象的几何学和运动学信息，PLCopen XML 格描述对象控制相

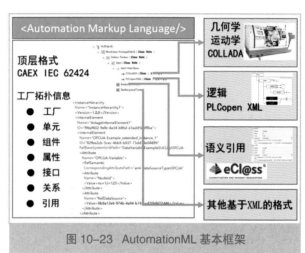

图 10-23 AutomationML 基本框架

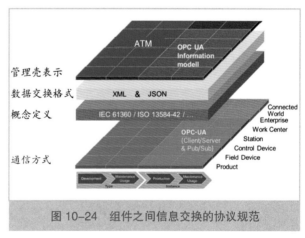

图 10-24 组件之间信息交换的协议规范

关的逻辑信息，eCl@ss 描述对象的语义引用信息，其他的数据信息可基于 XML 格式进行描述。

目前 AML 主要用于产品设计、工厂计划、工程设计和虚拟生产等工程阶段的数据交换和集成，进一步可扩展到生产和使用阶段。图 10-24 是工业 4.0 标准化组织根据 RAMI 4.0 参考模型给出的工业 4.0 组件之间进行信息交换的协议标准。I4.0 组件可采用 AML 描述哪些信息要进行传递，具体使用 XML&JSON 格式，采用 OPC UA 描述这些信息如何传递并实现传递。

第四节 智能机床与制造新模式

一、智能制造新生态

传统的制造业虽然制造环节中有很高自动化的环节，但主要流程还要靠人工串接起来。信息在企业的经营管理、产品设计、工艺设计、过程控制和使用维护等环节中基于文档、纸张的传递实现信息的流动。复杂的信息处理主要靠的是人的生物智能进行处理，流程中信息的闭环反馈滞后严重甚至无法闭环。进入到数字化时代制造系统中，信息的传递主要以数据的形式，数据信息的处理也能及时闭环，整个制造系统由这些小闭环组成系统的大闭环，从而带来系统整体的优化。根据 IDC 调查显示，来自制造业的数据量在 2018 年达到 3.584ZB，并且未来几年（2018—2025 年）将保持 30% 的增长率，PTC 公司预测到 2020 年物联网（IoT）设备接入量为 500 亿个，进一步增加了制造系统中的数据量和信息处理的方式。

每个企业独立完成这样规模的数据传输与处理是件非常困难的事，如何在所产生的海量数据中选择出所需的数据，使正确的数据在正确的时间，以正确的方式传递给正确的人和机器使用和处理。模型算法、网络通信以及平台成为至关重要的问题，工业互联网平台成为解决问题的核心。随着企业的数据、信息和知识逐步向工业互联网平台转移，企业原有的架构体系正在不断地瓦解重组，形成平台中一个个微服务资源池中的各种各样的功能组件，面向角色、场景、应用快速地组合形成解决问题服务链，从而带来业务模式创新、产品技术创新以及组织架构创新，通过任务分解、众包等方式集合群体智慧来创造产品，减少投放时间、增加市场份额。企业个体也可借助物联网、互联网、工业互联网的无缝连接，表达自身个性化的需求及创意，全面参与产品创新的整个流程。

产品越来越复杂，上市时间及生命周期却越来越短，单一企业独自完成产品的全部制造过程已不可能或者没有必要。创造新价值的过程也将逐步改变，产业链分工重组，传统的行业界限将消失，各种新的活动领域和合作形式（生态系统）将出现，促使企业的核心竞争力从设备资源转向创新能力，工业的驱动力从石油转向数据，产出的产品从物理实体转向信息知识发展。不仅行业的界限越来越模糊，而且随着制造的"触手可得"生产者和消费者的界限也在打破，出现所谓的"产消者"即消费者同时也是生产参与者。以众包众筹的形式，基于区块连技术构建生产供需各方信任机制，形成资源公平共享，完成产品的设计、制造及物流配送，形成一个个"设计群""制造群"和"使用体验群"等，形成社会化制造。

图 10-25 展示了以工业互联网为核心的产业新生态，像中国电信、华为、百度及阿里这样基础运营商及大型企业为社会搭建起 IaaS 及 PaaS 云平台，专业化的公司或企业自己在这个平台上实施面向专业领域的工业基础软件平台及相应的客户化软件，打造云端开发环境，构建开发者社区。社会上众多的 APP 开发者围绕不同主题形成工

业 APP 应用与工业用户之间相互促进、双向迭代的开发。最终用户可以新的非购买方式使用软件服务，从而发展起基于工业互联网的产能设备共享、个性化定制、众包设计、云制造等新型制造模式，推动形成基于消费需求动态感知的研发、制造和产业组织方式，建立优势互补、合作共赢等分享式开放型产业生态体系。

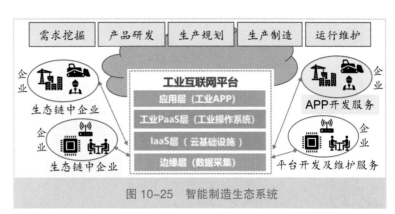

图 10-25 智能制造生态系统

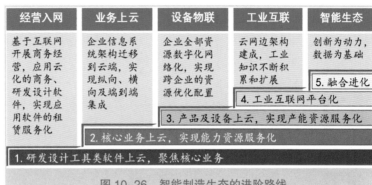

图 10-26 智能制造生态的进阶路线

GE、西门子、华为、百度等平台企业纷纷打造云端开发环境，吸引大量专业技术服务商和第三方开发者基于平台进行工业 APP 创新，以往需要大量投入、研发周期长的研发方式正在向低成本、低门槛的平台应用创新生态方式转变。企业竞争不再单靠产品，已经开始成为依托平台的数字化生态系统之间的竞争。例如华为系、阿里系、小米系等，使竞争更为复杂；制造企业纷纷挖掘产品隐含的服务价值，价值的重心越来越向信息和服务转移，如三一重工以往单纯销售工程机械产品，现在通过平台与供销商、客户、技术服务商等建立数字化的合作关系，快速感知用户需求和设备状态，及时与供销商合作调整供货、生产计划，与技术服务商联合为用户提供整体施工方案，甚至是联合金融机构帮助客户进行产品投保，从而形成整体性的竞争优势。

实施工业互联网战略是企业在智能制造新生态系统中生存发展的关键，进入云平台的工作应该是循序渐进，分阶段进行（图 10-26）：①首先充分借助"互联网＋"，实现企业流程的重构与创新。在此基础上将研发设计类工具上云，这类工具软件价格昂贵，中小企业很难承担。云化工具软件的出现，使企业可以以多种形式按需使用软件，大大降低工具软件的使用和维护成本，同时便于协同和信息共享，使企业聚焦在核心的创新设计上。②将业务架构迁移到云平台，实现生态链企业间以及客户间的信息集成，将寻找和使用优化资源的范围扩展到整个工业互联网，使业务能力资源服务化。③装备等机、物上云，设备互联不仅在企业内部，通过物联网等多种方式推动设备、生产线及工厂上云，实现设备产能云化。④企业整体上云，打造企业工业互联网平台，构建起以边缘计算、微服务架构的云平台以及工业 APP 终端应用，将企业中的数据、信息到知识的挖掘和沉淀，实现知识云化。⑤实现智能制造生态体系，形成物理空间的实体企业和数字空间的虚拟企业交融共存，借助虚实系统实现平行演化、闭环反馈及协同优化。

二、智能机床及其新生态案例

1. 马扎克

2006 年在美国芝加哥国际制造技术展会上马扎克展出了具有智能化功能的机床，经过多年的发展，目前 MAZATROL Smooth 系列是马扎克第七代 CNC 系统，其智能化功能扩展到了十二项（图 10-27）。除了应用于机床加工的智能化功能，如智能热屏障功能，消除或减小发热产生的误差；平滑转角控制，提高加工效率的同时保障表面质量等一系列智能化功能。

图 10-27　马扎克机床智能化功能

马扎克的 iSMART Factory，旨在建设高度数字化、不断进化的工厂，利用物联网及工业安全技术，实现设备互联和生产过程可视化；通过大数据分析提高生产绩效；通过制造系统的集成，优化业务运营。iCONNECT 是马扎克运用 IoT 技术建立的马扎克综合支持

系统，通过马扎克智能云，将客户机床与马扎克服务中心相连，为客户提供加工支援、运行监控、保养支持等。用户可以查阅马扎克机床的利用率、报警发生状况的统计数据；自动备份马扎克机床使用的加工程序，短信通知马扎克机床发生警报、加工结束的信息，进行远程诊断等。设备数据采集通过 SMART BOX（具有网关与边缘计算功能）采用 MTConnect 通信协议，实现数据的收集、分析和反馈，对生产过程进行改善和指导。

最新开发的 MAZATROL SmoothAi 与安装相应软件的计算机实现数字孪生功能，通过人工智能技术，实现制造系统的自主和自适应控制，实现工程的持续进化。针对机床提出"DONE IN ONE"理念，它通过加工复合与工序集中，使得从放入原材料到最终的加工，只在一台机床上进行。它提供了缩短交货期、提高机床精度、减少占地面积和最初成本、降低运营开支、降低对操作员的要求和改善工作环境的能力。

2. 华中 9 型智能数控系统 INC[23]

华中 9 型工程样机在华中 8 型数控的基础上开发，其架构如图 10-28 所示。其中数控装置、伺服驱动、电机和其他辅助装置组成本地数控（Local NC），它是数控机床的本地部分，完成数控机床的实时

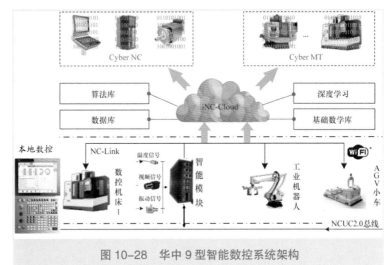

图 10-28 华中 9 型智能数控系统架构

控制。除能实现传统数控系统的全部功能之外，INC 还具备智能化所需的最基本的感知能力，能实现控制过程中的指令数据、响应数据以及必要的外部传感器数据（如温度、振动、视频信号等）的实时采集和传输。INC 通过 NCUC 2.0 总线实现伺服驱动、智能模块、外部传感器等多源数据的感知。利用 NC-Link 实现与数控机床、工业机器人、AGV 小车、智能模块等设备的连接，获得大数据并存储于 INC-Cloud 云平台。在 INC 中，建立物理机床响应模型构成数字孪生，由此实现智能化功能是其主要特征。INC 的体系架构建立了物理机床和数控系统所对应的数字孪生模型 Cyber MT 和 Cyber NC，它们在虚拟空间模拟真实世界的物理机床和 Local NC 的运行原理和响应规律。INC 不仅包括传统的 NC 物理实体，也包括 Cyber NC 和 Cyber MT，实现虚实融合。

特别是独创的"双码联控"控制技术，实现了传统数控加工的"G 代码"（第一代码）和多目标优化加工的智能控制"i 代码"（第二代码）的同步运行，达到数控加工的优质、高效、可靠、安全和低耗的目的。加工 G 代码在 Cyber NC 上进行仿真优化，以插补轨迹的平滑和指令进给速度的一致性为优化目标，进行优化迭代，不断修正插补轨迹和速度规划指令，直到优化目标实现为止，并依据优化结果生成 i 代码指令。在实际加工中，G 代码与包含优化结果的 i 代码在数控系统同时执行，双码联控完成加工。经过配置这种智能数控的三种机床上的实验验证，证明了这种体系架构的智能机床具明显的效果。

3. i5OS 及其制造生态系统

i5 来自英文单词 Industry（工业）、Information（信息）、Internet（互联网）、Intelligence（智慧）和 Integration（集成）这五个单词的含义，在完成 i5 运动控制核心技术的研发与数控系统的产业化之后，以 i5OS 平台形式向社会提供运动控制核心技术支持，同时向社会开发者和使用者开放。其突出的特点是互联网特性强，在 iSESOL 云平台下方便成为智能生态链中的节点；APP 资源丰富，便于扩展功能和定制开发，提供基于 Linux、iOS、Android、Windows 的多平台 APP 实现框架、统一的开发平台，

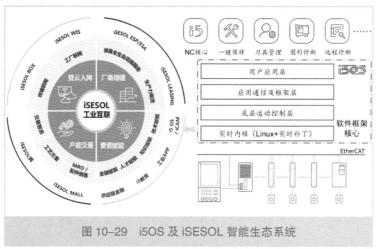

图 10-29 i5OS 及 iSESOL 智能生态系统

帮助用户专注高价值应用开发[24]。

i5OS 的技术架构分为四层（图 10-29），分别是用户应用层，应用通信及框架层，运动控制层以及 Linux 内核驱动层。其中运动控制层为核心部分，实现对机床运动轨迹的实时控制；用户应用层为用户可以直接应用的各类 APP；应用通信及框架层提供各类接口，实现 APP 和底层之间的通信；Linux 内核驱动层则负责处理线程、内存、资源等问题。i5OS 的特点如下：

1）该平台架构使得运动控制底层数据透明化，将 i5 运动控制核心技术进行封装并形成模块，供上层调用，既有效地保护了 i5 核心技术的知识产权，又向社会共享了 i5 运动控制技术。i5OS 还为有研发能力的用户提供了开发工具平台。

2）对于不同行业的设备制造商而言，i5OS 及其背后丰富的工业 APP 库将为设备制造商提供丰富的系统功能和应用场景。i5OS 平台通过授权向设备制造商提供产品及服务，设备制造商可以以 i5OS 为基础，开发其专用的数控系统。

3）对于掌握行业诀窍的开发者而言，i5OS 使得有行业专业知识和诀窍的行业专家能够绕开研发运动控制技术的技术壁垒，在 i5OS 这个开放的操作系统上将自己的专业知识和诀窍以 APP 的形式沉淀下来，并通过有偿分享的方式创造价值。一方面极大地调动了开发者的创造积极性，另一方面也方便了行业内的知识和诀窍以互联网为渠道向全世界推广。

i5OS+iSESOL 生态系统、i5OS 平台自带 iPort 专用通信协议，非 i5 机床可通过 iSESOL BOX（具有边缘计算能力的网关）接入[25]，可以快速开发与 iSESOL 云平台互动的智能 APP，构建云数控系统，实现制造装备与云端的数据交互，如速度、电流、温度、加工程序、加工零件个数和切削时间等。iSESOL 工业互联网平台可以对生产制造数据进行分析处理和应用，比如可以进行负载分析，效率分析，能耗分析，以及产能分析等，甚至工艺分析，从而在生产过程中实现提速增效、自适应控制加工、刀具寿命管理、设备状态监控预警、生产计划的安排实施等。优化的策略通过智能增效 APP 反过来作用加工过程，据统计平均可提升效率 5% ～ 20% 以上。

iSESOL 工业互联网平台主要包括登云入网、产能交易、要素赋能和厂商增值四个业务板块，通过登云入网可以将制造设备和工厂接入到云端，实现设备状态监控和生产制造过程优化；通过产能交易可以实现制造产能和订单的再匹配，提升设备整体利用率，并提供生产制造所需的原材料和耗材等；通过要素赋能，以 i5OS APP 的形式提升制造装备的性能，同时还可以向企业提供工艺支持、人才培养和金融支持等，帮助企业专注生产制造，降本提效，提升制造工厂综合竞争力；通过厂商增值提供生产力租赁和设备全生命周期管理服务，降低设备维护难度和成本，加快设备推广使用速度，创造价

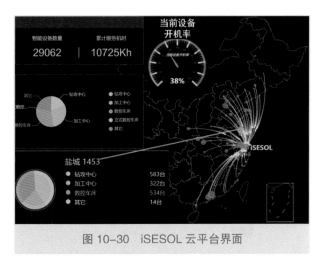

图 10-30　iSESOL 云平台界面

值和收益。图 10-30 为 2020 年 6 月 6 日下午 6 点 iSESOL 的实时监控数据，联网设备数量接近 3 万台，由于是周末实时设备开机率为 38%，还可看到盐城地区联网设备为 1453 台。iSESOL 平台多次获得工业和信息化部及相关媒体的推荐，成为我国工业互联网著名的平台之一。

参考文献

[1] 于秀明，周平，郭楠，等 . 智能制造能力成熟度模型 [J]. 制能制造标准化，2016(5):39-42.

[2] 美国制造创新研究院 . 美国智能制造的路线图 [EB/OL].[2019-12-20].https://www.eepw.com.cn/article/201711/371404.htm.

[3] 蔡自兴 . 人工智能基础 [M]. 北京 : 高等教育出版社 , 2005.

[4] 德国联邦教育研究院 . 德国工业 4.0 实施建议（中文版）[EB/OL].[2015-03-27]. https://download.csdn.net /download/qq_20093915/8539401.

[5] 工业 4.0 技术的产品标准 [EB/OL]. [2018-04-14]. https://wenku.baidu.com/view/12c8b4382dc58bd63186bceb19e8b8f67d1cefce.html.

[6] Siemens Automation.Sinumerik 840D sl[EB/OL].[2013-01-20].http://www.auto mation.siemens.com/mcms/infocenter/dokumentencenter/mc/Documentsu20Brochures/E20001-A1460-P610-V1.pdf.

[7] 张曙，樊留群，朱志浩，等 . 机床数控系统的新趋势："机床产品创新与设计"专题（六）[J]. 制造技术与机床 ,2012(2):9-12.

[8] 张曙 . 开放式数控系统的现状与趋势 [J]. 世界制造技术与装备市场，2007(1):84-87.

[9] 未来智库 . 汽车行业前瞻研究：ADAS、车联网及无人驾驶的进阶之路 [EB/OL]. [2019-06-15]. https://www.vzkoo.com/news/528.html.

[10] 知识自动化 . 智能制造 [EB/OL]. [2018.05.19].http://im.cechina.cn/18/0519/04/2018 05190 44410.htm.

[11] 何宁 . 数控机床产业智能化发展与赛博安全问题分析 [J]. 制造技术与机床 ,2017,(8):28-32.

[12] 王强 . 基于具有深度学习能力态势感知的智能主轴自主感知方法研究 [D]. 深圳：深圳大学 ,2018.

[13] Okuma. 大隈的智能化技术 [EB/OL].[2013-04-08].http://www.okuma.co.jp/chinese/onlyone/index.html.

[14] 邴旭，化春雷，李焱，等 . 西门子数控系统人机界面二次开发方法研究 [J]. 制造技术与机床 ,2011(10):163-167.

[15] 任启迪，高长才 .FANUC PICTURE 界面开发及应用 [J]. 金属加工（冷加工）2012(6):30-32.

[16] 章永年 .5 轴数控加工中无碰刀具轨迹生成算法的研究 [D]. 南京：南京航空航天大学 ,2012.

[17] 樊留群，齐党进，沈斌，等 . 五轴联动刀轴矢量平面插补算法 [J]. 机械工程学报 ,2011,47(19):158-162.

[18] Altintas Y,Verl A,Brecher C,et al.Machine tool feed drives[J].CIRP Annals,2011,60(2):779-796.

[19] Verl A,Frey S.Correlation between feed velocity and preloading in ball screw drives[J].CIRP Annals,2010,59(1):429-432.

[20] 樊留群 . 实时以太网及运动控制总线技术 [M]. 上海：同济大学出版社 ,2009.

[21] 李广乾 . 有效应对工业互联网平台的竞争 [J]. 中国建设信息化 , 2017(23):76-78.

[22] 张策 . 面向制造物联网的 OPC UA 信息模型研究与实现 [D]. 武汉：华中科技大学 ,2016.

[23] 陈吉红，胡鹏程，周会成，等 . 走向智能机床 [J].Engineering,2019,5(4):186-210.

[24] 沈阳机床 (集团) 设计研究院有限公司 .i5 数控系统编程手册 [EB/OL]. [2013-01-23].http://www.fiyangcnc.com/newfiyang/download/system/30.html.

[25] 魏坚，刘广杰，黄云鹰，等 . 基于 i5OS 平台的工业 APP 开发 [J]. 制造业自动化 ,2019, 41(11):77-80.

第十一章　机床的工业设计

卫汉华　张　曙

导读：迄今，机床的工业设计还没有受到国内机床业界足够的重视，大多仅停留在吸引眼球、争夺市场的层面。不少机床设计工程师将机床工业设计看作整机设计的辅助工作，甚至是后期的修修补补，缺少总体规划和目标。本章系统简洁地论述了机床工业设计的基本理论、设计原则与方法，主要包括以下几个方面：

1）围绕人的因素做机床工业设计（称人因工程），将人和机床看作一个完成工作的大系统。机床设计的目标之一是充分满足人机工程学要求，保证人力资源的可用性与高效率，使劳动者有健康的身体和良好的心理状态；要求将人的因素贯穿于产品设计的全过程，直至影响产品生命周期的全过程。

2）机床产品要有极好的"宜人性"。在整机设计中应充分考虑未来运行场地的环境布置，合理设置切屑与冷却液的流动与防飞溅装置，有可靠的屏蔽与隔热功能，设置紧急事件的快速处理机构，各种安全防护操纵机构相对集中且有明显标识。

3）机床产品在机床的全生命周期内都应易于维护清理，对于被培训者可见、顺手、易识。

4）机床的外观设计应美观、简洁、协调、实用，让市场对产品的性能和品牌有鲜明独特的印象，在用户心中营造出"可信、完整、一致、实在"的感受。

5）机床的工业设计不应追求"奢华"。

第一节　概　述

一、工业设计的重要性

我国工业界存在一种片面观点，认为机床的价值仅由其加工能力和生产效率决定。因此，国内机床制造商并未对工业设计给予足够重视，往往只是在机床的结构设计工作完成后，再对设计方案进行局部修饰和美化。

在工业设计出现的早期，通过美观的造型吸引客户曾是工业设计关注的主要点。回顾工业革命时期的历史可以发现，机床的外观造型，曾经是英法两国进行市场竞争的重要手段。可以说当年机械装备的外观设计需求，在某种程度上将工艺美术从学徒制的作坊式手艺转变为学校培训的专业。到 20 世纪初，机床的外观已经充满装饰性的线条，其例如图 **11-1** 所示。

图 11-1　20 世纪初压力机的外观设计

第二次世界大战期间，以美国为首的工业设计界引入工效和人机界面的研究，以提高各种机械设备和器具的功能和效率，将工业设计从纯粹的工艺美术学科转变为技术与人文融合的现代化专业领域。

经过数十年的发展，当前的工业设计学不仅关注产品外观和人机界面，同时也与材料学、心理学、市场学、环境学等现代学科有机结合，形成了以多科学为基础的独立学科。

通过研究和利用各项技术和人为因素，创造独特、鲜明、有实用价值的产品特色，提高产品的市场竞争力。

现代工业设计学是一门交叉学科。根据国际工业设计学会理事会（International Council of Societies of Industrial Design—ICSID）的定义，设计是提高产品、过程、服务、系统等在全生命周期、多方面的品质的创造性活动。因此，设计是令技术更人性化的核心创新要素，也是文化和经济交流的关键因素 [1]。由于工业设计具有跨越工程与人文两个领域的内涵，因而在产品创新过程中协调技术和人为要素方面具有不可替代的作用，成功的工业设计对提高产品市场竞争力方面有重大的影响 [2]。

二、数控机床与工业设计

机床装备属于资本货品 (Capital Goods)，其销售过程较少受潮流、个人品位等主观因素所影响，但并不代表机床制造企业不需要考虑人为因素。因为市场评论者、购买者、使用者、维护者的感受，均对机床产品的竞争力产生不同程度的影响。

首先是购买者对机床设计的影响。虽然客户在选购产品的最初阶段会相当理性地收集有关产品数据，进行对比、考量和分析，再试图将待选产品按优劣排序，最后做出决策。但往往由于待选产品"鱼与熊掌，各有所长"，产品排行榜的作用经常被其他感性因素所削弱甚至取代。因此，要在高端机床装备市场中夺得客户，光靠提升产品功能参数和让产品挤占排行榜前列是远远不够的，还必须要诉诸人的感情因素，争取在客户心中留下鲜明的、引起共鸣的品牌形象。近年来，世界高端数控机床产品市场开始了新一轮以外观设计为主题的竞争，这种变化的出现和近年高端数控机床市场形势的转变有莫大的关系。

其次是使用者和维护者对高端数控机床设计的影响。数控机床是现代制造系统的主体组成部分。随着信息技术的融入，数控机床操作者的体力劳动逐步减少，知识含量增多。与此同时，随着社会普遍对职业健康的重视，加上数控机床操作者日趋知识化、专业化，人们对操作数控机床的舒适度要求大为提高，不单要求操作安全、省力，也要方便、清洁、明亮、安静，甚至感到愉悦。过去只考虑操控面板高度、工作台尺寸大小等基本规格的做法，如今已远不能满足新一代数控机床操作者的要求。

三、技术与人为因素的矛盾

随着制造体系的复杂化、自动化和智能化，高端数控机床产品的附加价值比日益提高，技术与人文的各种因素已经变得同等重要。但技术因素和人文因素的提升往往存在矛盾甚至对立关系，例如外形美观、品牌易于辨识与节约模具投资往往难以兼顾，如图 11-2 所示。

如果把外观设计看成是高端数控机床在机械设计完成后的修饰工作，把数控机床的易制造性看成是高于外观设计的成本控制手段，就很难在两方面皆取得成功。工业设计在产品开发流程中的角色，正是综合考虑技术和人的需要及其局限，创造性地提出同时满足两方面需求的设计方案，是高端数控机床产品开发和创新的重要一环。

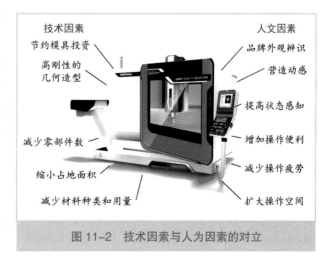

图 11-2　技术因素与人为因素的对立

第二节　机床的人因工程设计

在工业革命初期，工人是机器的附属物。在昏暗、嘈杂和拥挤的车间里，机器快节奏地运转，工人不断重复简单而枯燥的动作，容易产生疲劳，造成各种身体劳损和操作失误。早期的人机工程学研究将人看成是一台可以通过分析来进行优化的机器，通过分析工人的操作来消除无效动作，提高工作效率，优化工作场所布置。当时借助照相记录进行工人操作动作研究的案例如图 11-3 所示。

图 11-3　早期人机工程学的动作研究

人机工程学的出现让人们开始醒觉：生产装备并不是孤立的系统，生产过程是由机器和人共同组成的大系统来完成的。因此提高劳动生产率的途径不仅是提高机器的效率，也在于人的效率和人与机的匹配。何况现代生产需要的不单是人的体力，更重要的是人的智慧。保持人力资源可用性和高效率，劳动者的身体健康和良好的心理状态，成为现代化生产面临的新挑战 [3]。

一、人因工程的范畴

人机工程学，或称为宜人学（Ergonomics）是人因工程学研究的起点，其名称的词根 Èργον（劳动）和 Nόμος（法则），表达了体能劳动合理化的含义。人机工程学的主旨在于研究人与系统中其他因素之间的相关理论、原理、数据和方法来设计产品，以达到优化人力和系统效能的目的。人机工程学以人的需求和能力为研究的中心，设计和改善产品、过程、系统，以及操作环境来满足人的需要，使得人的体力、能力充分发挥和探明其局限。

近年来，人机工程学的研究得到重视并取得了重大进展，演变成为崭新的学科—人为因素工程学（Human Factors Engineering），简称人因工程学。新学科反映了其研究涵盖面与传统人机工程学的差别：人因工程学研究的对象从劳动延伸至包括休息、学习、娱乐等一切人类活动；研究范围也从人的物理活动延伸至生理、心理的人类行为现象和社会因素。其研究重点与其他学科的关系如图 11-4 所示 [3]。

人因工程学中的物理因素（Physical Human Factors）相当于传统人机工程学对人体能力和局限的研究。物理因素研究依靠医学和解剖学的支持，分析人体关节的活动范围、运动速度和扭矩大小、肌肉的耐久度等物理量。

生理因素（Pysiological Human Factors）主要依托生理学的支持，分析人体在不同温度、湿度、声响、振动等环境中的能力和耐力变化，也包括研究人的各种感官能力和局限。

认知因素（Cognitive Human Factors）主要应用认知心理学和社会心理学的研究成果，分析人在处理信息、理解、判断等心理活动中的表现和局限，也研究人在紧张、焦虑、疲劳等心理状态下的反应效率和错误率。生理和心理因素的研究是二战期间在研究战斗人员的势态感知、判断、手脑协调等心理活动中发展起来的研究方向，一直对各种设备的人机界面开发具有指导作用。

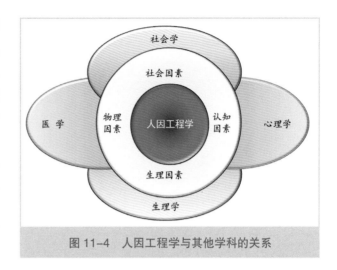

图11-4　人因工程学与其他学科的关系

表11-1　人因设计要素在控制台设计中的体现

要素	体现形式
物理因素	显示面板的高度是否配合不同操作员的体型，显示面板角度调节铰链的偏转力是否适中
生理因素	屏幕所显示字体大小和反差在车间照明条件下是否容易阅读，告警和提示声响的音量是否足够
认知因素	屏幕显示各组数字的分野是否明确，信息的显眼程度是否与信息的重要性一致，告警声响与提示声响差异是否足以引起必要的警觉
社会因素	显示信息所用的文字和符号是否能被操作者正确理解，操作者是否会轻视异常事件

社会因素（Social Human Factors）是人因工程学中较为年轻的分支，主要研究人的经历、岗位、自信等文化因素如何影响其势态感知和判断。社会因素的研究与社会学、市场学等社会科学的共同性较强，目前还处于发展阶段。

人因工程学所考虑的要素在不同产品上有不同的体现。例如，各种人因设计要素在数控机床控制台设计中的体现见表 11-1。

二、人因工程设计原则 [4]

人因工程设计是指将人因工程学的研究结果应用在产品设计过程中。由于人因工程设计需要处理的不单是产品的结构和性能，而且也在于是否能够找出人与产品之间的最佳配合。因此，人因工程学以用户为中心的设计（User-centred Design）为其指导思想。除了考虑产品功能以外，还考虑使用者、环境、人机界面等组成部分，从人的需要、处境和局限出发来开发设计方案。在开发产品的每个阶段都反复审视设计方案是否配合人的能力和局限。以人为中心的产品设计过程如图 11-5 所示。

除了以人为中心外，人因工程设计还强调以下原则：

1) 将人因与产品设计紧密结合。在整个产品开发过程的每一阶段都考虑人的因素。人因工程设计不应仅仅用于开发后期的除错和对机床设计细节的修饰，而是贯穿到从

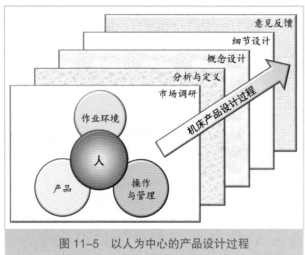

图 11-5　以人为中心的产品设计过程

产品的总体规划一直到维护和培训阶段的整个开发过程，甚至全生命周期。

2）反复改进设计。人因工程学研究成果虽然已经涵盖物理、生理、心理等多个领域，但仍然无法对应各种不同设计任务的需要。因此人因工程设计强调在产品开发的不同阶段，灵活运用实验、原型测试等多种手段来不断改进设计。

3）任务分析（Task Analysis）。人因工程设计要求在设计机床产品前，先通过任务分析来确认作业本身是否合理。例如，作业应避免过度或不必要的工作劳累，对操作者的动作精确度要求应该在切实可行的范围之内，身体运动应该符合自然规律，姿势、力量和动作应可协调一致等。例如需大强度的运动，如装卸较重的工件，应提供相应的辅助器械。

4）处境分析（Situational Analysis）。除了任务分析以外，人因工程设计还要求通过处境分析来详细了解任务在不同处境下的变化。因为相同的任务在不同强度、频率、流量的处境下，具体的操作流程可能有所不同，紧急状态下任务内容也与正常操作有巨大差别。

5）设计能容错（Error-tolerant）的系统。人因工程学强调客观而唯物地看待人的

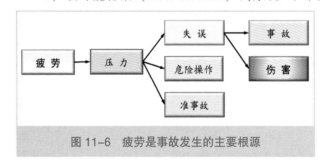

图 11-6　疲劳是事故发生的主要根源

失误。研究表明，人的失误多由生理和心理疲劳所产生的压力累积所导致，不合理的任务安排除了有可能带来事故和伤害以外，也会带来危险操作、准事故等一系列损害企业和员工利益的后果，如图 11-6 所示。因此，人因工程学一方面通过任务分析来避免操作人员过度劳累，另一方面也通过处境分析来了解工作压力可能带来的各种场景，针对每个场景来设计防错措施。

三、人因工程设计的有关标准

数控机床是生产车间中最重要的加工设备。数控机床操作的安全性是数控机床人因工程设计的最重要考量。在工业安全的标准和规范中，有关数控机床人因工程物理因素的篇幅最多。部分与机床设计有关的人因工程设计的国家标准和国际标准见表 11-2[5-15]。

人因工程设计的最终目的是为最终用户降低机床的运行和维护费用，提高盈利能力，保证操作者的安全，规避可能存在的风险，防止发生事故。

四、作业区域设计

机床的作业区域需适应操作者的工作方便，作业表面的高度和范围要同时适应人的身体尺寸和适合作业运行。座位、操控台等的位置，应设计为可按操作者身材具体情况加以调整的。作业区域也应提供充分的活动空间，让操作者可以转换工作姿势。

对数控机床而言，必须调节的是控制台和显示面板位置。数控机床的控制和显示界面必须在可及和可视的区域，把手、手柄的尺寸必须适合手的操作。数控机床的显示界面必须提供足够信息，使操作人员迅速掌

表11-2　有关人因设计的国家和国际标准

类别	GB/T	ISO	标准名称
主要标准	17167	447	机床控制装置的操作方向
	16251	6385	工作系统的人类工效学原则
	5703	7250	用于技术设计的人体测量基础项目
	15706	12100	机械安全：设计通则 风险评估与风险减小
	12265	13852	机械安全：用上限极限法阻止达到危险地区的安全距离
	18717	15534	用于机械安全的人类工效学设计
		14738	机械安全：机械工作站设计时对人体测量的要求
参考标准		10075	与脑力工作有关的人类工效学原则
		9214	办公室显示终端的人类工效学要求
		11064	控制中心的人类工效学设计

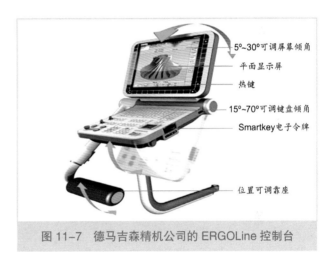

图 11-7　德马吉森精机公司的 ERGOLine 控制台

握事态。显示界面还应容易理解，避免误读。如需要施力动作，则连续施力的时间要短，动作要简单，机床要留出空间来允许合适的身体姿势，并提供适当的支持。

在提高操作者使用数控系统的舒适性方面，考虑较为全面的是德马吉森精机公司的 ERGOLine 控制台，其外观如图 11-7 所示。从图 11-7 中可见，ERGOline 下方设置了一个位置可调的靠座，其显示屏和键盘皆可独立调节倾斜角度，让操作者可以长时间编程而不感觉疲劳。

多轴加工机床、复合加工机床等新一代高端数控机床的布局，是数控机床人因设计的新课题。多轴加工机床在人体工效方面与传统数控机床不同之处在于：虽然加工过程中的工件装夹操作次数减少，但加工所用的刀具数量多，编程和对刀时间长，操作者要长时间在操控台、工作台和刀库之间工作。此外，在加工过程中，刀具和工件要进行复杂的空间相对运动，操作者的视野经常受阻，增加观察和监控的困难。

在改善操作者的视野方面，一般多轴加工数控机床的做法是，配置大面积观察窗的直角双拉门和弧形拉门，取代常规的单面拉门，让操作者可以从更宽的角度接近加

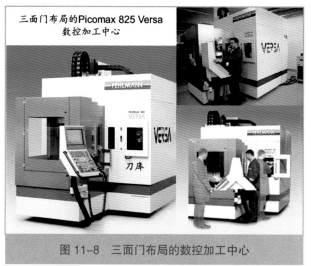

图 11-8　三面门布局的数控加工中心

图 11-9　大型落地镗铣床的操控室设计

工空间，装卸工件。

例如，瑞士 Fehlmann 公司推出三面门布局的 Picomax Versa 825 数控加工中心。该机床的外观和操作特点如图 11-8 所示 [16-17]。Picomax Versa 825 独特的 T 型机体，让工作台成为一个可以让操作者从三面接近的"半岛"，便于工件装夹和对加工过程监控。除此以外，Picomax 的操控台、工作台、刀库刚好位于操作者的前、右和后方，操作者原地站立转身就可以轻松完成大部分操作。从图中可见，如果需要，数控系统操控台可以回转 180°，从两个不同方向进行操作（参见图 11-8 中的虚影操作者）。

在大型数控机床方面，由于数控操作台与工件或刀具之间距离较远，单纯改善操作者的视野并不足够，还需要让操作者有可能接近工件和刀具。

意大利 EMCO Mecof 公司的 Mecmill Plus 落地镗铣床在人机工程方面的考虑较为充分，其升降式操控台前方装设了活动移门和带栏栅的"阳台"，这一布局设计可大大方便操作者在对刀时作近距离观察。在加工时缩进"阳台"、关闭移门，保护操作者的安全，如图 11-9 所示 [16][18]。

五、作业姿势设计

高端数控装备的人因工程设计，应能使不同体型的操作者均能以设计参考姿势（Design Reference Posture）进行作业。所谓设计参考姿势是自然的、最不引致劳累的姿势，一般在人体关节活动范围的中段。直立、端坐等都是最常采用的设计参考姿势。必须留意的是，即使最自然的姿势也不能长期维持不动。机床的设计应允许操作者变换姿势，避免静止不动的限制，也应尽量以坐姿取代站姿，或允许坐和站的姿势交替。

近年来，数控成形机床的操作也逐步向精密、长时间操作方向发展。诸多知名企业正进一步地通过工业设计改善旗下产品的操作条件，以减少操作者疲劳。例如，德国 Boschert、Finn Power、Trumpf 等公司的小型折弯机都在机床前方加设工作桌，并在桌的上方加设照明灯，以方便操作者坐在机床前进行操作，如图 11-10 所示[16]。

图 11-10　数控折弯机前的工作桌

六、设计极限法

拉门、刀库、夹具、维护点等是需要操作人员接触或施力的部分，但这些部分较难通过调节手段让不同体型的使用者均能以符合设计参考姿势进行作业。在这些设计环节，需要采用设计极限法（Design Limit Approach）来确定合理的调节范围。

设计极限法需要以种族、性别、年龄、技能水平等特征为指标，选定涵盖总人口某一比例的特定设计群体。内销机床可选定中国成年男女为设计群体，出口机床则应以主要出口地的成年男女为设计群体。确定设计群体后，即可根据该群体的人体测量数据库来计算合适调节范围。

国家标准 GB/T 5730（与 ISO 7250 等效）定义了最主要的 56 项人体特征。一般人体测量数据库的每一人体特征数据组均包括 1%、5%、50%、95%、99% 共 5 种数值，分别对应所测量群体的样本中分布在第 1% 至第 99% 等 5 个数据点。根据人因工程设计的要求，机床上需要人体部分通过的孔、门等尺寸大小必须能让设计群体的 95% 通过，不应让人体接触的部分，其阻隔尺寸必须小于设计群体的 5%。当设计涉及紧急出口、报警器、紧急刹车等关键功能时，其尺寸必须覆盖设计群体的 1%~99%。借助设计极限法来确定机床通过空间必须考虑的尺寸数值如图 11-11 所示[10-12]。

使用人体测量数据必须注意的是，由于人体的特征尺寸之间只在统计上弱相关，因此每项测量数据只可独立使用。身高等主要尺寸之差距比例不可用作权重来推导次要尺寸。当设计所需的产品调节范围在人体测量数据库中没有明确记载，需要利用其他数据进行推算时，必须按各自的最大与最小值交叉计算。

运用设计极限法来确定机

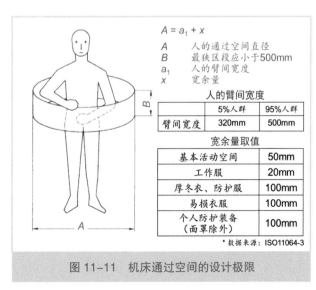

$A = a_1 + x$

A	人的通过空间直径
B	最狭区段应小于500mm
a_1	人的臂间宽度
x	宽余量

人的臂间宽度

	5%人群	95%人群
臂间宽度	320mm	500mm

宽余量取值

基本活动空间	50mm
工作服	20mm
厚冬衣、防护服	100mm
易损衣服	100mm
个人防护装备（面罩除外）	100mm

* 数据来源: ISO11064-3

图 11-11　机床通过空间的设计极限

床尺寸时必须留意的是，人体特征数据所载的是单一、静态的数据。但操作机床是一个动态过程，而且整个人体的姿态是相互关联的。因此，必须注意操作者在转换工作内容时，姿态会相应改变。例如，当坐姿后倾时腿会同时前伸。在机床设计时需要预留身体运动过程中躯干和四肢动作的空间。

第三节　机床的宜人性设计

人因工程设计是数控机床工业设计的重要部分。工业设计除了考虑人体尺寸等物理因素外，也考虑人的生理、心理、文化等因素，以及生产率、事故率等经济因素，还有能耗、污染物排放等职业安全与健康因素。为此从人的物理因素外的其他人因设计考虑，可归纳为宜人性设计（Design for User-friendliness）。

机床的宜人性设计范围包括车间环境、操作动作、维护流程、培训学习等。其目标在于减少机床操作错误，使操作更轻松、效率更高、更加安全、更有利于操作者的身心健康。

图 11-12　大型数控机床的全封闭外防护

一、更宜人的车间环境

从机床外壳常被称为"外防护"可知，它过去的主要任务是防范工业意外。对加工过程中防止切屑和冷却润滑液飞溅的要求并不严格。现在，为了改善车间的工作环境，数控机床的外防护正逐步地增强其屏蔽功能，甚至隔热功能。

许多过去不装设外壳或者只局部装设外壳和护栏的大型数控加工中心，现在已开始配备由多段拉门组成的全封闭式外壳，将加工空间与车间环境隔离开来，使加工过程不至于造成车间污染。各种大型数控加工中心的全封闭外壳设计的案例如图 **11-12** 所示。

由于大型数控机床内部空间大，如密封性好，就有将操作者或维修人员困在机床区内的危险。为此，大型全防护数控机床的工作空间内部必须设置有紧急解锁按钮和明显的安全标识。其案例如图 **11-13a** 所示[16]。

采用全封闭外壳加上冷却液喷淋虽然能将机床内部清洗干净，但机床外壳接合和拉门设计，也必须保证在大冷却液流量时依然滴水不漏。德马吉森精机公司的数控加工中心在防漏方面采取了很多加强措施。例如，防护门边设计了一道带翻边的宽门唇，与双层门框配合，形成双重迂回的门缝，不仅能完全阻挡冷却液溢出，也有助隔绝噪声，提升加工车间的环境质量，如图 11-13b 所示。

图 11-13　机床防护门的细节设计

此外，关注车间环境质量和安全的数控机床制造商，也纷纷以减少污染和排放作为其产品特点，加强机床的密封和安装空气过滤系统，进一步降低噪声和悬浮油雾的溢出。悬浮油雾是润滑冷却液遇到高温金属工件时汽化所形成，这些油雾如果直接排放到车间，不仅会附着在地面和电路上造成危险，而且其含有的多氯联苯成分还会对操作者的健康带来慢性伤害。

目前在高端数控机床上使用的油雾收集器，不仅采用物理过滤方法，同时借助静电吸

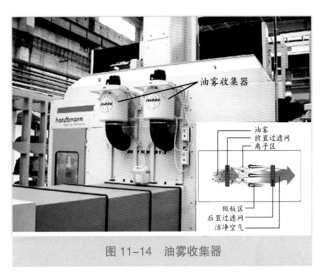

图 11-14　油雾收集器

附的原理，将流经收集器的空气中 99% 以上的油雾离子化，吸附在金属电极表面，然后加以回收，排放到车间的是洁净的空气。全面使用油雾收集器的加工车间，空气质量大为改善。两个安装在全封闭数控机床外壳背面的油雾收集器及其工作原理，如图 11-14 所示。

二、更精益的生产系统

精益生产已在全球制造业获得广泛应用。精益生产非常重视提高工人的操作效率和减少操作失误。其许多实践原则都对制造系统的布置和操作提出具体的要求，如果在数控机床的设计阶段已经把精益生产的各种需要考虑在内，就可以大幅度节省用户对数控机床进行改造的时间和金钱。

在精益生产模式中，设备需要按生产工序排成 U 型线或扇形的精益生产单元，只需 1 名操作者从右往左或逆时针方向依次进行装卸工件、启动数控机床等操作即可。单元内的每台设备越窄，操作界面位置越规律，操作者的步行距离就越短、无效动作则越少、操作效率则越高。

美国 MAG 集团的 XS211 加工中心是面向精益生产的数控机床代表[19]。XS211

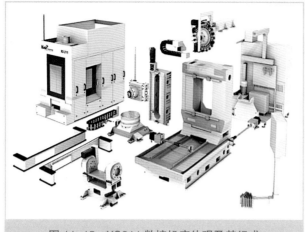

图 11-15　XS211 数控机床外观及其组成

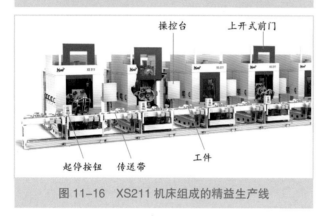

图 11-16　XS211 机床组成的精益生产线

加工中心的结构紧凑，机身较狭窄，方便用户在较短距离内并排布置多台数控机床，缩短操作者的步行距离。该系列机床采用模块化结构，可组成不同用途和功能的 3 轴、4 轴和 5 轴加工中心加工中心。其外观及主要模块组件如图 11-15 所示。

精益生产强调，采用简单、有效的工件连续装卸系统来代替批次加工，可以在大幅度提高生产效率和柔性的同时，节省操作者的体力，减少操作失误。例如，XS211 数控机床可以从前方或上方装卸工件。其独特的上开门设计，令数控机床的工件进口宽度比双拉门设计更宽，方便用户使用滚筒传送带等简单而经济的工件输送装置。一条用滚筒传送带将多台 XS211 数控加工中心组成精益生产线的案例，如图 11-16 所示。

三、更省心的维护

"5S 管理法"是配合精益生产的现场管理手段。为了配合实施"5S 管理法"的用户，近年机床制造商也推出了各种改进措施。过去许多机床辅助设备，包括排屑器、冷却器等，都分散放置在机床周围。这些外围设备加上连接的管线，不但阻塞通道，也增加场地清扫的难度，不利于车间贯彻精益生产"5S 管理法"的"整顿""清扫"原则。新一代的高端数控机床都把辅助设备整合到机床床身内，保持机床周边平整，令车间更整齐、清洁和畅通。

按照传统观念设计机床时，经常为方便布置而将维护点分散在机床周围各处，此举不仅容易导致操作和维护活动互相干扰，也令机床的日常维护流程冗长繁复，容易发生错漏，不利于车间贯彻"清洁"原则。新型高端数控机床的布局设计把所有日常维护点都集中在数控机床后侧方。例如，GF 加工方案集团旗下的米克朗高速和高性能数控加工中心产品，将操作区和维护区分开，操作者只需站在维护面板前，数控机床的各气压、油压和油量即一目了然，便于调节和补充，如图 11-17 所示[20]。

长期以来，机床的排屑方法主要依靠重力。在重力作用下，大部分切屑因堆积过高而自然掉落在机床底盘上，再由螺旋排屑器绞走。这种方式只能做到切屑的点管理，而不能做到面管理。例如，在高速、高精度和复合加工时，加工空间中附着在刀库门、工件已加工表面、在线工件测量点等各种表面上的细小切屑，容易进入刀套、主轴、对刀镜头等敏感区域，严重影响加工精度和刀具寿命。此外，经常性的人工清洗，不仅费时费工，也影响机床的利用率。为了改善切屑污染问题，提高加工空间的洁净度，德马吉森精机公司在机床内增加若干冷却液的喷淋点，除了电主轴外围的一圈喷头外，

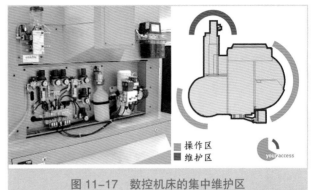

图 11-17　数控机床的集中维护区

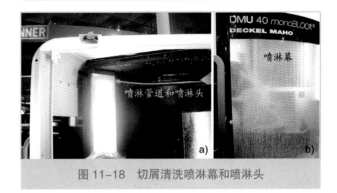

图 11-18　切屑清洗喷淋幕和喷淋头

机床工作空间内壁顶部还装有一排喷淋头，如图 **11-18** 所示。

这排喷淋头所产生的切屑冷却液瀑布流经机床的刀库门，形成喷淋幕，带走刀库上方和刀库门表面的所有切屑，确保换刀过程中刀套不会被切屑污染。在冷却液的清洗下，机床的工作台和工件经常保持干净。不仅节约操作者的整理和整顿的时间，也降低后续加工过程中刮伤工件高光洁表面的风险。

四、更容易学习

对高端数控机床全寿命成本的分析发现，操作者培训和机床维护的花费占机床总成本相当高的比例。宜人性设计任务之一，是通过使机床更加容易使用和排除故障，有效地降低数控机床在培训和维护方面的开支，提升竞争力。

在便于使用和排除故障方面，图 **11-19** 所示的美国 WARDJet 公司 5 轴水刀切割机的 X-Classic 数控操控台是一个典型的案例。X-Classic 是基于 PC 机的控制系统，引入 PC 机

图 11-19　X-Classic 数控操控台

的成熟技术，包括远程通信、无线网络、浏览器、视频会议等。从图 11-19 中可见，由于控制系统的辅助功能较多，所以采用两个显示器[21]。

WARDJet 的 Web-Ex 视频通信系统可以让制造商的技术支持人员向客户提供即时支持。通过 Web-Ex，WARDJet 公司可以对切割机实施遥控操作，查找故障。

此外，Web-Ex 操控台的互联网语音通信 (Voice Over Internet Protocol—VOIP) 功能，也可让机床操作者在操控台前在线联系 WARDJet 公司的技术支持人员。

为了方便用户企业或培训机构对数控机床操作者进行培训，一些数控机床制造商推出

图 11-20 数控机床培训用的大屏幕

了针对培训的辅助选购件。例如，德国 Spinner 公司为用户进行数控机床操作培训而推出的第二屏幕选件如图 11-20 所示。该选件包括 1 台摄像头和 1 个 42 寸大屏幕，屏幕装在数控机床左上角，方便学员聚拢观看，摄像头装在机床加工空间内，将切削加工的画面输出到屏幕上，教员也可随时将屏幕画面切换为控制系统的显示画面。

第四节　机床的外观设计

一、外观设计的作用

追求美丽的事物是人的本性，通过美观的造型吸引客户一直是工业设计的主要任务之一。但外观设计并非单纯的艺术设计，除了给用户带来美好的审美经历以及令潜在用户对产品产生好感以外，还要为产品及其品牌建立鲜明形象，让客户对产品建立与品牌一致的、对形象有利的联想。例如，针对低端市场的机床产品，其外观设计就必须让潜在客户觉得产品朴实无华，成本完全用于实现机床功能；加入创新关键零部件的新产品，其外观设计则需要让客户注意到新的零部件所带来的功能变化。领先的国际数控装备制造商均将旗下产品的外观纳入品牌管理的范围，以瑞典的机器人品牌库卡（Kuka）公司为例，其营造品牌形象的策略是：向客户传递产品特征信息，令库卡产品在客户心中营造"可信、完整、一致、实在"的感受。

二、外观设计的视觉感知

视觉感知是审美和理解的基础，外观设计的根本目的是通过运用视觉感知的规律来影响观察者的心理反应。视觉是人类赖以为生的感官，虽然在可见频谱、图像分辨率等指标

方面，人的视觉与其他动物相比并不特别优越，但人的大脑用来处理视觉讯息的区域，相对整个大脑的比例是动物之中最高的。这是由于投影在视网膜感光细胞上的影像包含大量噪声和无用信息，人的视觉却能够高速地在影像中把与自身生存有关的元素分离出来，去芜存菁，剔除影像中的"噪声和无用信息"，保留"有用"的元素，以便大脑进行高级思考[22]。

产生视觉的神经组织包括一连串从眼球到视皮层的神经细胞，它们就好比一台大型的网络计算器，能独立于大脑自主地分析信号、调整眼球、追踪目标。这种活动统称为初级视觉（**Early Vision**）。初级视觉的主要作用有[23]：

1）将眼球转动扫描所得的极细小片段合并为完整的视野。

2）将 477mm、540mm 和 577mm 3 种波长的亮度理解为"颜色"。

3）判断视野中是否存在与自身安全有关或需要关注的物体，并集中注意力，排除无关的片段。例如，在大型商场中寻找出口时的视觉噪声过滤和信息分离的场景如图 **11-21** 所示。

4）将视野中边界、色面等分组，归类并赋予大小、形状、方位、远近等属性。

当投射在视网膜上的图像无法为观察者的初级视觉处理，或处理后的片段被排除时，观察者

图 11-21　视觉噪音过滤和信息分离

是无法察觉到这些图像（视而不见）的。反之，有效运用初级视觉，可以令造型得到观看者大脑的优先处理，甚至引导视觉生成图像上不存在的片段。由此可知，认识初级视觉的基本点，对造型设计和生理、心理人因设计都十分重要。

三、造型的构成原则[24]

一般认为，造型设计是在空间内安排点、线、面等造型元素，形成悦目的构造。这种还原论的观点虽然能用数学语言描述和比较造型设计，但没有解释构造令人悦目的原因，也没有对如何提升悦目效果提出具体的建议。格式塔感知理论（**Gestalt Theory of Perception**）是从系统论的观点，用认知心理学语言解释造型感知，指导造型设计的科学理论。了解格式塔理论，可以使设计人员在设计产品时，预计观众的心理反应，从而提高产品造型预期效果生成的速度和准确度。

格式塔理论是 20 世纪初德国科学家马克斯·韦特海默（**Max Wetheimer**）、沃尔夫冈·柯勒（**Wolfgang Kohler**）、库尔特·考夫卡（**Kurt Koffka**）共同提出的感知理论。该理论认为，对人的感知而言，存在一些抽象的"完形（**Gestalt**）"，当信息

图 11-22　格式塔的"完形"

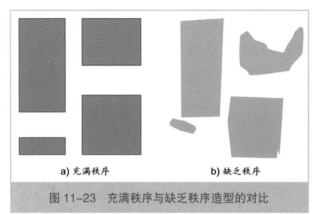

a) 充满秩序　　　　　　　　b) 缺乏秩序

图 11-23　充满秩序与缺乏秩序造型的对比

由感觉器官送到大脑后，即展开种种分析和整理的工作。在这个过程中，"完形心理"便在脑海中产生，参与信息的整理和组织。

格式塔理论指出，"完形"的特性中并不存在点、线、面等几何组成元素，但"完形"特性会使观察者感觉到不存在的几何元素，如图 11-22 所示。从图 11-22 中可见，视觉感受到的"白色"三角形是一个"完形"，它不真实存在于方形和三角形线框之上。但初级视觉会将三角形外的背景调暗，令"白色"比"背景"更为醒目。

格式塔理论指出，视觉感知会试图在纷纭的景物中建构出完满（Praegnanz）的内容，景物中出现的完形越完满，景物的秩序感越强，视觉感知所需的精力越少，感觉悦目的机会越高，如图 11-23 所示。视觉较难从右方图形中归纳出秩序，因而需要较多精力进行分析，难以产生悦目感。如果根据"完形"的原则来构造产品造型，使产品造型容易为视觉所感知，将可引导视觉产生容易理解、悦目的效果。

经过长期对生理学、感知心理学和神经科学的研究和实验，目前已经比较明确的完形形成原则有：前景—背景分离、就近性、封闭性、连续性和对称性等。经过长期对生理学、感知心理学和神经科学的研究和实验，目前已经比较明确的完形形成原则有：前景 - 背景分离、就近性、封闭性、连续性与对称性等。

1. 前景—背景分离

前景—背景分离（Figure-ground Separation）是生物视觉感知的最基本功能。为了加快势态感知和减少信息处理的负担，视觉感知会将造型元素不断分为前景和背景两种，当视觉感知满意分组效果后，会将大部分归入背景的元素排除。前景—背景分离原则及其在机床外观设计中应用的案例如图 11-24 所示。图 11-24a 是头像和酒杯的混合图像，当视觉一旦从图像

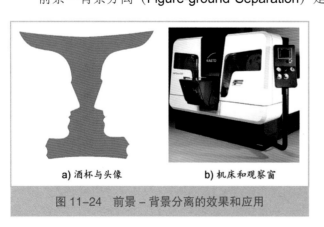

a) 酒杯与头像　　　　　　　b) 机床和观察窗

图 11-24　前景 - 背景分离的效果和应用

中分离出头像线条后，棕色酒杯图形便很难成为前景。可见前景 - 背景分离在造型设计上的作用是引导观察者的注意力，避免构造复杂、难以整理的机械构件引起视觉疲劳。这种原则在机床观察窗设计中的应用如图 **11-24b** 所示。

2．就近性

就近性（**Proximity**）是格式塔理论中最基础的一个组合原则。日常看见的各种造型片段，如果距离相近的话，很大机会是属于同一个体的，因此在处理图像信息时，视觉感知便形成"就近便是一组"的规律。当视野中出现多个形状、大小相近的造型片段时，初级视觉会将距离相近的造型归纳为一组，从图 **11-25** 可见，视觉会把相同长度的直线分为 **5** 组。

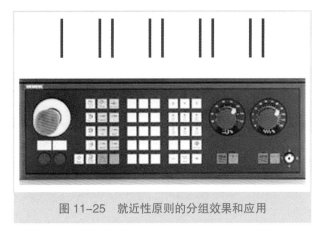

图 11-25　就近性原则的分组效果和应用

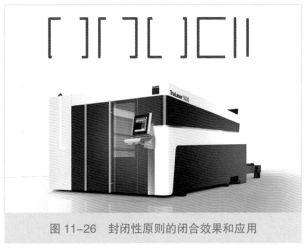

图 11-26　封闭性原则的闭合效果和应用

就近性在造型设计上最重要和基本的体现便是按钮、旋钮等在控制界面上的编排，如将相关的控制按钮编排得较为紧密。

3．封闭性

封闭性（**Closure**）的基础是"完形"，即一个视觉上最简单、完整的形状。视觉会试图将视野中的造型片段连接，直至提炼出一个最简单、合理的完形为止。由于生活中外界景物是在不断的变化当中，前一刻看见的个体，可能随即就被遮盖，因此视觉必须根据经验补足个体的残缺部分。封闭性原则凌驾就近性原则，把能相距较远但组成封闭图形的造型片段归为一组，如图 **11-26** 所示。封闭性原则在造型上最基本的体现是在产品的整体感营造上，通过转折点的指向、色面的安排等，使产品在车间充满造型噪声的环境中区分出来，在外形封闭的同时，将视线引导向操控台，突出显示界面、加工区域等重要部位。

4．连续性与对称性

连续性（**Continuity**）与对称性（**Symmetry**）都是由多个造型片段合并产生的效果。日常所见的景物中，向相同方向移动的片段或对称的片段，很大机会是属于同一个体的，因此视觉感知会将这些片段归纳为一组，并对其移动方向或对称中心格外关注。

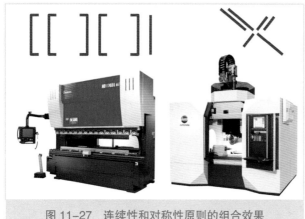

图11-27　连续性和对称性原则的组合效果

连续性与对称性原则在造型上的应用是将众多外形上无法统一的细小产品部件归纳成组，营造整体感，或将大片毫无造型特征的表面归拢，防止其成为背景，同时将视线引导向产品的重要部位，如图11-27所示。

四、产品的外观语言

利用视觉感知对"完形"的偏好，可以构造出令人悦目的造型，但产品外观除了需要悦目以外，还要能为产品及其品牌建立鲜明形象，让客户对产品建立与品牌一致的，对形象有利的联想。在激烈的市场竞争中，对产品形象有利的联想有以下2个方面：

1）将新产品联想到既有的、口碑较好的同系列产品。

2）将新产品联想到与本产品系列并无关系，但具有同等特质的其他事物。

产品语义分析（Product Semantics）和感性工程（Kansei Engineering），是观察者观看产品外观所产生的感性联想。产品语义分析所提出的调查方法，有助设计人员评价机床外观与抽象感觉的关联度。

机床产品外观所带来的感性联想，往往是"强力""易用""操作舒适"等难以量化的语义描述。不同机床产品外形可带来同样的联想，而一款机床可同时带来多种不同的联想。为了便于分析，国外已有研究成果：经过多方征求意见，反复筛选，最后确定了18项正反对应的语义描述（例如高技术与传统技术、易于使用和不易使用、安全和危险等）作为对机床外观设计的评价指标，见表11-3[25]。从表11-3中可见，这18项语义描述具有相互对应的正面和负面印象，以反映评价者对机床的总体印象。

按照表11-3的项目就4台不同外观设计风格的机床，对机床设计人员、操作员、学者等不同人群进行问卷调查研究，其结果如图11-28所示。这项研究表明，对相同造型的机床不同人群所产生的感性联想比较一致，说明这种语义差分法可供机床外观设计评价时借鉴。

表11-3　机床外观设计的评价指标

	正面印象	3	2	1	0	-1	-2	-3	负面印象
D1	高技术								传统技术
D2	智能化								极其有限
D3	易于使用								不易使用
D4	易于清洁								不易清洁
D5	可接近								不易接近
D6	鲁棒								不结实
D7	紧凑								松散
D8	简单								复杂
D9	高效								低效
D10	柔性								刚性
D11	可靠								不可靠
D12	舒适								不舒适
D13	强有力								单薄
D14	稳定								不稳定
D15	高质量								低质量
D16	安全								危险
D17	耐用								易损坏
D18	安静								噪音

通过造型令观察者产生联想的方法，是将参照物造型的特征映射到目的物上。由于参照物和目的物的大小、形状并不相同，因而不能简单通过移植造型来实现映射，必须将参照物的特征分解为简单、抽象的要素。

图 11-29 列举了部分常见的造型元素。其中"颜色""造型片段"与"组合"相当于语言中的单词，而"组合规律"则相当于文法或句式规范。只要确保两件产品的造型含有相同的造型要素并采用相同的组合规律来排布，那么即使两件产品的大小和形状相差悬殊，两者的外观都能使人在视觉上产生具有"血缘"的感受。

以图 11-30 所示善能（Sunnen）公司的 2 台不同大小和型号的立式珩磨机床为例，说明造型语言的应用。该系列产品除了使用相同的颜色搭配外，外防护罩上的方形窗网格应用了"组合规律"，有效地把该系列机床的外观统一起来。方形网格窗由于加工方便，在机床上应用十分常见，但 Sunnen 的设计使用长方形单元，并且行、列采用不同间距，这种组合规律产生与众不同的效果。由于矩阵线条较多，因此机床的其他表面不需要刻意做得简洁，也能和网格产生疏密对比，有利于将钣金件分成易于涂装和装配的小件[26]。

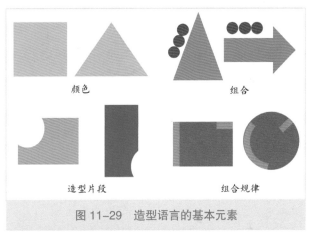

图 11-28　外观设计的评价结果

鲁棒	1.37
紧凑	1.69
高效	1.47
可靠	1.66
稳定	1.63
高质量	1.60
耐用	1.51

智能	0.51
高效	0.71
可靠	0.77
紧凑	-0.03
舒适	-0.54
安全	-0.03
安静	-0.77
耐用	0.40

高技术	2.11
舒适	1.17
安静	1.69
安全	1.80
易用	0.31

高技术	0.51
鲁棒	-0.06
强有力	-0.09
稳定	-0.34
高质量	0.29

图 11-29　造型语言的基本元素

图 11-30　造型语言的应用

除了跟同系列产品营造"血缘"观感外，与数控机床毫无关系的事物也可以映射到数控机床产品上。当需要为产品赋予如精确、可靠、高技术、高智慧等抽象含义时，

图 11-31　马扎克加工中心造型语言的近亲

图 11-32　高端机床与奢侈品商店的造型语言比较

可挑选公认具有该种抽象含义的事物类型，提取类型所共有的造型特征，将之映射在产品上。

以图 11-31 所示的马扎克公司的 INTEGREX i-100 加工中心为例，其外观以长方体为造型主体，机床正面上下边作大倒圆，左右立面以较小的银色倒圆围绕。这种处理手法与市场上常见的公务车和打印机相似，淡化了机床产品的重感，令人产生轻巧、智能的联想 [27]。

另一个例子是瑞士 Starragt 集团旗下 SIP 品牌的 SPC 7120 卧式精密加工中心。就像售卖奢侈品的商家不会滥赞自家产品一样，SIP 对其机床的精度无须列举太多的数据，而是以外观展现其品牌形象。简洁而华贵的外观与其市场定位十分相配，机床的整个正面为平整单曲面，鬃黑色亮漆，曲面中部双开门上开长方形观察窗，机床外观正面的整体效果与奢侈品商店的橱窗相似，使 SPC 7120 机床的档次和一般加工中心拉开了距离 [28]，如图 11-32 所示。

第五节　外观设计的应用案例

一、突出内在价值

中国是世界上最大的机床市场，国产高端数控机床质和量的提升对世界机床产业格局将带来重大影响。当国产高端数控机床的性能和外观与国外产品日益接近，同时又具有较高性价比优势的情况下，国外高端数控机床制造商开始将产品本身独有的内在价值通过非传统的外观装饰向客户展现，在用户心中留下深刻的印象。

例如，日本的数控板材加工机床制造商天田（Amada）公司为了凸显与国产数控板材机床产品的技术差距，改换了一套更具科技色彩的外观语言，如图 11-33 所示 [29]。从图 11-33 中可见，天田公司新产品外观的焦点是在机床外观心脏位置的巨大的圆盘。该圆盘的造型不但加强了机床的科技感，也引起客户窥视机床内部的好奇欲望，透过圆窗可以看到交流驱动伺服直线电动机等各种先进的功能部件。

利用外观突出产品内在价值的另一例子是马扎克公司的 e 系列复合加工机床。为了突出其独创的生产信息管理系统的存在，马扎克公司在 e 系列数控复合加工机床正面配置生产信息管理塔（e-Tower），如图 11-34 所示。信息塔的外观采用黑色梯形截面的立柱，中部切出方形缺口，安装显示屏和键盘。这一设计语言与公众场所的信息柜台相似，以突出 e 系列复合加工机床的信息交互和管理能力。

图 11-33 天田机床的大圆角窗

二、统一企业形象

通过制订本集团统一的外观风格来维持高端数控机床品牌的完整性和一致性，构成产品"家族"是全球领先的机床制造商对工业设计作用的基本运用模式。

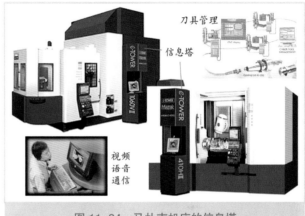

图 11-34 马扎克机床的信息塔

近年来，诸如德马吉森精机、MAG、GF 加工方案以及沈阳机床等集团在联合重组后，均借助统一旗下数控机床产品的商标和配色、统一造型元素的组合规律等措施，令不同用途、不同规格和体型的机床产品展现"家族化"的外观风格，达到区别于其他企业、强化本集团市场形象的目的。

例如，德马吉森精机公司成立后，致力统一旗下企业的产品开发计划和产品外观，从而成为高端数控机床外观设计潮流的引领者。在 2007 年德国汉诺威举行的欧洲机床展览会（EMO）上，德马吉公司推出"New DMG Design"的机床工业设计方案。在参展意见调查中，取得了评价"好"和"非常好"达 85.7% 的优异成绩。该设计方案涵盖了外观语言、人机界面、人体工程 3 个方面。其中最为醒目的设计特征是：采用大倒圆边角，白底粗黑框观察窗的外观语言，将不同类型的机床"家族化"。

德马吉森精机公司为了达到令人耳目一新的效果，采用曲面冲压等前期投入较高、机床制造商以往很少采用的加工手段来制作机床的外罩壳，并在以后的新产品开发中沿用，别具风格，如图 11-35 所示。从图 11-35 中可见，自 2007 年起，德马吉公司就不断对旗下产品所用的造型片段进行微调，但采用大倒圆边角，白底粗黑框观察窗的总体组合规律并未消失，维持了品牌形象的延续性。德马吉的成功，证明了统一的

2000第一代hi-dyn　　2005第二代duoBLOCK　　2009第三代duoBLOCK

2013第四代duoBLOCK

图11-35　德马吉森精机公司机床外观风格的变迁

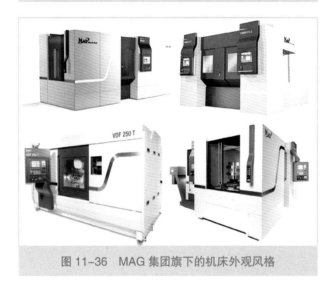

图11-36　MAG集团旗下的机床外观风格

产品形象对机床集团发展的重要性。这种造型风格直到德马吉与森精机合伙后仍然保持至今[30]。

在德马吉外观设计获得用户认可和巨大成功的影响下，外观设计已成为高端数控机床产品的竞争要素之一。进一步跟踪各大集团的新产品开发计划，可以发现它们不单统一旗下机床的商标和配色，也通过共用零部件、统一造型片段的组合规律等方法，令不同用途和大小的机床展现出"家族化"的外观。

又如，MAG集团旗下有十几家生产不同类型机床的欧美机床制造商，机床产品的品种覆盖范围极其广泛。除了采用相同的配色，外壳贴装MAG商标和形状近似的银色饰带以外，其控制台也采用了相同的外形，并且在每台机床一个侧面设计了一段深灰色的凹槽，使不同机床的外观风格拉近，使客户能鲜明地感到它们是属于同一家族的产品，如图11-36所示[31]。

再如，GF阿奇夏米尔（GFAC）集团，现改名GF加工方案（GF Machining Solution），是另一个利用造型元素的组合规律在兼并重组过程中实现不同品牌产品"家族化"外观的例子，该集团旗下拥有包括电火花加工机、线切割机、加工中心和激光加工机床等多种不同的机床产品。这些机床加工工艺和体型各异，单靠配色和图案很难有效地营造"家族"的感觉。GF阿奇夏米尔集团的处理办法是在机床部件的结合部和拐角巧妙地加上橙色垂直边条和门把，以最少的改动实现不同类型产品外观的统一，如图11-37所示[32]。

沈阳机床集团是我国重视品牌形象的机床企业之一。2010年，沈阳机床集团推出"新5类"产品时，将立式和卧式加工中心、CAK和HTC数控车床和镗床5类产品进行"家族化"，统一集团的各类机床的产品形象，以区别国内外其他机床企业，如图11-38所示[3]。

三、开拓第二品牌

拥有庞大数控机床产品家族的企业，常会将不同产品族的数控机床，按其档次横向综合成为产品群，分别面向不同领域和不同消费能力的客户，避免内耗。因此，工业设计在确保旗下数控机床产品外观统一的同时，还需要利用外观设计来区分产品家族内不同分支，以突出产品群的档次，面向不同的客户群。

数控机床产品取得客户的认同是成年累月品牌形象建设的结果，因此一个被客户认同的数控机床品牌并购了其他品牌后，在统一外观语言的同时，必须保证原品牌的正面形象能够尽量转移到新品牌内，保持其在用户心目中的形象。

例如，GF 阿奇夏米尔集团并购米克朗（Mikron）加工中心品牌后，GF 阿奇夏米尔集团保留米克朗加工中心产品的总体结构配置和外形、门窗比例等特征，仅增加橙色垂直边条和门把，与 GP 阿奇夏米尔集团的线切割机床和电火花加工机床外观靠近，同时最大限度地保持了米克朗品牌多年成功塑造的外观形象，如图 11-39 所示 [20]。

又如，德马吉森精机公司近年新推出的 LaserTec 20 激光加工机床就是外观风格家族分支的例子。LaserTec 20 与 DMU40

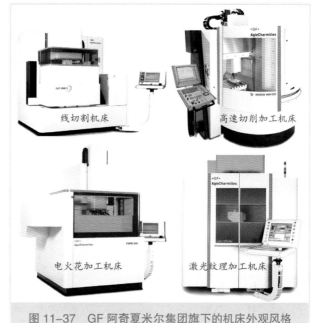

图 11-37　GF 阿奇夏米尔集团旗下的机床外观风格

图 11-38　沈阳机床集团的机床外观风格

图 11-39　GFAC 与原 Mikron 外观风格对比

数控机床虽然都是采用"New Design"设计语言，但表现形式却不相同，如图 11-40 所示 [33]。从图 11-40 中可见，LaserTec 20 和 LaserTec 65 虽然使用和 DMU40 类似

图 11-40　德马吉森精机公司的激光、超声波和切削加工机床

的拉门，但原来印在窗沿的大黑框由一块不等边的黑色饰件模仿替代，同时使用较小的观察窗。一方面，因为 LaserTec 系列激光加工机床装有内置摄像头，可以把加工过程通过控制台显示屏播放，操作者不必直接通过观察窗观看加工过程；另一方面，激光是一种高能束，可能会对人的眼睛有所伤害，小窗口让人感到更加安全。

激光加工设备是高端数控机床领域的边缘产品，市场预期的激光加工数控机床特征有别于一般数控机床产品。

LaserTec 系列激光加工机床设计特点是采用不等边黑窗框，其大弧线加强了机床的动态，也使机床外观更像实验仪器和办公用品，在符合市场的心理取向的同时保留了相同的外观基因。其中 LaserTec 65 在外观上处于 Laser Tec 20 和 DMU 40 之间。这是由于 LaserTec 65 采用了大部分 DMU 40 的结构和外壳组件，而在观察窗的装饰线条运用上却打破了 DMU 40 的矩形线条，向 LaserTec 20 的不等边黑窗框靠拢。同时，从图 11-40 中还可以看出，由于超声波加工介于激光加工和切削加工之间，德马吉森精机公司的 Ultrasonic 65 机床的外观设计也处于两者之间，既体现是同一"家族"，又显示是另一个分支的产品。

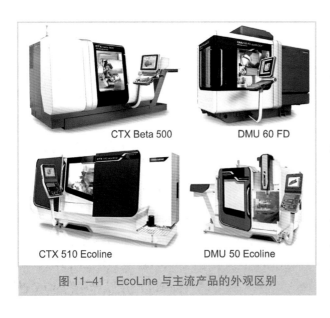

图 11-41　EcoLine 与主流产品的外观区别

在保卫高档产品市场空间的同时，一些国外数控机床公司希望以其品牌优势，扭转性价比的劣势，进入国内中档市场。但是，高档品牌的公司如果贸然推出中档产品，必然会对其原有的高档市场造成冲击，容易出现自相残杀的局面。因此，国外品牌机床公司往往通过设计不同的产品外观风格，营造产品档次差别，实现客户群的隔离。

以德马吉森精机公司为例，

鉴于"New Design"外观语言已经成为新思维、高技术、高品质数控机床的标志。为了抢占中端数控机床的中国市场，德马吉森精机公司推出面向中端市场的 EcoLine 系列产品，在体现德马吉森精机公司产品的品质和家族感的同时，外观上看起来也比"New Design"机床在功能方面略逊一筹，以免与主流产品混淆[34]。

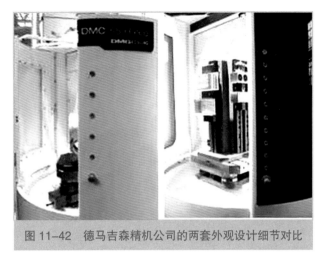

图 11-42　德马吉森精机公司的两套外观设计细节对比

因此，EcoLine 系列数控机床不采用"New Design"的大倒圆边角、粗黑窗框的造型元素组合，去除直立式指示灯条，以减弱产品的精密设备形象，凸显 EcoLine 和"New Design"的档次差别，如图 11-41 所示。

德马吉森精机公司在拉开 EcoLine 和"New Design"的档次差别的同时，也巧妙地处理 EcoLine 机床的设计细节，向客户传递 EcoLine 机床仍然达到德马吉森精机公司高质量的信息。例如，在机床外壳上贴装模仿"New Design"黑色饰面的有机玻璃型号标牌；采用与"New Design"相似的控制按钮的排列；选用表面拉丝处理的金属控制器面板等。两类机床外观设计的细节对比如图 11-42 所示。

第六节　本章小结与展望

工业设计是跨越技术与人文的交叉学科，除了关注产品外观和人机界面外，也通过研究和利用各项技术和人为因素，创造独特、鲜明、有实用价值的产品特色，提高产品在同类之间的竞争力。随着制造体系的复杂化、自动化和智能化，数控机床产品在提高价值和竞争力的大方向上，技术与人文的各种因素已经变得同等重要。工业设计在产品开发流程中的角色，是整体地考虑技术和人的需要和局限，创造性地提出同时满足两方面需要的设计方案。

机床的工业设计主要包括人因工程设计和外观设计两大范畴。

人因工程设计的主旨在于研究人的物理、生理、心理因素与系统中其他因素之间的相互作用，通过设计改善数控机床产品的操作环境和界面来满足使用者的需要，以更好地配合使用者的能力和局限，令数控机床操作者更安全、省力之余，还能令操作更方便，令环境更清洁、明亮、安静。人因工程以人为中心，关注操作者的能力、做什么、在哪里做和怎样去做，如图 11-43 所示[35]。

外观设计的主旨在于带来美好的审美经历，令潜在客户对产品产生好感。通过使

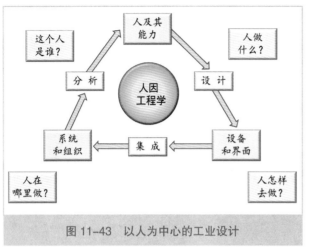

图 11-43　以人为中心的工业设计

用统一的造型语言为产品及其品牌建立鲜明形象，让客户对产品建立与品牌一致的和对形象有利的联想。

全球机床行业正步入关注工业设计的新时代。从 GF 加工方案和德马吉森精机等集团旗下产品的工业设计演变可以发现，国外大型机床集团已开始制订长期的、企业层面的工业设计策略，对整个集团的产品工业设计进行系统化的管理，即设计管理（Design Management）：寻求让数控机床产品在物理、心理、社会等人因层面都得到进一步的完善。

由此可见，工业设计管理的重点，不是简单地"管好"每一个产品设计项目，孤立、逐一地为新产品加入方便操作的细节、穿上漂亮的外衣，而是提出高于产品层面的元设计（Meta-design），搭建一套产品的"模板"或"规范"，具体到外观设计环节，就是为每一个旗下品牌提出一套设计语言，让所有产品设计项目有据可依，知道应该如何去做。

目前许多国内数控机床制造商都在努力提高数控机床的可靠性和完善细部设计，试图建立"可信""可靠"和"完整"的形象。但我国机床制造商的机床产品工业设计尚停留在一次性的、产品层面和攻关项目的阶段，这种努力是个别的、零散的，不能够向用户传递品牌意图和特点。落后的工业设计管理，将阻碍我们占领中高端产品市场，延误我们进军世界高端机床产品市场的时机。

参考文献

[1]　ICSID.Defination of design[EB/OL].[2013-05-16].http://www.icsid.org/about/about/articles31.htm.

[2]　Heufler G. 设计原理：从概念到产品成形 [M]. 台北：龙溪国际图书有限公司 ,2005.

[3]　张曙，卫汉华 . 机床设计与人的因素 [J]. 工业设计 ,2009(11):12-13.

[4]　王继成 . 产品设计中的人机工程学 [M]. 北京：化学工业出版社 ,2004.

[5]　中国国家标准化管理委员会 . 机床：控制装置的操作方向：GB/T 17167-1997[S]. 北京：中国标准出版社 ,1997.

[6]　中国国家标准化管理委员会 . 工作系统设计的人类工效学原则：GB/T 16251-2008[S]. 北京：中国标准出版社 ,2008.

[7]　中国国家标准化管理委员会 . 用于技术设计的人体测量基础项目：GB/T 5703-2010[S]. 北京：中国标准出版社 ,2010.

[8] 中国国家标准化管理委员会 . 机械安全设计通则 风险评估与风险减小：GB/T 1570 6-2012[S]. 北京：中国标准出版社 ,2012.

[9] 中国国家标准化管理委员会 . 机械安全 防止上肢触及危险区的安全距离：GB/T 122 65.1-1997[S]. 北京：中国标准出版社 ,1997.

[10] 中国国家标准化管理委员会 . 用于机械安全的人类工效学设计：第 1 部分 全身进入机械的开口尺寸确定原则：GB/T 18717.1-2002[S]. 北京：中国标准出版社 ,2002.

[11] 中国国家标准化管理委员会 . 用于机械安全的人类工效学设计：第 2 部分 人体局部进入机械的开口尺寸确定原则：GB/T 18717.2-2002[S]. 北京：中国标准出版社 ,2002.

[12] 中国国家标准化管理委员会 . 用于机械安全的人类工效学设计：第 3 部分 人体测量数据：GB/T 18717.3-2002[S]. 北京：中国标准出版社 ,2002.

[13] ISO.Safety of machinery-anthropometric requirements for the design of work stations at machinery: ISO14738:2002[S].Geneva:International Organization for Standardization.2002.

[14] ISO.Ergonomic principles related to mental work-load—General terms and definitions: ISO10075:1991[S].Geneva:International Organization for Standardization,1991.

[15] ISO.Ergonomic requirements for office work with visual display terminals(VDTs) Part 5: Workstation layout and postural requirements.ISO9241-5:1998[S].Geneva:International Organization for Standardization,1998.

[16] 张曙 , 卫汉华 , 张炳生 . 机床的工业设计 [J]. 制造技术与机床 ,2012(7):7-14.

[17] Fehlmann.Bearbeitungszentren in portalbauweise VERSA 825[EB/OL].[2014-05-12].http://www.fehlmann.com/de/produkte/bearbeitungszentren-in-portalbaweise/versareg-825/index.html.

[18] Mercof.High performances and efficiency for your production ECOMILL[EB/OL]. [2014-05-12].http://www.emco-mecof.it/uploads/tx_commerce/Ecomill_milling_machine_EN.pdf.

[19] MAG.XS-series machining centers[EB/OL].[2014-04-12].http://www.mag-ias.com/en/mag/products-services/milling/machining-centres/xs-series.html.

[20] GF Machining Solution.Mikron high speed machining centers[EB/OL].[2014-05-21].http://www.gfms.com/content/dam/gfac/PDF-Documents/Brochures%20Milling/HSM/HSM_400_400U_500_600_600U_800LP_en.pdf.

[21] WARDJet. Product catalog[EB/OL].[2013-05-24].http://cdn.wardjet.com/pdf/WARDJetProductCatalog_Rev011012_web.pdf.

[22] Wai H W.Computerization of human cognitive process of distinctive product design style[C].The 3rd International Conference on Computer-aided Industrial Design and Computer-aided Conceptual Design.2000,Hong Kong.

[23] Maguire M. Methods to support human-centred design[J].International Journal Human-Computer Studies,2001,55(4):587-634.

[24] 卫汉华 . 数字化艺术造型设计 [M]// 邵健伟 . 产品设计新纪元 . 北京：北京理工大学出版社 .2009:122-138.

[25] Mondragón S,Company P,Vergara M.Semantic Differential applied to the evaluation of machine tool design[J].International Journal of Industrial Ergonomics, 2005(11), 35:1021-1029.

[26] Sunnen. 立式珩磨机 [EB/OL].[2014-05-12].http://www.sunnensh.com/product.asp?id=80 andsortid=181.

[27] Mazak. 复合加工中心 INTEGREX i 系列 [EB/OL].[2014-05-21].http://www.mazak.com.cn/product.aspx?cid=31 and bid=21.

[28] Starrag Group.SPC 7120/7140[EB/OL].[2014-05-21].http://www.starragheckert.com/index.php/en/marken-sip/spc-7120-7140.

[29] Amada.LC-F1N 系列 3 轴磁悬浮驱动激光机 [EB/OL].[2014-05-21].http://www.amada.com.cn/products/bankin/laser/lc_f1_nt_series.html.

[30] DMG MORI.Universal milling machines for five-sided/five-axis machining DMU/ DMC duoBLOCK.http://en.dmgmori.com/blob/166918/80e9ea5a8971f12d7e4b 21eebd53d516/pm0uk14-dmu-80-p-fd-dmc-80-u-fd-duoblock-pdf-data.pdf.

[31] MAG.Horizontal turning centers VDF T series[EB/OL].[2014-05-21].http://www.mag-ias. com/fileadmin/user_upload/Mag_One/Brochuere/VDF/100326_VDF_T_en_low.pdf.

[32] GF Machining solution.Wire-cuttingEDM[EB/OL].[2014-05-21].http://www.gfms.com/ content/dam/gfac/proddb/wire-cut-edm/PDF/CUT%202000S-3000S%20Brochure%20 EN.pdf.

[33] DMG MORI.LaserTec sereis[EB/OL].[2014-05-21].http://en.dmgmori.com/blob/12 0872/9360d80c68a636e7180c06357c515bb1/pl0uk13-lasertec-series-pdf-data.pdf.

[34] 金属加工在线.DMG ECOLINE—开启入门级机床的新时代 [J/OL]. 工具技术, 2012,46(12):3 [2012-09-25].http://www.mei.net.cn/news/2012/09/453590.html.

[35] Wilson J R.Fundamentals of systems ergonomics/human factors[J].Applied Ergonomics,2014(1):5-13.

第十二章　机床的节能和生态设计

张　曙　卫汉华

导读：机床产品在设计制造、使用运行、废弃三个全生命阶段都会产生能源和资源的消耗，同时会产生废弃物以污染环境。单靠减少污染和循环再利用的现有技术措施是远远无法消除人与自然的矛盾的。人类必须更积极地减少能源与资源的使用消耗。作者认为我们应从四个层面研究机床在全生命周期内的节能与生态优化：

第一个层面是机床制造工厂的绿色化。工厂从基本建设开始直至整个运行过程要尽量减少对环境的负面影响。

第二个层面是机床产品的设计与制造过程的节能与绿色化。要采用各种新结构、新材料、新工艺，在保证机床性能的前提下，有效减少机床制造过程对环境的不利影响。

第三个层面是在使用过程中，向用户推荐先进的工艺方法和工艺流程，提高各种资源的利用率，减少废弃物的排放。在机床运行过程中，令更多的废弃物被循环有效利用。

第四个层面是在机床寿命期后，令机床的废旧物可更多更便捷地转化为可利用资源。在设计制造初期即有相应的预期和方案。

专家研究证明，提高能效和节能是生态机床的首要任务，节能潜力高达 30%。采用精准智能的能源自主管理系统以及利用现有的数字控制技术优化加工路径都能收到非常良好的生态效果。

基于上述理念，本章着重阐述了机床产品创新中的思路，提出机床研究中的五大矛盾，创新的目的在于不断地解决这些矛盾；然后，进一步论述了"将机床、人和环境放在一个体系内研究"的观点，这些新思维、新观点必将引导我国机床设计与创新的方向；最后，对机床产品的创新理念进行了归纳梳理，总结了"连续创新"。

第一节　概　述

一、制造业面临环境的挑战

人们已经清楚认识到，地球的物质资源再生能力和自净能力是有限的，在生产和消费时，必须减少排放有毒有害物质和节约使用不可再生的资源。近年来，通过对碳循环进一步研究的结果表明，人类经济活动对地球碳平衡的干扰在近期几乎是无法避免的。在低碳能源取得广泛应用以前，单靠减少污染和循环再用的现有技术措施，远远无法消除人与自然的矛盾，人类必须更积极地减少能源的使用。

制造是人类最大规模的现代经济活动之一。虽然制造业的发展和赢利不能以破坏生态环境为代价已成为全球共识，但在现实生活中，往往停留在文件、会议和口号上，尚未完全落到实处。制造企业面临的严峻挑战是，一件产品从设计、制造、使用到废弃的整个生命周期内都必须与生态环境保持和谐。在新产品开发的过程中，除了面向市场需求外，还必须推行面向环境的生态设计（Eco-design for the Environment），大幅度提高资源和能源的利用效率，节能减排，减少环境污染，保护生产者和使用者的健康，才能实现可持续发展。

面向环境的生态设计与企业赢利并不矛盾，因为减少污染的同时也能减少浪费。研究证实，当前工业生产过程中存在不少能源浪费环节，制造企业在不降低生产能力的前提下，还有高达25%~30%的节能空间。调查表明，当前即使在德国也只有1/3的企业系统地采取了提高资源利用的措施。据推算，如果推广各种提高能源利用率的创新技术手段，到2020年，德国企业可以不通过大幅裁员和增加投资，就能够节约100亿欧元。我国的节能潜力远远高于德国。因此，开发和利用节能减排技术是企业的投资而并非仅仅是支出，从长远来看更是企业提高利润的重要手段之一[1-2]。

二、机床制造业的响应

机床是现代制造的基础装备，是制造机器的机器。机床制造企业在减少生态破坏方面扮演特别重要的角色。因为除了制造机床的过程会对环境产生影响外，机床的使用过程也同时是其他产品的生产过程。机床使用过程所产生的生态影响，将直接计入所加工产品的生态表现当中。因此，机床制造企业在生态环境保护方面的工作应该是全方位的，是企业整体的"绿色化"，应该力争成为制造业绿色化和可持续发展的先行者，从而为机床最终用户树立典范和榜样。

机床制造企业的"绿色化"可分为企业、产品和过程3个层次：

第1个层次是企业层面的"绿色化"。是指企业建设和日常运作对环境带来的负担，其目标是减少从基本建设、基础设施到生产运作对环境的负面影响。诸如废弃物的处理、回收和再用，照明、采暖、通风和压缩空气供应等。

第2个层次是机床产品层面的"绿色化"。是指在开发机床新产品时，采用各种新结构、新材料、新工艺，降低机床的材料使用量和机床制造过程中的能源消耗。在保证机床性能的前提下，减少机床生产过程对环境造成的影响，不断推出高能效和高性能的机床产品。

第 3 个层次是机床使用过程的"绿色化"。是向用户企业推广各种先进制造工艺、操作流程和能量回收手段，减少固体、液体和气体废弃物的排放，降低机床在全生命周期使用阶段所产生的负面环境影响。

机床制造企业的"绿色化"上述 3 个层次，涵盖企业最基本的环保责任和遵循相关的标准，所采取的技术和实施手段，与其他行业可以互相借鉴。机床制造企业通常采取的绿色制造措施，包括采用能效高的制造装备和工具，节约用电和燃油、燃气，提倡减量使用和循环再用各种物料，建立能效管理系统，采购获得环保认证的耗材，参与社会环保公益活动等。

比一般绿色制造技术更进一步的根本措施是依循生态和节能建筑理念来建设厂房。以日本马扎克公司为例，该公司将位于美浓加茂占地 8 000m² 的整个激光加工机床新厂房建在地下，厂房高 11m，房顶距地面 3.5m，地面上面为草坪。该地下工厂的地面入口建筑和地下工厂内景如图 12-1 所示 [3]。

马扎克公司将厂房建在地下的主要目的是期望能有效控制厂房空气的洁净度和温度，保障精密机械和光学部件的生产。该地下工厂运作的结果显示，这一建设方案不单在洁净度方面达到了预期目标，而且由于该厂房建在地下，能达到非常好的恒温和节能效果，维持恒温所需的能源只需同等面积地面厂房的 20%，厂区的绿化率也远高于当地政府的要求。

图 12-1　马扎克的美浓加茂地下工厂

大连光洋科技工程公司于 2013 年也建成了类似的机床大件加工和装配的地下恒温车间，并已投入运行，效果显著。

除了从厂房建筑方面提高节能效果外，机床制造企业第 1 层次的"绿色化"也可从利用可再生能源着手。以欧洲最大的机床制造商德马吉集团为例，旗下除了机床制造和全生命周期服务两大事业部和工厂外，还有一家提供太阳能和风能设备的 a+f 公司，向机床用户企业提供从安装风力发电机、光伏组件、蓄电储能器、能源管理系统等在内的"吉特迈能源全面解决方案"。按照系统不同规模，甚至可满足机床用户企业 20% 的用电量。为了推广该能源解决方案，德马吉公司在比勒费尔德（Bielefeld）建立了能源全面解决方案示范园，并率先在本集团的机床制造工厂推广。在希巴赫

图 12-2　德马吉的希巴赫工厂的新能源系统

图 12-3　德马吉的普夫龙滕工厂的能耗分析

（Seebach）工厂建立的可再生能源系统如图 12-2 所示[4]。

从图 12-2 中可见，第一期工程的太阳能光伏发电和风力发电总和每年将超过 300 000kW·h，年节约能源费用可达 60 000 欧元，可再生能源的发电量约占全厂用电需求的 5%。

采用本地发电后，减轻了国家电网电价不断上涨对企业的压力，且在用电高峰时也能保持机床生产稳定；在电网发生故障时，可保证计算机信息和办公室等要害部门的供电。此外，每年可减少 180 000kg 的 CO_2 排放。按所需能耗推算，借助绿色能源每年就能够生产 500 台 MILLTAP 加工中心。

机床的生产过程，不仅各种设备需要消耗能源，车间的照明和压缩空气的供应也占据工厂能源消耗的相当大一部分。据统计，德马吉公司普夫龙滕（Pfronten）工厂能源消耗中，机械加工及其他设备占 48%，而照明和压缩空气各占 25% 和 15%，节约潜力很大，如图 12-3 所示[5]。

该工厂自从 2009 年实施节能计划以来，通过机械加工设备能效管理、逐步采用 LED 照明和变频驱动压缩空气泵等措施，大大提高了整个企业的能源有效利用，生产 1 台机床的平均能耗逐年下降。到 2013 年，尽管员工人数和机床产量皆有大幅度增加，但由于实施了节能计划，整个工厂的能源消耗仅略有增加（8% 左右）。生产一台机床的平均能源消耗将降低到 8 500kW·h，比 2009 年减少 38%。尽管几年来电费上涨了 50%，仍可每年节约能源费用 220 000 欧元以上，见表 12-1。

表12-1　DMG普夫龙滕工厂的节能计划

	2009年没有节能计划时	2013年节能计划目标
员工人数	>900	>1400
生产机床产品数	>805	>1400
整个工厂年能源消耗	>11.2GW·h	>12GW·h
每台机床产品平均能耗	约 14 000kW·h	约 8 500kW·h (-38%)
年能源费用节约		超过 220 000 欧元

与企业层次的"绿色化"相比，机床产品和机床使用层次"绿色化"两者的关系更加密切，互为因果。因为机床产品也是要用机床设备来生产的，要达到降低机床生产过程中能源消耗和污染物排放的目标，离不开使用具有

更高生态表现的机床。提高能源利用率对现代数控机床产品特别重要，因为高度自动化的机床配备有各种用电外围设备。从社会经济的角度来说，降低机床能耗将产生可观的效果。从机床市场角度来说，目前汽车制造业是机床制造企业的主要客户，而汽车行业在生态方面的表现正受到社会广泛关注，汽车制造企业必然会将能源利用率和环保作为选购机床设备的重要指标之一。

因此，机床的节能和生态设计对社会影响很大，经济潜力相当高，其关键在于机床产品的创新。但机床的节能和生态设计的技术独特性高，难以借鉴家电等行业的解决办法，必须依靠机床制造企业自身的力量来解决。此外，由于现代数控机床关键技术和功能部件分散在不同厂家，产品创新牵涉的企业众多，往往出现供应链上不同企业之间的利益博弈，单靠机床制造企业独自推行又难以取得成功。

目前国外的发展趋势是机床制造企业自发组成联盟，再联同政府在财政、立法、标准化等方面的配合，从行业层面来开展节能和生态设计工作。欧盟和日本是高端数控机床的主要生产地区，也是机床技术创新的主要发源地，社会的环保意识也最为成熟，因此在机床制造业"绿色化"方面的进展领先于其他国家和地区。

日本机床制造企业在推动机床能源利用率提升方面步伐领先。早在 2008 年，日本机床制造企业已经开始宣传本企业产品的节电和低碳排放特色。日本机床制造企业的理念是"小步快跑"，尽快在产品中加入较为简单、易于实现的节能功能，如采用变频电动机、增加待机低耗功能、强化冷却液和润滑油管理等。

欧洲机床制造企业在推动机床能源利用率提升方面步伐虽然较慢，但更为全面和深入，欧盟委员会、高等院校和工业界进行了大量的基础性工作。例如，欧盟委员会制定的能源相关产品（Energy-related Products—ErP）生态设计指令中机床类产品的评测工作，欧洲机床工业协会（European Association of the Machine Tool Industries—CECIMO）的"蓝色节能（Blue Competence）机床生态设计技术研发协调计划"等。

2013 年，我国工业和信息化部、发展改革委员会和环境保护部也联合发布了《关于开展工业产品生态设计的指导意见》。虽然不是针对机床行业，也表明开始对工业产品生态设计的重视。

在欧盟有关机床生态设计的芸芸众多项目当中，NEXT 和 CO$TRA 是两个比较成功的项目，对生态机床技术的研究导向和工业应用产生了深远的影响。

三、下一代生产系统（NEXT）项目 [6]

"下一代生产系统"（NEXT generation production systems）是欧盟近年来有关先进制造技术最大的产学研合作项目，其目标是促使欧洲装备制造业在相关领域处于世界前列，总投资 2 100 余万欧元，共有德国、西班牙、意大利等 9 个国家 23 家企业和高等院校参与，历时 50 个月（2005 年 9 月—2009 年 10 月）完成，于 2011 年发表了项目最终报告。NEXT 项目涵盖以下 5 个方面：

1）绿色机床。在发展环境友好的高端装备领域谋求突破性创新，其目的是在机床整个生命周期皆考虑到环境因素。例如，使用再生材料制造机床零部件（超过50%），在机床使用过程中减少能源消耗（25%以上）和废弃物的零排放，机床易拆卸易维护和报废后100%可回收，以及尽量采用无污染的替代工艺。

2）以使用者为中心的自主管理机床。在机床的可用性和自主性上取得突破，目标是开发能帮助和支持操作者完成任务的一整套新功能，诸如机床布局符合人因工程学，改善机床的维护和操作，自动识别制造任务和工艺条件，增加应用和智能软件模块，尽可能让使用者感到方便和满意。

3）制造技术的突破。力求在机床性能和创新的加工工艺方面产生大的飞跃，研制高性能制造装备的新工艺。其目标是机床的生产效率提高2~5倍，同时加工精度也能成倍地提高。

4）探索新的商业模式，寻找新的服务模式和增值途径，实现制造资源共享。

5）机床操作和维修培训的新方法和新内容。使人们看到操作机床是一个有前途和吸引力的职业。

NEXT项目的前3项任务是以机床生态设计和工业设计为核心的技术创新，而后2项任务是市场、教育和社会领域的创新。其创新路线和创新目标的归纳见表12-2。

表12-2　NEXT项目的创新路线和创新目标

	创新路线	创新目标
1	环境友好	废弃物减少50%~60%，机床体积和用材减少40%，能耗减少30%~40%，材料100%可回收
2	以用户为中心	机床调整时间缩短60%，机床的可靠性提高50%，人机界面功能扩展，加工过程透明
3	超高性能	数控轴的速度和加速度提高3~5倍，机床的生产率（缩短加工循环时间）提高3~5倍
4	新的业务模式	借助新的业务模式提高机床销售量50%，通过新的培训方法在欧洲提高机床运转率200%

NEXT项目的研究表明，如果在机床研发过程中充分考虑生态指标，绿色机床完全可以是高性能机床，同时实现高性能和绿色化两方面的目标。要充分发挥机床的高性能，离不开人的因素，必须遵循以人为中心的理念和提高人的素质。

为了实现上述突破性技术创新，NEXT项目采用的支撑技术有：①新的加工工艺；②过程监控和测量技术；③自适应电子装置；④新材料；⑤机床结构和运动学；⑥创新的机床配置；⑦开放式数控系统；⑧虚拟机床和仿真；⑨设计方法学；⑩人机界面和人因工程学。

NEXT项目除了进行共性基础研究和软件开发外，还完成了不同创新技术在各种铣床、磨床、枪钻机床、线切割机床中的验证。引导机床生态设计的研究和应用，聚焦于以下4个方向：

1）探究如何考量不同加工工艺的生态影响。

2）寻找生态方面更有前景的制造技术和材料。

3）通过优化工艺参数令机床更加生态友好。

4）通过提高机床的生产率来降低生态影响。

NEXT项目的成果惠及欧共体所有的装备制造业和最终用户，特别是中小型企业。随着对加工工艺的加深理解和绿色机床进入欧盟制造业，将会为欧盟带来多方面的新景象：在制造装备的设计、生产、使用和废弃时遵循绿色守则；提升使用者的安全、健康、工作条件和生活素质；涌现各种生态友好的新经营模式；提高制造业的社会认同度，最终提升欧洲制造企业的竞争力。

四、CO$TRA 项目 [7]

CO$TRA 项目是德国达姆施塔特工业大学（**TU Darmstadt**）完成的生产系统全生命周期成本统计分析项目。其目标是开发标准化的统计工具，让机床用户企业可以在投标阶段就能够掌握有关的安装成本。范围包括：明确界定生产系统成本的相关内容，并建立一套预测购买一台机床所产生的总费用的统计模型。为了建立统计模型，该项目为机床的使用模型设置了若干条件，见表 12-3。

表12-3　机床全生命周期成本计算

	项目	成本计算条件
1	初始投资	198 000欧元（含机床价格、安装、启动、首套夹具、备件、操作人员培训）
2	加工产品	简单铣削加工的零件，加工时间145s，年产量85 000件
3	机床开工	3 584h（每年224天，每天两班）
4	机床使用率	99.99%，年运行时间2 928h，年待机时间656h
5	平均耗电量	运行时22kW，待机时11kW（含冷却润滑、废弃物排放）
6	保修期	12个月，服务响应速度12h
7	非正常停工费用	每小时75欧元
8	机床使用寿命	10年

CO$TRA 项目以上述条件为基础，计算了不同机床价格和使用条件下的机床全生命周期开支。结果显示，机床的初始投资占总开支的 30%~35%，机床定期维护的开支占 20%~37%，机床非定期维护费用占 8%~15%，电费占 17%~21%，压缩空气占 3%~5%，厂房占 5%~6%，融资成本占 4%~8%。基于以上统计结果，CO$TRA 项目指出，由于生产系统的全生命周期成本中高达 65%~70% 是在运行阶段所产生的，如图 12-4 所示，因此越来越多的企业在添置设备时将以全生命周期成本作为选购机床的依据，而不仅仅是购置机床的初始投资成本。

为了便于推广 CO$TRA 项目的成果，开发了一套预测机床全生命周期费用的软件。由于许多机床辅助系统运行数据的分散和缺漏，CO$TRA 还收集和整理了大量功能部件的全生命周期成本数据，以数据库形式链接软件。

CO$TRA 项目给机床制造业不仅带来关注生态的理念，还产生一定的经济效益。因为除了协助机床用户企业探究影响全生命周期成本的因素以外，CO$TRA 项目也为机床制造商的销售部门带来便利。项目成果可让机床用户知道不同型号

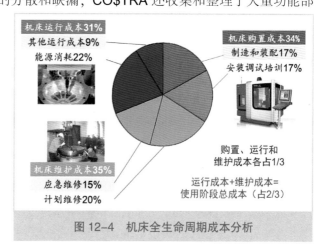

图 12-4　机床全生命周期成本分析

353

机床的生命周期成本，也可让机床制造企业在营销时能够与客户一起分析机床的不同配置如何影响全生命周期成本。与过去的单纯能耗评价方法不同的是，CO$TRA 项目提出的模型不仅呈现机床运行的成本要素，同时也呈现性能要素。这使得机床制造企业的销售团队可以向客户演示其产品的单位成本和单位收益，并与客户一起模拟"最坏情况"和"最佳案例"等不同场景，使机床制造商能够展示产品新概念为用户带来的竞争优势，而非单纯的价格比较。

例如，德马吉森精机公司作为蓝色节能计划（Blue Competence Initiative）的发起人之一，为可持续的生产和节约资源而设计的 GREEN-mode 和 AUTO-shutdown 软件模块，已成为其大多数机床产品的标准配置。由于绿色化和智能化技术的使用，机床使用寿命期间的能耗平均下降 20%。用户借助"节能计算器"选择机床型号，输入机床运行数据，如每年工作周数、每周工作天数、每天工作时数，即可获得该型号机床的能耗数据、节能情况和费用节约的多少。该节能计算器的人机界面如图 12-5 所示[8]。

图 12-5　德马吉节能计算器的人机界面

五、欧盟 ErP 法规 [9-15]

欧盟发布的《与能源相关的产品生态设计要求指令（Directive on the Eco-design Requirements for Energy-related Products—2009/125/EC）》是为节能而推行的强制性法规，其目的是通过产品的生态设计提高其环保性能，对年销售 20 万台以上的不同类别能源相关产品（ErP），提供欧盟范围内一致的规范，防止不同国家的产品环保性能法律成为欧盟内部的贸易障碍。同时也通过提高产品质量和环境保护，促进整个欧盟内货物的自由流动，限制不符合指令的产品进入欧盟市场，有利于保护欧洲生产企业和消费者。机床是高耗电设备，一台中型的加工中心每年大约耗电 35 000kW·h，约等于 230 台电冰箱的能耗，是继家电产品纳入该指令之后的 10 项优先实施的产品之一。

产品生态设计指令规定是一套包含规则和标准的框架要求，如图 12-6 所示。从图 12-6 中可见，生态设计是以生命周期分析为基础的，首先对产品的目标和范围定义，进行编目分析、建立产品模型和物料清单；然后按零件的原材料和制造工艺、产品的装配和运输、使用和废弃，从温室效应、臭氧层破坏、大气层酸化、土壤以及河流富营养污染和重金属污染等方面进行环境评价；最后根据对评价的分析提出产品生态报告以及改进建议。

生态设计是 ErP 的核心。采用产品生态设计的企业可以获得认证，使用生态设计的标识，提升产品的市场竞争力和企业形象。影响客户的购买行为，从而使企业获得更大的可持续发展的空间。

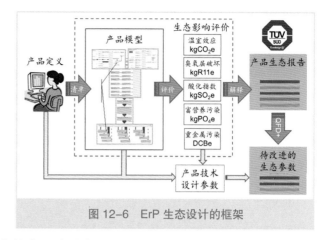

图 12-6 ErP 生态设计的框架

产品生态设计指令框架要求并没有法定约束力。欧盟委员会认为，采用行业自我规管来替代法律约束力，让行业自行公布守则、制定量化目标和对新加入者开放，可以更迅速、更经济地达到预定的目标。为了确保行业制定的自愿性约束协议能够顺利执行，欧盟委员会规定这些协议制定必须符合下列原则：

1）具有广泛的行业代表性。

2）至少涵盖市场上 70% 的相关产品，并对新加入者保持开放。

3）所采用的生态技术能带来新价值和具有可持续性。

4）制定清晰和定量的生态表现基准和循序渐进的技术提升目标。

5）运作透明化，遵照欧盟规章制度报告运作数据，并接受包括消费者、非政府组织的监督。

欧盟内负责推动机床 ErP 项目的行业组织是欧洲机床工业协会（CECIMO）。它聚集了欧洲 1 600 家公司，其中 80% 是中小企业。CECIMO 的主要工作是收集市场统计数据，向其成员提供技术支持，协调企业和政府在产品安全和环保方面的立法工作。2009 年，CECIMO 向欧盟提出了一项制定机床生态设计自我规管协议的路线图，并在 2009—2012 年分头进行该项目的有关工作。整个机床 ErP 项目最终报告在 2012 年底由德国弗劳恩霍夫（Fraunhofer）应用研究促进协会完成并公开发布，包括 7 个部分：①定义；②经济和市场分析；③用户需求；④基本情况评估；⑤技术分析；⑥改进的潜力；⑦政策和影响分析。

机床，特别是数控机床是技术高度集成的生产装备。其结构和功能远比已执行 ErP 能效标准的家电类产品复杂。为建立切实可用的评价标准，机床 ErP 项目用模块化概念取代以往的功能单元概念，机床的每个模块（如电动机、液压系统）既可在能效上是"常规级"的，也可以是"改良级"的。模块化使机床生态技术改进方案的比较非常方便，不同节电模式，包括完全不做改善、在"常规级"模块上运行、待机和节电模式以及采用"改良级"模块等，均可以在给定的生产场景中相互比较。机床 ErP 项目将"改良级"和"标准级"两种模块分别加入机床操作模式后的差异以百分比表示。由此推论，整台机床的生态表现可以用与标准级机床相比的改进百分比来评价。

作为法规，ErP 指令必须对所涵盖的范围有清晰的定义，涵盖过窄不能带来显著的环境贡献；而涵盖过宽，将一些数量少、能耗低的产品类别包括在内，则会带来不必要的管理成本。根据机床 ErP 指令的定义，机床包括固定或可移动的装置，但不包括可以手提的装置。机床的动力可来自电网供电、内置动力源、液压等方式，但不包括人力驱动。在操作时，机床最少有一个部件产生运动来实现其功能。实现的功能包括切削、成型、物理和化学处理、连接等改变工件几何形状的工作。机床对工件的操作必须是可重复的。

根据机床 ErP 项目工作组的估算，在欧盟范围内，上述定义所包含的装置有金属加工、焊接设备和木工机床等，每年总耗能达 200~300TW•h，即使是 2%~5% 的节约，都会为社会带来巨大的效益。在编制机床 ErP 指令进行调查时还发现，目前欧盟对材料标识和回收、有害物质处理、污染、安全等的监管法规虽然比较全面，但这些法规如何应用在机床产品中，仍然未形成统一的程序和手段，测试和验证的方法也未完全建立，需要在机床 ErP 指令中加以补充。

第二节　机床的生态影响

一、机床的可持续性及其指标

可持续发展的目标是维持人与自然之间的和谐。在保护环境的条件下既满足当代人的需求，又不损害后代人的利益。机床是将毛坯转化零件的工作母机，在制造和使用过程中不仅消耗能源，还会产生固体、液体和气体废弃物，给工作环境和自然环境带来直接或间接的生态影响（Eco-Impact），导致环境负荷增加。

可持续性是一个广泛的战略概念。其顶层是全球和国家的可持续发展，中间是产业和企业，底部是生产装备和生产系统，最底层是企业和组织提供的产品和服务。产品可持续发展的基本原则是，不仅产品具有可持续性，同样也应该体现经济、环境和社会三者协调发展。

首先，产品是市场经济的产物，产品的市场竞争力是产品可持续性的主要体现。机床是资本品，其可持续性的经济指标包括全生命周期成本和创造价值的能力。产品生命周期成本（Life Cycle Cost—LCC）将产品成本分为购置成本、拥有成本和废弃成本。对机床产品的经济可持续性进行分析，发现机床全生命周期成本中的 70%~80% 在设计阶段已经确定（如结构和原材料）。机床是生产工具，用户购买机床的目的是借以创造新的价值，取得回报，因而机床的生产效率、功能和性能，即其创造价值的能力也是其可持续性的重要指标。

其次，产品的可持续性主要通过在产品开发中实施生态设计（Eco-Design）规范和技术来体现。根据国家标准《环境管理：将环境因素引入产品的设计和开发 GB/T 24062-2009》[16]定义的生态设计是指"将环境因素综合到产品设计和开发中的活动"。因此，在机床设计初始阶段就必须参照欧盟生态设计指令，按国家标准《环境管理：生命周期评价要求与指南 GB/T24044-2008》[17] 的要求进行产品生命周期评价（Life

Cycle Assesment—LCA）。

第三，在机床可持续性的社会维度方面，目前的研究成果较少，仍未建立相关的测度体系。现行的法规主要涉及机械安全和人类工效学。产品可持续性的社会维度与国家、地区和企业文化有关，难以用统一的指标加以比较。

综上所述，从不同维度观察，机床产品的可持续性指标、评价范围和内容以及经济和社会影响的要点见表 12-4。

从表 12-4 中可见，与传统观念不同，对机床产品不仅考虑其价格和功能，而且要聚焦于全生命周期拥有成本，即包含购置成本、使用成本、废弃和回收成本。机床产品从经济、环境和社会不同维度考虑的可持续性的结构树如图 12-7 所示。

机床是机械生产装备的统称，涵盖了多个门类的不同产品，这些产品从大小、结构到成本都有巨大差异。此外，由于机床本身也是由机床生产的，部分机床甚至是由同型号机床生产的，因此对环境影响的计算也牵涉解决循环定义的问题。要有效推动生态机床的发展，必须制订一套衡量各种机床技术环境影响的评价体系。机床的生态影响评价包含生产、废弃阶段的环境影响和使用阶段的环境影响两部分，生态设计必须同时兼顾两方面的改进，才能降低机床对环境的负面影响。

表12-4　机床的可持续性指标

视角	指标	评价范围和内容	经济和社会影响
成本	全生命周期拥有成本	采购成本加10年拥有成本减残值	成本是影响产品竞争力的因素
价值	增值能力	产能、多用途、定位精度和重复精度	增值是客户选择的考虑因素
环境	耗电	正常使用条件下的耗电量	资源日渐匮乏
	润滑冷却	冷却润滑液的种类和用量	环境和健康的影响
	材料	材料清单、机床重量	资源日渐匮乏
社会	安全	机械安全的人类工效学	直接影响工人福祉
	用户友好	人机界面、数控编程的难度、三维仿真等	工人就业和福祉
	人类工效学	按GB/T18717.1人类工效学评价的加权评分	工人的健康和福祉

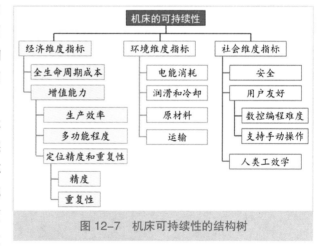

图 12-7　机床可持续性的结构树

二、机床的生态影响

1. 不同生命周期阶段的生态影响

机床的产品生命周期分为 6 个阶段：①原材料；②制造和装配；③运输；④安装调试；⑤使用；⑥废弃和回收。每一个阶段都要消耗能源、物料和排放废弃物。为了能够评价其生态影响，目前大多采用碳足迹法。将所有的资源消耗和废弃物排放折算成等量的 CO_2，即每台机床在全生命周期中相当于排放了多少质量的 CO_2，成为衡量产品生态绩效的指标。对一台中型铣床的生态影响分析表明，在机床使用阶段的碳排放最大，原材料制备次之，如图 12-8 所示[18]。从图 12-8 中可见，该机床在 10 年使用过程中所消耗的资源相当于排放二氧化碳 1 424.24t，占全生命周期的 95%。其中电能消耗所造成的碳排放占使用阶段的 95%。因此，提高能效和节能是生态机床的首要任务，节约的潜力高达 30%。应该指出，电能的碳排放量折算率在不同国家和地区有很大的差别。例如，在以核电为主的日本和法国，折算率约为 0.4kg/(kW·h)，在以火力发电为主的中国，接近 1.0kg/(kW·h)。此外，我国不同省和地区因发电设备和资源不同，也相差较大。

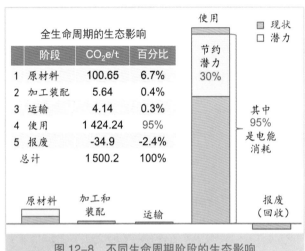

图 12-8　不同生命周期阶段的生态影响

原材料制备阶段的环境影响居第二位。主要取决于所选用的材料和生产工艺。不同的材料除了开采、冶炼、运输所耗的能量有所不同以外，每种材料所适用的加工工艺，如轧制、锻压、浇铸、焊接等所需的能量也有区别。例如铝材，虽然电解铝所耗的能源远比钢铁高，但铝制品回收重炼的耗能较少。在许多情况下，反而有助于降低总的生态影响。

2．机床使用阶段的生态影响

机床使用阶段的生态影响主要来自加工过程。加工过程的输入是毛坯、刀具和数控程序，输出是产品和废弃物。在加工过程中除消耗电能外，还需要冷却液、润滑油和压缩空气等，这些都会对环境产生影响。日本名古屋工业大学开发了一套计算"环境负荷分析器"软件，可用来对不同的加工过程进行碳足迹、酸化、生态系统富营养化和环境毒性等的分析计算[19]。其概念如图 12-9 所示。

从图 12-9 中可见，加工过程的环境负荷 Pe，由机床各组件的电能消耗 Ee、冷却液消耗 Ce、润滑油消耗 LOe、刀具消耗 Te、切屑的形成数量 CHe 和其他消耗 OTe 组成。分别统计这些消耗的数量，再乘以折算系数（如电能的碳足迹折算系数 kg-CO_2/(kW·h)，冷却液的碳足迹折算系数 kg-CO_2/L 等），即可求

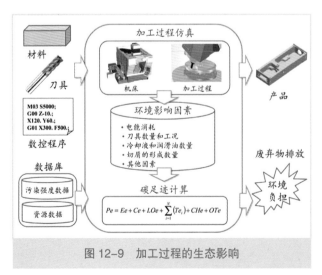

图 12-9　加工过程的生态影响

得某一加工过程的碳排放或其他环境负担的具体数值，用于加工过程改进（如干切削、MQL 和湿切削）的比较。

3．机床环境影响指标的研究

CECIMO 提出的机床环境影响指标，是目前机床使用方面较为全面的指标体系。CECIMO 首先将机床分解为主轴、工作台、进给驱动单元、控制系统和床身 5 个主要部分，然后收集这些子系统的最新技术，分析这些技术在机床上应用后对环境所带来的改善。根据分析结果制定的指标体系包括：

1）对机床生态绩效带来直接改善的新技术和部件。例如，主轴电动机的动能反馈、节能变频驱动的冷却泵等。

2）对整机性能带来改善的新技术、新材料。例如，降低摩擦的材料、轻量化结构材料等。

3）全新的机床节能概念。例如，能耗自主管理系统、耗电量实时显示等。

为了能配合实际使用场景，CECIMO 的指标体系，除了应用于一般机床运行情况外，也针对诸如模具加工、汽车零件加工等不同的实际使用条件进行分析。CECIMO 指标体系的优点在于对大多数机床类别都适用，也不受所加工工件类型的影响[20]。

除了 CECIMO 外，NEXT 项目在开发生态影响评价软件工具方面也进行了大量的工作。NEXT 项目的研究方法是先制订机床的生态指标体系，再收集机械加工过程的生态影响数据，最终开发多指标评价软件工具。NEXT 的生态指标考虑了评价对象在设计、制造、使用直至废弃的整个生命周期中，材料、运输、生产方式、能源消耗和废弃物分别对生态环境的破坏程度。

NEXT 项目的研究主要集中在机床的使用环节方面。包括测量机床运行中的能量、工具和润滑油消耗量，机床的噪声和废弃物排放量。NEXT 在测量过程中不仅分析了单项加工的数据，还以典型零件的整个加工过程来分析，并且会根据不同行业的加工需要进行优化。通过实验和分析，NEXT 提出了一套评分体系和计量单位。可将刀刃形状、润滑油品种和用量等一系列机床加工参数配合，计算出不同设计方案的全生命周期生态影响，从而提出最优方案。

4．环境评价的国际标准

在 CECIMO 和其他国际学术组织的推动下，国际标准化组织（ISO）技术委员会 ISO/TC39/WG12 正在组织有关专家制定有关制造系统环境评价的 ISO 20140 系列标准和有关生态机床评价的 ISO 14995 系列标准，见表 12-5。

ISO 20140 标准共有 5 部分，其中第 1 部分《自动化系统和集成 评估影响环境的制造业系统的能效和其他因素：第 1 部分概述和通则 ISO 20140-1: 2013》已于 2013 年颁布[21]。该标准旨在建立评价制造系统的国际标准。例如能源、资源消耗及污染，能在较高层次或具体层次对一个生产设备总体的环境负荷强度进行评价。制造系统评价可用于对一个系统改进的比较，如改变工艺流程或重新配置机床布局等。评价的测度包括单位产品的能耗、原料的耗费等。为了能进行制造系统环境影响评价，将需要

表12-5 制造系统和机床的环境评价标准

	标准名称	进展情况	主要内容
制造系统环境影响	ISO 20140-1:2013	已发布	概述和普遍原则
	ISO 20140-2	制定中	环境评价过程指南
	ISO 20140-3	制定中	环境评价指标模型
	ISO 20140-4	制定中	环境评价数据模型
	ISO 20140-5	制定中	设施的生命周期影响和直接影响模型
机床的生态评价	ISO14955-1:2014	已发布	高能效机床的设计方法
	ISO14955-3	制定中	机床及其功能部件能源消耗的测量方法
	ISO14955-4	制定中	金属切削机床能耗试件和实验程序
	ISO14955-5	制定中	金属成形机床能耗试件和实验程序

各种来自与制造活动有关的大量数据和统一的数据格式及模型。

机床是制造系统的主要设备。机床的环境评价 ISO14955 标准共有 4 部分，其中第 1 部分《机床的环境评价 第 1 部分：机床的生态设计方法 ISO/DIS 14955-1》也已于 2013 年颁布[22]。

该标准评价体系引入功能模块，如主轴、进给轴等，可以更加全面地深入分析机床能耗。但仅限于占比例最大的机床使用阶段的能耗，其他生命周期阶段的能源需求忽略不计。与过去标准相比仅提出程序和数据要求不同。这套标准提出了满足能效要求的设计方法，指出根据零件类型（形状、复杂性和加工工艺）评价机床生态性能，为如何提高机床的环境性能指出了方向。

第三节 机床的能耗、能效和节能

一、机床提升能效的空间

随着机床自动化程度的提高，机床配备的外围设备和辅助装置越来越多，也就意味着机床的运行需要消耗越来越多的电能。统计分析表明，自动化机床在使用过程所消耗的大量电能中，只有很小的一部分产生了经济效益。例如，德国海德汉公司对一台加工中心粗铣和精铣金属零件（150mm×50mm×25mm）的能耗分布进行了测定，结果显示，维持机床运作的外部功能（包括冷却润滑液循环过滤、压缩空气等）以及机床的辅助性功能（包括润滑、热管理、换刀等）耗用了 75% 以上的电能。无论是粗铣加工还是精铣加工，都只有 20% ~ 25% 的电能直接消耗于切削加工过程（主轴和进给驱动），如图 12-10 所示[23]。

此外，加工过程的能耗不是稳态的固定数值。对德国海勒公司的 Heller 2000 型铣削加工中心电能消耗的测试显示，机床主轴和进给运动轴的启动、停止、刀具交换等皆出现瞬间远高于平均能耗的峰值电能需求，如图 12-11 所示[13]。

为了降低机床的能耗，必须首先了解机床在运行过程中的能量损失，包括电损失、流体损失、机械阻尼损失和机械摩擦损失，才能够找到提高能效的正确途径，如图 12-12 所示[24]。

从图 12-12 中可见，电损失主要是电动机的各种铁损和铜损；流体损失主要是冷却、液压和气动装置的管路损失；阻尼和摩擦损失则取决于机床的结构、导轨和传动机构的设计与材料。

为了提高机床的能效，可以采用并联机构、焊接结构、冗余运动等新结构、新原理以及碳素纤维、矿物铸件和金属泡沫等新材料，以减轻移动部件的质量和惯性，提高加速度性能，降低电能需求，如图12-13所示[25]。

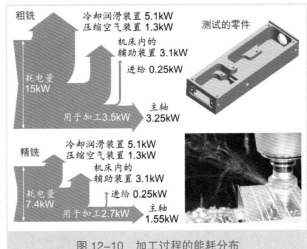

图 12-10　加工过程的能耗分布

在机床使用的不同状态，可采用不同的节电措施，例如：

1）加工能耗。它是指机床在切削加工过程中的电能消耗。通过采用高效高速加工、选用高效刀具和合理的切削用量，能够降低单位切削量的能耗，有效提升机床的能源利用率。在加工过程中，数控轴会不断地改变速度和方向，启动和停止，都将会出现能耗的峰值。因此，编程方法和刀具路径对机床的能耗有很大的影响。

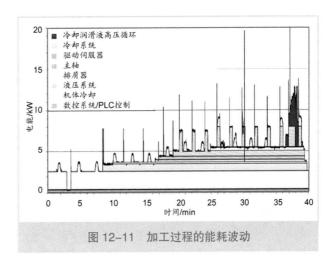

图 12-11　加工过程的能耗波动

2）空载能耗。这是指机床执行加工循环但没有切削时的电能消耗，诸如机床部件的快速移动等。在空载能耗中，特别值得关注的是主轴电动机在加速和制动时的能耗。主轴电动机在加速和制动瞬间的峰值负荷远比加工负荷高。在降低空载负荷方面，可以通过改进主轴的设计，降低加速时的耗能，甚至回收制动能量。此外，加快机床的换刀速度，也能大大缩短空载时间，降低能耗。

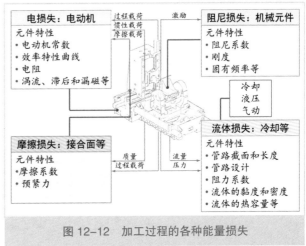

图 12-12　加工过程的各种能量损失

361

3）待机能耗。待机能耗包括机床的照明用电、维持压缩空气和液压系统压力的用

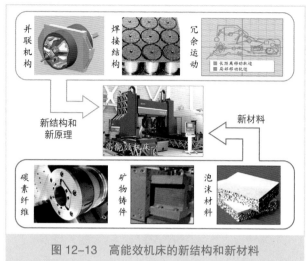

图 12-13 高能效机床的新结构和新材料

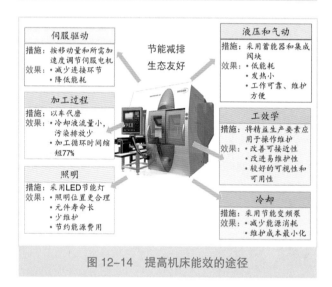

图 12-14 提高机床能效的途径

电、数控系统和驱动装置的待机用电等，即在机床启动后无论工作与否均耗用的电能。降低待机能耗的措施，主要是选用耗电更少的功能部件和在非必要待机时能够自动关闭电源的部件。

综上所述，提高机床能效的途径主要有：

1）合理地确定各数控轴的电动机类型和功率；

2）选用高能效的液压和气动装置；

3）提高加工过程的效率；

4）借助人类工效学提高机床的易操作性；

5）采用 LED 照明；

6）采用节能的冷却装置等。

各种提高能效的措施和预期效果如图 12-14 所示 [2]。

二、加工过程的节能途径

1. 高效刀具

机床的加工过程能效取决于单位金属切除率的能耗。采用先进的刀具，选择合理的刀具几何角度和切削参数，可以大幅度提高切削加工过程的效率，降低切削过程所需的功率，延长刀具的寿命，从而达到以较少的能耗获得较高金属切除率的目的。反之，当机床主轴长期在低于最佳转速状态运转时，不仅增大单位加工时间的能耗，而且会因加工时间延长，令冷却润滑、液压、压缩空气等辅助功能运作时间延长，从而大大增加能耗。

提高加工效率最简单直接的办法是选用与机床最高效率转速匹配的刀具。山特维克可乐满公司倡导的"制造经济学"，其宗旨就是借助先进刀具，大幅度提高切削加工的生产率，达到最佳的经济效益。例如，图 12-15 所示的 CoroMill390 系列铣刀可选配不同的涂层刀片，对难加工的材料可采用多重内冷却通道，使冷却液直接喷射到切削区域，提高了冷却效果，降低了能耗。

2．加工参数优化

提高加工过程能效的另一手段是优化切削参数。例如，NEXT 项目为了对切削机理和运动学进行综合研究，建立了具有不同工艺和零件形状特征的切削模型。其提出的可以准确计算加工时间的模型，通过优化刀具路径，将加工效率提高到了刀具的极限。以枪钻机床改造项目为例，

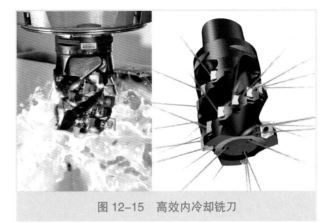

图 12-15　高效内冷却铣刀

借助有限元分析得出枪钻钻头的极限切削用量，并对机床进行改造，如引入切削力传感器和进给速度反馈调节，使钻头长期保持在性能极限范围内运作，大大提高了生产效率和能效。由于借助仿真软件减少或完全避免了试切过程，成功提高了加工过程的可靠性和机床的可用性。枪钻机床引入自适应控制后，机床主轴轴向荷载 F_z 与进给速度 v_f 的变化如图 12-16 所示[6]。从图 12-16 中可见，每当钻削轴向载荷发生突然变化时，枪钻的进给速度会做出自动反应，防止钻头折断。

3．刀具路径优化

机床的切削运动是 X、Y、Z 直线轴运动和 A、B、C 回转轴运动的组合。随着 CAM 软件技术的发展，大多数的 CAM 软件都可以根据目标机床的运动轴配置，为每种工件切削任务提供多于一种的切削路径选择。路径不同除了影响加工表面光洁度、耗时和刀具寿命外，对切削能耗也有很大影响。

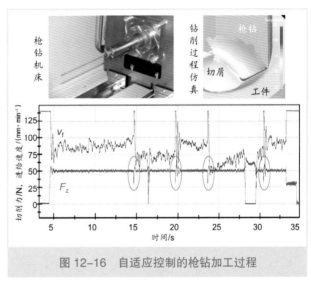

图 12-16　自适应控制的枪钻加工过程

图 12-17 所示为 5 种最常用的刀具路径的能耗。试验对象是在金属材料试件上加工出 100mm×100mm×40mm 的方坑，加工统一采用 20mm 铣刀作粗铣后用 10mm 铣刀精铣[26]。

此外，德马吉森精机公司的研究表明，由于一般刀具路径的主轴启动指令没有与快速移动的速度配合，主轴不必要的高加速会带来不必要的能耗上升。德马吉森精机公司通过修改机床的控制指令，让主轴加速至 12 000r/min 的耗时和快速移动 300mm 的耗时同步，可将能耗从 5.41kW·h 降低 10% 至 4.83kW·h[27]。因此，根据机床运动轴的配置来生成刀具路径，是 CAM 软件技术研究的一个新课题。

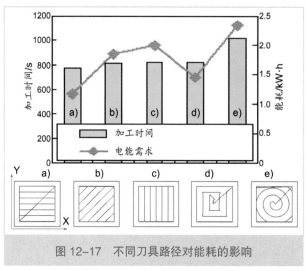

图 12-17　不同刀具路径对能耗的影响

4．节能运转模式

以上所述的机床节能手段都是以不降低机床性能为前提的。MAG Hüller Hille 公司推出的 NBV 型立式加工中心则另辟蹊径，提供给用户一种类似家电普遍采用的"节能运转模式"。启动该模式后，机床会将主轴转速和进给速度调节至电动机的能效比最高点，让用户可以牺牲一点加工速度为代价，降低用电成本，延长机床寿命。

三、空运转的节能途径

机床的空运转能耗主要源于主轴和移动部件运行至切削状态所消耗的能量，其中包括主轴的加速和制动以及工作台、滑枕等的快速移动。虽然机床空运转状态所占时间不多，但由于电动机在加速和制动时的瞬间峰值负荷远比加工负荷高，所以降低机床空运转能耗可以带来可观的效益。

1．能量回收

制动能量回收是降低空载能耗的重要手段。该技术利用驱动电动机，将移动部件减速时的动能回收转化为电能。节约空载能耗的经济价值与加工任务的种类相关。机床在加工过程中启动、制动频繁，功率大，惯量大，动能回收系统产生的效益也较大。

例如，直接驱动的伺服压力机取消了飞轮、离合器和制动器等耗能较大的部件，用交流伺服扭矩电机取代传统的三相异步电机。通过数控系统，使滑块在运动过程中按照设定的运动曲线有规律地加速、减速和停止，滑块运动灵活，定位精度高。同时伺服压力机具有柔性可控、环保节能、低振动和低噪声等特点。由于压力机的运动部件质量很大，能量回收效果显著，可以取得可观的节能效果，相比同等规格的液压压力机，可节省 50% 的电能，如图 12-18 所示。

日本西铁城公司和三菱公司合作推出采用 Cincom 控制器的 M32-Ⅷ数控车床，是主轴能量回收技术商品化的先行者之一。该机床的两套主轴，采用了类似电动汽车驱动系统的能量反馈技术，将电动机制动时产生的电能储存起来。M32-Ⅷ数控车床的能量回收系统与其他节能措施相结合，可比上一代的 M32 机床减少 5.7% 的能耗，而待机时更可节约 90%[28]。

M32-Ⅷ机床的显示屏新增了实时显示耗电量、加工与待机时间比率、工装转换时间、排障时间等信息，方便生产调度人员优化生产安排，降低能耗。M32-Ⅷ机床配合 ECO 系统后，与上代 M32 机床相比，每一加工循环耗时从 55.7s 缩短至 48.5s，进给速度提升了 12.9%，而运动指令自动同步执行功能也使非切削时间减少了 30%。

2．机床运动部件的轻量化

减小机床运动部件的质量是降低空载能耗的另一主要手段。以铝、聚合混凝土、蜂窝复合材料、金属泡沫材料等取代铸铁来制造机床的运动结构件，可在保持部件刚性的前提下，显著

图 12-18　压力机的能量回收

减小惯性质量，令机床可以选用功率较小、能耗较低的驱动电动机，提高机床的能效。一台龙门铣床主轴部件轻量化的例子如图 12-19 所示。从图 12-19 中可见，由于主轴部件的结构件采用轻质材料，从而减小了 Z 轴和 Y 轴伺服驱动装置的结构尺寸以及所需的驱动功率。

德国海堡赫（Hainbuch）公司设计的碳素纤维车床夹头，与传统的钢夹头具有相同的夹紧力，同时具有更高的刚度和强度，但其质量比同规格金属夹头轻 2/3，如图 12-20 所示。采用碳素纤维夹头后，主轴加速时间可缩短 30%。以主轴加速和制动时间占总加工时间 20% 计算，缩短加速时间可减少 6% 的能源支出。

四、液压系统的节能

液压系统是许多机床都有的一个高耗能装置。过去在驱动上都是使用恒转速感应式异步电动机，在工作时电动机始终处于高速恒转速运行，耗能较大。改进液压系统能从多方面提高机床的能源效益。例如，液压系统采用蓄能器后可将部件不运动时的液压能储存起来，并在需要时短时间提供大流量的需求，如图 12-21 所示的机床 Z 轴重力平衡系统，节能潜力达 80%[2]。

改进液压系统的另一办法是提高液压系统的运行效率。直接驱动式容积控制 (Direct Drive Volume Control—DDVC) 电液传动系统，简称直驱式液压传动系统或直驱式液压系统。它采用交流伺服电动机驱动定量泵推动执行件 (油缸或液压马达) 进行工作。用电动机本身的变速、变向、变转矩的功能取代流量控

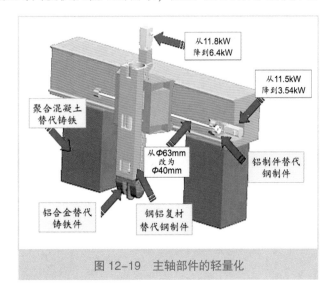

图 12-19　主轴部件的轻量化

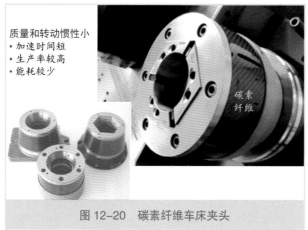

图 12-20　碳素纤维车床夹头

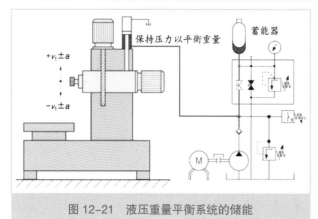

图 12-21　液压重量平衡系统的储能

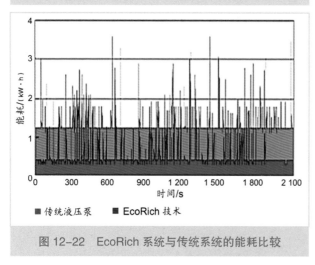

图 12-22　EcoRich 系统与传统系统的能耗比较

制阀、方向控制阀和压力控制阀的功能，不仅消除了液压回路中的节流损失，还大大简化了液压回路的结构。

日本大金（Daikin）公司专门为机床开发的 EcoRich 变频液压系统是高能效液压装置的典型。该系统不仅采用变频控制的螺杆泵，还可确保压缩机待机期间仍能维持系统压力，不仅大幅降低待机能耗，还降低了机床加工期间的启动频率。EcoRich 技术和传统液压泵的应用在加工中心上的能耗比较如图 12-22 所示。

除了采用变频控制的液压泵电动机外，优化液压系统油路和调整液压操作程序也有助于降低液压系统的能耗。其中油路优化手段包括缩短液压管路长度和加大管径、消除液压管路中狭窄的通道等。由于这些手段实施成本低，因此具有很高的实用价值。综合运用上述改善措施，可以在保持液压系统输出功率不变的情况下，降低 55% 的能耗。

第四节　减排与变废为宝

一、减排的必要性和空间 [25]

机床的减排主要针对切屑、切削液、液压油和切削油雾等废弃物排放。在切削加工过程中通常需要使用切削液（冷却润滑液），据统计，汽车零件加工花费在切削液的总费用大约占加工成本的 **10%~15%**。切削液的采购、存贮、使用和废弃处置需要专门的技术和物流系统，费用很高，接近刀具费用的 3 倍。切削液使用与处置不当会对环境造成污染，甚至对人的健康造成危害。随着对环保的重视，切削液的维护成本和废弃费用不断上升。例如，通用汽车公司（**GM**）生产线的切削液循环系统就是一个复杂、昂贵、污染环境、有害工人健康而又不增值的系统，如图 12-23 所示。改造成为微量润滑系统后，借助油雾发生器，省去大容量存储罐、离心过滤器和加压泵等，设备大为简化，经济效益和社会效益极其明显。

加工过程的废弃物减排，可以通过减少物料消耗和加强回收利用两种途径来实现。减排可以带来减少污染和降低成本的双重效果，甚至变废为宝，是机床生态设计中除节能以外的另一个重要举措。

二、干切削和微量润滑[25]

在金属加工领域，干切削和微量润滑（Minimized Quantity Lubrication—MQL）正作为节省成本和节能减排的措施，替代高成本、高污染和有害健康的湿切削过程。

干切削是不使用润滑介质而仅借助压缩空气冷却的加工过程，其优点是可省去切削液系统的费用，降低加工成本，符合环境保护和劳动保护的要求。干切削的局限性在于由于没有使用冷却液，工件尺寸精度较难控制，应用领域有一定限制。

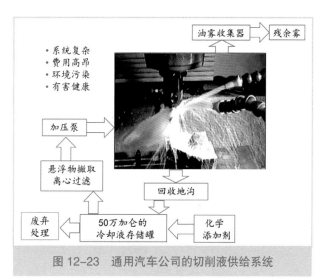

图 12-23 通用汽车公司的切削液供给系统

微量润滑指的是采用压缩空气和润滑剂混合后的油雾进行润滑，润滑剂的消耗小于 50mL/h。微量润滑的适用范围较广，对刀具要求较低，可用于多种加工工艺，但需要专门的装置提供油气雾以及专门的润滑剂。

不同加工工艺所需的油雾量不同。使用微量润滑的机床，需要控制系统根据当前加工指令调节油雾量，例如铣削时减少油雾供应量，攻丝时加大油雾供应量，快速进给时停止油雾供给等。合理调节油雾供应后，机床所产生的切屑含润滑油量极低，呈近似干燥状态，大大降低除油排污的成本。尽管微量润滑所需的切削油品的单价高于一般水基切削液，但由于系统简单、维护费用低，采用微量润滑后的总费用将降低到传统切削液的 40%。试验研究表明，微量润滑有助于提高零件的加工精度，还有助于延长刀具的使用寿命。

微量润滑的气雾可以从外部供给，也可以从主轴和刀具内部供给，以达到最佳的效果。主轴内部供给气雾的系统如图 **12-24** 所示。为了提高润滑效果，最新发展是直接油滴供应系统，即利用特制的冷却空气喷嘴，在冷却空气流中间输出一串微小的油滴。由于润滑油没有被雾化，大部分能投放到切削刃上，润滑效果颇佳。

干切削、微量润滑和湿切削的节能减排效果可以通过对环境负荷的当量碳排放 CO_2e 进行量化评价，如图 **12-25** 所示。从图 **12-25** 中可见，干切削时，对环境的负荷由主轴和进给电动机的能耗、各种外围辅助装置的能耗、刀具和切屑构成。微量润滑需要有压缩空气，增加了外围设备的能耗，润滑油用量极少，对环境影响不大，而刀具的消耗则明显减少。其节能减排效果与干切削不相上下。湿切削对环境造成的负荷最大，冷却装置的能耗是外围设备能耗的主要构成部分，此外冷却液本身也带来不小的环境负荷。

三、切屑处理技术

机床的切屑处理技术包括切屑与冷却润滑液的分离和切屑回收再利用。回收是机床"绿色化"中最具效益的环节，可以变废为宝。切屑回收再利用应该是机床的辅助功能之一，绿色机床的愿景之一就是进一步提高所回收切屑的利用价值。

传统经营模式通常重产轻废，大多把金属切屑作为垃圾看待。企业很少设置废弃物管理机构，没有专门的切屑处理技术和系统，仅由清洁工将金属切屑作为废料收集后，卖给废钢铁回收网点，经过简单的分选、加工，进入社会金属废弃物回收利用的大循环。这种方式存在下列弊端：

1）储存、运输周期长，材料混杂，氧化严重。结果不仅影响废料的利用率，同时还影响再利用后产出品的质量。

2）由于金属废弃物种类繁多，分拣、分类困难，仓储费用高，导致再生过程成本高，整体再生过程附加价值小。

随着循环经济理念的普及，切屑处理自动化日益受到重视。除了大型中央金属废弃物处理系统外，还涌现出一批体积小、功能多的移动式冷却润滑液和切屑处理设备。图 **12-26** 所示为美国

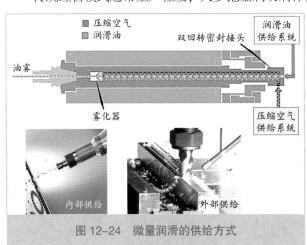

图 12-24　微量润滑的供给方式

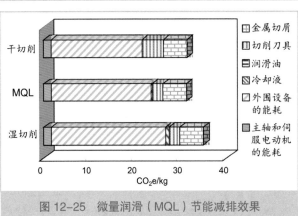

图 12-25　微量润滑（MQL）节能减排效果

PRAB 公司的 Mini System，其是紧凑型切屑处理装置的代表。该系统占地面积小，无需固定安装。系统包含切屑粉碎、废料分离、油屑分离、润滑油过滤功能。这些设备的出现，让中小型机床用户也可以对冷却润滑液和切屑进行深度处理，提高回收价值，减少污染物排放[29]。

扬力集团是生产金属板材加工设备的大型企业集团，拥有员工 4 000 余人。据统计，扬力集团每年产生的大量金属废料（包括废钢、钢屑、铁屑）中，废钢和钢屑占 50%，废铸铁切屑占 50%。2002 年以前未设立废旧钢铁回收利用部门，切屑只能定期低价出售给废品回收商，使废弃物潜在的利用价值未能充分发挥。

从 2002 年起，扬力集团投入大量经费研究金属废弃物的再利用，努力实现金属固体废料低排放。同时集团还投入资金进行相应的技术改造，现已掌握了若干关键技术。

目前正在实际生产中实施和应用"固体废弃物企业内再生，增值再用，变废为宝"的技术和管理方法[30]。主要技术工艺手段如下：

1）采用金属切屑打包机、压饼机，将松散铁屑、钢屑制作成高密度块状，大大减少空气的氧化腐蚀，也明显提高转、储、运输等环节的效率和金属废弃物熔化效率。

2）选用高效中频感应熔化炉，以孕育强化、微合金化、球化、精炼等熔炼技术，生产优质、高强度灰铸铁、球墨铸铁、高牌号铸钢、高合金钢等高性能材料，实现废弃物的增值重用，变废为宝。

3）采用离心铸造、水玻璃砂铸造、树脂砂铸造、金属模铸造等先进技术，生产优质机床铸件，如飞轮、大齿轮、连杆、曲轴等。

借助上述关键技术，每年消

图 12-26 金属切屑处理系统

图 12-27 杨力集团的铸铁切屑处理现场

化由 120 000t 左右钢材、铸件加工所产生的金属废弃物 20 000t，完全实现了金属废料不出厂门，回收率达到 100%，每年仅此项目就创造了 1 500 多万元的价值，而且产品吨件能耗下降 30% 以上，取得了明显的经济和社会效益。

扬力集团铸铁切屑处理现场和切屑压块如图 12-27 所示。

图 12-28　废弃物制成的压力机的曲轴

从图 12-27 中可见，切屑堆积如山，有数人高，如不利用，实为可惜。由废弃物制成的压力机曲轴如图 12-28 所示。

扬力集团现已建成一条龙切屑重用作业链，包括从切屑产生、分类回收、存放、分选、压块、打包、熔炼到铸造零部件的全过程。严格检查各道工序，建立奖罚制度、检验系统和信息反馈系统。引进新的熔炼、造型、检测设备，进行相应的技术改造，采用微合金化、球化、孕育技术生产高品质、高强度铸铁的零件。

第五节　生态机床的典型案例

一、巨浪 DZ08FX 加工中心 [31]

德国巨浪（Chiron）公司的 DZ08FX 加工中心是采用节能措施的创新产品，其外观和加工叶片实况如图 12-29 所示。

DZ08FX 的特点是双主轴、摇篮式双转台。其加工效率翻倍，但并没有增加耗能较大的外围设备。尽管双主轴机床较单主轴机床昂贵，用户在设备投资方面略有增加，但双主轴机床的主要功能和辅助功能的能效高、加工时间短、占地少、加工路线短。这些特点使加工时间缩短 40% 以上，加工成本降低 25%~30%，同时可节能 40%。其综合效益如图 12-30 所示。

DZ08FX 除了双主轴设计特点外，还采用大量降低液压装置能耗和提高制动能量回收率的节能措施：

1）主轴和进给伺服电动机配置制动能量回馈系统，将动能转换为电力。

2）控制系统和变压器采用高能效设计。

3）液压系统配置蓄能器和水冷装置，在保证峰值输出之余，降低增压泵所需的功率。液压元件也尽量采用低能耗设计产品，例如采用能耗降低 60% 的变频增压泵和小功率（8W）的阀门。

4）气动部分配置了巨浪公司开发的 Powersafe 系统，在待机期间或工件装夹完成锁定后，自动关闭非必要的耗电元件，并在需要换刀、解锁等动作前自动重新供电，节约多达 80% 的电力支出。

二、因代克斯 R200 加工中心[32]

要提高机床的能源利用率，除了降低机床的能源输入以外，还可以通过从机床回收剩余能源从而降低机床的净能耗。德国因代克斯（INDEX）公司推出的 R200 和 R300 车铣加工中心就是新型高能效机床的代表。INDEX R200 车铣加工中心提高能效的措施有：

1）为降低能耗和提高动态响应特性，进一步优化了机床部件质量。

2）通过能量再生驱动装置回收能量。

3）根据用户确定的时间，关闭耗能较大的能源装置（待机模式）。

4）采用优化匹配的材料和低摩擦系数的轴承。

5）采用智能化冷却原理，对机床按照预定目标进行冷却，实现废热再利用。

- 双主轴结构
- 双五轴联动
- 占地面积小
- 生产效率高
- 节能高达40%

图 12-29　巨浪 DZ08FX 双主轴机床

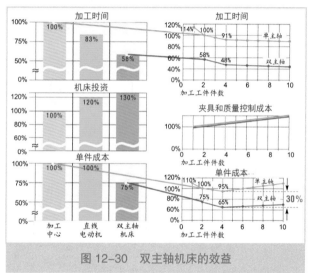

图 12-30　双主轴机床的效益

R200 机床的冷却新方法，确保车铣和铣削主轴、液压系统与电控制柜得到不断冷却。将机床运行中所产生的各种废热加以收集，通过热交换器变为热水，用户可将多台机床的热水集中用于车间供暖或其他需要热源的生产环节，实现无效能源的回收，其原理如图 12-31 所示。

三、imo-space 组合机床[33]

转台式组合机床通常用于加工特征尺寸较小但对尺寸精度要求较高的零件，因此对机床的热稳定性要求非常严格。瑞士依莫贝杜夫（Imoberdorf）公司的 imo-space 转台式组合机床采用全密封式设计以减少车间气温变化对机床造成的热干扰。该机床除了传统的切削液冷却系统外，还装设了机床内部空调系统，以进一步稳定加工区域的温度。其外观如图 12-32 所示。

机床电器柜、主轴、润滑冷却液等的运行和冷却均要耗用电能，其中相当一部分

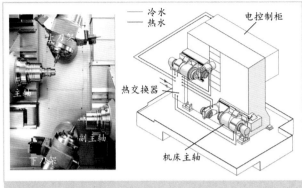

图 12-31　R200 的废热收集系统

图 12-32　imo-space 转台式组合机床

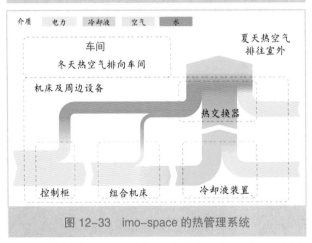

图 12-33　imo-space 的热管理系统

会变成热，且切屑和冷却液排放的废热也会令车间升温，需要耗费额外的空调用电。降温、升温、耗电诸多矛盾纠结在一起，机床生产厂家迫切需要能兼顾多方面的技术方案。依莫贝杜夫公司的热管理系统为妥善解决机床生态管理提供了新思路：废热利用和无害排放。

imo-space 转台式组合机床的热管理系统原理如图 12-33 所示。该系统以水为工作介质，将转台式组合机床各部分产生的热量转换成热空气。在夏季将热空气排到车间外的大气中，可降低车间空调用电量；在冬季，则将热空气排到车间内，减少供暖开支，从而在夏冬两季都能带来可观的经济效益。

四、兄弟TC-S2Dn加工中心[34]

兄弟（Brother）公司推出的 Speedio 系列加工中心，是按照 ISO 14021 国际标准贴有环境友好"绿色标签"的新产品。Speedio M140X2 车铣复合中心的外观和典型加工零件如图 12-34 所示。由于采用高能效、低转动惯量的主轴电动机和其他新型功能部件，以及加强气动元件密封等措施，明显降低了电能与压缩空气的消耗。

与一般的加工中心相比，Speedio 系列机床在批量加工相同零件时，电能消耗和压缩空气消耗皆大幅度减少，加工效率明显提高。

由于 Speedio 系列机床能耗的减少，使得在加工 50 000 件相同零件时，当量碳排放 CO_2e 将比一般机床减少 3/4，如图 12-35 所示。这就相当于 720 棵 35 年树龄的雪松所能够吸收的 CO_2，可见机床节能对环境的影响不容忽视。

五、力士乐 4EE 系统

德国力士乐（Rexroth）公司提出从数控系统和编程角度提高机床能效的全面解决方案，称之为"For Energy Efficiency（4EE）"。例如，Rexroth IndraMotion 数控系统的运动循环分析（MTXcta）和运动能耗分析（MTXega）软件可以实时采集机床运行时的下列各项参数：

1）机床每个动作的能耗；

2）辅助装置的能源需求；

3）驱动和控制参数；

4）工作循环时间；

5）标准宏程序；

6）加工参数等。

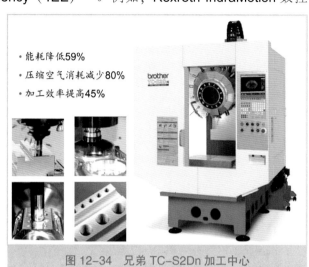

图 12-34　兄弟 TC-S2Dn 加工中心

实验证明，数控机床的程序编制对能耗有很大的影响，特别是加工复杂曲面时的节能潜力达 60%。例如可采用以下措施：

1）Jerk 系数较小的速度控制；

2）样条曲线插补；

3）自动或曲线为基础的圆角轨迹控制；

4）快速移动时的缓冲；

5）没有速度损失的程序块转换。

此外，借助速度变化曲线和斜坡功能都能够产生明显的节能效果。

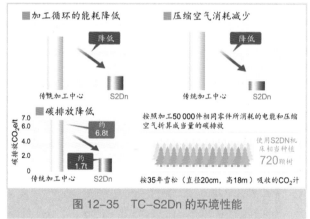

图 12-35　TC-S2Dn 的环境性能

第六节　本章小结与展望

传统机床制造商的核心竞争力在于其工程能力和制造能力，他们致力于详细了解客户需求，推出好用的机床产品，从而建立口碑和市场地位。对传统机床制造商而言，售后服务是产品附带的一环，虽然必要，但并非经营的主要考虑点，销售硬件才是经营的中心。近年来，机床市场发生了重大的转变：客户企业越来越重视产品工程、品牌、营销等核心能力。选择机床设备的动机，正从购买机床本身转移到购买机床所带来的功用上。客户对机床经济性的分析，除了机床价格外，也开始包括全生命周期成本。

客户企业对降低全生命周期成本的呼声，比缩减规模和初始投资的声音更大。此外，更短的产品生命周期，更不可测的产能需求，促使机床和生产系统必须提高敏捷性。由于必须在更短年限内完成折旧，购买新机床变得更加审慎。

另一方面，制造业在新产品开发的过程中，除了面向市场外，制造业也必须推行面向环境的设计（Design for the Environment）：大幅度地提高资源和能源利用效率，节能减排，保护生产者和使用者的健康。机床在现代制造中的地位，使机床行业在减少生态破坏方面必须担当特别重要的角色。社会对生态机床的期望是：

1）机床主要零部件由再生材料制造；

2）机床的质量和体积减小50%以上；

3）通过减轻移动部件质量、降低空运转功率等措施，使功率消耗减少30%~40%；

4）使用过程的各种废弃物减少50%~60%，保证基本没有污染的工作环境；

5）报废后，机床的材料100%可回收。

在上述大趋势下，数控机床的发展不再仅仅是机床性能的提高，机床的绿色化日益受到重视。绿色化和提高性能是不矛盾的、共存的。性能表现与生态表现将集成为下一代高性能机床的主要特征。机床实现高性能和生态友好双重要求的主要设计途径是：

1）减用能源：采用新结构和新材料，减轻移动部件质量，优化刀路和切削参数，采用变频电动机和螺杆压缩机等节电功能部件，实现节约用能。

2）再用能源：采用液压蓄能器、电动机制动电能反馈系统等部件，将转化为势能和动能的能源再用于机床的加工，达到机床能量的再利用。

3）回收能量：采用热交换器、制动电能反馈等系统，将机床本要消散的能源回收，再重用于厂房的其他用途或返输回电网，实现能量的回收。

4）减少排放：采用干切削和MQL等新润滑技术，实现减排。

机床采用的各种节能减排措施中，选用蓄能器、小功率元器件等配置优化手段比较适合在中小机床制造企业实施。主轴和驱动的制动能回馈系统一般由数控系统供应商开发，中小机床制造企业也可根据需要配置。但如巨浪公司Powersafe一类的节能措施，需要机床企业自行整合机床产品的各机电分系统，只有自身技术力量较强的机床制造企业才能染指。

机床的节能和生态不仅是环境保护问题，也是市场竞争的焦点。例如，购买德国机床通常需要较高的初始投资，但德国机床采用各种节能和生态技术后，不仅可以降低机床对环境的影响，还能在多方面为客户节约加工成本，从而赢得客户的青睐。

欧盟市场对我国机床行业的重要性正在不断提升，但随着欧盟产品生态设计指令的实施，机床产品的能效问题必定成为新的热点和竞争力。我国机床行业有必要尽快开展在节能与生态设计方面的研究并付诸生产应用。

参考文献

[1]　刘飞 , 曹华军 , 张华 , 等 . 绿色制造的理论与技术 [M]. 北京 : 科学出版社 ,2005.

[2]　张曙 , 卫汉华 , 张炳生 . 机床的节能和生态设计 [J]. 制造技术与机床 ,2012(6):6-12.

[3]　Albert M. Field report from Japan[J/OL]. Modern Machine Shop[2013-07-10].http://
www.mmsonline.com/articles/field-report-from-japan.

[4]　Gildemister.Reduce your electricity costs through efficientuse energy: energy project at
DECKEL MAHO Seebach[EB/OL].[2013-07-10].http://energy.gildemeister.com/blob/26
0392/5573f9f54fa684b39e59ae4aad904a9b/brochure-see bach-download-data.pdf.

[5]　Gildemister.Reduce your electricity costs through efficient use energy: energy project at
DECKEL MAHO Pfronten [EB/OL].[2013-07-10].http://www.dmg.com/query/internet/v3/igpdf.
nsf/cc01b67ec85930c6c1257b6d004ea512/$file/pfronten-energy-efficiently_en.pdf .

[6]　Bueno R.Final Report—NEXT generation production systems[EB/OL].[2013-07-10].
http://www.cordis.europa.eu/documents/documentlibrary/120142271EN19. doc.

[7]　Dervisopoulos M.CO$TRA-Life cycle costs transparent[R/OL].[2014-06-15].http://
www.stiftung-industrieforschung.de/images/stories/dokumente/forschung/life_cycle/
abschlussbericht_costra.pdf.

[8]　DMG MORI.DMG Energy saving[EB/OL].[2014-05-31].http://www.dmgmori.com/
webspecial/configurator_energysave_13/en.html#.

[9]　Schischke K,Hohwieler E,Feitscher R,et al.Energy-using product group analysis-lot 5
machine tools and related machinery task 1 report-definition[R/OL].[2014-05-31].http://
www.ecomachinetools.eu/typo/project_plan.html#task1.

[10]　Schischke K,Hohwieler E,Feitscher R,et al.Energy-using product group analysis-lot 5
machine tools and related machinery task 2 report–economic and mar ket analysis[R/
OL].[2014-05-31].http://www.ecomachinetools.eu/typo/project_plan.html#task2.

[11]　Schischke K,Hohwieler E,Feitscher R,et al.Energy-using product group analysis-lot 5
machine tools and related machinery task 3 report–user requirements [R/OL].[2014-05-
31].http://www.ecomachinetools.eu/typo/project_plan.html#task3.

[12]　Schischke K,Hohwieler E,Feitscher R,et al.Energy-using product group analysis-lot 5
machine tools and related machinery task 4 report–assessment of base case[R/OL].
[2014-05-31].http://www.ecomachinetools.eu/typo/project_plan.html#task4.

[13]　Schischke K,Hohwieler E,Feitscher R,et al.Energy-using product group analysis-lot 5
machine tools and related machinery task5 report–technical analysis BAT and BNAT[R/
OL].[2014-05-31].http://www.ecomachinetools.eu/typo/proje ct_plan.html#task5.

[14]　Schischke K,Hohwieler E,Feitscher R,et al.Energy-using product group analysis-lot 5
machine tools and related machinery task 6 report-Improvement potential[R/OL].[2014-
05-31].http://www.ecomachinetools.eu/typo/project_plan.html# task6.

[15]　Schischke K,Hohwieler E,Feitscher R,et al.Energy-using product group analysis-lot 5
machine tools and related machinery task 7 report–policy and impact analysis[R/OL].[20
14-05-31].http://www.ecomachinetools.eu/typo/project_plan.html#task7.

[16]　中国国家标准化管理委员会 . 环境管理将环境因素引入产品的设计和开发 :GB/T
24062-2009[S]. 北京 : 中国标准出版社 ,2009.

[17]　中国国家标准化管理委员会 . 环境管理 生命周期评价要求与指南 :GB/T 24044-
2008[S]. 北京 : 中国标准出版社 ,2009.

[18]　Zulaika J,Campa F J, Lopez de Lacalle L N. Integrated process-machine approach
for designing productive and eco-efficient machine tools[J].International Journal of
Machine Tools and Ma-nufacture,2011,51(7/8):591-604.

[19] Narita H.Environmental burden analyzer for machine tool operations and its application[M/OL]//Aziz F A.Manufacturing system.[2014-05-30].http://www.Intechopen. com/books/manufacturing-system.

[20] Garczynska M.The Ecodesign Directive: Energy Efficiency Targets for Machine Tools[J].International Journal of Machine Tools and Manufacture,2011,51(2):591-604.

[21] ISO.Automation systems and integration-Evaluating energy efficiency and other factors of manufacturing systems that influence the environment-Part1: Overview and general principles: ISO20140-1:2013[S].Geneva:International Organization for Standarization,2013.

[22] ISO.Machine tools-Environmental evaluation of machine tools-Part1:Design methodology for energy-efficient machine tools: ISO14955-1:2014[S].Geneva: International Organization for Standarization,2014.

[23] Heidenhain.Aspects of energy efficiency in machine tools: [EB/OL].[2014-04-24].http:// www.heidenhain.com/en_US/documentation-information/documentation/brochures/ popup/media/media/show/view/file-0217/.

[24] Neugebauer R,Wabner M,Rentzsch H,et al.Structure principles of energy efficient machine tools[J].CIRP Journal of Manufacturing Science and Technology, 2011,4(2):136-47.

[25] 张曙,谭惠民,黄仲明.绿色将成为新的竞争热点：机床产业转型升级途经之四 [J]. 制造技术与机床,2009(12):4-7.

[26] Diaz N,Choi S,Helu M,et al.Machine tool design and operation strategies for green manufacturing[C/OL].Proceedings of 4th CIRP International Conference on High Performance Cut- ting,2010,http://www.escholarship.org/uc/item/5gz7j6rn.

[27] Mori M,Fujishima M,Inamasu Y,et al. A study on energy efficiency improvement for machine tools[J].CIRP Annals,2011,60(1):145-148.

[28] Citizen.Cinicom Innovation line M32[EB/OL].[2014-05-21].http://www.citizen machinery. co.uk/downloads/brochures/m432_eng.pdf.

[29] PRAB.Turn your metal scrap and fluids from a liability into a profit center [EB/OL]. [2014-05-21].http://www.prab.com/images/stories/brochures/prabvertmktmachi ninga4. pdf.

[30] 黄仲明,傅建忠,张曙.装备制造业废弃物管理及其增值策略 [J].新技术新工艺,2007 (10):13-16.

[31] Chiron.Smallest and fastest twin-spindle machining center DZ08FX MAGNUM [EB/ OL].[2014-05-21].http://www.chiron.de/fileadmin/pdf/baureihen_neu/englisch/br08/ DZ08FX_EN.pdf.

[32] Index.RatioLine R200,R300 turning/milling center[EB/OL].[2014-05-21].http://www. index-werke.de/mediadata/r300-0033e.pdf.

[33] Imoberdorf.Imotion 2010[EB/OL].[2014-05-21].http://www.imoberdorf.com/ueber-uns/ download/imotion_2010.pdf.

[34] Brother.CNCTapping center TC-S2Dn[EB/OL].[2014-05-21].https://brother-ms.secure. force.com/download/servlet/servlet.FileDownload?file=01510000000UW6F.

第十三章　机床创新产品的案例

张　曙　张炳生　樊留群

导读：何谓机床界的"创新产品"？似乎还没有专家提出过明确的定义。机床产品涉及国民经济的方方面面，应用范围广，牵涉的技术门类繁多，尤其是近 20 年来，航空航天、精密仪器、光学和激光技术等迅速发展，各种大型舟桥、建筑平地而起，这些都对机床产品提出了诸如功能、精度、质量、效率、环境保护、宜人性等方面的全新要求。所以，机床产品的创新是势所必然的，本章作为全书的收官部分，汇集了当今国内外 38 种具有创新特色的机床产品典型案例，供读者品味、思索和借鉴。

本章在介绍这些案例时，重点在于介绍设计时的创新思路：产品将用于做什么？怎么做？现有的机床产品存在什么矛盾？明确了需要解决的问题才能找出创新的道路，采用新技术或者新技术的创新组合。

机床产品的创新不是对原有产品的模仿，而是在原有技术基础上的提升、重组，或者用新技术予以改造以适应市场的新需求。

机床产品创新的动力源泉来自市场格局的变化。因此，设计工程师应清醒地辨识市场"需求"的普遍性问题。特定用户提出的功能或结构等要求往往具有局限性，它可以是创新思维的火花，但需要设计师的综合与提高，需要用新技术、新思路予以引导，形成一个符合制造业发展方向、切实可行的创新方案。

分析众多的机床产品的创新案例，可以看到：如果将这些案例分解的话，大多数机构都"似曾相识"，但当将它们科学组合后，即成为具有全新意义的创新产品，被赋予了新的功能和能力。所以，不必将机床产品的"创新"神秘化，当然，机床产品的"创新"更不是一蹴而就的。

第一节　高精密和超精密机床

一、高精密和超精密加工是关键技术 [1-3]

随着航空航天、汽车等工业的技术进展和对环境保护要求的不断提高，对零件的加工精度和工艺要求也越来越高。以满足尾气排放要求的柴油发动机为例，燃油喷射阀门需要在每一冲程内快速开闭 5~8 次，而阀门往复行程仅 20μm，从而对阀门的气密保持性和动态特性要求很高，如图 13-1 所示。

为了满足上述要求，必须提高这类零件的加工精度，但它超出了一般精密机床所能达到的水平。高精密加工机床是对应上述加工要求的机床。

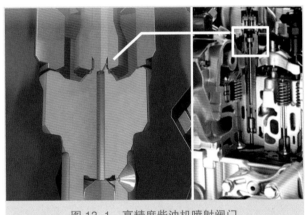

图 13-1　高精度柴油机喷射阀门

高精密加工的精密度级别介于精密加工与超精密加工之间，即加工尺寸允差在 0.1μm~3μm 范围内。高精密加工的定义，除了允差范围以外，也同时考虑零件尺寸大小和批量。例如：加工大批量零件时保持小于 5μm 的允差，加工相互配合的两个零件时保持 2μm 允差，或用微型立铣刀在定位精度为 0.3μm 的机床上进行加工等，都属于高精密加工的范畴。也就是说，零件的尺寸精度和批量决定了特定允差的实现难度。

超精密加工是指尺寸允差在 100nm 以内的加工。它的特点是可直接加工出具有纳米级表面粗糙度和亚微米级形面精度的表面。可借以实现各种优化的、高成像质量的光学系统，并促进光学电子设备的小型化、阵列化和集成化。

随着航空航天、精密仪器、光学和激光技术的迅速发展，以及人造卫星姿态控制和遥测器件、光刻和硅片加工设备等各种高精度平面、曲面和复杂形状零件的加工需求日益迫切，超精密加工的应用范围正在日益扩大。

近年来，超精密加工开始从高技术装备制造领域走向消费品生产领域。应用最为广泛的是各种电子产品中的塑料成像镜头，如手机和数码相机镜头、光盘读取镜头等。同时，也开始用于各种自由曲面光学零件、微透镜阵列、渐进式镜片、菲尼尔透镜、微沟槽阵列等各种光束处理镜片的加工。与成像镜头相比，光束处理器件具有更为复杂的形面，典型的精密光学器件如图 13-2 所示。

此外，为了提高光束处理器件的加工效率，出现了若干新的加工方法，如刀具法向成型车削、飞刀切削、慢刀伺服车削等。

高精密和超精密机床是制造这类高技术产品的高端制造装备。目前，我国高精密和超精密机床还不能完全自给，大多依赖进口。然而超精密机床又往往被列为对我国禁运的高技术产品。

二、KERN 纳米加工中心 [4]

德国科恩（KERN）精密技术公司是一家中小企业，成立于 1962 年，主要业务是精密零件的加工。1981 年，IBM 公司委托科恩公司加工一种高精度零件，当时在市场上没有一台机床能够满足这样高的加工

图 13-2 典型的精密光学器件

精度要求。刚从父亲手里接过公司的 KERN 先生认为"没有什么事是不可能的"，决定接受这一挑战。他自己研制了新型超精密加工机床，终于完成了这一加工合同，获利颇丰。这个成功案例导致科恩公司从此成为一家机床制造商，并且从精密加工进入纳米加工领域。

科恩公司至今仍然保持以"4μ 经营理念"为各工业部门的客户加工各种精密零件：① μTool——精密模具；② μPart——精密零件加工；③ μDrill——微孔钻削；④ μOpt——高表面光洁度加工。由于科恩公司能从代客加工的业务中不断积累精密加工的工艺诀窍和精密机床的使用经验，发现新的和潜在的市场需求，不断改进自己的机床产品，因此 KERN 机床最重要的用户就是科恩公司自己。目前，科恩公司可提供以下 3 个系列的机床产品：

1）KERN Micro 是适用于单件小批生产的高精度加工中心，3~5 轴联动，定位精度 ±1.0μm，加工表面粗糙度不大于 0.2μm。

2）KERN Evo 是适用于中批和大批量生产的超精密加工中心，3~5 轴联动，定位精度 ±0.5μm，加工表面粗糙度不大于 0.1μm。

3）KERN Pyramid Nano 是适用于中批和大批量生产的金字塔式纳米加工中心，3~5 轴联动，定位精度 ±0.3μm，加工表面粗糙度不大于 0.05μm。

研制高精密和超精密加工机床的首要关键是要妥善解决机床的热变形问题。传统的解决方案主要侧重环境温度的控制，而对机床结构本身往往考虑欠周，现以 KERN Pyramid Nano 机床为例，描述提高精密机床热性能的方法。

科恩金字塔式纳米加工中心的主体结构是对称的金字塔龙门型结构，采用科恩公司专利的 Armorith 人造花岗石材料铸造。这种复合材料的热传导率很低，可以保证机床的热均衡稳定性和刚性，与智能温度管理系统配合在一起，能减少切削热和环境温度变化对机床加工精度的影响，并同时具有高结构强度与良好的减振阻尼性能。该机

图 13-3　KERN Pyramid Nano 加工中心

床的外形和结构配置如图 13-3 所示。

从图 13-3 中可见，机床床身和龙门框架是人造花岗石铸造的（灰色），工作台、主轴部件、电器柜和切屑收集系统则是金属构件（蓝色）。

该机床具有智能化温度管理系统。独立的水冷却系统用于主轴、液压单元、电气控制柜以及冷却装置本身的冷却。循环的液压油在床身、静压导轨和各运动轴的驱动装置中持续流动，进行冷却。温度管理系统使中央冷却箱的温度控制在 ±0.25℃ 范围内，从而降低了对环境温度控制的要求。

研制超精密加工机床的第二个关键是坐标移动的精度、灵敏度和稳定性。金字塔式纳米加工中心的 3 个直线驱动轴皆采用静压导轨和静压丝杠，具有接近零摩擦、无磨损、无噪声、高动态刚性、低能耗和高阻尼等一系列优点。可以实现高加速度和最小为 0.1μm 的微量直线移动。保证在进给速度很低时也没有爬行现象。

金字塔式纳米加工中心是为大批量生产设计的。在机床的右侧配置有立式多层盘式刀库，在刀库中可以安置带红外线传输的接触式测量头，用于测量工件的尺寸和位置。在机床左侧配置有自动工件交换装置。机床配备有非接触式激光测量装置，在主轴旋转时用以测量刀具的长度、直径和同心度。测量数据自动传输到海德汉数控系统，必要时可加以补偿或更换备用刀具。

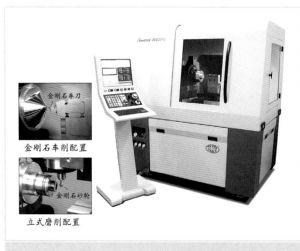

图 13-4　450UPL 超精密车床

三、Moore 超精密车床[5]

1. 法向成形加工

图 13-4 所示的美国摩尔纳米技术系统公司（Moore Nanotechnology System）的 450UPL 型超精密车床，采用单晶金刚石车削工艺，是最早商品化的超精密加工机床。单晶金刚石刀具是采用单晶金刚石制造的尺寸很小的切削刀具。由于其刀尖半径可小于 0.1μm，工件加工后的表面粗糙度可达纳米级，因

此能在硬材料上直接切削出具有极光洁的表面和超高精度的微小三维特征结构，适用于塑料镜头注塑模模芯、铝合金反射镜以及有机玻璃透镜等复杂形状零件的加工。

通常，单晶金刚石车削加工只对 X 轴和 Z 轴进行轨迹控制。虽然理论上它可以在一次车削过程中加工出回转体的端面和内外成形表面，但由于刀具结构的限制，在加工 LED 准直镜等落差较大的成形表面时，刀具与镜面会发生干涉，往往无法一次完成整个镜面的车削。

为了解决表面形状凹凸变化较大的器件加工，超精密车床制造商开发了刀具法向成形（Tool-normal Contouring）加工方法。将刀架安装在回转 B 轴上，对 X、Z、B 轴同时进行控制，使刀具在车削过程中始终保持刀尖与工件曲面的法线重合，一次完成整个镜面的车削，如图 13-5 所示。

图 13-5　刀具法向成形加工

2. 飞刀切削加工

除了回转对称的镜片外，各种波导器件在产品上的应用也越来越多。波导器件是一种引导和约束光传播路径和方向的光学器件，加工要求很高。例如：条形波导器件特点是镜面曲率大、形状狭长，采用一般车削加工效率低，而且加工范围受车床的主轴回转半径限制。飞刀切削（Fly-cutting）是在超精密车床的基础上，通过改变刀具和工件的装夹方法，提高大曲率狭长工件切削效率的加工方法。它的原理是将刀具径向安装在圆柱形的刀盘前端，再将刀盘安装在车床主轴上随主轴高速旋转，故称为飞刀。工件则安装在工作台上随工作台直线进给，从而实现切削过程。

当一条刀具轨迹完成后，飞刀随着主轴沿切削间距方向移动一定距离，转为另一条轨迹的加工。由于刀具每旋转一周，刀具与工件只接触一次，加工效率比较低，因此以飞刀切削平滑曲面时，一般采用聚晶金刚石材料的圆弧刀刃车刀来取代单晶金刚石尖刀，尽量增大切削间距，同时提高主轴转速，以提高加工效率。

图 13-6　飞刀切削加工

条形波导器件和飞刀切削过程如图 **13-6** 所示。

飞刀切削的另一种用途是加工具有微结构阵列的光学器件。微结构表面是指具有特定功能的微小表面拓扑形状、形面精度达亚微米级的表面。如微结构阵列光学器件、

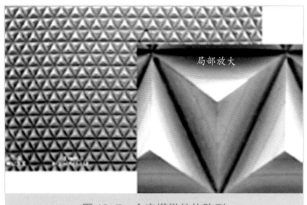

图 13-7　金字塔微结构阵列

菲尼尔透镜、衍射光学元件、梯度折射率透镜、闪耀光栅、多棱镜等。典型金字塔微结构阵列如图 **13-7** 所示。微结构阵列光学元件能大大提高光学器件的深宽比，有利于产品的小型化。

利用飞刀切削加工微结构阵列的原理是，在整个面上完成一个方向的加工后，根据要加工的微结构形状的需要，将工件转动一定的角度再进行另一个方向的加工，直到加工出所需要的线性槽微结构、由多条相交线组成的微槽结构阵列以及重复性的棱柱矩阵、金字塔矩阵等。

3．快刀和慢刀伺服车削[6]

飞刀铣削虽然可以加工部分微结构，但飞刀加工时工件的安装与调整比较困难，加工面形仍然受刀具尺寸的影响。此外，非几何形状的反光罩、正弦相位板等具有自由曲面阵列的光学器件，由于其微结构的排列为非相交线组成，难以采用飞刀切削加工。慢刀伺服（Slow Tool Servo）和快刀伺服（Fast Tool Servo）车削是两种近年发展比较快的超精密加工技术，这两种技术均能显著提高微结构阵列和自由曲面光学器件的加工效率。

1）慢刀伺服车削是对车床主轴与 Z 轴同时进行控制，使机床主轴变成位置可控的 C 轴，机床的 X、Z 和 C 轴在空间构成了圆柱坐标系。同时，高性能的数控系统，将复杂面形零件的三维笛卡儿坐标转化为极坐标，并对所有运动轴发送插补进给指令，精确协调主轴和刀具的相对运动，实现对复杂形面零件的车削加工。慢刀伺服车削 Z 轴和 X

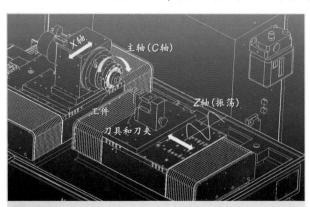

图 13-8　慢刀伺服车削加工

轴往往同时作正弦往复运动，需要多轴插补联动，如图 **13-8** 所示。

因此，在加工前需要对零件面形进行多轴协调分析，进而确定刀具路径和刀具补偿。但是，慢刀伺服车削受机床滑座惯性以及电动机响应速度的影响较大，机床动态响应速度较低，适合加工面形连续而且较大的复杂光学器件。

2）快刀伺服车削与慢刀伺服车削的差别在于：将被加工的复杂形面分解为回转形面和形面上的微结构，然后将两者叠加。由 X 轴和 Z 轴进给实现回转形面的轨迹运动，对车床主轴只进行位置检测并不进行轨迹控制。借助安装在 Z 轴但独立于车床数控系统之外的冗余运动轴来驱动刀具，完成车削微结构形面所需的 Z 轴运动。这种加工方法具有高频响、高刚度、高定位精度的特点。

快刀伺服系统是由伺服控制的刀架及其控制系统组成的。金刚石刀具在压电陶瓷元件驱动下可以进行 Z 轴的往复运动。控制系统在实时采集主轴角度信号的基础上，实时发出控制量，控制刀具实时微进给，从而实现刀具跟踪工件面形的起伏变化，如图 13-9 所示。快刀伺服在加工前仅需对零件面形进行精确计算，生成能表征零件面形的数据文件。快刀伺服系统的运动频响高，行程仅有数毫米，故更适于加工面形状突变或不连续、有限行程内的微小结构。

图 13-9　快刀伺服装置

四、西田 YMC430-II 精密加工中心[7]

1.机床的结构特点

日本西田（Yasda）工业公司的 YMC430-II 精密加工中心主要用于加工小型的高精度零件，诸如高质量表面的镜面加工、高定位精度和高尺寸精度的加工（±1μm）。因此，在结构设计上特别注意提高刚度和减少热变形的影响。横截面呈 H 形的、前后和左右都对称的整体双立柱保证了机床的高刚度，加上结构对称的主轴部件，显著减少热变形所引起的刀具中心点相对工作台的偏移，如图 13-10 所示。

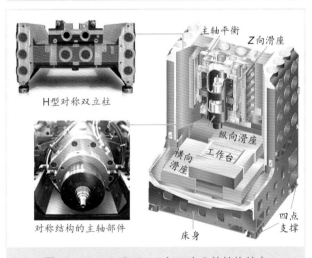

图 13-10　YMC430-II 加工中心的结构特点

由于立柱的鲁棒结构和内部冷却，质量较大，因此机床床身采用 4 点支撑，以保证机床的稳定性。

2.直线电动机驱动

YMC430-II 机床的 X、Y、Z 直线移动轴和 B、C 回转轴皆采用直接驱动，简化了机

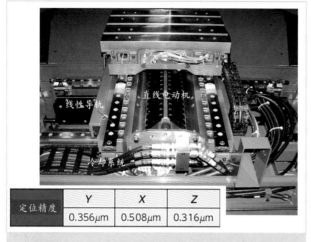

图 13-11　采用直线电动机驱动的工作台

定位精度	Y	X	Z
	$0.356\mu m$	$0.508\mu m$	$0.316\mu m$

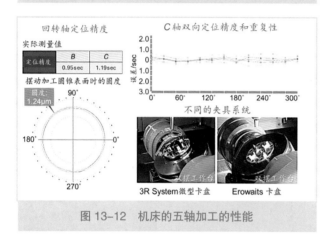

图 13-12　机床的五轴加工的性能

械传动结构，彻底避免了反向运动的间隙，提高了机床的性能。该机床采用直线电动机驱动的工作台结构如图 13-11 所示。

机床的 X、Y、Z 轴皆采用高刚度和高精度的线性导轨，工作台和主轴的定位精度在全行程内的实际测量值分别为 $0.508\mu m$、$0.356\mu m$ 和 $0.316\mu m$，直线电动机的缺点之一是发热较大，YMC430-Ⅱ机床为直线电动机配置高效冷却系统，以提高机床的热性能。

3. 从 3 轴到 5 轴加工

YMC430-Ⅱ配置 R10 双摆回转工作台（B、C 轴）后，即可成为小型 5 轴高精密加工中心，C 轴回转工作台可配置不同的夹具系统。5 轴加工时的机床工作精度是反映机床精度水平的主要指标，YMC430-Ⅱ加工中心 5 轴加工时的精度实测结果如图 13-12 所示。

机床 B 轴和 C 轴在 360° 范围内的双向定位精度分别为 0.95″ 和 1.19″。在加工圆锥表面时圆度为 1.24μm，皆明显高于同类机床。

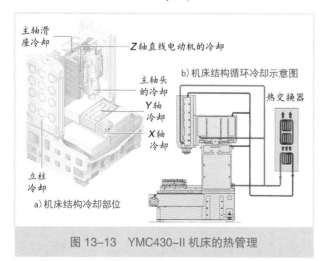

图 13-13　YMC430-Ⅱ机床的热管理

4．机床的热管理

完善的热管理是 YMC430-Ⅱ机床的最大特点之一，其原理如图 13-13 所示。从图 13-13 中可见，该机床在 6 个部位配置循环液冷却系统：①立柱的内冷却；②主轴头的内冷却；③主轴滑座的内冷却；④X 轴直线电动机的冷却；⑤Y 轴直线电动机的冷却；⑥Z 轴直线电动机的冷却。

立柱采用内冷却是该机床的一大特色，对精度保持稳定性起到很大的作用。

制冷装置的热交换器输出温度较低的冷却液，进入机床各冷却部位。经过循环将热量带出，具有较高温度的冷却液回到热交换器再度进行制冷。

五、DIXI 高精度加工中心 [8]

1. 机床的结构特点

德马吉森精机旗下的 DIXI 公司是以生产卧式精密坐标镗床著称的百年老厂。目前以 JIG 系列为产品平台，在此基础上配置自动换刀、托板交换等外围自动化装置，成为 DHP 系列加工中心。其中托板尺寸 800mm×800mm 的 DHP80II 的外观和结构如图 13-14 所示。

从图 13-14 中可见，DIXI 机床采用箱中箱、左右对称的结构。截面较大的立柱和封闭的箱中箱框架、X 轴向大跨度线性导轨以及双电动机重心驱动，保证了机床高刚度、高精度和平稳的运动。结构的左右对称性，使热变形造成的刀具中心点与工作台相对偏移减少到最低程度。

2. 机床的刚度

DIXI 公司的机床床身材料为球墨铸铁，经过有限元分析优化后，床身的静态刚度达 120N/μm，比一般数控机床高 3 倍，动态刚度也比一般机床高 2～3 倍，如图 13-15 所示。

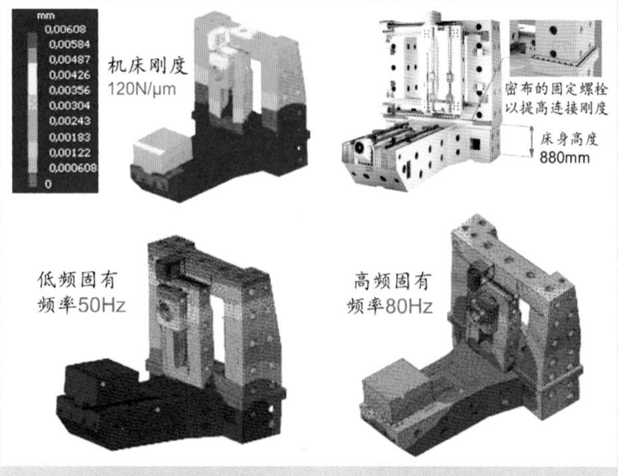

结构件结合面是机床刚度的薄弱环节。DIXI 机床的床身和立柱框架的固定采用小间距密布的螺栓，保证紧固力均匀分布，减少局部应力，提高连接刚度。此外，床身采用 3 点支撑，并将刀库、电气柜、托盘交换装置等

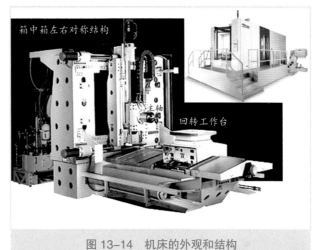

图 13-14　机床的外观和结构

图 13-15　机床的静态刚度和固有频率

周边系统与床身分离。此举除可简化机床安装外，还有提高机床稳定性、减少热变形的影响和降低床身振动的作用。

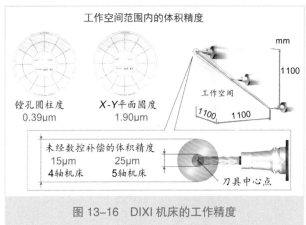

图 13-16 DIXI 机床的工作精度

3. 机床的精度

由于机床刚性较高，DIXI 机床的工作精度可与三坐标测量机媲美。各移动轴的双向定位精度可达 0.99μm，重复定位精度 0.90μm（皆为未经补偿的实际测量值），且精度稳定性和保持性非常好，使用数十年也能够保持不变。更为重要的是，DIXI 机床具有很高的空间对角线（体积）精度和运动轨迹精度，如图 13-16 所示。

从图 13-16 中可见，在整个工作空间范围内，主轴从最低右前端移动到最高左后端，刀具中心点的未经补偿的空间对角线误差：对 4 轴机床为 15μm，对 5 轴机床为 25μm，只有一般精密机床的 1/3。

在镗孔加工时，孔的圆柱度可达 0.39μm，机床在 X-Y 平面内的运动圆度为 1.90μm（整个工作空间范围内），没有明显的反向间隙。

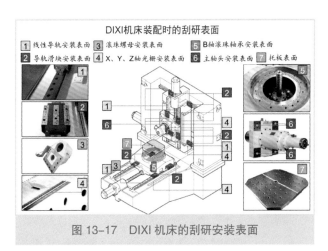

图 13-17 DIXI 机床的刮研安装表面

4. 装配工艺对精度的影响

机床部件总成的装配工艺对工作精度有很大的影响，特别是各部件的结合面和安装表面的平整与否对机床空间精度有直接影响。DIXI 机床除导轨面必须经过刮研外，所有安装表面也都经过人工刮研，以保证安装表面的平面度和配合部件之间的相互几何关系，因而装配一台机床需花费高达数百小时的刮研工作量。机床装配时的刮研安装表面如图 13-17 所示。

安装表面的刮研除了保证机床的几何精度外，对载荷的均匀化有明显的作用。例如，直线导轨的 4 个滑块如不处于一个平面内，将导致 4 个滑块在运动过程中受力不均，摩擦增大，磨损加剧。安装表面刮研与否对机床空间精度的影响如图 13-18 所示。

从图 13-18 中可见，在主轴处于高度 2 时，刮研前各轴在 1 000mm 行程范围内定位精度可达 12μm，刮研后可控制在 5μm。主轴在高度 1 时，刮研前后工作台定位精度变化较小。

5. 机床的热管理

热变形在高精度机床中显得非常重要，占总误差的 50%~70%。为了控制热变形，

DIXI 机床在 7 处发热源皆设置了温度控制点进行热管理，如图 13-19 所示。

从图 13-19 中可见，7 个温度控制点分别是：①滚珠螺母；②滚珠丝杠轴承；③主轴轴承和电动机；④*B*、*C* 轴直接驱动电动机；⑤电气柜；⑥液压系统；⑦冷却循环系统。

与此同时，在各个热源都设计了独立的冷却循环回路，并计算好各处热源的发热量。在机床工作期间，冷却液循环系统根据各个热源的发热量供应比室温低 2℃ 的冷却液。确保每个循环回路都提供稍大于热源发热量的冷却量，保持机床的热变形在允许范围之内。

6．主轴部件

主轴部件是机床的心脏。DIXI 机床采用智能化的主轴部件。其结构和传感器分布如图 13-20 所示。

DIXI 机床的主轴部件采用同步电动机驱动，主轴前后轴承皆为角接触滚珠轴承以及压力可调的液压预紧装置。主轴前端配置有位移传感器，可测量由于热变形和机械惯性力引起的主轴轴向位移，然后借助数控系统加以补偿。主轴轴承和电动机定子均配置有冷却水套，温度传感器实时测量主轴的温度，并相应控制

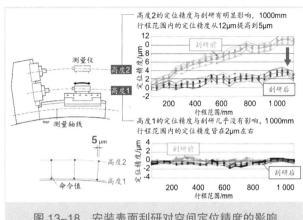

图 13-18　安装表面刮研对空间定位精度的影响

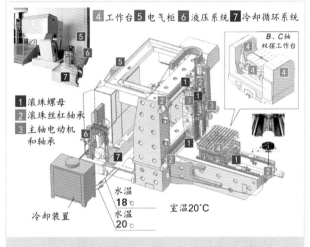

图 13-19　DIXI 机床的热管理

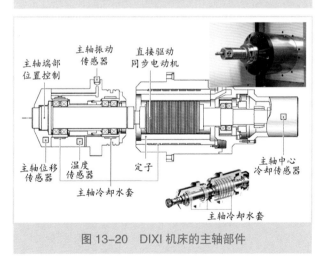

图 13-20　DIXI 机床的主轴部件

冷却水的流量，避免热量转移到主轴箱，防止热扩散，抑制了热变形。当主轴振动超过一定数值时，振动传感器可通过驱动系统调整主轴转速或发出报警信号。

发展高精密和超精密机床不仅要重视机床结构设计，开展深入细致的基础研究，

保证机床的高刚度、高精度和高热稳定性，还要特别注意制造和装配工艺经验的积累和技术研究，机床的精度是干出来的，不是画出来的。KERN、Moore、DIXI和西田等公司能够达到今天的水平是不断创新、精益求精、百年技术沉淀的体现，绝非一朝一夕之功，值得国内机床制造商学习借鉴。

第二节　微机床和桌面工厂

一、微小化是下一代制造的愿景 [9-11]

微小化制造（**Minimal Manufacturing**）是未来制造的新概念和新领域。微小化制造是以最小的投入（省资源和节能）、最大的产出（高效率和低成本）、建成最高性能的、环境友好的未来工厂，是经验、智慧、技术和劳动力的结晶。微小化制造的主要特征是将最少数量的资源和场地以及能源加以优化配置，生产高科技高附加值的产品。欧美和日本都已经将微小化制造列为今后10年产业战略发展规划的重点。其愿景是将工厂生产面积和能源消耗减少至1/100、设备体积和投资降低至1/100、资源利用率提高10倍，如图13-21所示。

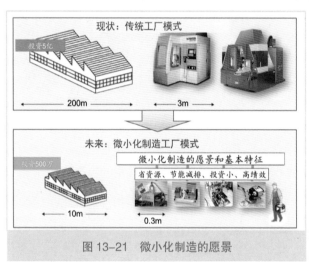

图 13-21　微小化制造的愿景

微小化是产品的发展方向。即使是大型复杂的设备，也越来越多地集成有各种微型装置。航空航天、汽车、武器装备、医疗设备、消费电子产品莫不如此。具有微尺度特征的微型装置应用日益广泛，已经成为科学研究、产品创新和医疗保健不可或缺的装置。这些微型器件往往由具有复杂三维结构特征、采用不同工程材料、要求达到$10^{-3} \sim 10^{-5}$的相对精度，以及难以装夹、搬运和测量的零件组成，而且对其使用功能和可靠性的要求越来越高。典型的微型装置和微型零件如图13-22所示。

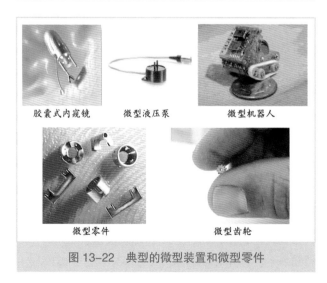

胶囊式内窥镜　　微型液压泵　　微型机器人

微型零件　　　　微型齿轮

图 13-22　典型的微型装置和微型零件

目前，微型零件的加工主要有光刻加工和机械加工两种方式。光刻加工是以半导体制造工艺为基础，广泛用于微机电系统 Micro Electro-Mechanical Systems—MEMS 的制造。光刻技术虽然较为成熟，但被加工材料品种单一，加工设备昂贵，而且只能加工结构简单的二维或准三维零件，无法进行复杂三维微型零件的加工。

微机械加工是借助车、铣、磨等切削工艺以及冲压、注塑、缠绕等成形工艺制造三维微型零件。尽管超精密加工机床和高精度加工机床大多满足生产微型零件的尺度和精度要求，但超精密机床价格高昂，而高精度机床则由于是针对尺度较大的工件而设计的，运动行程较长、主轴功率较大，用来加工微型零件往往造成场地占用大、原材料浪费严重、能源消耗大等缺点。此外，由于微型零件上需要加工的特征尺寸非常小，机床的刀具、夹具等经常和工件发生干涉，使得工艺设计非常困难，甚至难以实现。

微型机床和微加工是将传统加工工艺及装备微型化，并用于微型零件批量生产的技术，也就是用小机床加工小工件的技术。微加工一般是指用微型机床加工，尺度范围在 10mm ～ 100 μm、加工精度范围在 1 μm ～ 0.1 μm 的金属或塑料零件的非光刻加工技术。采用微机床和微加工制造微小零件与传统方法的比较如图 13-23 所示。从图 13-23 中可见，微型机床由于体积小、占地面积小、驱动功率小、惯性质量小、发热量小，因此具有能耗低、柔性大、效率高的优点，可以减小微机床生产线的全系统尺度规模。它既可以节省能源又可以节省制造空间和资源，符合节能、环保的要求，是绿色制造的发展方向之一。

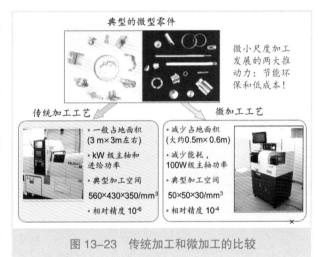

图 13-23　传统加工和微加工的比较

二、微型机床 [12-14]

日本纳诺公司（Nano Cooperation）是商品化微型机床及系统的制造商。该公司推出 NANOWAVE 系列的微型机床有不同规格的精密微型数控车床、精密微型车削中心、微型数控铣床和微型加工中心、快速刀具伺服以及由用户定制的复合加工系统。

1. 微型车床和车削中心

纳诺公司的 MTS4R 微型精密数控车床的配置及其数控装置如图 13-24 所示。从图 13-24 中可见，MTS4R 微型车床采用 T 型布局，在大理石床身上安装有两个相互垂直配置的滑座，左侧的 Z 轴滑座上安装有转速为 20 000r/min 的电主轴，右侧的 Y 轴滑座安装有两个刀夹。X 轴和 Z 轴滑座皆由精密滚珠丝杠、线性导轨驱动，最大移动范围为 52mm，进给速度为 3 000mm/min，最小进给量为 1 μm。MTS4R 微型车床

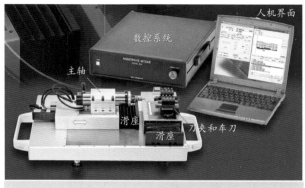

图 13-24　微型精密数控车床

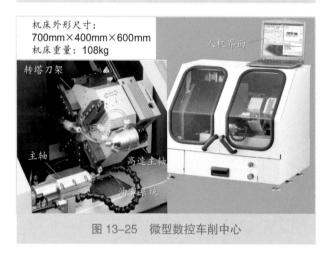

图 13-25　微型数控车削中心

的最大加工长度为 10mm，最大工件直径为 5mm，最小加工直径为 10μm，车刀截面尺寸为 10mm×10mm。加工工件的圆度可达 0.19μm，表面粗糙度 R_a 可达 0.03μm。机床功率为 55W。

纳诺公司为 MTS 系列微型机床开发了基于微机的简易数控系统，装置的外形尺寸仅 370mm×450mm×155mm，以笔记本作为数控系统的人机界面。

纳诺公司的 MTS4S 微型车削中心的外观和配置如图 13-25 所示。从图 13-25 中可见，微型车削中心的左侧安装有转速为 20 000r/min 的电主轴，右侧安装有可在 Y 轴和 Z 轴滑座上移动的 8 角转塔刀架，车刀的截面尺寸为 10mm×10mm，回转刀具主轴的外径为 ϕ20mm 或 ϕ25mm，换位时间为 0.5s。滑座 X 轴的行程 52mm，Z 轴的行程为 102mm。由精密滚珠丝杠驱动，快速进给为 3 000mm/min，最小进给量为 1μm。

此外，纳诺公司提供油雾切削液供给装置，加工小于 ϕ1mm 孔用 100 000r/min 气动主轴作为选配件，气源压力为 0.5MPa，流量为 10L/min。机床额定电功率为 100W。

2. 微型镗铣加工中心

纳诺公司的 MTS6S 微型镗铣加工中心的配置及其数控装置如图 13-26 所示。引人注目的是，该机床可配置太阳能供电系统，体现环保与技术融合的绿色制造理念。MTS6S 微型铣床的十字滑座和立柱分别安装在大理石床身上。左侧的十字滑座上安装有 T 型槽的工作台，右侧

图 13-26　微型镗铣加工中心

的立柱上安装有带电主轴铣头的滑座。主轴最高转速为 20 000r/min，主轴的内孔锥度为 7：24。3 个沿线性导轨移动方向的滑座皆由精密滚珠丝杠驱动，X 轴和 Y 轴移动范围为 52mm，Z 轴移动范围为 32mm，快速移动最大速度为 3 000mm/min，最小进给量为 1 μm。刀库容量为 8 把，采用机械手换刀，移动范围为 R435mm×300mm。工件交换系统、油雾供给装置和太阳能发电系统则作为选件。

3. 纳米级微型磨床[15]

为了适应我国航空航天等军工企业生产超硬脆性材料，如蓝宝石、碳化硅等空间非球面光学元件的需要，上海机床厂公司研制了 2MNKA9820 纳米级精度微型数控磨床，其外观如图 13-27 所示。

该纳米级微型数控磨床采用一体式天然花岗石床身，T 型布局，即分离的横向（X 向）导轨和纵向(Z 向) 闭式矩形液体静压导轨。

图 13-27　纳米级微型磨床

采用直线电动机驱动和液体静压导轨，从而具有高刚度，能满足纳米精度磨削的需要。直线电动机驱动响应快，且没有反向回程误差，实现了 100nm 的定位精度及 50nm 的重复定位精度。X、Z 轴移动量分别为 100mm 和 50mm，移动速度为 1 000mm/min，砂轮回转轴采用直流电动机驱动和空气静压轴承，其最高转速达 60 000 r/min。工件主轴为气体静压主轴，最高转速为 4 000r/min，可实现双向回转定位（C 轴功能），且具有很高的回转运动精度。其径向跳动和轴向跳动分别为 350nm 和 300nm。机床的 B 轴采用气体静压导轨及内装式电主轴，不仅达到较高的回转运动精度，还使其单向定位精度和重复定位精度分别达到了 1.26″ 和 0.26″。

工件主轴安装在 X 轴导轨之上，装有磨削系统的回转轴安装在 Z 轴导轨上，可以进行多种形式的超精密磨削加工，能够实现球面、非球曲面及其他复杂结构曲面的垂直、平行和法向回转式磨削功能。此外，磨床上可以集成 ELID 电源和电极、声发射传感器、测力仪、激光位移传感器、砂轮动平衡装置、电感测位仪等设备，能够实现砂轮的在位修整和在线修锐、砂轮磨损量在线监测和补偿、加工工件表面轮廓的在位检测和误差补偿、磨削过程的在线监测等功能，从而保证该磨床能够加工出具有纳米级磨削表面精度和亚微米级面形精度的微型复杂曲面光学及机械零件。

4. 微型齿轮加工机床[16]

在微型零件中具有各种齿形的零件占有一定数量，采用传统机床加工往往造成浪费。瑞士浪贝特 - 瓦利（Lambert-Wahli）公司推出的 W1000micro 数控微型齿轮加工机床的外观、典型零件和加工区域如图 13-28 所示。

图 13-28　微型齿轮加工机床

该机床有 8 个数控轴，可加工直齿和斜齿圆柱齿轮、伞齿轮、扇形齿轮和棘轮，最大加工模数为 0.8mm，最大工件直径为 40mm，最大螺旋角为 ±35°，最高工件转速为 5 000r/min，最大滚刀直径为 24mm，最高滚刀转速为 15 000r/min。机床占地面积为 1 400mm×1 300mm。机床可根据加工对象选配各种自动上下料装置。

四、桌面工厂及其案例

桌面工厂是将微型机床和其他辅助装置集成为一个完整的制造系统，用于批量加工微型零件，以达到节省资源、节约能源、减少厂房面积和降低运营成本的目的。在传统的柔性制造系统中，高新技术、实用技术和环保技术三者之间往往互相矛盾甚至对立，难以兼顾和取舍。桌面工厂的愿景和理念是将三者的技术要素加以集成，以最小的资源投入和能源消耗，挖掘极限潜力，提高生产效率，从相互对立转变为和谐兼容。借助技术要素的集成，相互补充和强化，构建创新的、可持续发展的新型生产系统，如图 13-29 所示。

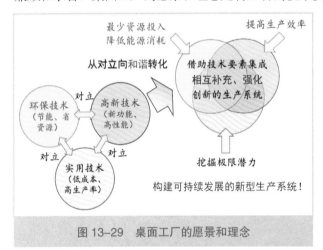

图 13-29　桌面工厂的愿景和理念

由由于桌面工厂的诱人前景，欧美日韩的研究机构、高等院校和企业纷纷开展这一领域的研究，取得了可喜的成果，并获得生产实际应用。例如，韩国械与材料研究院（KIMM）在韩国知识和经济部以及企业的资助下，从 2004—2011 年进行了"下一代微型工厂系统技术"的研发。总投资 2 100 万美元，有 9 家企业、15 家大学、3 家研究单位和 6 家国外机构参加。该项目完成了若干示范工程，如 24h 制作假牙的系统和手机镜头装配系统等。手机镜头装配系统将传统的人工装配周期从 3min 缩短到约 10s，生产效率提高 18 倍[17]。

又如，日本高岛（Takashima）公司在成功开发 MPX 微型模块化多功能（方便更换的主轴部件，可进行铣削、磨削或电加工等）机床的基础上，建成了由 300 多台微型桌面机床组成的工厂。该工厂生产各种高精度的微型零件，诸如：微型冲压模、拉丝模、陶瓷喷嘴、微型金属和塑料齿轮等。其车间屋顶铺设太阳能光伏电池，最大输出功率达30kW，在正常日照的情况下，基本可满足工厂生产的需要。工厂投资和运营成本仅为产能相同工厂的 1/5[18]。

再如，欧盟微纳制造 MINAM2.0 战略计划提出将尽快使欧洲的微纳制造从试验原型进入批量生产领域，以保持欧洲的制造商和装备供应商处于世界领先地位[19]。

现以美国伊利诺伊州大学（University of Illinois at Urbana-Champaign—UIUC）研发的自动化桌面制造系统为例，对构建桌面工厂的若干关键技术作进一步阐述[20-22]。

1. UIUC 桌面工厂的总体布局

UIUC 桌面工厂的特点是引入不同结构的 3 轴和 5 轴数控机床、测量机以及托板交换、工件自动搬运等先进使能技术，以建立一个柔性的（不同工艺过程和零件几何形状）、模块化（可集成和可扩展）、自动化（运作无须人介入）和高精度（亚微米级）的微型桌面工厂，易装配、可重组，并达到以下目标：

1）进行 1~1 000 件的中小批量生产。

2）能完成不同工艺过程如车削、铣削、钻削、电加工和装配。

3）能加工复杂形状的零件。

4）能加工零件的 $(n-1)$ 个面（例如 5 面加工）。

桌面工厂的所有组成器件布置在一个 900mm×900mm 的气垫隔振台上，借助定位槽保持各组成部件的相互位置。工件托板库供装卸工件及工序间存贮托板之用。自动化桌面工厂的平面布局如图 13-30 所示。

UIUC 自动化桌面工厂在物料流的设计上有根本性的改进。采用托板自动识别技术和借助装在横梁上能够在 X 轴和 Y 轴方向移动的机械手，在机床之间搬运装有工件的托板，实现了物料流的自动化。

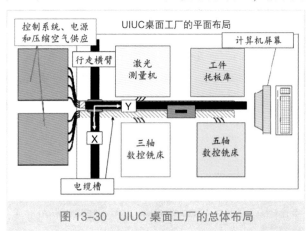

图 13-30　UIUC 桌面工厂的总体布局

2. 微机床的配置和驱动

在自动化桌面工厂中配置有 3 轴数控微型铣床和 5 轴数控微型铣床各一台，两者都采用模块化结构，但具有不同的配置形式和驱动方式，以期验证机床总体配置和驱动方式是否具有足够的柔性，能否完成不同的加工工艺，实现低成本加工小型精密复杂零件的目标，为今后机床微型化和微加工工艺构建试验平台。

3 轴微型数控铣床的配置形式如图 13-31 所示。从图 13-31 中可见，机床为卧式配置，采用空气涡轮高速电主轴，刀具夹头可更换，刀具直径范围为 0.8mm~4.0mm。主轴安装在线性移动的滑座上，以便后退进行换刀。

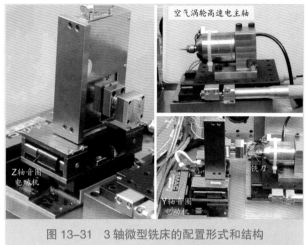

图 13-31 3 轴微型铣床的配置形式和结构

图 13-32 5 轴微型铣床的配置形式和结构

表13-1　两台微型数控机床技术参数的对比

技术特征		3轴铣床	5轴铣床	
			移动滑座	回转工作台
占地面积		0.3m²	0.3m²	
主轴转速		160 000r/min	160 000r/min	
主轴轴承		空气	空气	
主轴驱动		空气涡轮	空气涡轮	
工作台驱动		音圈电动机	直线电动机	力矩电动机
加速度峰值		5g	5g	200°/s²
编码器分辨率		100nm	20nm	0.316″
支撑导轨类型		滚动元件	滚动元件	空气轴承
最大行程		25mm	40mm	180°（B轴） 360°（B轴）
机床刚度	X	0.39N/μm	0.78N/μm	
	Y	0.49N/μm	0.85N/μm	
	Z	1.01N/μm	0.89N/μm	

工件托板安装在 X、Y 轴十字移动滑座的立柱上，可实现垂直方向的 Z 轴进给移动，从而使 3 个方向的进给皆由工件方实现。该机床的最大特点是每个轴皆采用 2 个音圈电动机驱动（重心驱动原则），具有动态性能好，没有反向背隙，借助编码器实现闭环控制，可实现微位移等优点。工件及其托板的 Z 轴运动借助弹簧补偿器实现配重，以保障机床的高加速度、高刚度和加工精度。

5 轴微型数控铣床的配置形式如图 13-32 所示。从图 13-32 中可见，机床为卧式配置，刀具主轴安装在 B 轴回转工作台上，其轴线通过工作台的中心，便于刀具位置的调整。工件托板安装在 C 轴回转台上，可沿立柱垂直移动，以实现形状复杂零件的 5 轴加工或进行 "n-1" 面加工。3 个移动轴皆采用滚动导轨和直线电动机驱动，高精度编码器位置反馈，最大行程为 40mm。

两台不同配置形式、不同结构和驱动方式的微型数控机床技术参数的比较详见表 13-1。

3. 激光测量和物料搬运

激光测量机在自动化桌面工厂中担任工件识别和检验的角色。借助横臂搬运系统的机械手，将装有工件的托板在机床、测量机和托板库之间进行搬运和交换，如图 13-33 所示。从图

13-33 中可见，装有工件的托板固定在沿 Z 坐标移动的滑座上，采用精度为 0.01 μm 的激光测距仪进行识别和测量。滑座由直流伺服电动机滚珠丝杠驱动、最大行程

为 50mm，位置借助分辨率为
100nm 的光栅尺反馈。横臂搬运
系统的横臂上配置有机械手，可
在 3 个方向移动。机械手的夹爪
夹住托板，托板的反面有 3 个精
密定位钢球和软铁片以及电气接
点，可以将托板准确地固定到机
床的接口板上。

微小化是大势所趋，各种微
型装置和器件正在渗透到各种产
品之中。微型零件不仅是尺度上

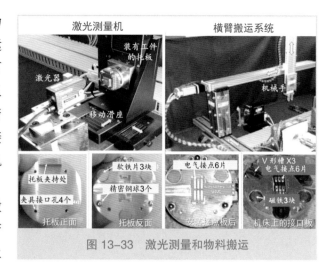

图 13-33　激光测量和物料搬运

的微小，而且往往形状和结构比较复杂，材料特殊，难以装夹和加工。

今天，我国成千上万的企业仍然在使用传统机床，甚至精密数控机床来加工诸如
直径小于 10mm、长度小于 30mm 的回转体零件，以及体积小于 5cm³ 的棱形零件。
这样不仅效率低下，还严重浪费了生产场地和能源，加重了环境负担，投入大、产出少，
背离了节能减排、绿色制造的大方向。

微加工工艺研究的进展给微型机床的应用打开了崭新的局面。微加工的切削机理
和刀具设计已经有了新的突破，使微型机床和桌面工厂可以走出实验室，迈进生产车间，
成为未来工厂的一个主角。

第三节　多轴及复合加工机床

一、复合的目的是完整加工

机床的基本功能是将毛坯转化为具有所需形状、尺寸和表面质量的零件。这一转
化过程通常需要历经不同的工艺过程，如车削、铣削、钻削、磨削和热处理等。传统
的工序分散模式是将不同的工艺
过程分散在不同工作地的机床
上，工件在一台机床上加工完毕
后需要卸下然后在另一台机床上
重新定位装夹，机床之间需进行
物料的人工或自动搬运，从而产
生了不增值的运输和等待时间，
如图 13-34 所示。

多轴机床的主要目标之一
是一次装夹完成尽可能多工序

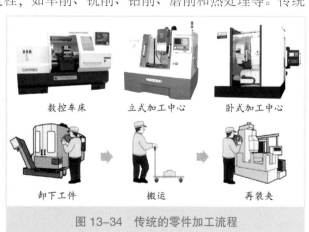

图 13-34　传统的零件加工流程

的加工，而复合加工的目标是在一台机床上完成一个零件的所有加工工序。换句话说，也就是不管工件多么复杂，经过一次装夹就能加工完毕，即完整加工（Complete Machining）。完整加工的优点是：

1）随着数控机床性能的提高，机床加工过程的切削时间越来越短。机床的辅助时间和工件在工序之间的滞留往往成为影响交货期的主要因素，而缩短产品的制造周期可以创造巨大的利润空间。

2）在完整加工中，工件只需进行一次装夹定位，避免了多次装夹和机床定位误差的叠加，以及多台机床操作者不同熟练程度带来的偶然误差，从而大大提高了零件加工精度。

3）尽管完整加工机床的单台价格较贵，但是由多台机床变为1台机床，总的设备投资和所占用的车间面积大为减少，最终提高了投资效益。

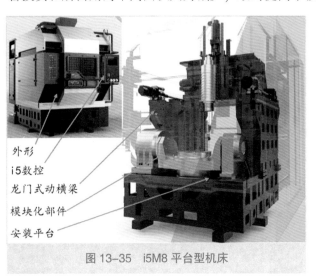

外形
i5数控
龙门式动横梁
模块化部件
安装平台

图13-35 i5M8平台型机床

二、平台模块化加工机床

i5M8系列机床采用统一的床身、立柱、横梁、主轴箱等铸件框架，外围单元如液压、气动、润滑、冷却排屑均采用模块化设计。可通过更换关键功能部件来实现具有不同切削功能的平台型机床。可通过搭载固定式工作台、单轴转台、双轴转台等模块单元，衍生出3轴、3+1轴、3+2轴、5轴联动、4轴联动、卧式车铣、立式车铣、倒立车等加工中心，从而高效的满足不同行业、不同类型客户的零件加工需求。可用于加工阀体、薄壁类、壳体类、框架类零件的柔性高效加工。工件可以在一次装夹后自动连续完成多个平面的高速铣、镗、钻铰、攻丝等多种加工工序。

如图13-35所示，i5M8整机采用龙门动横梁式结构，采用高速直驱电主轴，直线轴采用电机直连，具有高速度、高加速度和高刚性的特点。5轴转台采用先进的直驱力矩电机，具有较高的位置精度和动态性能。它不仅具有在单位时间内实现高速切削的性能，而且可使被加工零件获得高精度和高表面粗糙度。系统功能上设定为3轴或5轴联动，即加工过程中有X、Y、Z三轴联动，或X、Y、Z、A、C轴联动进行切削。

i5M8系列智能多轴立式加工中心，采用模块化设计，如图13-36，可以根据客户不同需求，配置不同功能部件，从而为客户提供性价比高的零部件加工解决方案。具体如下：

i5M8.1为3轴立式加工中心，采用龙门动梁框架结构，与传统立加相比，具有更强刚性，Y轴采用双轴驱动，运行更加平稳，抗振能力更强。电主轴转速12 000r/min，工作台尺寸 800×500，适合模具、3C产品及汽车零部件的加工。

i5M8.2 为 3+1轴立式加工中心，龙门动梁结构搭配单轴转台，实现零件三

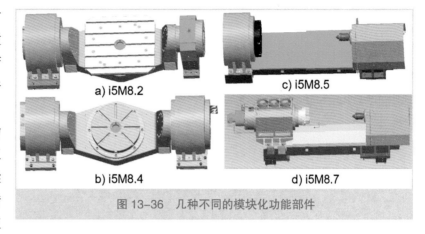

a) i5M8.2

b) i5M8.4

c) i5M8.5

d) i5M8.7

图 13-36　几种不同的模块化功能部件

面的集成加工；单轴转台为直驱电机，承载大精度高，扭矩 1 400N·m，重复定位 6″；适合液压阀体、泵体、汽车缸体的加工。

i5M8.3 为 3+2轴立式加工中心，龙门动梁结构的摇篮式五轴机床，实现五轴五面的定位加工；AC 轴均为直驱电机，承载大精度高，扭矩 1 400N·m，重复定位 6″，工作台尺寸 Φ400；适合汽车底盘复杂零件，多面体箱体及壳体的加工。

i5M8.4 为 5 轴联动立式加工中心，龙门动梁结构的摇篮式五轴机床，实现复杂曲面及腔体切削，采用直驱技术；A 轴为双电机驱动，重复定位精度 6″，最大扭矩 2800Nm，动静态性能优越。适合高档模具、医疗、航空、汽车等行业关键零件的加工。

i5M8.5 为 4 轴立式加工中心，龙门动梁结构搭配单轴转台和尾台，实现回转体多面加工；直驱转台提供更高承载与精度保证，联动效果极佳；工件最大尺寸 Φ300×500；适合叶片等回转零件的加工。

i5M8.6 为卧式车铣加工中心，龙门动梁结构首次搭配车削主轴形式，实现车削和铣削的集成加工；工件最大尺寸 Φ200X500；适合各轴轴类、盘类的车铣复合加工。

i5M8.7 为立式车铣加工中心；龙门动梁结构搭配垂直车削主轴，实现车削和铣削的集成加工；主轴扭矩 540N·m，具有超强的复合切削能力，工件最大尺寸 Φ320×200；适合各种盘类的车铣复合加工。

i5M8.8 为倒立式车削加工中心，龙门动梁结构搭配倒立式车削主轴，直驱刀架实现更快换刀速度，3 列动力头实现铣削功能，适合小型及异型零件的复合加工。

三、车铣、铣车复合加工机床 [25]

车铣复合加工是从数控车床发展而来。早期的数控车床只有一个主轴和一个刀架滑座（X 轴和 Z 轴进给），后来发展到两个主轴和多个刀架滑座，并增加了铣削主轴。车铣复合可能的组合如图 13-37 所示。垂直坐标表示工艺过程的复合程度，而水平坐标描述主轴数的增加和机床结构的复杂程度 [23]。铣车复合加工机床通常以立式或卧式加工中心为基础，配置车削主轴或回转工作台而构成。

车削+铣削 Y轴加工 倾斜加工	X轴、Z轴 C轴 Y轴 B轴	X轴、Y轴 Z轴+ATC C轴+铣削 主轴、B轴	X轴、Z轴 C轴 Y轴 B轴	X轴、Y轴 Z轴+ATC C轴+铣削 主轴、B轴
车削+铣削 Y轴加工	X轴、Z轴 C轴+ 铣削主轴 Y轴加工	X轴、Y轴 Z轴+ATC C轴+铣削 主轴	X轴、Z轴 C轴+ 铣削主轴 Y轴加工	X轴、Y轴 Z轴+ATC C轴+铣削 主轴
车削+铣削	X轴、Z轴 C轴+ 铣削主轴	X轴、Y轴 C轴+ 铣削主轴	X轴、Z轴 C轴+ 铣削主轴	X轴、Y轴 C轴+ 铣削主轴
车削	X轴、Z轴		X轴、Z轴	

复合加工 ↑

第一主轴 ／ 第二主轴

同步或连续加工 →

图 13-37　车铣复合的可能组合形式

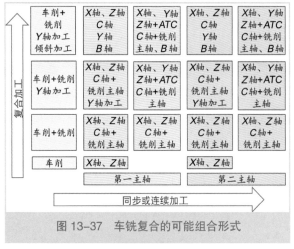

第1刀架　第2刀架　第3刀架
Y_1轴　X_1轴　Y_3轴　X_3轴　Z_1轴
C_1轴　C_2轴　Z_2轴　Z_3轴　X_2轴

图 13-38　车铣复合的加工中心

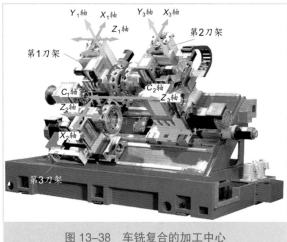

圆周铣削和单边铣削同步加工　　径向钻孔和方边铣削同步加工

图 13-39　车铣复合加工的典型零件

1. 车铣复合机床

日本西铁城宫野精机（Citizen Miyano Machinery）公司推出的 ABX-TH3 系列车铣复合加工中心是具有特色的车铣复合机床。其结构配置如图 13-38 所示。从图 13-38 中可见，在倾斜 45° 的床身上配置有左右两个主轴。左主轴在 Z 方向是固定的，提供车削的动力或 C 轴圆周进给。右主轴是第二主轴，在 Z 方向可以移动，除提供车削的动力外，还可 C 轴圆周进给和 Z 轴直线进给。主轴转速范围为 50~5 000r/min，左主轴功率为 11kW，右主轴功率为 5.5kW。

机床配置有 3 个带刀具转塔的滑座。上左滑座可进行 X、Y、Z 轴方向的移动和 C 轴的回转，上右滑座可进行 X 轴和 Y 轴的移动以及 C 轴的回转，下滑座可进行 X 轴和 Z 轴的移动以及 C 轴的回转。机床一共有 12 个数控轴，在图中分别以不同颜色表示。每个刀具转塔上可安装 12 把刀具，包括自驱动刀具（如铣削主轴），可实现各种加工工艺。例如转速范围为 40~6 000r/min，由 2.2kW 交流伺服电动机驱动的铣削主轴。该机床主要用于加工异形的中小型零件，按照最大棒料直径，分为 51TH3（ϕ51mm）和 65TH3（ϕ65mm）两种规格。

该机床的左右主轴和上下 3 个刀架滑座之间可同步控制，以便加工异形零件，如图 13-39 所示。从图 13-39 中可见，借助圆周铣削和单边铣削同步可以加工不完整圆柱表面的零件，借助径向钻孔和方边铣削同步可以加工相交孔和带方耳的异形零件。类似的零件按照传统工艺方法即使分散到多台车床和铣床上，也需要借助特殊夹具才能加工。现在一台机床上就可从毛坯直接完整加工出来，大幅度提高了生产效率，提高了加工精度，缩短了加工周期，降低了制造成本[24]。

2. 铣车复合机床

德马吉森精机公司推出 DMU 60/80/125/ 160 FD duoBLOCK 主体结构和 DMU/ DMC 210/340/600 龙门结构两个系列的铣车复合加工中心。DMU 80/125/160 FD duoBLOCK 是在 duoBLOCK 万能铣床的基础上，借助直接驱动工作台（C 轴）将铣削和车削工艺集成在一台机床上，如图 13-40 所示。

该系列铣车复合加工机床配置有 45°倾斜的数控摆动铣头（A 轴和 B 轴），可在水平、垂直或倾斜位置工作，使机床具有 5 轴

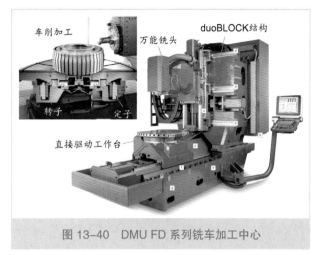

图 13-40　DMU FD 系列铣车加工中心

图 13-41　铣车加工的典型零件

联动和 5 面加工的功能。根据规格的大小，回转工作台可提供不同的铣削和车削所需的转速和扭矩。其中 DMU80 FD 的回转工作台，在铣削时的最大转速为 30min-，车削时的最大转速为 800min-1，最大扭矩为 2050Nm，可为铣削、车削以及齿轮加工工艺过程提供良好的条件。

借助 DMU FD 系列铣车复合加工中心，可以进行既具有车、钻、镗圆柱表面又有平面、曲面和齿形铣削要求的大型零件的完整加工，如图 13-41 所示。

四、磨车铣钻复合加工机床[27]

磨削通常是零件加工的最后工序，用于获得精确的尺寸精度和表面质量。瑞士斯图特（Studer）公司的 S242 型磨车复合加工机床，将外圆磨削和硬车削加工两种技术结合在一起，一次装夹就能够高效率地加工完毕一个零件。该机床采用模块化设计理念，借助 8 个横向头架模块（4 个左、右、正、斜外圆头架，4 个 8~18 工位的转塔刀架），从而可组合成 25 种不同的配置方案。

配置 3 个横向头架：2 个磨削头架（X1 和 X2）和 1 个转塔头架（X3）的例子如图 13-42 所示。

S242 型磨车复合加工机床的顶尖距为 800mm，最大加工长度为 600mm。转塔

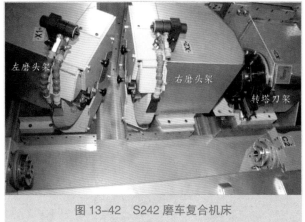
图 13-42　S242 磨车复合机床

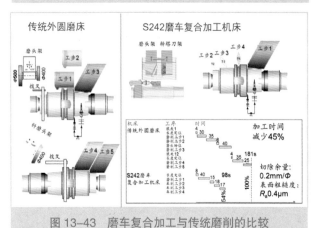
图 13-43　磨车复合加工与传统磨削的比较

头架上可以安装车、钻、镗、铣刀以及内圆磨头和端面磨头。S242 型磨车复合加工机床采用人造花岗岩（Granitan S103）床身，并设计成倾斜结构。其主要优点有：①操作时的易接近性；②加工时的良好减振性；③高性能的热稳定性；④有利于切屑和冷却液的迅速排出。

磨削和硬车削的复合加工可以大幅度缩短精密零件的加工时间。一个加工 HSK 63 刀柄的案例如图 13-43 所示。从图 13-43 中可见，传统工艺方案是采用普通外圆磨床加工，需要 5 个工步、2 次装夹，加工循环时间为 181s。采用 S242 型磨车复合加工机床，只需要 1 个磨削工步和 3 个车削工步，加工循环时间为 98s，缩短了 45%，大大提高了生产效率。

五、铣削激光复合加工机床[28]

激光纹理加工是一项相对较新的加工工艺，对模具制造业颇具吸引力。特别是与 5 轴联动加工结合后，非常适合加工表面形状复杂的模具。例如，德马吉森精机旗下的藻厄激光技术公司（Sauer LaserTec）在 DMU 系列数控加工中心上集成激光纹理加工技术，推出新型复合加工机床 LaserTec 系列，实现在同一

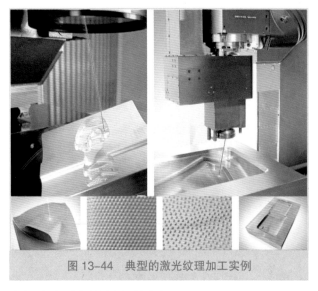
图 13-44　典型的激光纹理加工实例

台机床上进行铣削和激光加工。

激光纹理加工是一种经济实用的加工技术，适合加工不规则的表面和复杂的三维模具。例如，汽车工业正在采用新的纹理替代皮革纹理；聚酯瓶制造商提出了诸如在

瓶上制作更复杂三维徽标的要求。就这两个领域的应用而言，激光纹理加工比传统蚀刻技术显然向前迈进了一大步。典型的激光纹理加工实例如图 13-44 所示。

激光纹理加工一方面为产品设计师提供了更多自由,另一方面也能降低加工成本。蚀刻技术面对许多要求高的纹理加工无能为力。即使采用光化学膜，皱痕也往往难以避免，必须进行精细的、昂贵的后处理。

激光加工的定位精度和重复精度极高。重复精度尤其重要，激光束在每一次加工行程中只切除了几微米的材料。根据不同的结构深度，完成一处的加工可能需要 50 次或更多次行程。激光头通过 HSK 刀柄安装在机床上（手工更换时间不到 10min），一次装夹即可完成模具的纹理加工。

在激光加工前，所有表面结构数据必须转换为灰度位图。然后，用三维动画软件添加这些三维数字图形。藻厄激光技术公司开发的 LaserSoft 三维软件，可将表面结构数据转化成在加工时可以使用的数据。该软件可以帮助激光束在工件上定位，确保激光束以最理想的 90° 角到达目标区域。其主要流程是，第一步是生成表面结构数据灰度位图。第二步是创建均匀和低失真的三维表面网格。然后用 LaserSoft 三维编程系统计算激光轨迹。最后，借助 LaserSoft 三维将激光器在工件上正确定位，并对表面进行加工。

第四节　倒置加工机床

一、倒置加工是一种高效加工方式 [29]

倒置加工（Reverse Machining）是近年发展起来的一种高效率加工方式。倒置机床的主要特征是：

1) 传统的加工方式是工件放置在工作台上，刀具（如铣刀）夹持在主轴上，主轴从上面移向工件进行加工。倒置加工反其道

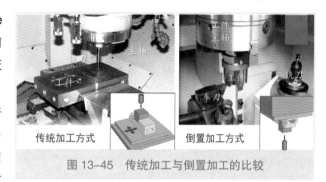

图 13-45　传统加工与倒置加工的比较

而行之,工件从上面移向刀具完成进给,刀具固定不动(车削)或刀具主轴作回转运动(铣削)，如图 13-45 所示。

2) 由于进给运动由夹持工件的主轴来完成，机床上可以配置多个动力头或多种刀具而无需刀库，因此机床结构非常紧凑。

3) 由于工件夹持在主轴上，加工过程产生的切屑以及冷却液直接向下排放到机床下方的收集器内，有利于将热量快速移除，减少了热变形，从而保证加工精度。

4) 由于工件在夹持状态下移动,倒置加工仅适于加工尺寸较小和质量有限的零件。

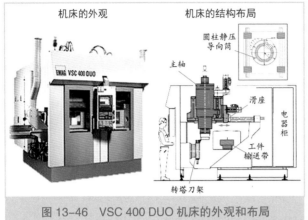

图 13-46　VSC 400 DUO 机床的外观和布局

图 13-47　VSC 机床的左右两个加工区

二、倒置多主轴立式车削中心[30]

德国埃马克（EMAG）公司是倒置式加工的先驱者。其主要产品如 VL 系列标准车床、VLC 系列通用车床、VSC 系列生产车床等，皆采用倒置式总体布局。倒置立式车床与一般卧式车床的不同点在于可借助主轴抓取工件，自行完成工件的装卸，其运动行程很小，上下料时间很短。这种上下料方式与龙门桁架机械手或机器人相比，造价便宜，节拍快，性能可靠，特别适合大批量生产的需要。

埃马克公司的 VSC 400 DUO 型机床的外观和结构配置如图 13-46 所示。从图 13-46 中可见，VSC 400 DUO 机床是由左右两个隔开的加工区组成。每个加工区前侧都配置有转塔刀架，刀架上可以安装车刀、自驱动铣刀、磨头等 12 把不同的刀具。床身上方顶部的十字滑座在伺服电动机和滚珠丝杠驱动下沿线性导轨作 X、Y 轴向移动。主轴套筒由伺服电动机驱动在上滑座中间的圆柱静压导套中上下滑行（Z 轴向），无摩擦、无磨损。工件由贯穿两床身的输送带送达主轴下方，进行上下料。

机床左右两个加工区可以同时同步加工两个一样的工件，也可分别编程同时加工两个不同的工件，还可以一次装夹后进行前后工序的加工（例如加工不同的表面或进行不同的工艺过程），或者加工工件的一端后翻转、再加工另一端等多种工艺可能性，如图 13-47 所示，特别适合于盘类零件的大批量生产。

VSC DUO 系列机床的床身采用封闭式的 U 形结构组成了一个闭合的受力回路，力分布均匀，结构稳定，所以静态和动态刚性都异常出色，同时采用树脂混凝土（高级矿物料）浇铸而成，减振性能优良，加以主轴移动套筒采用静压导向，大大提高了工件的表面光洁度，延长了刀具寿命。配置的绝对值光栅测量系统既保证机床的持续加工精度，又省去参考点的运行过程。主轴电动机、带套筒的主轴、刀塔、电器柜和床身通过独立的冷却系统冷却，有双回路的制冷机组，可使机床温度与环境温度保持十分接近，从而完全消除因温度波动而引起的加工误差。

VSC Duo 系列机床共有 2 种规格：Duo250 型和 Duo400 型。其技术性能见表 13-2。

VSC DUO 系列机床可以配置模块化的输送系统和上下料装置，可选择左侧或右侧毛坯进料，而另一侧送出成品零件。当需要将工件进行翻转后继续加工时，可在加工区外布置工件第 2 次装夹前的翻转工位，如图 13-48 所示。

从图 13-48 中可见，毛坯从左侧进料输送至第 1 工位加工。工件在第 1 工位加工完毕后，反向输送至翻转工位（图 13-48 左上角照片），借助机械手将工件翻转后，再输送到第 2 工位继续加工。这种退出加工区的工件翻转方式不仅可靠性高，也便于操作者观察和监控。

三、模块化倒置加工中心 [31]

德国 ELHA 公司的 FM3+X 型机床是模块化的倒置加工中心，它可以根据用户的需要，由机床框架和各种动力头组成加工特定零件的专用机床。这里所谓倒置的含义是所有进给运动由工件主轴来完成，动力头上的刀具仅提供切削所需的扭矩和转速，而并非一定是空间位置的倒置。

表13-2　VSC 250/400 DUO 机床的技术参数

技术参数	VSC 250 DUO	VSC 400 DUO
卡盘直径/mm	200/250	315/400
工件最大直径/mm	200	340
主轴最大转速/(r·min^{-1})	6 000	4 000
主轴功率/kW	39	58
满功率的主轴转数/(r·min^{-1})	800	900
X/Z 轴的行程/mm	850/200	850/315
X/Z 轴快速进给/(r·min^{-1})	45/30	45/30
上下料时间/s	2~4	4~6
最短加工节拍/s	5~7	8~10
机床重量/kg	18 500	20 000

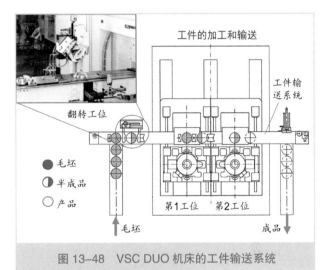

图 13-48　VSC DUO 机床的工件输送系统

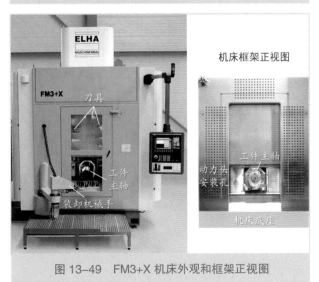

图 13-49　FM3+X 机床外观和框架正视图

推动研制这种创新机床的重要原因是，随着刀具技术的进步，切削速度有了大幅度提高，生产节拍越来越短，使加工过程中的辅助时间（如换刀时间等）所占比例越来越大，

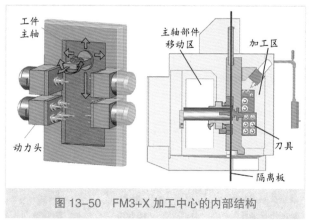

图 13-50　FM3+X 加工中心的内部结构

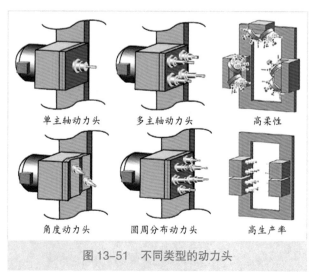

图 13-51　不同类型的动力头

往往超过 50%，因此一种既不需要换刀又具有一定柔性、易重组、可重构的机床就应运而生。

FM3+X 型机床的外观和框架正视图如图 13-49 所示。从图 13-49 中可见，在机床底座上固定有封闭的门式框架，框架的正前面有许多按矩阵分布的螺孔，以便固定各种动力头。框架的中间夹持工件的"主轴"可以伸缩（Z 轴）和完成 X、Y 轴的快速移动和进给。此外，工件主轴的夹具能够自动夹紧和松开工件，起到装卸料机械手的部分功能。

该机床结构紧凑、布局简洁、占地面积小，内部结构如图 13-50 所示。从图 13-50 中可见，机床的前方是加工空间，工件主轴侧向移向刀具，没有水平加工表面，切屑可自由落下，没有任何阻挡；此外，机床加工区和机构移动区是相互隔离的，冷却液和切屑不会进入机床机构移动区。如需要，可在工件主轴上配置回转工作台或采用角度动力头，就可实现 4 轴或 5 轴加工。动力头的类型多种多样，可以是单轴的，也可以是多轴的、角度的和转塔等，每个动力头都由独立的电动机驱动。不同类型的动力头如图 13-51 所示。

加工空间的实况如图 13-52 所示。加工时，工件主轴快速移向已经开始旋转的刀具，加工完毕后再移向另一把刀具，中间没有换刀过程。移动距离短，切屑到切屑的时间仅 0.5s~1.5s。每一把或一组刀具都由单独的电动机驱动，从而能够方便地实现每一加工过程的尺寸、切削速度、扭矩的最优化。所有的进给移动都由夹持着工件的"工件主轴"来完成，从而实现高速加工而不涉及复杂的技术。动力头上的每把刀具都有专门设计的"刀具接口"。刀具接口的类型和尺寸大小、扭矩和转速，都与加工任务要求以及所使用的刀具相匹配。

FM3+X 倒置式卧式加工中心的姐妹型号是 FM4+X，它具有更大的加工空间和生产效率，工件尺寸从 FM3+X 的 200mm×200mm×200mm 增加到 320mm×320mm×320mm。FM 系列两种模块化倒置加工中心的技术特性见表 13-3。

模块化倒置加工中心是把一条自动线集成到一台机床上，因此它既具有自动线的高效率，又具有加工中心的柔性，操作、维修方便，适合加工各类中小型壳体、轴类和盘类零件。一次装夹，全部加工完毕，保证了高生产效率和加工精度。

模块化倒置加工中心适用于加工铸铁、铝合金以及低合金钢的零件，加工一个零件的时间为20s～50s，可以满足大批量生产的要求。在大批量生产中，采用模块化倒置加工中心不仅可以替代多台普通的加工中心，而且由于没有换刀过程，没有刀库，工件主轴部件运动平稳，没有速度的急剧变化，即没有明显的加速和减速过程，大大减少电动机的功耗，实现了节能和绿色制造的目标。

四、TransFlex 柔性制造单元[32]

瑞典 Modig 公司推出商品名为 TransFlex 的柔性制造单元，以满足对现代制造设备日益增长的、实现高生产率和高精度同时保持高柔性的要求。由于 TransFlex 的柔性较高，既可适用于中小批量生产，也可用于大批量生产。其结构配置如图13-53 所示。

表13-3 FM3+X和FM4+X机床的技术性能

技术参数	FM3+X	FM4+X
行程范围/mm	400x1 000x500	800x1 400x800
最大移动速度/(m·min⁻¹)	40	48
加速度/(m·s⁻²)	6	6
最大进给力/daN	700	2 000/4 000
主轴最大功率/kW	20	37
主轴最大转速/(r·min⁻¹)	20 000	20 000
回转工作台直径/mm	$\Phi300$	$\Phi400$
机床外形尺寸/mm	3 050x3 500x3 950	3 500x4 525x3 950

图 13-52 FM3+X 机床的加工实况

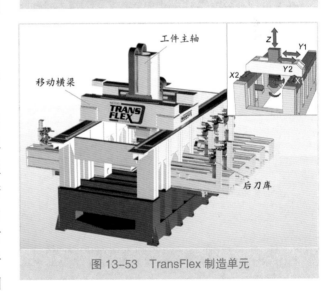

图 13-53 TransFlex 制造单元

从图 13-53 中可见，TransFlex 柔性制造单元采用倒置龙门配置，与一般龙门加工中心不同之处在于安装在"主轴"上的不是刀具，而是夹具和工件。横梁在机床立柱上沿 X 轴纵向移动，工件主轴在横梁上沿 Y 轴向移动，工件主轴上下作 Z 轴向移动。如果配置回转或摆动装置，工件和夹具可以完成 C 轴和 A 轴转动，实现5面或多面加工。

图 13-54　TransFlex 加工实况

图 13-55　典型加工零件

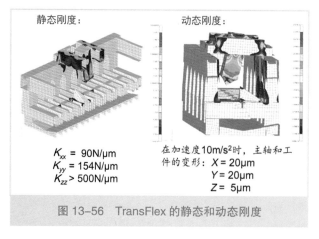

静态刚度：

动态刚度：

$K_{xx} = 90N/\mu m$
$K_{yy} = 154N/\mu m$
$K_{zz} > 500N/\mu m$

在加速度10m/s²时，主轴和工件的变形：$X = 20\mu m$　$Y = 20\mu m$　$Z = 5\mu m$

图 13-56　TransFlex 的静态和动态刚度

TransFlex 制造单元左右两侧各配置 5 个沿直线导轨移动的动力头，可完成钻、铣、镗、铰等工序。动力头可水平配置，也可以垂直配置。刀具主轴上除可安装钻、镗、铣、螺纹加工等各种刀具外，还可配置测头，以便在加工过程中测量工件、夹具和工件主轴的精度。

动力头的功率和转速可根据相应的工序进行优化和确定。机床工作时夹持在"主轴"上的工件移向横向配置在床身两侧的动力头进行加工，完成一道工步后移至另一个动力头，进行下一道工步的加工。一次装夹即可完成零件的全部加工。加工某个工件的实况如图 13-54 所示。

X、Y、Z 轴皆采用直线电动机驱动，并按照重心驱动原理，采用两个直线电动机，使驱动力的合力处于移动部件中间位置，以保证机床最佳的动态性能和定位精度。

当水平动力头退到最后位置时，可进行换刀，刀库的容量为 2、4 或 15 把，按加工需要选择。由于刀具交换是在另一个动力头工作时进行的，与加工时间重合，故没有时间损失。刀具主轴的启动和停止过程也与工件主轴的移动重合。从一个工位移到另一个工位加工，切屑到切屑的时间仅需 4s~8s。工件在整个加工过程中，只使用一个夹具夹紧一次，无须重复装卸、搬运、定位和夹紧，从而大大缩短了辅助时间，提高了加工效率，保证了加工精度。TransFlex 柔性制造单元工作时始终只有一把刀具在工作，数控编程简单，使用操作和维护都非常方便。

TransFlex 加工的典型零件如图 13-55 所示。对若干典型零件加工循环时间的统计分析表明：切削时间所占比例高达 69%~75%，运动部件定位时间和物料移动时间仅占 25%~31%，单位时间的生产效率比传统加工中心成倍地提高。

　　TransFlex 柔性制造单元采用模块化结构和对称设计原则，以减少热变形误差的影响。由于总体配置是封闭框架结构，同时采用经过生产考验的部件，工作可靠，可 24h 连续运转。其静态和动态刚度都比传统的龙门式加工中心高，如图 13-56 所示。

　　TransFlex 柔性制造单元还有一个非常重要的优点，就是它可以很方便地将几个制造单元以串联或并联的方式，加上物流系统及装卸机械手组成自动生产线或无人化加工车间，将高效率的大批量生产和中小批量的柔性制造结合起来。根据需要，它甚至还可以组成多品种零件的混流自动生产线，并且快速调整，进行高柔性的混流生产。

第五节　并联运动机床

一、春花未必皆秋实 [33]

　　自从在 1994 年的美国芝加哥国际机床展览会上，美国 Giddings & Lewis 公司首次展出了 Variax 型并联运动机床引起轰动后，全球著名的机床制造商、高等院校和科研院所纷纷进行并联运动机床的理论、实验研究和产品研发，开发出许多不同配置形式的并联运动机床，并在 21 世纪初达到了高潮。

　　从技术角度来看，并联运动机床（简称"并联机床"或"虚拟轴机床"）无疑是机床产品不连续创新的典型案例。它突破了传统串联机床按照笛卡儿坐标设计和规划运动部件的概念，就运动学设计而言远远偏离了既有的技术轨迹和范式。并联运动机床在简化机床结构和提高动态性能方面具有明显优势，但是受到运动平台偏转角一般小于 30°、机床体积与加工空间之比过大、存在空间奇异点以及铰链环节的精度和刚度较低等因素制约，所以未能取代传统串联机床配置而成为主流的范式，具体表现为创新度有余而颠覆力不足，许多创新的并联机床产品推出后并没有被市场和用户认可。

　　在特定的应用领域并联运动机床仍然有其独特的优势，何况新鲜事物的发展总是有起伏的。随着研究的深入，假以时日，存在的问题一定可逐步克服。本节介绍几种历经多年生产考验和用户认可的成功案例，扼要阐述并联运动机床的设计要点以及未来趋势和展望，希望读者能从中获得启迪。

二、V100 立式加工中心 [34]

　　德国因代克斯（Index）机床公司推出的 3 杆并联机构的车削中心是一个成功的案例。它采用支点移动、双 3 杆驱动电主轴运动平台，倒置加工的结构配置，如图 13-57 所示。从图 13-57 中可见，该机床的结构特点是 3 根立柱固定在机床底座上，顶端由多边形框架连接，形成力封闭结构，显著提高了机床整体刚度。每根立柱上都有导轨，滑座在滚珠丝杠驱动下沿导轨移动，通过 3 组固定杆长的杆件将主轴部

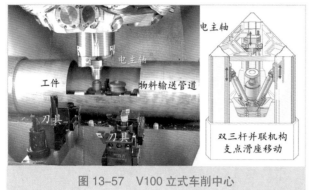

图 13-57　V100 立式车削中心

件的运动平台吊住，使主轴实现 3 个笛卡儿坐标轴的移动。主轴标配夹盘的最大夹持直径为 130mm，主轴最高转速为 10 000r/min，主电动机功率为 14kW，适合加工中小型盘类零件。

主轴倒置的优点首先是排屑方便。加工时切屑直接落到排屑装置的输送槽中，迅速将带有大量热量的切屑移除，减少了机床的热变形，提高了加工精度。

其次，刀具配置的模块化。在机床前方的垂直台面上，可以安装 8~12 把固定刀具或旋转刀具。除完成车削加工外，还可以进行铣削、激光硬化、激光焊接、磨削等工序，有多项选配和组合，可实现盘类零件的完整加工。

再次，机床设计的巧妙之处还在于：主轴除完成加工任务外，还起到装卸工件的作用。机床的周围有一个环形的输送带，将待加工工件依次输送到机床后方的管道中。当工件加工完毕时，处于工作空间的管道防护罩打开，主轴将加工好的工件放到输送带的夹具上，并将下一个待加工的工件自动装卡在主轴卡盘上，主轴起到装卸机械手的作用。当主轴移至加工工位时，物料输送管的防护罩自动关闭，主轴转动，开始进行下一个工件的加工。

V100 立式加工中心成功之道在于：针对中小型盘类零件加工的实际需要，结构紧凑，且各种技术高度集成，从而实现了高刚度、高精度、模块化、自动化和高柔性。

三、Tricept 加工模块[35-36]

瑞典 Tricept PKM 公司（前身是 Neos Robotic 公司）生产的 Tricept 系列加工模块是另一成功范例。Tricept 模块的 3 个位移自由度由 3 根并联的、伺服电动机驱动的伸缩杆机构（称为 Tripod）完成；2 个回转自由度由安装在运动平台和末端件（主轴）之间的、串联的齿轮转动机构完成，属于 3+2 的混联配置。借助 Tricept 加工模块可以配置成用途不同、规格各异的机床。

Tricept T9000 型加工模块的外观以及与传统串联机床和关节机器人的性能比较如图 13-58 所示。

从图 13-58 中可见，Tricept

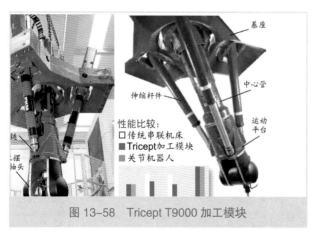

图 13-58　Tricept T9000 加工模块

加工模块的 3 根伸缩杆（行程 1 000mm）的外壳，借助万向铰链支撑在顶部的机架上，伸缩杆的下端借助球面支承固定在运动平台上，运动平台通过可以绕水平和垂直轴线转动的腕关节与工作端（主轴）连接，实现 5 轴或 6 轴联动。工作端上可以安装机械手的夹爪，完成各种装配工序；或安装大功率的高速电主轴（例如 IBAG170.5），配置成为 5 轴铣床，进行高速铣削加工。

Tricept 加工模块的移动速度和柔性可以与机器人媲美（最大进给速率 90m/min），精度和刚性远远超过机器人，但精度略逊于传统的串联机床（空间和轴定位精度皆为 $\pm50\,\mu m$、重复定位精度为 $\pm10\,\mu m$）。

Tricept 加工模块设计特点是：

1）3 根主动伸缩杆的结构完全一样，且在工作时只承受拉力和轴向载荷，扭矩由直径较大的从动件中心管承受。

2）在加工模块的中心管中安装有直接测量系统，借助 1 根直线编码器和 2 个回转编码器，分别测量中心管的直线位移和 2 个方向的偏转，以控制 Tricept 加工模块的位置精度和整体刚性。

到目前为止，大约有 400 台与 Tricept 类似的机床在全球各地运行，主要用于汽车结构件加工和装配自动线，完成加工、装配、焊接等工序。例如，法国雷诺（Renault）汽车公司采用 Tricept 模块在自动线上装配新型汽车发动机的阀门密封圈。与传统机器人不同，Tricept 能在任何方向施加持续的压力，垂直方向可达 15 000N，这个特点对阀门密封圈装配特别重要。Tricept 工作端上有两个夹爪，可以同时装配两个密封圈，重复精度为 $\pm0.03mm$，工作节拍为 48s。上海通用汽车公司也采用 Tricept 装配汽车发动机的阀门。

四、Ecospeed 加工中心和 Sprint Z3 主轴头 [37-38]

Strrag 集团旗下的 Scharmann 公司（原 DS-Technologie 公司）采用 3 杆并联运动机构的主轴头，解决了飞机结构件深凹槽加工效率低的难题。Ecospeed 加工中心和 Sprint Z3 主轴头的结构如图 13-59 所示。

从图 13-59 中可见，3 个伺服电动机通过滚珠丝杠驱动 3 个按 120º 分布的滑板，使其沿线性导轨移动。滑板带动摆动杆，通过万向铰链驱动运动平台，构成 3 杆并联运动机构，有 3 个自由度。因而可使运动平台上的电主轴向任意方向作 45º 偏转

图 13-59　Ecospeed 加工中心和 Sprint Z3 主轴头

（回转速度 80º/s，加速度 685º/s²）。主轴在 Z 方向的最大行程达 670mm。

应该指出的是，Sprint Z3 主轴头使用的所有零部件，包括伺服电动机、电主轴、线性导轨、轴承和万向铰链，都是经过实际考验的标准化零部件，由专业厂家生产，在各种数控机床中已经得到广泛使用，这就使得新型并联机构的可靠性能够获得充分保证。主轴头中尽管有 3 个伺服电动机和 1 个电主轴，但它们相互之间是独立的，各自的电缆和管道没有任何联系。这样结构布置省去了复杂的连接和密封结构，大大简化了主轴头的维护工作。

在运动平台上可安装不同规格型号的电主轴（例如 80 kW、30 000 r/min、46N•m 或 75 kW、24 000 r/min、72 N•m），并适合多种刀柄接口（HSK-A63 或 HSK-A63/80）。

Sprint Z3 型主轴头配置在 Ecospeed 加工中心的立柱上，立柱可沿横梁的 X 轴向移动，主轴滑座可沿立柱上的线性导轨作 Y 方向的移动。该配置的特点是所有运动都由刀具这一方完成，而工件固定不动。这对大型飞机结构件加工是非常有利的。此外，也是非常重要的一点是，该机床的工作台可以翻转 90°，使工件可在水平位置装卸，而在垂直位置加工，使得高速切除的大量切屑得以迅速排走。

由于 Ecospeed 加工中心移动部件的惯性小，可使主轴的 X 轴向移动速度达到 65 m/min，Y 和 Z 轴向移动速度达到 50 m/min，所有轴线的加速度达到 1g，从而保证了机床具有良好的动态性能。

Ecospeed 数控加工中心加工效率高，加工高强度飞机铝合金时的金属切除率达到 8 000 cm³/min。此外，该数控加工中心还具有加工精度高、表面质量好等一系列优点，加工后的飞机结构件无须手工打磨，在全球许多飞机制造厂都获得了应用。

五、Metrom P1000M 高速铣床 [39-40]

德国 Metrom 公司推出的 5 杆并联、5 面加工、5 轴联动的 P1000M 高速铣床是并联运动机床领域中的耀眼新星，它克服了并联运动机床运动平台偏转角有限、不能进行 5 面加工的难题。

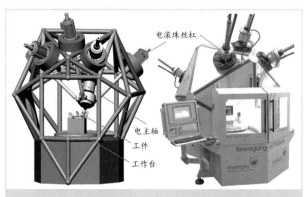

图 13-60　Metrom P1000M 5 杆并联机床

P1000M 并联运动机床结构新颖、布局紧凑，主要创新点在于采用 5 根杆件分别驱动主轴部件上的一个环，从而实现主轴部件偏转角大于 90°，能够进行 5 面加工，如图 13-60 所示。

从图 13-60 中可见，由桁架结构构成的多菱形机床主体架在六角形底座上，外壳采用厚钢板制成，然后焊接成为一个整体，呈封闭对称结构，因而具有良好的刚性。在机床顶部多菱体的 5 个面上安装有电滚珠丝杠的万向铰链，丝杠的另一端通过铰链与主轴部件的 5 个可转动的同心外环连接。电滚珠丝杠工作时，通过伸缩改变丝杠的长短（两端支点间的距离），使主轴部件处于不同工作位置和姿态。

Metrom P1000M 5 杆并联运动机床的主要特点有：

表13-4　5杆并联运动机床的技术性能

技术参数	P 1000M	PG 2040
工件最大尺寸/mm	1 000×1 000×600	2 000×2 000×1 000
工件最大质量/kg	300/4 000(可选)	7 000
回转工作台直径/mm	Φ1 000	Φ2 000
主轴最大转速(r·min⁻¹)	15 000/24 000	15 000/24 000
主轴功率/kW	25/14	25/14
主轴偏转角/°	>90	>90
最大进给速度/(m·min⁻¹)	45	45
各轴最大加速度/(m·s²)	10	10
刀库容量	22	按需供应
刀柄规格	HSK A63	HSK A63
重复定位精度/mm	0.003	0.003

1）机床运动部件的质量很小，符合轻量化和节能原则，采用小功率的伺服驱动装置即可达到很高的加速度，所产生的惯性反作用力也非常小。

2）采用封闭框架结构和对称配置，使机床加工时产生的力尽可能相互抵消，从而保证高动态性能。

3）机床结构简单，部件的种类和数量少，模块化程度高；因而工作可靠性高，维护方便，易于重组。

4）主轴部件可偏转 90° 以上，实现真正的 5 面加工。

5）采用电滚珠丝杆和电直接驱动工作台，简化了机床的机械传动结构，提高了机床性能。

Metrom 公司在 P1000M 机床获得市场认可的基础上，还推出工作台可沿 V 轴移动的 P1432 型加工中心，以便在加工空间之外装卸较大的工件，以及 PG2040 型龙门式铣床和 Kranich 800 型移动式铣床。其中 P1000M 和 PG2040 的技术参数见表 13-4。

六、发展趋势 [41]

尽管当前并联运动机床没有成为主流机床产品，但它所激起的创新浪潮却是不可忽视的。从上述的成功案例来看，盲目追求普遍性、通用性，企图全面替代传统串联机床是不现实的，但是聚焦特定的客户群，以其独特的优势去解决传统串联机床存在的加工问题，是可以获得市场认可的。

V100 车削中心以其紧凑的结构、集成的多项技术实现了中小型盘类零件加工的自动化，从而获得用户的青睐。Tricept 加工模块发挥其机器人的传统优势，顺应各种加工工艺的需要——高柔性、易重组，在汽车工业中获得了较广泛的应用。Sprint Z3 主轴头克服了传统飞机结构件加工的难题，使 Ecospeed 机床以其高动态性能和高生产效率成为飞机工业的宠儿。Metrom 以其极具创意的 5 杆 5 环的构思，跨越了并联机床运动平台偏转角小的障碍，在模具工业有广泛的应用前景。

总结过去，展望未来。作者认为，并联运动机床在以下两方面值得关注：

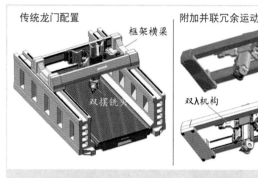

图 13-61　冗余运动的并联机构

1）混联机构大有前途。与全并联机构相较，混联机构能够综合并联机构和串联机构的优点，各取所长，有助于解决某些零件族加工中的难题。

2）冗余运动设计方兴未艾。"冗余"是就运动学的角度而言，即机床在已经具备加工所需的运动轴的基础上，附加"冗余"的运动，以解决或弥补原有运动设计的不足。例如，由并联机构完成小质量运动部件的小位移、运动方向多变、频繁启动和制动的路径，发挥其加速度高和动态性能好的优势；而传统的串联运动，完成大质量运动部件长距离和加速度较低的路径，各取其所长，如图 13-61 所示。

总之，并联运动机床作为传统串联机床的补遗，是机床产品门类的一个分支，前途仍然是光明的。

第六节　重型和超大型机床

一、重型机床的结构特点 [42]

大型和重型机床与微型机床是极端制造的两极，是国家制造实力的标志。大型和重型机床用于加工大型和特大型零件。其共同特征是工件的质量大，可达数百吨；机床尺度大，动辄数十米；切削力大，常以千牛计。这"三大"就造成大型和重型机床设计原则与中小型机床有较大的差别，主要表现在机床结构件、导轨系统、驱动方式和加工工艺复合化 4 个方面：

1）重型机床的结构件。重型机床的结构件尺度大，受力大，既需要保证有足够的刚度，又不能无限制增大机床本身的质量。特别是对于移动部件，更要在保证刚度的前提下实现轻量化，以减少功率消耗，提高机床动态性能。因此对大型移动部件的结构优化，应该放在首要地位来考虑。

2）导轨系统。重型机床不仅本身移动部件质量大，而且放在工作台上的不同工件的轻重差异很大，有的可达数百吨，这给工作台导轨系统的设计带来了难题。线性导轨的承载能力有限，滑动导轨在载荷波动大的情况下性能也不理想，静压导轨往往成为大型和重型机床的首选方案。

3）驱动方式。大型和重型机床的部件移动距离往往长达数十米。当直线移动距离超过 6m 时，滚珠丝杠螺母传动就不太适用。因此大型和重型机床上的部件（工件）做长距离移动时大多采用齿轮齿条传动。为了消除反向背隙，可采用主从两个伺服电动机完成进给，主动电动机用于驱动，从动伺服电动机用于消除背隙。

4）加工工艺复合化。加工工件质量大、搬运不方便、定位调整费事费时，最好一次安装就完成全部加工。由此，复合加工机床应运而生，如落地镗床变成落地镗铣床；龙门铣床变成龙门铣、镗、车床；重型车床增加铣削、滚齿功能等。

二、五轴卧式翻板加工中心 KFMC 2040 U 产品

大连科德数控股份有限责任公司的五轴卧式翻板加工中心 KFMC 2040 U 主要用于中大型飞机结构件的加工领域，采用特殊的卧式加工方式（将工件安装在处于垂直状态的工作台上，刀具安装在处于水平状态的主轴上）来进行。在此种卧式加工方式下，切屑将由于重力作用自行坠落，并可由排屑装置及时送走。然而，由于大型结构件的装夹又需要在工作台水平状态下进行，因此，要求工作台具有垂直状态和水平状态两种位置，并可自动转换。方便工件的水平安装及卧式加工的需求，同时解决该类零件的大切屑堆积，方便排屑的问题。

总体方案如图 13-62，为主机定床身定立柱结构；X 向动工作台；主轴箱采用侧挂箱形式，上下运动实现 Y 轴进给；主轴头采用 A/B

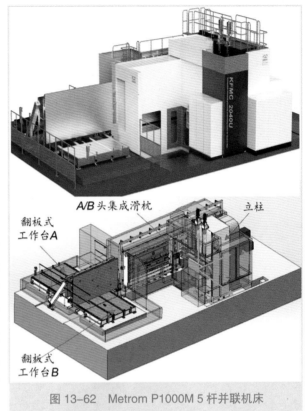

图 13-62　Metrom P1000M 5 杆并联机床

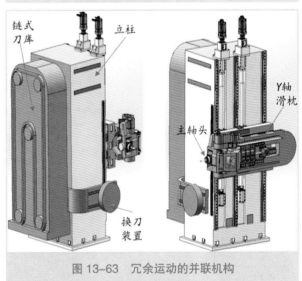

图 13-63　冗余运动的并联机构

头主体结构，集成在 Z 轴滑枕上，滑枕垂直工作台前后移动实现 Z 轴进给；A/B 头主体结构 A 轴由力矩电机 + 机械结构实现，直线 + 连杆机构实现 B 轴，控制算法简单，为原创新设计；立柱床身 + 地基形成封闭"口"字结构，主机刚性好；刀库为落地镗刀库原理，创新改进，标配为 120 刀；各轴绝对式测量系统，全闭环控制；配备翻板式双工作台交换站，减少辅助时间，提升机床加工效率。

立柱采用铸铁精密铸造而成（图 13-63）；伺服电机经过减速器驱动丝杠传动，

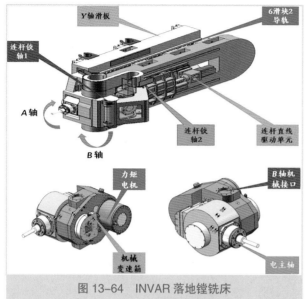

图 13-64　INVAR 落地镗铣床

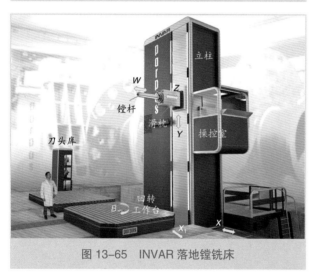

图 13-65　INVAR 落地镗铣床

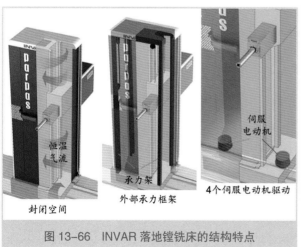

图 13-66　INVAR 落地镗铣床的结构特点

增大 Y 轴驱动力矩，上下双驱无配重；伺服电机与丝杠之间增加抱闸，提供断电保护措施；大行程绝对式直线光栅尺，保证位置精度。

A/B 主轴头关键技术：A/B 主轴头主体部分与 Z 轴滑枕集成为一体结构（图 13-64）。通过 Z 轴驱动相对于 Y 轴滑板做前后主机 Z 向进给运动，A 轴采用力矩电机驱动齿轮减速机构实现；B 轴采用直线连杆驱动，主轴鼻端到 A 轴旋转中心距离为 360mm。采用 A/B 头加工时刀尖点位移相对工件姿态变化较小，和 A/C 头相比，刀尖点姿态更稳定，算法更简洁、加工效率更高。同时有利于更换配置大功率的铝合金材料加工用的专用电主轴。

三、INVAR 系列落地镗铣床[43]

意大利巴帕斯集团（Gruppo Parpas）推出的 INVAR 落地镗铣床是现代重型镗铣床的代表产品。其外观和配置如图 13-65 所示。

从图 13-65 中可见，立柱沿纵向 X 轴移动，主轴箱滑座沿垂直 Y 轴移动，主轴滑枕沿 Z 轴伸缩，镗杆在滑枕内可进行 W 轴进给，即横向总行程为 Z+W。立柱前方可配置不同尺寸（2 000mm~5 000mm）和承载能力（20t~150t）的回转工作台（B 轴），回转工作台可沿 X1 轴移动（1 500 mm~4 000 mm）。

INVAR 落地镗铣床不仅外形美观，呈现时代感，还具有以下 3 个与众不同的特点，如图 13-66 所示。

1）移动立柱采用全封闭结构，借助独立空调系统供给恒温气流，保证立柱和主轴箱处于一个温度恒定的热环境内，避免机床结构因环境温度变化产生热变形所引起的加工误差。

2）独立的外部承力框架。与立柱相互独立的外部框架（图中显示为黑色）承担主轴箱滑座、刀具自动交换装置和升降操控室的重力，这样一来，立柱仅作为主轴箱滑座的垂直导向并承受切削力，大大减少了立柱的载荷和变形，从而实现了非常高的定位精度。

3）新型的驱动方式。立柱 X 轴移动借助 4 台力矩伺服电动机驱动，伺服驱动分为两组，对称安装在立柱两侧。每一组由上下 2 台电动机叠加在一起，即一台电动机位于另一台直接与小齿轮相连的电动机的上面，以实现消除反向背隙的电预紧载荷，提高了立柱移动的动态性能，达到实时响应的目的。同时避免了由于齿轮箱传动机械磨损造成的误差。

四、大型动梁动柱龙门铣床[44]

为了避免工件重力对机床的影响，最好的方法是工件装夹在不移动的工作台上。西班牙萨亚（Zayer）公司的 GMCU-AR 系列动梁动柱龙门铣床是这类机床的典型产品。该系列的基本型号是 GMCU-15 000 AR，配置一个移动龙门，纵向最大行程 15m。该系列的加长工作台型号为 GMCU AR-2P，有前后两个移动龙门，纵向最大行程 30m，可在工作台上装夹多个工件，工作台承载能力为 15 000kg/m²。借助两个龙门的主轴同时加工相同或不同的工件，以提高生产效率。双龙门的 GMCU AR-2P 的机床外观和配置如图 13-67 所示。

萨亚公司的动梁动柱龙门铣床遵循模块化设计的理念，GMCU-AR 系列的规格和技术参

图 13-67 GMCU AR-2P 动梁动柱龙门铣床

表13-5 INVAR数控落地镗铣床技术参数

技术参数	INVAR 2	INVAR 3
镗杆直径/mm	160~180	180~200
滑枕截面/mm	430×490	480×550
纵向行程/mm	6 000~30 000	6 000~30 000
垂直行程/mm	3 000~5 500	4 000~6 500
横向行程/mm	1 250	1 500
镗刀杆行程/mm	1 000	1 250
最大纵向进给 /(m·min⁻¹)	25 000	25 000
最大垂直进给 /(m·min⁻¹)	20 000	20 000
最大横向进给 /(m·min⁻¹)	20 000	20 000
最大镗杆进给 /(m·min⁻¹)	15 000	15 000
主轴最大转速/(r·min⁻¹)	3 000/2 500	2 500/2 000
主轴功率/kW	80	100

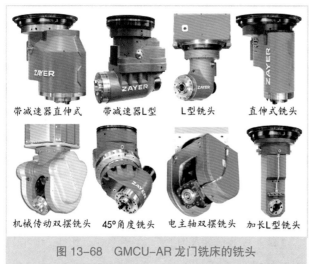

带减速器直伸式　带减速器L型　L型铣头　直伸式铣头

机械传动双摆铣头　45°角度铣头　电主轴双摆铣头　加长L型铣头

图 13-68　GMCU-AR 龙门铣床的铣头

图 13-69　超重型精密数控轧辊磨床

数皆可按照用户的需求定制。例如，工作台长度从 5 000mm 起每间隔 5 000mm 可选，见表 13-5。

GMCU-AR 系列不仅同一型号机床的选项多，还派生出不同系列的姐妹型号机床。例如，没有刀库的 GMC-AR 系列、加工铁路路轨和列车转向架等狭窄零件的双主轴动梁动柱龙门铣床 GPC-AR 系列（没有刀库）和 GPCU-AR（有刀库）系列。

为了满足不同零件的加工要求，GMCU-AR 系列配有不同容量的刀库和自动换头系统。可以按加工要求更换不同的铣头。常用的几种不同铣头如图 13-68 所示。

机床的结构件采用高强度灰铸铁，整个机床结构对称，保证了高刚度、高精度、高阻尼和高稳定性。3 个线性移动轴的导轨系统是在淬硬到 58~62HRC 的矩形导轨面上安放预紧力可调的、若干滚柱排构成的滚动导轨，刚度较高，调整方便。

X 轴和 Y 轴的移动借助双伺服电动机驱动齿轮齿条（模数分别为 6 和 4）来实现，从而避免了反向背隙，保证机床具有良好的动态性能和加工精度。

五、超重型轧辊磨床[46]

上海机床厂有限公司推出的 MKA84250/15000-H 超重型精密数控轧辊磨床，是国家"高档数控机床与基础制造装备科技重大专项课题"的成果之一。该机床可顶持加工最大直径为 ϕ2 500mm，最大长度为 15 000mm 和最大质量 250t 的特大型零件。机床的外形尺寸达 33.69m×13.88m×5.5m，其外观如图 13-69 所示。

该机床采用多项关键新技术，例如：①超重载荷工件顶持系统；②超重载荷工件驱动系统；③超大型在机测量系统及数据处理；④高精度、高刚度砂轮主轴系统；⑤超大型、超精密轴承精化技术等。

上述新技术减轻了超重载荷引起的机床变形对加工精度的影响，它使得

MKA84250/15000-H 超重型精密数控轧辊磨床不仅加工范围大、承载质量大，而且加工精度高。该磨床可一次装夹完成轧辊辊身、辊颈、托肩等部位外圆、锥面等的粗磨、半精磨、精磨工序的加工；同时还可磨削加工外圆的正弦曲面、余弦曲面、抛物线曲面及 CVC 曲面，可加工超大型轧辊、大型压辊、大型及超大型发电机转子、汽轮机转子等回转类零件

MKA84250/15000-H 超重型精密数控轧辊磨床在结构上是一种砂轮架移动式数控轧辊磨床。床身分为前、后两体，使磨削精度不受工件质量和运动的影响。拖板带着砂轮架在后床身上作纵向移动，砂轮架采用静压闭式导轨在拖板上做横向移动。砂轮主轴由静压轴承支承旋转，通过计算机控制，实现微量进给及曲面磨削。工件装夹在前床身上的头、尾架顶尖之间，由头架驱动旋转，并可实现无级调速。机床配备有可调整的工件托架，用于托持细长型的工件。尾架可沿前床身自动移动及夹紧，尾架顶尖可机动伸缩 150mm，并配有工件顶紧力检测装置。同时，尾架上装有砂轮修整器、砂轮自动测径装置、自动修整控制装置等，以备自动磨削、自动修整用。

该轧辊磨床为 5 轴 3 联动数控床机床，采用西门子 840D 数控系统及自主开发的"SGS 磨削之星"轧辊磨床专用软件，实现对拖板纵向进给运动、砂轮架横向进给运动和两测量臂相互移动的控制等。数控系统可实现自动进给、自动补偿、自动修整砂轮、自动测量及自动数据处理等的自动循环。机床还配有砂轮自动平衡系统，自动控制温度的砂轮主轴润滑系统、头架润滑系统、尾架润滑系统以及静压托架润滑系统，以及大流量、带磁性分离器和纸质过滤器的冷却系统。

六、超大型高速铣床[47]

飞机、风电、核电、汽轮机、汽车、船舶等在设计时往往需要制作 1：1 的模型。为了适应这种市场需求，德国 EEW-Protec 公司推出了超大型 5 轴高速加工中心 HSM-Modal，如图 13-70 所示。主要用于聚氨酯代木及环氧树脂代木模型的加工。从图 13-70 中可见，在巨大的加工空间之中，人与船体模型相比，显得非常渺小。

该机床其设计理念和特点是：

1）用途广。可进行铣削和钻孔、油泥涂覆、打磨、激光切割，甚至高压水切割或数字化扫描。

2）轻量化。横梁采用碳纤维管构成的框架结构，主轴滑座和壳体采用铝合金制造，提高其动态性能，减少驱动功率的消耗。

3）高速度。由于移动部件重

图 13-70　加工船体模型的实况

量轻。惯性小，加速度为 $3g$，最大切削进给速度可达 150m/min，涂覆、激光加工等流程最大移动速度可达 220m/min。

4）尺度大。两侧焊接钢立柱每间隔 2m 一根，最多 76 根，即 151m 长，比一个足球场还要大。

5）安装调试简单。无需地基，混凝土地板厚度大于 200mm 即可，易于重组、拆除和搬迁。

6）相对精度高。3 个移动轴皆采用直线滚动导轨，X 轴和 Y 轴采用 2 台 1.8kW 伺服电动机驱动无间隙齿轮齿条传动，定位精度 ±0.2mm。

7）能耗低，环境友好。主轴功率 7kW，无需液压设备，采用油脂润滑，没有漏油问题，无需冷却液，没有环境污染。

重型和超大型机床是小批量和按需定制的产品，品种多而批量小，而且具有与中小型机床不完全一样的核心技术。本节以有限的篇幅介绍了其中的一角。

重型和超大型机床是一个国家机床行业是否强大的标志。我国重型机床厂不少，但居于国际领先水平的不多，缺乏自己的核心技术和基础研究。近年来，市场需求较旺盛，大干快上的比比皆是。岂不知重型机床的寿命是 30 年以上，重要的不是能不能造出来，而是能够用上数十年，仍然能够保持加工精度。

第七节　本章小结与展望

机床品种繁多，创新案例不胜其数，特色各异，难以尽收。本章仅就先进制造技术领域具有代表性的高端数控机床产品加以简要论述，聚焦于：

1）精密加工机床。随着航空航天、汽车和模具工业的产品更新换代，零件的尺寸和形位精度日益提高，对机床的加工精度要求也越来越高。据统计，大约每 8 年机床的加工精度将提高 1 倍。所以本章首先讨论高精密和超精密机床，这类高端制造装备目前主要依赖进口，是我国机床产业应该致力研发和努力赶超的目标。

2）复合加工机床。随着制造技术的进步和产品设计三维化，不仅零件的精度要求不断提高，而且结构和形状也越来越复杂。为了提高加工精度、缩短加工流程和减少占地面积，将原来的多工序分散加工原则，改变为工序集约原则，在一台机床上完整加工一个复杂的零件，成为高端数控机床的重要发展方向。车铣复合、铣车复合、磨车复合，切削加工与激光加工复合机床等不同组合工艺应运而生。

3）极端制造装备。随着电子通信技术、能源和钢铁工业的发展，人们需要制造尺度很小或尺度很大的零件，开辟了极端制造的新时代。例如，进入 21 世纪，微机床和桌面工厂走出实验室进入工业应用时代，成为机床产业的新兴领域。又如，动辄数百吨、数十米的特大型而又精度要求高的零件，需要新一代重型和超大型数控机床。

4）新原理和新配置。新的运动原理和新的结构配置是机床产品创新的先锋。并联运动机床和倒置机床虽非高端数控机床的主流，但其引领机床产品创新的作用仍然功不可没。事实证明，在某些特定的加工领域并联运动机床已经获得成功的应用，例如飞机结构件加工，起到难以替代的角色。

参考文献

[1] Luo X C,Cheng K,Webb D,et al.Design of ultraprecision machine tools with applications to manufacture of miniature and micro components[J].Journal of Materials Processing Technology,2005,167(2/3):515-528.

[2] 张曙,卫汉华,张炳生.亚微米高精度机床:"机床产品创新与设计"专题(十三)[J].制造技术与机床,2012(9):8-11.

[3] 卫汉华,谭惠民,黄仲明.超精密加工和光学零件制造[M]//张曙.工业创新之路:现代制造激情15年.北京:机械工业出版社,2011.

[4] Kern.Pyramid nano CNC Bearbeitungs zentrum[EB/OL].[2013-05-25].http://www.kern-microtechnic.com/upload/media/kern_pyramid_d.pdf.

[5] Nanotechsys.Nanotech 450UPL Ultra-precision CNC turning lathe[EB/OL].[2013-05-25].http://www.nanotechsys.com/wp-content/uploads/file/PDFs/Nanotech%20450UPL%20Machine%20Features%20-%20Rev_0812.pdf.

[6] Tohme Y,Murray R.Principles and Applications of the Slow Slide Servo [EB/OL]. [2013-05-25].http://www.nanotechsys.com/wp-content/uploads/file/PDFs/Slow%20Slide%20Servo%20Applications%20-%20Y_%20Tohme%2005_05.pdf.

[7] Yasda.Yasda micro center YMC 430[EB/Ol].[2013-05-26].http://www.yasda.co.jp/la_English/catalogue/PDF/YMC430_e.pdf.

[8] Swiss Nanoprecision.Technical highlights[EB/OL].[2013-05-26].http://www.dixi machines.com/english/products/precision.html.

[9] Ehmann KF,Bourell D,Culpepper ML,et al.International assessment of research and development micromanufacturing[EB/OL].[2013-06-01].WECT Panel Report.http://www.wtec.org/micromfg/report/Micro-report.pdf.

[10] 张曙.微机床与桌面制造系统[C].第三届中德先进制造技术研讨会论文集,制造技术与机床增刊,2012:49-53.

[11] 产业综合技术研究所.ミニマル マニュファクチャリング--究極の未来工場[EB/OL].[2013-05-28].http://www.aist.go.jp/aist_j/aistinfo/san_so_ken/200901/sansoken200901.pdf.

[12] Nanowave.Super small precision CNC lathe with symbiosis technology[EB/OL]. [2013-06-02].http://www.nanowave.co.jp/english/pdf/MTS4R_E.pdf.

[13] Nanowave.Super small precision turning center[EB/OL].[2013-06-02].http://www.nanowave.co.jp/english/pdf/MTS3S_E.pdf.

[14] Nanowave.Super small precision machining center[EB/OL].[2013-06-02].http://www.nanowave.co.jp/english/pdf/MTS5R_E.pdf.

[15] 王伟荣.2MNKA9820型纳米级精度微型数控磨床[J].装备机械,2012(1):45-50.

[16] Lambert-Wahlit.W1000 micro Feinverzahnungsmaschine mit 8 CNC-Achsen[EB/OL].[2013-06-06].http://www.lambert-wahli.ch/sites/monnier-zahner.ch/files/pdf/W1000_01052012.pdf.

[17] Park J K,Ro S K,Kim B-S,et al.Precision component technologies for microfactory systems developed at KIMM[J].International Journal of Automation Technology, 2010,4(2):127-137.

[18] Takashini Shangyo.Multiple function desktop process machine[EB/OL].[2013-06-05].http://www.takashima.co.jp/en/MPX_brochure_Cover_Inner_EN(inch). pdf.

[19] Dickerhof M,Kuhn S,Scholz S,et al.MINAM roadmap 2012[EB/OL].[2013-06-05].http://www.minamwebportal.eu/www2/attachments/article/27/Micro-%20and%20Nano-Manufacturing%20Roadmap.pdf.

[20] Tanaka M.Development of desktop machining microfactory[EB/OL].[2013-05-26]. http://pdf.aminer.org/000/353/685/development_of_a_micro_transfer_arm_for_a_ microfactory.pdf.

[21] Vogler MP,Liu X,DeVor RE,et al.Development of meso-scale machine tool(MT) systems[J/OL].[2002-01-01]. NAMRI/SME.http://dept.lamar.edu/industrial/liu/_private/ publications/papers/Development_of_mMT_NAMRC02.pdf.

[22] Honegger A,Langstaff GQ,Phillip AG,et al.Development of an automated micro factory:part1–microfactory architecture and sub-systems development[J/OL].http:// micromanufacturing.org/uploads/publications/microfactory1.pdf.

[23] Moriwaki T.Multi-functional machine tool[J].CIRP Annals,2008,57(2):736-749.

[24] Citizen Miyano.ABX-51TH3 CNC turning center with 2 spindles, 3 turrets and 2 Y-axis slides[EB/OL].[2013-06-16].http://www.citizenmachinery.co.uk/downloads/brochures/ ABX-TH3_Eng.pdf.

[25] WFL.Clamp once machine complete M40/M40-G/M50[EB/OL].[2013-06-16].http://www. headland.com.au/wp-content/uploads/tabbox_content/cnc_machine_tools/multitasking/ pdf/Headland-WFL_M40.pdf.

[26] DMG MORI. 5-axis milling/turing machining centers DMU P/FD and DMC U/FD duoBLOCK series[EB/OL].[2013-06-06].http://cn.dmgmoriseiki.com/pq/dmu-80 -fdduoblock_cn/pm0uk12_dmupdmcufdduoblock.pdf.

[27] Studer.S242 Die Flexible für Schleifund Drehbearbeitung[EB/OL].[2013-06-06]http:// www.studer.com/uploads/media/S242_de.pdf.

[28] DMGMORI.LaserTec series[EB/OL].[2013-06-16].http://www.dmg.com/query/internet/ v3/pdl.nsf/ee75e09bcc0a4a21c1257914003ebd46/$file/pl0uk11_lasertec_series.pdf.

[29] 张曙,陆启建.倒置式加工系统[J].机械制造与自动化,2008,37(6):1-4.

[30] EMAG.倒置式多主轴车削中心[EB/OL].[2013-06-06].http://www.li-fung.biz/ecm -machine/image2/1/download/EMAG_VSC_multi-spindle_cn.pdf.

[31] ELHA. Production modules[EB/OL].[2013-06-06].http://www.elha.de/en/files/06 1008FMEN1.pdf.

[32] Modig.TransFlex system[EB/OL].[2013-06-06].http://www.modig.se/products/transflex- system.

[33] 张曙,Heisel U. 并联运动机床[M]. 北京：机械工业出版社, 2003.

[34] INDEX. VerticalLine V100[EB/OL].[2013-06-06].http://www.index-werke.de/mediadata/ v100-0004e.pdf.

[35] Olazagoitia JL,Wyatt S.New PKM Tricept T9000 and its application to flexible manufacturing at aerospace industry[J/OL].[2013-06-06].http://vip.hartwiginc. com/MicroSites/c421b5d1-8325-4b4b-b396-5e2848287be9/assets/Tricept%20 Technical%20Paper.pdf.

[36] Tricept PKM.Tricept product range[EB/OL].[2013-06-06].http://www.pkmtricept.com/ files/catalogo_en.pdf.

[37] 张曙. 航空结构件加工的新一代数控机床：解读 Ecospeed 领悟机床设计之道[J]. 金属 加工（冷加工）,2012(3):2-5.

[38] Hennes N.Ecospeed An innovative machinery concept for high performance 5-axis machining of large structural components in aircraft engineering[C]//Neugebauer R.Development methods and application experience of parallel kinematics the 3rd Chemniz Parallel Kinematic Seminar, April 23-25,2002.Zwickau:Verlag Wissenschaftliche Scripten,2002.

[39] 张曙.P800 M 型高速五面加工数控铣床[J].CAD/CAM 与制造业信息化,2005(10):68-72.

[40] Metrom.New machining center P1423[J/OL].[2013-0612].http://www.metrom.com/ fileadmin/Downloads/METROM_Journal_03_2012_english.pdf.

[41] Heisel U,Weule H.Fertigungsmaschinen mit Parallelkinematiken[M].Aachen:Shaker Verlag,2008.

[42] 张曙,张炳生,谭为民.重型和超大型数控机床[J].制造技术与机床,2012(12): 8-11.

[43] Parpas.Invar[EB/OL].[2013-06-06].http://www.gruppoparpas.com/admin/asset manager/images/brochure_invar.pdf.

[44] Bellingeri J.Fresare "pezzi massimi"[J].Machine Utensili,2009(2):26-32.

[45] Schiess Brighton.特大型6轴数控滚齿机[EB/OL].[2013-06-06].http://www.schie ssbrighton.cn/cn/ghobber.htm.

[46] 段斌华.超重型精密数控轧辊磨床设计[J].精密制造与自动化,2011(3):24-28.

[47] EEW-Protec.HSM-Model general information[EB/OL].[2013-06-06].http://download. eew-protec.de/hsmmodal_stload.eew-protec.de/hsmmodal_standard_en.pdf.

致　谢

　　本书第 2 版在编著及出版过程中得到上海华品展览服务公司的全方位支持，在此特致以衷心感谢！

作者

2021 年 10 月